PHOTOVOLTAIK & BATTERIESPEICHER

Wolfgang Schröder

Stiftung Warentest

INHALTSVERZEICHNIS

PHOTOVOLTAIK ZUR ENERGIEVERSORGUNG

6 Globale klimatische Veränderungen
6 Dringender Handlungsbedarf

7 Die Geschichte der Photovoltaik
8 Umdenken
8 Staatliche Unterstützung

11 So funktioniert Photovoltaik
12 Solare Strahlung

14 Vom Quarzsand zum fertigen Modul
14 Silizium als Rohstoff
16 Funktion einer Solarzelle
18 Modulfertigung

19 Solarstrom und Umweltbilanz
20 Emissionserzeugung (CO_2)
21 Flächenverbrauch
21 Entsorgung von PV-Modulen
24 Batteriespeicher

DIE RAHMENBEDINGUNGEN

30 Welchen Strombedarf kann man decken?

31 Flächenbedarf der Anlage
31 Was geht? Nutzbare Flächen und Generatorausrichtung

33 Ertragserwartung – erzeugte Strommenge
33 Solare Strahlung
33 Anlagennennleistung
34 Spezifischer Ertrag
35 Performance Ratio
36 Energiefluss und Verluste einer PV-Anlage
36 Ertragsprognosen

38 Installation beim Hausneubau oder Nachrüstung
38 Nutzungsmöglichkeiten von PV-Strom

41 Baurecht und Netzzugang
41 Benötige ich eine Baugenehmigung?
44 Genehmigung durch den Energieversorger

44 Das Erneuerbare-Energien-Gesetz (EEG)
44 Notwendigkeit des Ausgleichs
46 EEG – Rechte und Pflichten für Anlagenbetreiber
47 Mieterstromzuschlag
48 Netzanschluss
50 EEG-Umlage
52 EEG-Clearingstelle

STAND DER TECHNIK

54 Solare Anwendungsformen
54 Solarzellen/-module
54 Dünnschichtmodule
54 Kristalline Module
55 Modulqualität
56 Garantien
56 Reihen- und Parallelschaltung
57 Verschattungen
59 Verschmutzung
60 Fehlerhafte Verschaltung

60 Intelligente Wechselrichter nach Bedarf
61 Wirkungsgrad
63 Modulwechselrichter

64 Montagesysteme und Verkabelung
65 Gebäudestatik
66 Statik Haltekonstruktion
68 Asbestdächer
68 Gleichstromverkabelung
70 Netzanschluss und Einspeisung

72 Überwachung und Smart Meter
72 Vergleichsanlagen
72 Anlagenüberwachung – Monitoring – Fehlererkennung
73 Smart Meter

77 Schutzmaßnahmen gegen Blitz und Überspannung
77 Erhöhtes Risiko?
80 Überspannungsschutz – Installation

81 Speichertechnik
81 Begrifflichkeiten
82 Stromspeicherarten
85 Systemtechnik
87 Nutzbare Speicherkapazität – Effizienz von Speichersystemen
90 Aufstellungsräume
90 Netzanschluss
91 Cloudlösungen

92 Elektromobilität
92 Rechtliche Rahmenbedingungen
94 Laden mit PV-Überschuss
95 Einbindung in stationären Stromspeicher
96 Anforderungen an das Messkonzept
96 Netzanschlussbedingungen
97 Förderungen

97 Heizen mit Strom
98 Warmwasserbereitung
101 Vergleich Photovoltaik und Heizen mit Solarthermie
104 Kostengünstige Alternative zum Stromspeicher
104 Eigennutzung nach EEG-Vergütungszeit

105 Wärmepumpen und Photovoltaik
105 So funktionieren Wärmepumpen
106 COP-Kennwert
106 Wärmepumpe auf PV abstimmen
106 Ermittlung der Stromkosten
107 Förderung der Wärmepumpe

107 Stecker-Solargeräte
107 Rechtliche Rahmenbedingungen
109 Unerwartete Revolution
110 Technische Ausführung
110 Platzierung der Module
110 Förderungen

LOHNT SICH DIE PHOTOVOLTAIK-ANLAGE?

112 Kosten – Finanzierung – Wirtschaftlichkeit
112 Marktlage – Systempreise
114 Finanzierung
115 Einspeisevergütung – Eigenstromverbrauch
119 Speicher
120 Anlagenaufsplittung – Betriebswechsel
124 Wirtschaftlichkeitsbetrachtung – jetzt oder später?
126 Förderungen

128 Betreibermodelle – Wirtschaftlichkeit
128 Netz-Volleinspeisung
128 PV-Eigenversorgung mit Überschusseinspeisung
128 Wirtschaftlichkeitsbetrachtung
132 Photovoltaik ohne EEG-Vergütung
132 PV-Miete (PV-Pacht)

MONTAGE UND ANSCHLUSS DER PV-ANLAGE

136 Angebote einholen und vergleichen
136 Keine Augenwischerei
137 Zahlungsbedingungen
138 Was ist wichtig bei der Beauftragung?
139 Fachkundige Abnahme

140 Inbetriebnahme
140 Voraussetzungen für die Inbetrieb–nahme
140 Fertigstellungsmeldung und Antrag auf Inbetriebnahme
141 Prüfungen vor der erstmaligen Inbetriebnahme
141 Inbetriebsetzung
142 Anlagendokumentation
142 Inhalt der Dokumentation
145 Dokumentation der Inspektion und Wartung
146 Meldung Marktstammdatenregister

BETRIEB VON PHOTOVOLTAIKANLAGEN

148 Ertragserwartung und Ertragsmessung
148 Einstrahlung
149 Schnee
149 Anlagenausfälle/Wartung
149 Ertragsmessungen

150 Regelmäßige Wartung und Prüfung
150 Allgemeine Bedeutung von Prüfungen
151 Prüfpflicht – Prüffristen

155 Brandschutz
155 Einsatz von Feuerwehren
156 Unfallvermeidung

158 Gewährleistungen und Garantien
158 Der feine Unterschied mit großer Wirkung
158 Gewährleistung
159 Kaufvertrag oder Werkvertrag?
162 Unternehmer und/oder Verbraucher?
163 Gewährleistungs- und Garantiekette
166 Gerichtliche Verfahren

167 Fehler und Mängel an Photovoltaikanlagen
167 Mängel: Ursache und Wirkung

176 Anlagenreinigung
176 Verschmutzungen
177 Schneeräumung

179 Versicherung
180 Montageversicherung
180 Photovoltaik-/ Allgefahrenversicherung
181 Betreiberhaftpflichtversicherung
181 Ertragsausfallversicherung
182 Besonderheiten bei Wohngebäudeversicherung
182 Klauseln
184 Schadenfall und -abwicklung
187 Verantwortung und Haftung des Installateurs
189 Regress
189 Versicherungsausschluss
189 Vertragswechsel, Kündigung, Anpassung

190 Steuern und Finanzamt
191 Besteuerung von Eigenverbrauch
192 Abschreibung
194 Abgabe Umsatzsteuervoranmeldung
194 Abgabe der Einkommenssteuererklärung
195 Einkommenssteuervorauszahlung
195 Aufzeichnungspflichten und Steuererklärung
195 Steuerabzug bei Bauleistungen – Bauabzugsteuer
195 Einkommenssteuer
196 Steueroptimierungen
197 Steuerliche Erleichterungen – Zeitenwende in der Steuerpolitik

SERVICE

203 Adressen

204 Stichwortverzeichnis

PHOTOVOLTAIK ZUR ENERGIE-VERSORGUNG

GLOBALE KLIMATISCHE VERÄNDERUNGEN

Aus den Erfahrungen der Wetterextreme der letzten Jahre hat sich bei vielen das Bewusstsein entwickelt, dass es zu erheblichen unabsehbaren Auswirkungen kommen wird, sollte sich unser Verhalten nicht ändern. Bereits heute führen die deutlich spürbaren Veränderungen im Weltklima zu ausgedehnten Naturkatastrophen in Form von Dürreperioden, Starkregenfällen mit Überschwemmungen, vermehrten Sturmereignissen und Waldbränden – auch bei uns in Deutschland. Die Gletscher- und Eisschmelzen an den Erdpolen haben sich extrem beschleunigt. Dies hat Folgen für das Süßwasserangebot sowie den klimatischen Wetterverlauf, der vom Temperaturunterschied der Pole zu den Tropen abhängt.

Anlässlich des G-20-Gipfels im Juli 2017 in Hamburg haben Klimaexpertinnen und -experten wichtige Forschungsergebnisse zum Klimawandel zusammengefasst:

Wind- und Sonnenenergie als gewichtige Faktoren der erneuerbaren Energien

- Die Luft an der Erdoberfläche hat sich deutlich erwärmt.
- Die Erwärmung der Ozeane gestaltet sich ebenso deutlich.
- Der Meeresspiegel steigt.
- Der Kohlendioxidgehalt der Atmosphäre wird zusehends größer.
- Die Ozeane versauern.
- Grönland verliert massive Eismengen.
- Gletscher und Schnee befinden sich in einem Prozess des Schwindens.
- Das Meereis rund um den Nordpol nimmt kontinuierlich ab.

Dringender Handlungsbedarf

Die aufgeführten Fakten sind wissenschaftlich bekannt, führen in der politischen Auseinandersetzung aber meist zu Kontroversen, insbesondere wenn es darum geht, die Notwendigkeiten des Klimaschutzes mit den wirtschaftlichen Interessen in Einklang zu bringen.

Andererseits sind die auf der Erde noch vorhandenen fossilen Energiestoffe endlich. Bereits seit längerer Zeit führen geopolitische Einflüsse zur Sicherung der letzten Rohstoffreserven auf dieser Erde zu Krisen, Kriegen und Abhängigkeiten, die auch in Europa zu spüren sind. Der Krieg in der Ukraine und die damit ausgerufene „Zeitenwende" führen uns deutlich die Abhängigkeiten in der Energieversorgung vor Augen. „Billiges" Gas und Öl haben uns in den vergangenen Jahren in eine gewisse Komfortzone gebracht – das hat dazu geführt, dass mögliche Folgen dieser Abhängigkeiten ausgeblendet wurden.

Mit der Abnahme der fossilen Energieträger steigt zudem umgekehrt proportional der weltweite Energiebedarf, vor allem in den bevölkerungsreichsten Teilen dieser Erde in Asien und Afrika.

Einen Großteil der zukünftigen Lösungen stellen unausweichlich erneuerbare Energien dar. Neben Wasserkraft, Biomasse und Windenergie ist die Photovoltaik in den letzten zwei Jahrzehnten zu einem wichtigen Bindeglied bei der Energieversorgung geworden.

Das mögliche Potenzial in Deutschland für die Installation von Photovoltaik beträgt bei den vorhandenen Dach- und Fassaden- sowie brachliegenden Bodenflächen mehr als 1 000 Gigawatt (GW). Damit ließen sich pro Jahr mehr als 1 000 Terawattstunden (TWh) elektrischer Energie produzieren – und damit weit mehr als der derzeitige deutsche Strombedarf.

Zu bedenken ist jedoch, dass die PV-Energie in Deutschland nicht konstant zur Verfügung steht. Jahreszeitliche und im Tagesverlauf stark schwankende Erzeugungen, welche von der Sonneneinstrahlung abhängen, müssen anderweitig ausgeglichen werden. Selbst der Einbezug einer erforderlichen Speicherkapazität wäre hierbei unrealistisch. Für eine vollständig regenerative Energieversorgung ist in Deutschland daher ein Mix verschiedener erneuerbarer Energien erforderlich, wobei die größten Potenziale bei der Windenergie liegen, gefolgt von der Photovoltaik.

Die Photovoltaik bietet aber gerade für Einzelnutzer die Möglichkeit einer dezentralisierten und in manchen Fällen auch weitgehend autarken Energieversorgung. Daher ist diese Energieerzeugungsform ein spannendes Umfeld mit weiterem Entwicklungspotenzial und einer Vielzahl von Einsatzmöglichkeiten, insbesondere in Eigenheimen.

DIE GESCHICHTE DER PHOTOVOLTAIK

Schwebt einem die Kraft der Sonne vor, dann denkt man insbesondere an deren Wärmestrahlung. Somit ist diese eng mit der solaren Energiegewinnung verbunden, welche in Form von Solarkollektoren beispielsweise zur Erzeugung von Warmwasser benutzt wird. Die Erzeugung von Strom aus warmen Lichtstrahlen indes liegt in der Vorstellung etwas fern. Bei der Stromerzeugung kommt es weniger auf die Wärme an, sondern allein auf das Licht.

Grundlage hierzu bilden bestimmte Materialien, welche in einer speziellen funktionellen Zusammensetzung in der Lage sind, einfallendes Licht direkt in Strom umzuwandeln. Diese Umwandlung nennt man den Photovoltaischen Effekt. Der Begriff leitet sich aus dem griechischen Wort für Licht (im Genitiv: photos) sowie aus der Einheit für die elektrische Spannung, dem Volt (nach Alessandro Volta) ab. Diesen Effekt der Lichtumwandlung in elektrische Energie hat der französische Physiker Alexandre Edmond Becquerel im Jahre 1839 entdeckt. Im Zuge der weiteren Erforschung – insbesondere durch Albert Einsteinmit seiner 1921 mit dem Nobelpreis für Physik ausgezeichneten und bereits 1905 erschienenen Lichtquantentheorie – war es 1954 gelungen, die ersten Siliziumsolarzellen zu produzieren,

Satellit im All mit großen Solarflügeln

wenn auch noch mit einem geringen Wirkungsgrad von rund sechs Prozent. Möglich wurde dies unter anderem durch die Verfügbarkeit hochreinen Siliziums. Hieraus ergaben sich 1955 die ersten technischen Anwendungen für die Stromversorgung von Telefonverstärkern sowie für Belichtungsmesser in der Fotografie.

Seit Ende der 1950er-Jahre werden Photovoltaikzellen in der Satellitentechnik verwendet. Gerade die Raumfahrt erbrachte durch die durch sie gestiegene Nachfrage insbesondere in den 1960er und 1970er-Jahren erhebliche Fortschritte in der Entwicklung und Anwendung von Solarzellen.

Umdenken

Industrielle und weitreichendere Anwendungen der Photovoltaik wurden aufgrund der hohen Kosten zur damaligen Zeit als völlige Illusion betrachtet. Dennoch erkannte man den Vorteil seitens der Wissenschaft, weshalb entsprechende Entwicklungen nie eingestellt wurden. Das Ergebnis weiterer, zumindest noch stromnetzunabhängiger Anwendungen fand sich in den 1970er-Jahren mit kleinen Zellen bei Taschenrechnern und Uhren, welche damals aber fast noch Luxusartikel waren.

Ein Umdenken in der Energieerzeugung setzte spätestens durch die Nuklearunfälle von Harrisburg und Tschernobyl ein. Seit Ende der 1980er-Jahre wurde die Photovoltaik in den USA, Japan und Deutschland intensiv erforscht und in diese Technik insbesondere zur Effizienzverbesserung investiert. Die ersten industriellen Fertigungen von Solarzellen und -modulen begannen in Deutschland mit kleinen Serien für die Energieversorgung von Satelliten.

Die private Anwendung selbst blieb eher Enthusiasten vorbehalten. Später kamen in vielen Staaten finanzielle Förderungen hinzu, um den Markt anzukurbeln und die Technik mittels einer erhöhten Nachfrage zu verbilligen, so auch in Deutschland. In der konventionellen Anwendung für andere Nutzer oder Verbraucher ergaben sich in Deutschland aber vorerst nur geförderte Demonstrationsprojekte sowie Inselanlagen. Die Marktförderung begann 1990 mit dem „1 000-Dächer-Programm", bei dem eine begrenzte Anzahl netzeinspeisender PV-Anlagen finanziell gefördert wurde.

Staatliche Unterstützung

Auf das Auslaufen dieses Programms folgte nach kurzer Unterbrechung 1999 das „100 000-Dächer-Programm". Beide Programme zielten auf eine günstige Finanzierung über die Kreditanstalt für Wiederaufbau (KfW, heute KfW Bankengruppe) ab. Zudem wurde den Nutzern von PV-Anlagen ein gesetzliches Vorrecht eingeräumt, den Strom ins öffentliche Netz einzuspeisen und hierfür eine Vergütung zu erhalten.

Eine entscheidende Wende für die Entwicklung der Photovoltaik in Deutschland brachte die Einführung einer Marktförderung in Form des Erneuerbare-Energien-Gesetzes (EEG) im Jahr 2000. Darin wurde unter anderem nunmehr erstmalig eine weitgehend einheitliche gesetzlich garantierte Vergütung für alle PV-Anlagen festgelegt, egal ob auf einem Gebäude oder auf freiem Feld. Durch diese vom Gesetzgeber initiierte Vergütungsregelung war zum einen eine kalkulatorisch fundierte Wirtschaftlichkeitsbetrachtung für den Betrieb von PV-Anlagen möglich, welche eine weitgehend gesicherte Investition einer zumindest damals noch sehr kostspieligen Technik ergab. Der sich dynamisch entwickelnde Markt brachte folglich eine sich langsam entwickelnde Kosteneffizienz bei der Herstellung von PV-Modulen und ein allmählich sinkendes Preisgefüge mit sich. Hierin bestand letztendlich das Ziel des Erneuerbare-Energien-Gesetzes, welches dem mit einer jährlich stetigen Verringerung der Einspeisevergütung Vorschub leistete und der preislichen Entwicklung Rechnung trug.

Gleichzeitig rückte der Eigenverbrauch in den Fokus. Es wurden Anreize geschaffen, Strom direkt vor Ort selbst zu verbrauchen, um die Netzkapazitäten zu schonen. Mittlerweile hatten auch die europäischen Nachbarländer das EEG „kopiert“ und starteten ebenfalls eine große Nachfrage nach PV-Anlagen.

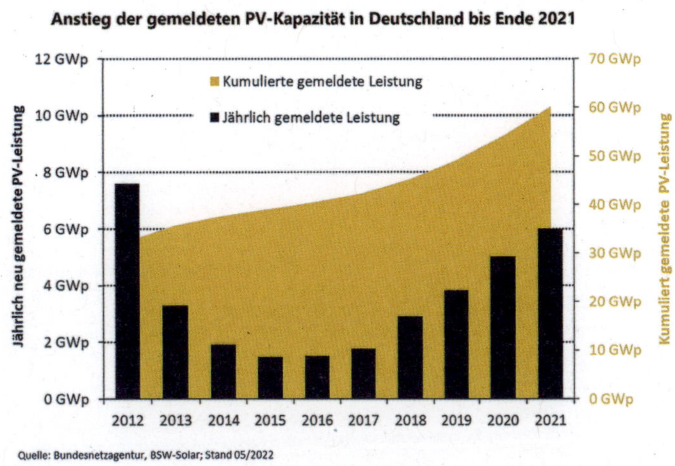

Installierte PV-Leistung in Deutschland (2012–2021)

Atomausstieg und Solardeckel

Ab 2012 gab es dann trotz des 2011 anlässlich des Reaktorunfalls in Fukushima beschlossenen Ausstiegs aus der Atomstromerzeugung einschneidende Veränderungen in der Vergütung mit dem politischen Ziel, den Zubau erheblich zu bremsen. Mehrere unterjährig abgestufte Kürzungen der Einspeisevergütung sowie eine nunmehr monatliche Degression der Vergütung führten ab 2013 zu einem erheblichen Rückgang des Zubaus.

Weitere Einschränkungen mit der Novellierung im Jahr 2014 und der Novellierung des EEG aus dem Jahr 2017 folgten. Zudem wurde mit dem EEG 2017 eine Förderobergrenze von 52 Gigawatt (GW) beschlossen, die als „Solardeckel“ bekannt wurde. Hiermit wurde geregelt, dass für Solaranlagen kein Vergütungsanspruch nach dem EEG besteht, wenn deutschlandweit das Gesamtausbauziel von 52 Gigawatt installierter Leistung von Solaranlagen überschritten worden ist. Das Ausbauziel wäre somit etwa Mitte 2020 erreicht worden.

Heftige politische Diskussionen anno 2020 gingen mit den von der Politik selbst gesteckten Klimazielen aus dem Paris-Abkommen sowie einem gesetzlich geregelten Kohleausstieg einher und führten schließlich zur Abschaffung des Solardeckels.

Novellierung des EEG

Gleichzeitig wurde Ende 2020 eine weitere Novellierung des Erneuerbare-Energien-Gesetzes (EEG) beschlossen, welche ab Januar 2021 in Kraft trat. Trotz der ambitionierten Ziele der Politik war die neue Gesetzesgestaltung nur halbherzig. Das gesteckte Ziel, bis 2030 eine Versorgung mit 65 Prozent aus erneuerbaren Energien sicherzustellen, galt als zu gering, zumal wenn man bedenkt, dass in Europa bereits rund 50 Prozent des Stroms aus erneuerbaren Energien produziert werden. Im Gesetz wurde mit einer Stromverbrauchsannahme von konstant 580 Terawattstunden (TWh) bis 2030 gerechnet, obgleich bekannt ist, dass der Energieverbrauch konstant steigt, insbesondere mit der zukünftigen Elektromobilität. Darüber hinaus vermochte es der Gesetzgeber nicht, das EEG zu vereinfachen. Die gesetzliche Komplexität und die hieraus entstehende Bürokratie bei bestimmten Betreibermodellen führten zu Unsicherheiten bei neuen Investoren und bremsten somit einen ambitionierten Ausbau der erneuerbaren Energien in Deutschland.

„Zeitenwende“

Mit dem Regierungswechsel in die Ampelkoalition 2021 wurde im Regierungsprogramm nunmehr einvernehmlich festgelegt, den Erneuerbaren Energien einen breiten Vorrang einzuräu-

Große Photovoltaikanlagen auf Brachflächen

men. Gleichzeitig wurde im Schatten der eingetretenen Energiekrise das EEG geändert und als EEG 2023 im Juli 2022 beschlossen. Der Bau von regenerativen Anlagen wird darin zum „öffentlichen Interesse“ erklärt, gewinnt damit in der juristischen Abwägung verschiedener Interessen an Gewicht. Die kostentreibende EEG-Umlage wurde abgeschafft und unter anderem Verbesserungen in der Vergütung vorgenommen. Viele dieser positiven Änderungen griffen bereits 2022.

In Deutschland werden aktuell schätzungsweise etwa 2,5 Millionen PV-Anlagen mit einer Gesamtleistung von rund 65 Gigawatt-Peak betrieben. Dazu kommen rund 500 000 Speichersysteme mit einer Gesamtspeicherleistung von rund vier Gigawatt (nach Hochrechnungen des Bundesverbandes Solarwirtschaft (BSW) für Ende 2022). Allein 2021 konnten mit Photovoltaik knapp 35 Millionen Tonnen klimaschädliches CO_2 vermieden werden. Der Stromanteil der PV lag hier bei rund 10 Prozent. Mit dem neuen EEG steht einem weiteren, massiven Ausbau der Photovoltaik nichts mehr im Wege.

Dabei spielt die Einspeisevergütung alleine bereits seit längerer Zeit nicht mehr die entscheidende Rolle, denn viele Großanlagen werden bereits ausschließlich mit direkter Stromvermarktung betrieben.

Anreize für Photovoltaik

Von der ursprünglichen Vergütung von etwas mehr als 50 Cent pro Kilowattstunde aus dem Jahr 2000 sind nach 20 Jahren EEG aktuell für Kleinanlagen nur noch etwa 8 bis 13 ct/kWh übrig geblieben. Auf der anderen Seite haben sich die Kosten einer PV-Anlage im gleichen Zeitraum um etwa 70 bis 80 Prozent verringert. Unter dem Aspekt der geringeren staatlichen Förderung ist die Photovoltaik nicht weniger interessant geworden – im Gegenteil:

- Steigende Strompreise einerseits und
- Möglichkeiten der Eigenverbrauchsoptimierung bei PV-Anlagen andererseits führen zu vielfältig einsetzbaren und wirtschaftlichen Betriebssystemen.
- Die Entwicklung effizienter und auf den Haushalt sowie Industrieanwendungen abgestimmter Energiespeicher ermöglicht unter Einsparung von Strombezugskosten eine weitere nachhaltige sowie wirtschaftliche Nutzung beim Bau neuer PV-Anlagen.
- PV-Anlagen sparen nicht nur Strombezugskosten ein, sondern können zur allgemeinen Energiekosteneinsparung beitragen.

Zur breiten Markteinführung sowie als Kaufanreiz für Stromspeicher wurde von der Bundesregierung ähnlich wie bei der Photovoltaik ein Förderprogramm geschaffen. Ein wesentliches Ziel der Förderprogramme war es, die Investition in dezentrale Batteriespeichersysteme anzureizen und somit zur Kostensenkung und weiteren technologischen Entwicklung der Systeme beizutragen. Die Förderung lieferte durch

Vielfältige Anwendung der Photovoltaik auf Wohnhaus und landwirtschaftlichen Gebäuden

zinsgünstige Kredite und Tilgungszuschüsse einen finanziellen Anreiz für PV-Anlagenbetreiber, da die Wirtschaftlichkeit von PV-Speichern zumindest in der Anfangszeit ohne Unterstützung häufig noch nicht gegeben war.

Nach Auslaufen der zeitlich befristeten bundesweiten Förderungen stehen aktuell nur noch in wenigen Bundesländern entsprechende Programme zur Verfügung. Dennoch rechnet sich auch ein Stromspeicher ohne Förderung, wenn man diesen effektiv plant und einsetzt.

Auch ohne Speicher bietet die Photovoltaik bereits eine sinnvolle und wirtschaftliche Einbindung des Eigenstromverbrauchs. Dies wird auch zukünftig so sein, weshalb sich die Photovoltaik einen sicheren Marktplatz geschaffen hat. Die heutzutage häufig gestellte Frage vieler Interessierter: „Rentiert sich Photovoltaik eigentlich noch?", kann daher, wie den weiteren Ausführungen dieses Buches noch zu entnehmen ist, vollumfänglich mit „Ja" beantwortet werden: Photovoltaik lohnt sich!

Wenn das Ziel der Politik, den CO_2-Ausstoß bis 2030 um mehr als 55 Prozent zu verringern, erreicht werden soll, wird es zwangsläufig erforderlich werden, den Anteil der erneuerbaren Energien deutlich zu erhöhen. Gleiches gilt auch zur Reduzierung des Kostenfaktors der Energieversorgung.

Photovoltaik bietet hierbei eine attraktive Möglichkeit, sich an der regenerativen und umweltschonenden Stromerzeugung und deren Nutzung zu beteiligen und von Energiekosteneinsparungseffekten zu profitieren.

SO FUNKTIONIERT PHOTOVOLTAIK

Licht liefert Energie. Dies ist bereits seit Millionen von Jahren so.

Pflanzen nutzen dies in Form der Photosynthese und der daraus entstehenden Energie zum Wachsen. In ihrer natürlichen Umgebung sorgen der Lauf der Sonne und die jahreszeitlich bedingte Einstrahlungsdauer und -intensität des Sonnenlichts dafür, dass Pflanzen stets mit ausreichend Licht versorgt werden. Unsere natürliche Lichtquelle auf der Erde ist die Sonne. Diese erzeugt nicht nur Licht, sondern auch Wärme, denn ansonsten wären wir in unserer aktuellen Umwelt nicht lebensfähig. Die Sonne liefert hierbei einen riesigen, unerschöpflich funktionierenden Fusionsreaktor. Das jährlich auf die Erdoberfläche einfallende Sonnenlicht erzeugt eine Energiemenge, die etwa dem 7 000- bis 8 000-fachen des weltweiten Primärenergiebedarfs entspricht.

Die Grafik „Jährlich verfügbare Solarstrahlungsenergie" (siehe Seite 12) veranschaulicht das Verhältnis der jährlichen Sonneneinstrahlung (gelber Würfel) zum kleinen weißen Würfelchen des Weltenergieverbrauchs und gegenüber den kleineren Würfeln – rot, grau, grün und schwarz – der Reserven an fossilen Energiestoffen. Bedacht werden muss, dass der große Würfel das weitgehend konstante jährliche solare Energieangebot darstellt, wogegen sich die kleineren Würfel der fossilen

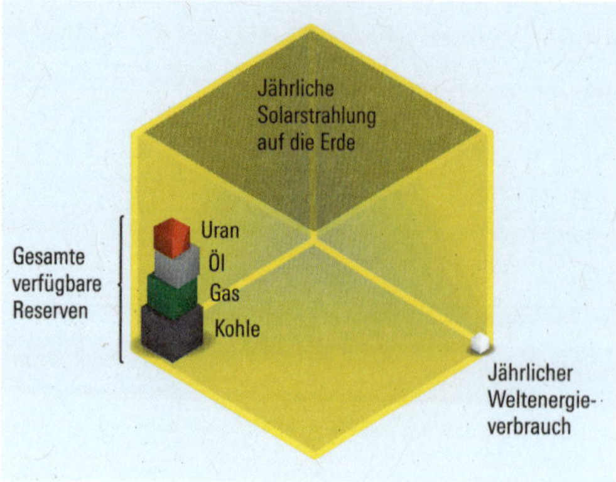

Jährlich verfügbare Solarstrahlungsenergie im Vergleich zu den Energiereserven fossiler Stoffe sowie dem jährlichen Weltenergieverbrauch

Energieträger von Jahr zu Jahr verkleinern – zwar langsam, aber stetig. Dagegen steigt der jährliche Energieverbrauch (weißer Würfel) ebenfalls zusehends an.

Solare Strahlung

Aufgrund der natürlichen Sonnenlaufbahn schwankt die Bestrahlungsstärke auf der Erde – einmal durch den natürlichen Tagesverlauf der Sonne sowie durch deren Jahresverlauf. Zudem ist dies regional wetterabhängig, also davon, wie oft es bewölkt ist oder ein klarer Himmel vorherrscht.

Bei einer senkrecht zur Sonneneinstrahlung ausgerichteten Fläche beträgt die Einstrahlung in Deutschland außerhalb der Atmosphäre zwischen 1 325 W/m² und 1 420 W/m². Die Luftschicht der Erde reduziert die Sonneneinstrahlung durch Reflexion, Absorption und Streuung, sodass bei wolkenlosem Himmel am Boden die Bestrahlungsstärke rund 1 000 W/m² erreicht. Hierbei handelt es sich um die direkte Sonneneinstrahlung.

Bei der solaren Einstrahlung auf den Erdboden kommt neben der direkten Einstrahlung noch die diffuse oder reflektierte Strahlung hinzu. Diese ergibt sich zum Beispiel bei einem durchgehend bewölkten Himmel. Durch die Lichtreflexion an den Wolken können tagsüber bei wechselnder Bewölkung Spitzenwerte der Einstrahlung bis zu 1 400 W/m² erreicht werden. Die Summe dieser Strahlungsarten nennt man Globalstrahlung (in Watt pro Quadratmeter). Summiert man die Leistung der Einstrahlung auf ein Jahr, so erhält man die jährliche Globalstrahlung (in Kilowattstunden pro Quadratmeter).

In Deutschland liegen die mittleren Jahressummen der Globalstrahlung im langfristigen Mittel zwischen 940 kWh/m² bis rund 1 290 kWh/m². Dabei ergibt sich ein deutliches Süd-Nord-Gefälle.

Die jährliche Sonnenscheindauer liegt bei 1 300 bis 1 900 Stunden. Die regional unterschiedlichen Jahreseinstrahlungen lassen sich aus der Einstrahlungskarte des Deutschen Wetterdienstes recht deutlich erkennen (siehe Abbildung Seite 13). Unter der Adresse dwd.de (Stichwort: Strahlungskarten) können die jeweils monatsaktuellen Karten eingesehen werden.

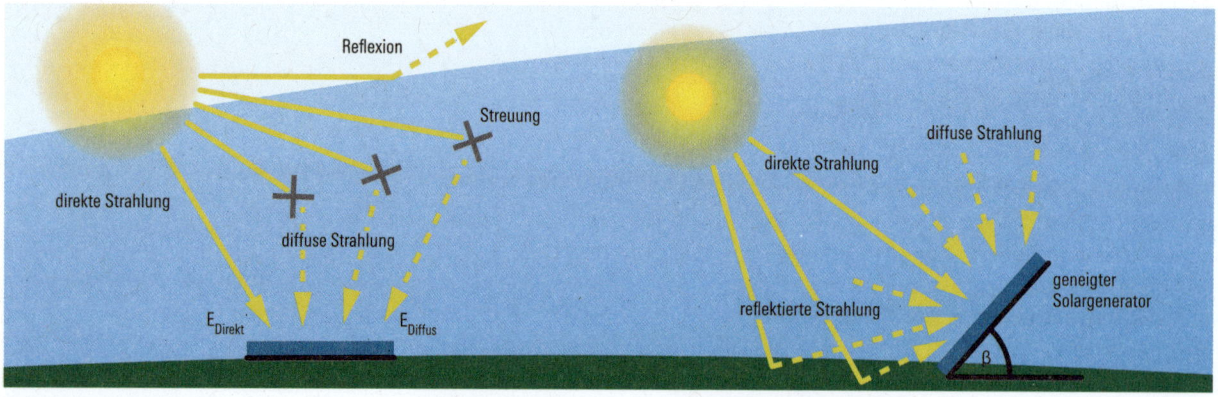

Verschiedene Strahlungsanteile aus direkter und indirekter Strahlung auf ebener sowie geneigter Fläche

Die Grafik zeigt das langfristige Mittel. In den einzelnen Jahren kann die Einstrahlung vom Durchschnittswert abweichen. Die Streubreite liegt bei einer langfristigen Betrachtung bei etwa +/- 15 Prozent. So lag zum Beispiel das Jahr 2004 mit etwa 14 Prozent deutlich über dem Mittelwert. 2013 hingegen waren die Einstrahlungswerte regional sogar bis zu etwa 18 Prozent niedriger. In den letzten Jahren seit 2018 ist das Wetter durch extrem heiße Sommermonate geprägt – mit entsprechend gestiegener solarer Einstrahlung.

Die bisherigen Strahlungsbetrachtungen beziehen sich auf eine ebene Fläche auf dem Boden. Durch eine Direktbestrahlung auf eine geneigte, zur Sonne ausgerichtete Fläche – zum Beispiel ein Dach mit Südneigung – ergeben sich höhere Einstrahlungswerte. Dabei addieren sich neben der direkten und diffusen Bestrahlung noch mögliche reflektierende Strahlungen vom Erdboden. Das Optimum einer starren Dachneigung liegt vom Süden Deutschlands nach Norden hin zwischen 30 Grad und 40 Grad. In Norddeutschland wirken sich wegen des dort „niedrigeren" Sonnenstandes steilere Dächer günstiger aus als im süddeutschen Raum.

Abweichende Dachneigungen sowie Ausrichtungen verringern auf natürliche Weise die solare Einstrahlung – bisweilen sehr deutlich, was sich prozentual über Grafiken für verschiedene Standorte visualisieren lässt (siehe auch nachfolgendes Kapitel „Flächenbedarf für Photovoltaikanlagen").

Durch technische Einrichtungen lässt sich die Einstrahlung auf eine bestimmte Fläche sogar noch weiter erhöhen. Bei Freiland-Photovoltaikanlagen gibt es mancherorts sogenannte „Nachführanlagen". Hier werden die Modulflächen auf Montagesystemen betrieben, die dem Sonnenverlauf automatisch folgen, sowohl vertikal als auch horizontal. Damit erfolgt eine optimale Ausnutzung der täglichen Sonneneinstrahlung über den gesamten Tagesverlauf, deren Einstrahlungswerte gegenüber einer „starren" Südausrichtung bei bis zu 40 Prozent höher liegen können.

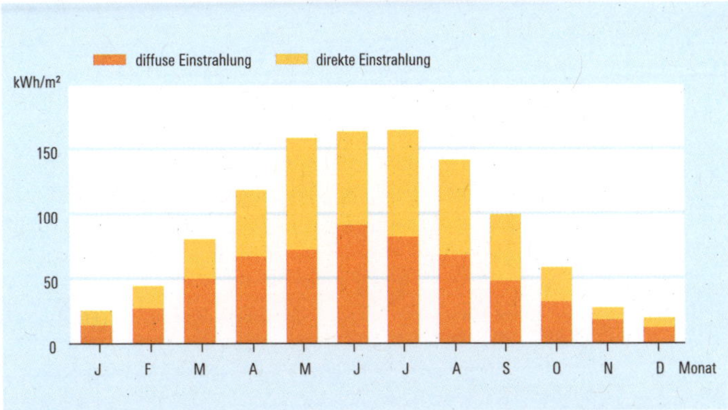

Die auftreffende Strahlungsenergie der Sonne setzt sich aus direkter und diffuser Einstrahlung zusammen (Daten für Würzburg von Meteonorm).

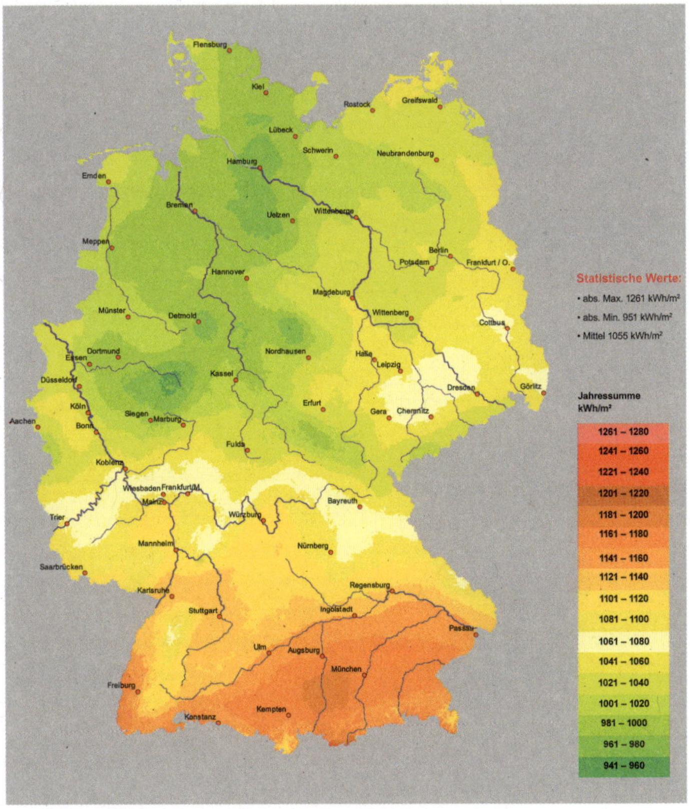

Jährliche Sonneneinstrahlung in Deutschland im langfristigen Mittel

VOM QUARZSAND ZUM FERTIGEN MODUL

Bei Photovoltaikmodulen unterscheidet man im Wesentlichen zwei Herstellungstechniken, und zwar solche mit

1 Siliziumscheiben und solche mit einem
2 beschichteten Trägermaterial, sogenannte Dünnschichtmodule.

Es gibt weitere Zelltechnologien in der Photovoltaik, die nur selten zur Anwendung kommen. Hierzu gehören Folienlaminate bis hin zu organischen Zelltechnologien zur integrierten Gebäudeanwendung.

Module mit Siliziumscheiben erkennt man an den einzelnen, scheibenförmigen, meist quadratischen Zellen. Dünnschichtmodule bestehen aus einer zumeist homogenen Fläche. Hier werden unterschiedliche Halbleitermaterialien wie amorphes Silizium, Kadmium-Tellurit oder Kupfer-Indium-Selenid auf ein Trägermaterial (zumeist Glasscheibe) in unterschiedlichen Schichten aufgedampft und mit Lasertechnik kontaktiert.

Es gibt auch Kombinationen von Siliziumscheiben und Dünnschichttechniken, die man „bifaciale" Module nennt. Dabei besteht auch die rückseitige Modulfläche aus einem aktiven Halbleitermaterial. Solche Module eignen sich nur in Situationen, wenn an der Rückseite Licht einfällt, zum Beispiel bei frei aufgestellten Modulen.

Flexible Photovoltaikmatte zur Gebäudeintegration in Membrankonstruktion

In früheren Zeiten sind Dünnschichtmodule gerade bei Großanlagen vermehrt zur Anwendung gekommen. Auf dem Markt durchgesetzt hat sich mittlerweile die Zelltechnologie aus Siliziumscheiben, der frühere Preisvorteil von Dünnschichttechniken ging weitgehend verloren. Zudem hat sich der Zellwirkungsgrad kristalliner Module deutlicher weiterentwickelt als bei der Dünnschichttechnik.

Silizium als Rohstoff

In der Natur ist Silizium das zweithäufigste Element überhaupt, allerdings kommt es nicht elementar rein vor, sondern in natürlichen Verbindungen, zum Beispiel als Silikat in Form von Sand oder Quarz.

Diese natürlich vorkommenden Stoffe sind für die Photovoltaik aber so nicht verwendbar. Sie müssen in aufwendigen Prozessen gereinigt werden, bis man schließlich reinstes Silizium zur Weiterverarbeitung erhält. Dieses Reinstsilizium ist deshalb erforderlich, um den später im Inneren der Modulzelle stattfindenden Stromfluss nicht durch Fremdstoffe zu behindern oder sogar unmöglich zu machen, wie wir bei der späteren Beschreibung des Zellaufbaus noch sehen werden (siehe Seite 16).

Im ersten Schritt wird beim Reinigungsprozess durch die Reduktion von Sauerstoff Rohsilizium hergestellt, da der Sauerstoff sich später bei der Zellfunktion störend auswirken würde.

Ausgangsmaterialien sind dabei faustgroße Quarzkiesel oder -bruchstücke, die mit Kohlenstoff gemischt werden. Bei 2 000 Grad Celsius wird dieses Gemisch elektrothermisch erhitzt, wobei der Sauerstoff entweicht. Das entstandene Rohsilizium, ein graues Pulver, hat einen Reinheitsgrad von 98 bis 99 Prozent, enthält jedoch weiterhin Fremdbestandteile wie Eisen, Aluminium, Kalzium, Titan und Kohlenstoff. Um Reinstsilizium von 99,9-prozentiger Reinheit zu gewinnen, müssen verschiedene weitere Reinigungsprozesse folgen. Dabei wird das Rohsilizium erst verflüssigt und später durch Erhitzen wieder in eine feste Konsistenz gebracht.

Das gewonnene Reinstsilizium wird nun – so verwunderlich das klingt – wieder verunreinigt, und zwar mit dem Element Bor. Das hat folgenden Grund: Silizium hat in seinem Atomaufbau neben seinem Atomkern 14 Elektronen in drei definierten Energiezuständen („Schalen" um den Atomkern). Die Atome gehen über die vier „äußeren" Elektronen chemische Verbindungen mit anderen Siliziumatomen oder anderen chemischen Elementen ein.

Bor hat fünf Elektronen, von denen nur die drei Elektronen der äußeren „Schale" für die Ausbildung von chemischen Bindungen zur Verfügung stehen. Wenn man sich nun vorstellt, wie sich Silizium- und Boratome in einem atomaren Gitter miteinander verbinden, dann verbleiben im Verbund „Elektronenlücken", weil die Anzahl der reaktiven Elektronen

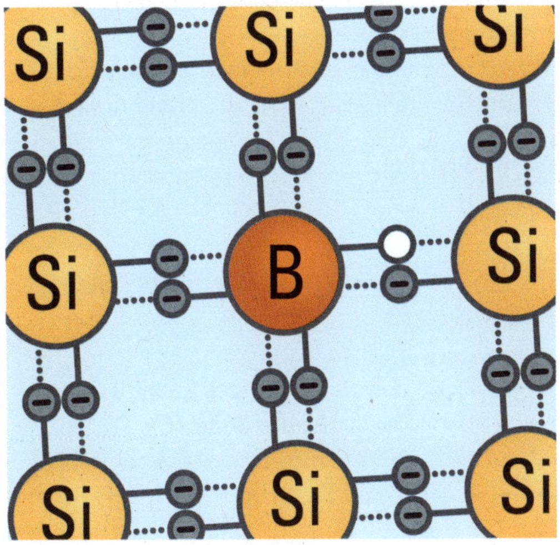

Elektronenlücken an den Boratomen

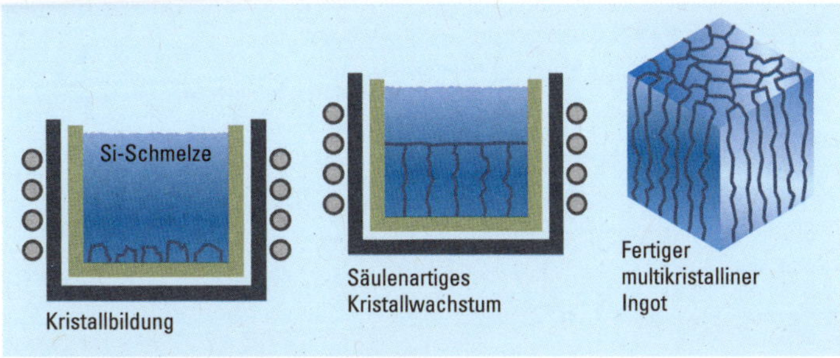

Systemprozess für polykristalline Zellen

zum Verbinden (Silizium 4 – Bor 3) ja nicht aufgeht. Dementsprechend wird das Silizium damit automatisch „positiv dotiert" (p-Schicht). Es gibt im Silizium-Bor-Kristallgitter zu wenige Elektronen, also viele Fehlstellen. Die Fehlstellen werden auch „Löcher" oder „Elektronenlöcher" genannt.

Wie man an dem Atommodell erkennt, ergeben sich freie Stellen, die durch „springende" Elektronen aufgefüllt werden können. Dies ist für die spätere Funktionsweise wichtig.

Das so hergestellte Silizium wird nun in der Regel über zwei unterschiedliche Verfahren zu Solarrohzellen verarbeitet. Dabei unterscheidet man im Ergebnis poly- beziehungsweise multikristallines und monokristallines Silizium. Der Unterschied dieser Siliziumformen liegt in der unterschiedlichen Herstellungsweise.

Polykristallines Silizium wird nach der Schmelze in quadratische Blöcke (Ingot) gegossen, worauf beim Auskühlen das Silizium auskristallisiert und eine Vielzahl von Kristallstrukturen bildet; hiervon leitet sich auch der Name ab: „poly" = viel (also von der griechischen Vorsilbe übernommen). Die Kristalle unterscheiden sich in Form und Größe deutlich voneinander. Sie können nur wenige Millimeter, aber auch einige Zentimeter groß sein und sind sehr fest miteinander verbunden. Aus diesem geschmolzenen Block werden zuerst quadratische Zylinder und aus diesen wiederum hauchdünne Scheiben (Wafer) geschnitten, die zu Solarzellen weiterverarbeitet werden.

Die Dicke der entstehenden Scheiben lag in der Anfangszeit der Solarzellenherstellung bei etwa 0,4 Millimetern und wurde mit der Zeit stetig reduziert, um die Ausbeute, also die Anzahl der Wafer pro Kilogramm Silizium zu

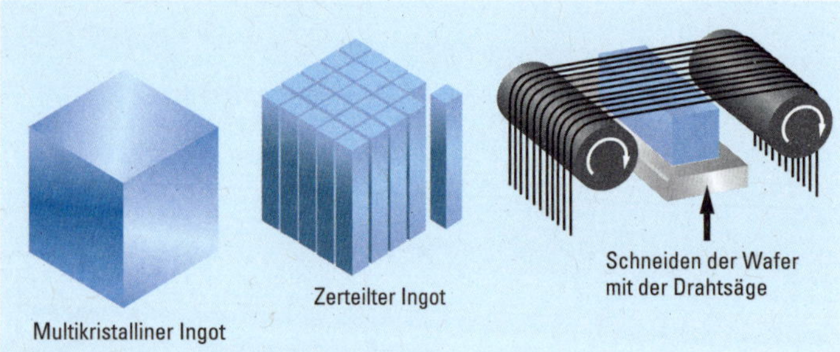

Systemprozess für polykristalline Zellen

erhöhen. Seit einiger Zeit beträgt die typische Waferdicke etwa 0,18 Millimeter. Zum Vergleich: Ein menschliches Haar hat eine Dicke von 0,05 bis 0,08 Millimeter. Eine weitere Erhöhung der Ausbeute ist durch eine Verringerung der Sägeverluste (Sägestaub) möglich. Neben der Steigerung des Zellwirkungsgrads trägt dies auch zu einem Rückgang des Siliziumbedarfs pro Watt Spitzenleistung und somit zu einer Kostenreduzierung bei.

Obwohl eine Schmelze unter hohen Temperaturen nötig ist, um polykristallines Silizium herzustellen, wird weniger Energie benötigt als bei der Herstellung monokristallinen Siliziums. Dadurch sind die Fertigungsverfahren kostengünstiger und die entstehenden polykristallinen Solarzellen waren in der Praxis zumindest in der Vergangenheit weit verbreitet.

Bei monokristallinen Zellen ergibt sich optisch eine homogene Zellstruktur; das heißt die Zelle wurde aus einem Einkristall hergestellt. Dabei wird das Reinstsilizium erneut geschmolzen. Im Allgemeinen wird die Schmelze mit einem Impf- oder Keimkristall, der sich an einem drehbaren Stab befindet, in Berührung gebracht und langsam unter Drehung wieder von ihr weg-/hochgezogen (Czochralsky-Verfahren). Man kann sich das grob wie beim Kerzenziehen mit flüssigem Wachs vorstellen. Hierdurch entsteht ein säulenförmiger Einkristall (Ingot) mit einem Durchmesser von 200 bis 300 mm, einer Länge von rund zwei bis drei Metern und einem Gewicht von ca. 100 kg.

Aus diesem Einkristall werden dann ebenfalls hauchdünne Scheiben geschnitten. Im Gegensatz zu den quadratischen polykristallinen Zellen entstehen runde Scheiben. Früher wurden diese als Grundlage für den Modulbau verwendet. Um diese platzoptimiert in einem Modul unterzubringen und dessen Effizienz zu steigern, werden an vier Seiten der Scheiben die Kreissegmente abgeschnitten. Dadurch verbleiben meist nur noch kleine runde Ecken an den Wafern, wodurch sich im späteren Zellverbund der Module dort die typische Rautenstruktur an den Eckbereichen der aneinandergefügten Zellen zeigt. Der Schnittabfall wird wiederverwendet.

Neben dem Unterschied bei der Herstellung (poly-)multikristalliner und monokristalliner Zellen ergeben sich bei monokristallinen Zellen höhere Wirkungsgrade. Dies ist auch ein Grund, weshalb die monokristallinen Zellen aufgrund der sich entwickelnden höheren Zellwirkungsgrade die polykristallinen Zellen trotz der höheren Herstellungskosten vom Markt nahezu verdrängt haben.

Funktion einer Solarzelle

Das Funktionsprinzip der Photovoltaik respektive der Solarzellen soll am Beispiel einer Silizium-Solarzelle beschrieben werden. Mit der zuvor beschriebenen Rohzelle allein (siehe Seite 15) lässt sich noch kein Strom produzieren. Sie dient aber als wichtiges Grundgerüst für die spätere Funktion als Stromerzeuger.

Silizium ist ein Halbleiter. Die Besonderheit von Halbleitern ist, dass durch zugeführte Energie (zum Beispiel in Form von Licht oder elektromagnetischer Strahlung) freie Ladungsträger (Elektronen) in ihnen erzeugt werden können. Hierzu muss die „Rohzelle" zunächst weiter bearbeitet werden, damit sich später

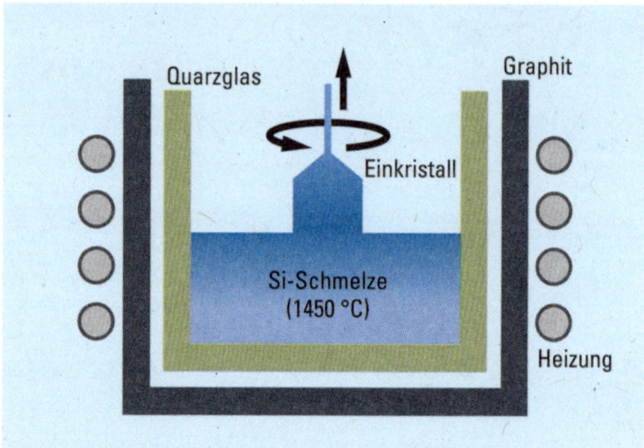

Systemdarstellung „Ziehen" eines Kristallingots

darin Elektronen bewegen und fließen können, die die Grundlage eines elektrischen Stromflusses bilden.

Zuerst wird die Zelloberfläche in ihrer Struktur verändert, damit diese das Licht weniger reflektiert und somit mehr Licht in die Zelle eindringen kann. Man nennt diesen Vorgang „Texturierung".

Bislang liegen im Silizium lediglich die sogenannten Elektronenlöcher vor, also Fehlstellen von Elektronen aufgrund der Vermischung des Siliziums mit Bor (siehe Seite 15). Dementsprechend lässt sich die Zelle als „positiv" bezeichnen. Wie allgemein bekannt, muss es bei Stromfluss neben der „positiven" Seite auch immer eine „negative" geben – Strom fließt nur, wenn Elektronen fließen; wir benötigen neben der elektronenarmen Siliziumzelle also noch einen Elektronenspender. Hierzu wird die obere Siliziumschicht mit einem Material durchsetzt, das chemisch mehr reaktive Elektronen enthält als Silizium und somit als Elektronenspender dient, zum Beispiel Phosphor. Phosphor beherbergt in seiner äußersten Elektronenhülle fünf Elektronen. Damit wird die Siliziumscheibe auf einer Seite negativ dotiert (n-Schicht mit Elektronenüberschuss).

Wie man am Atommodell erkennt, ergeben sich nicht gebundene, „freie" Elektronen, die sich ebenfalls frei im Raum bewegen können. Was es damit auf sich hat, sehen wir etwas später. Zunächst wird die Zelle in weiteren Schritten bearbeitet.

Damit die Lichteinwirkung sowie der Elektronenfluss besser funktionieren, wird die Zelle zum einen mit einer Antireflexschicht versehen

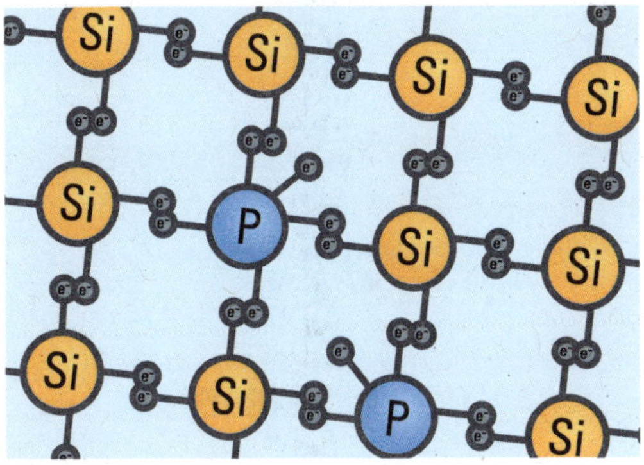

Ungebundene, freie Elektronen des Phosphors

Fertige Solarzellen (Vorderseite)

(dies verleiht ihr meist ihr dunkles, blaues Aussehen). Danach erhält die Zelle eine Kontaktierung sowohl auf ihrer Rück- wie auch auf der Vorderseite, vorderseitig mittels feiner Leiter aus Silberpaste (Grid – aus dem Englischen für „Gitter") und Stromleiterbändchen (Busbars).

Wie funktioniert die Solarzelle?

Im Grenzbereich der beiden zuvor beschriebenen Schichten, in der sogenannten Raumladungszone zwischen oberer (negativer) und unterer (positiver) Schicht, binden sich die freien überschüssigen Elektronen der Elektronenspender (aus dem Phosphor) locker an die freien Fehlstellen aus der unteren Schicht. Man kann es vereinfacht auch als einen „schwebenden Zustand" betrachten. Die Elektronen besetzen die Fehlstellen im sogenannten Valenzband und bilden elektrisch eine neutrale Zone, den „p-n-Übergang".

Da nun oben Elektronenüberschuss und unten Elektronenfehlstellen herrschen, bildet sich zwischen der oberen und unteren Kontaktfläche ein ständig vorhandenes elektrisches Feld, da die Elektronen und Fehlstellen einen natürlichen Ausgleich suchen.

Trifft Licht auf die Solarzelle, schlagen die Lichtteilchen mit ihrer Energie dabei die Elektronen aus ihren Bindungen heraus, die dann als frei bewegliche Teilchen in der Zelle verfügbar sind. Damit werden die Elektronen in das Leitungsband gehoben, wo sie frei verfügbar sind.

Viele dieser freien Ladungsträger (Elektronenlochpaare) verschwinden nach kurzer Zeit durch Rekombination wieder, das heißt die freien Elektronen fallen wieder in die Elektronenlöcher, wenn etwa die Photonenenergie nicht stark genug ist. Einige Ladungsträger driften jedoch zu den feinen Kontakten (Frontkontakten) an der Oberseite der Zelle, das heißt, die Elektronen werden von den Löchern getrennt und driften nach oben, die Löcher hingegen nach unten. Somit entsteht elektrische Spannung, solange weitere Photonen aus dem Lichteinfall ständig freie Ladungsträger erzeugen. Die hierbei messbare elektrische Spannung liegt bei einer Solarzelle bei etwa 0,5 bis 0,7 Volt.

Schaltet man nun einen Verbraucher dazwischen, zum Beispiel eine kleine Lampe, fließen die Elektronen durch den „äußeren Stromkreis" über diesen Verbraucher zur unteren Kontaktfläche der Zelle und rekombinieren dort mit den zurückgelassenen Löchern. Der weitere Lichteinfall führt zur Aufrechterhaltung des Elektronenkreislaufes und somit zur Erzeugung elektrischer Energie (= Stromfluss).

Modulfertigung

Da die Spannung (0,5 bis 0,7 Volt) sowie Leistung (4 bis 5 Watt) einer einzelnen Zelle viel zu gering wären, um einen konventionellen Nutzen bei der Stromerzeugung zu ermöglichen, müssen mehrere Zellen miteinander verschaltet werden, damit sich zum einen die Spannung und zum anderen die Leistung erhöht. Ein Aneinanderreihen der Solarzellen bewirkt dabei eine Leistungserhöhung.

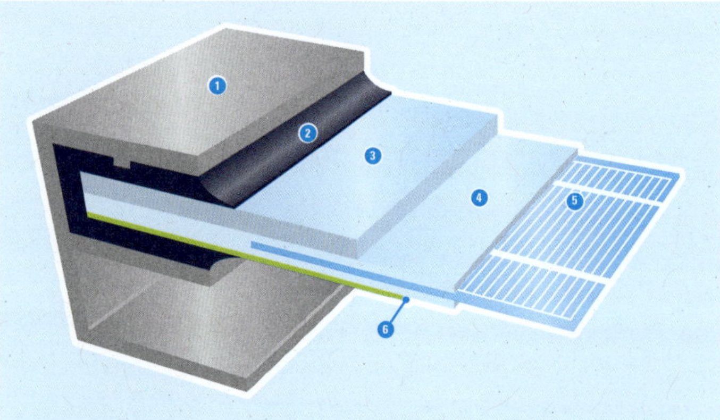

Schematischer Modulaufbau

Für den praktischen Einsatz der Solarzellen können die hauchdünnen Zellen natürlich nicht lose gehandhabt werden, da sie nach kürzester Zeit zerbrächen. Überdies müssen die Zellen und deren elektrische Verbindungen sowohl gegen äußere Einflüsse (Witterung, mechanische Belastung) als auch aufgrund ihrer elektrischen Eigenschaft (Stromschlag) geschützt werden. Dies geschieht in Form eines Moduls.

Hierzu wird auf einer Glasscheibe zuerst eine hochtransparente Schutzfolie (EVA, Ethylenvinylacetat) ausgelegt. Auf diese Folie werden dann die Zellen in einzelnen Reihen nebeneinander angeordnet, mit Leiterbändchen verbunden und an deren Enden miteinander verschaltet. Bei der Modulherstellung wurden früher die Zellen noch einzeln per Hand verlötet. Heute übernehmen Industrieroboter diese Aufgabe in einem vollautomatischen Verfahren.

Die Leiterbändchen werden in der Regel am Modulrand zu einem zentralen Bereich geführt, an dem später die Anschlussdose angebracht wird. Auf die aufgebrachten Zellen kommt eine weitere Lage der transparenten Schutzfolie und danach eine stabilere, in der Regel weiße (in manchen Fällen auch schwarze) Folie (aus Tedlar), die das Modul später rückseitig schützen soll. Dieser Glas-Zellen-Folienverbund wird mittels eines thermischen Verfahrens laminiert, sodass eine relativ feste Modulplatte entsteht.

Es gibt auch Module, bei denen sich auf der Rückseite ebenfalls eine Glasscheibe befindet (Glas-Glas-Laminate). Der Vorteil hier: eine höhere Belastungsmöglichkeit.

Schließlich wird an der Rückseite die Modulanschlussdose mit den beiden Anschlussleitungen (Plus/Minus) aufgeklebt und das Modul erhält in der Regel einen Aluminiumrahmen, was ihm abermals höhere Stabilität verleiht.

Ein solches gefertigtes Modul mit beispielsweise 60 Zellen und den Standardabmessungen von etwa 1,68 mal 1,00 Meter hat heutzutage eine Leistung von 320 Watt bis 340 Watt und eine Leerlaufspannung (Spannung, die an einem nicht angeschlossenen Modul ansteht)

Die Serienfertigung von Solarmodulen geschieht heute in teilweise oder weitgehend automatisierten Produktionsanlagen, auch mit Hilfe von Robotern.

von etwa 40 Volt. Je nach Format und Zellanzahl können sich abweichende Modulmaße und -leistungen ergeben. Tendenziell geht die Entwicklung hin zu größeren Formaten mit rund 2,00 mal 1,00 Metern und einer Leistung von rund 380 Watt bis 450 Watt.

Die Nennleistung eines Moduls wird dabei mit Toleranzen angegeben. Waren früher Toleranzen von bis zu +/- 10 Prozent möglich, werden durch moderne Fertigung sowie Zellvorsortierung heutzutage überwiegend plussortierte Module gefertigt.

SOLARSTROM UND UMWELTBILANZ

Wenn man mit der Sonne als kostenlos zur Verfügung stehendem Energiespender Strom erzeugen kann, läge es zunächst auf der Hand zu vermuten, Solar- oder PV-Anlagen seien in ihrer Umweltbilanz mindestens neutral zu bewerten. Hier müssen allerdings einige Punkte unterschieden werden, denn bekanntlich ist längst nicht alles Gold, was glänzt. Der Betrieb einer Photovoltaikanlage kann ökologisch nicht allein für sich bewertet werden, sondern es bedarf immer der Betrachtung eines Vorher und eines Nachher.

Grundsätzlich ist anerkannt, dass Solarstrom weitaus geringere Umweltschäden verursacht als Energieerzeugung aus fossilen Energieträgern und der Kernkraft. Somit wer-

Stromkosten nach Erzeugungsart

Energieerzeuger	Stromgestehungskosten [ct/kWh]	Externe Kosten [ct/kWh]
Atomstrom (Stand 2019)	ca. 1,0	24 bis 28
Braunkohle (Stand 2017)	ca. 3,4 bis 4,7	22 bis 24
Photovoltaik	ca. 4 bis 18*	ca. 1,0

* je nach Anlagengröße und ob mit/ohne Speicher

den die externen Kosten der Energieerzeugung, wie zum Beispiel Beseitigung von Umweltschäden, erforderliche Rekultivierungsmaßnahmen, Endlager … gesenkt.

Emissionserzeugung (CO_2)

Noch im Jahr 2011 betrugen die Kosten der Vermeidung von CO_2-Emissionen durch Photovoltaik 320 Euro je Tonne CO_2 und lagen damit höher als bei anderen erneuerbaren Energiequellen. Durch die starke Kostensenkung innerhalb der Photovoltaik sind die CO_2-Vermeidungskosten einer Hausdachanlage in Deutschland jedoch auf etwa 17 bis 70 Euro je Tonne CO_2 gefallen, womit die Solarstromerzeugung günstiger ist als die Kosten für Klimawandelfolgeschäden, die aktuell auf 80 Euro je Tonne CO_2 veranschlagt werden. In sonnenreicheren Gegenden der Welt werden sogar Vorteile von bis zu 380 Euro je Tonne vermiedener CO_2-Emissionen erzielt.

Wie viel CO_2-Emissionen durch Photovoltaik tatsächlich vermieden werden, hängt auch von der Koordination des Erneuerbare-Energien-Gesetzes mit dem EU-Emissionshandel ab; außerdem von der für die Herstellung der Module verwendeten Energieform.

Produktionsphase

Für die Herstellung von Solarzellen wird, wie wir gelernt haben, Reinstsilizium benötigt. Dessen Herstellung erfolgt unter hohen Temperaturen und entsprechendem Energieaufwand. Die weiteren Produktionsschritte erfolgen wie in der typischen Halbleiterherstellung auf Basis chemischer und energieintensiver Schritte mit anfallenden Nebenstoffen. Für ein Kilogramm Reinstsilizium entstehen ab der Rohstoffgewinnung bis zu 19 Kilogramm Nebenstoffe. Da Reinstsilizium meist von Zulieferfirmen produziert wird, ist die Auswahl der Lieferfirmen unter Umweltaspekten entscheidend für die Umweltbilanz eines PV-Moduls.

Betriebsphase

Durch die absolute Emissionsfreiheit im Betrieb weist die Photovoltaik sehr niedrige externe Kosten auf, also die Kosten, die neben den reinen Stromgestehungskosten unter Berücksichtigung von Umwelteinflüssen und Aufwendungen für Umwelt-, Klima- und Gesundheitsschäden anfallen. Nach aktuellen Studien des Fraunhofer ISE (Stand März 2021) ergeben sich die in der Tabelle links oben aufgeführten Kosten ausgewählter Energieerzeuger.

Treibhausgasbilanz

Der PV-Betrieb gilt als CO_2-emissionsfrei. Dennoch lassen sich Photovoltaikanlagen derzeit nicht CO_2-frei herstellen, transportieren und montieren. Die rechnerischen CO_2-Emissionen von Photovoltaikanlagen betragen nach einer Studie aus dem Jahr 2015 (Francesco Asdrubali et al.) etwa 29 g/kWh. Verursacht werden diese Emissionen durch Verbrennung fossiler Energien insbesondere während der Fertigung von Solaranlagen.

Zum Vergleich:

- Bei Kohlekraftwerken liegt die Emission zwischen 750–1 200 g/kWh,
- bei Gaskraftwerken zwischen 400–550 g/kWh,
- bei Windenergie und Wasserkraft zwischen 10–40 g/kWh,
- bei der Kernenergie zwischen 10–30 g/kWh (ohne Endlagerung) und
- bei Solarthermie in Afrika zwischen 10–14 g/kWh.

Mit dem weiteren Ausbau der erneuerbaren Energien im Zuge des weltweiten Ziels zu nachhaltigen Energieformen wird sich die Treibhausgasbilanz bei der PV-Herstellung sicher automatisch weiter verbessern.

Die energetische Amortisationszeit von Photovoltaikanlagen ist der Zeitraum, in dem die Photovoltaikanlage die gleiche Energiemenge geliefert hat, die während ihres gesamten Lebenszyklus benötigt wird; für Herstellung, Transport, Errichtung, Betrieb, Rückbau und Recycling. Um den für die Produktion notwendigen Energieverbrauch ins Verhältnis zur Energiegewinnung zu bringen, haben Forscher den sogenannten Energy Stored On Invested (ESOI) Wert entwickelt. Er wird auch als Erntefaktor bezeichnet, der das Verhältnis der genutzten zur investierten Energie beschreibt.

Dieser betrug bei PV-Anlagen 2011 zwischen 0,75 und 3,5 Jahren, je nach Standort und verwendeter Photovoltaiktechnologie. Bei CdTe-Modulen lagen die Werte mit 0,75 bis 2,1 Jahren am günstigsten, während Module aus amorphem Silizium mit 1,8 bis 3,5 Jahren über dem Durchschnitt lagen. Mono- und multikristalline Systeme benötigen etwa 1,5 bis 2,7 Jahre. Als Lebensdauer wurden in der Studie 30 Jahre für Module auf Basis kristalliner Siliziumzellen und 20 bis 25 Jahre für Dünnschichtmodule angenommen, für die Lebensdauer der Wechselrichter 15 Jahre.

Bei einem PV-Einsatz in Deutschland wurde die Energie, die im Jahr 2011 zur Herstellung einer Photovoltaikanlage benötigt wurde, durch Solarzellen in etwa zwei Jahren wieder gewonnen. Der Erntefaktor liegt unter für Deutschland typischen Einstrahlungsbedingungen bei mindestens 10, eine weitere Verbesserung ist nach einem Bericht in der Fachzeitschrift BWK (2007) wahrscheinlich.

Flächenverbrauch

Umweltbilanzen spiegeln sich auch im Flächenverbrauch wider. In der Regel ist hier der Bodenflächenverbrauch gemeint. PV-Anlagen werden überwiegend auf bestehenden Dachflächen errichtet, was letztendlich zu keinem zusätzlichen Flächenbedarf führt. Freilandanlagen in Form von Solarparks nehmen demgegenüber zusätzliche Flächen in Anspruch, wobei häufig bereits vorbelastete Areale wie zum Beispiel Konversionsflächen (aus ehemaliger militärischer, gewerblicher, verkehrlicher oder wohnlicher Nutzung), Flächen entlang von Autobahnen und Bahnlinien (im 500-Meter-Streifen), auf als Gewerbe- oder Industriegebiet ausgewiesenen oder versiegelten Flächen (ehemalige Deponien, Parkplätze ...) verwendet werden.

Werden Photovoltaikanlagen auf landwirtschaftlicher Fläche errichtet, was in Deutschland derzeit nicht oder nur begrenzt entlang öffentlicher Verkehrswege gefördert wird, kann es zu einer Nutzungskonkurrenz kommen. Hierbei muss berücksichtigt werden, dass Solarparks im Vergleich zur Bioenergieerzeugung auf gleicher Fläche einen um ein Vielfaches höheren Energieertrag aufweisen. So liefern Solarparks pro Flächeneinheit etwa 25- bis 65-mal so viel Strom wie Energiepflanzen. Zudem ergeben sich bei PV-Freifeldanlagen weitere ökologische Aspekte: Die Flächen werden innerhalb der elektrischen Anlage (eingezäunte Freilandanlage) weitgehend begrünt, teilweise auch unter Genehmigungsauflagen am Rand bepflanzt und mit Kleinbiotopen versehen. Eine Bodenversiegelung, wie sie in typischer Weise von Bauwerken verursacht wird, erfolgt hier bis auf die erforderlichen Trafostationen nicht. Daher können sie gegenüber einer ansonsten konventionellen und in üblicher Weise industriell bewirtschafteten landwirtschaftlichen Fläche auf jeden Fall als ökologisch wertvolle Flächen bezeichnet werden.

Entsorgung von PV-Modulen

Ein Solarmodul besteht überwiegend aus Aluminium, Glas und Kunststoffen sowie den Solarzellen aus Silizium. Die Stoffe beim Recycling der Module unterteilen sich in Schadstoffe, Rohstoffe und begrenzte Rohstoffe. Die geringsten Mengen an Schadstoffen sind in der amorphen Technologie (a-Si) zu finden, leider werden aber auch hier, wie in allen Dünnschichttechnologien, noch bleihaltige Lötverbindungen verwendet. Die CIGS-Technologie

Beschädigte Photovoltaikmodule nach Hagelschlag

(Cuprum-Indium-Gallium-Selen) enthält geringe Mengen Kadmium aufgrund einer Kadmiumsulfidschicht. Blei ist vor allem in den kristallinen Modulen (c-Si) wegen der bleihaltigen Lötverbindungen der Solarzellen im Modul zu finden. Das Schwermetall Kadmium ist in den CdTe-Modulen vorhanden, allerdings chemisch gebunden mit dem Element Tellur.

Als begrenzter Rohstoff finden sich in der a-Si-Technologie Germanium und in CIGS-Modulen Indium, Gallium und Selen.

Der größte Gewichtsanteil bei den Modulen rührt vom Rohstoff Glas, der in allen Technologien zu finden ist, je nach Größe der Module in einer Menge von etwa 11 kg/m^2. Aluminium als Rahmenmaterial kommt in Mengen von etwa 1 kg/m^2 vor. Silber als kostenintensivster Rohstoff in der c-Si-Technologie findet vor allem Verwendung in den Metallisierungspasten auf der Vorderseite der Solarzellen, mit einem Gewichtsanteil von 20 g/m^2. Kupfer als Rohstoff findet sich vor allem in der Verkabelung sämtlicher Modultechnologien, bei den CIGS-Modulen ebenfalls in der aktiven Halbleiterschicht.

All diese Materialien können nach gegenwärtigem Stand der Technik recht einfach recycelt werden. Daher liegt die Recyclingquote bei Solarmodulen heute bei mehr als 80 Prozent. Moderne Anlagen zur Wiederverwertung von PV-Modulen sollen sogar auf Raten von mehr als 90 Prozent kommen.

Das im Juli 2007 gegründete PV-Cycle-System ist ein Zusammenschluss mehrerer Unternehmen der Photovoltaikindustrie mit dem Ziel, ein freiwilliges Rücknahme- und Recyclingprogramm für Altmodule aufzubauen. Die Mitglieder des PV Cycle sind Produzenten, Importeure, Forschungsinstitute sowie Großhändler.

Momentan fallen zwar noch keine nennenswerten Mengen an ausgedienten PV-Modulen und Solarzellen an, das wird sich in den kommenden Jahren aber unweigerlich ändern. Die zu erwartende Abfallmenge an PV-Modulen wird unterschiedlich prognostiziert. Man spricht davon, dass bis zum Jahr 2030 in der EU etwa 130 000 Tonnen ausgedienter Module erwartet werden. Das exponentielle Wachstum in der Produktion und Installation von Modulen spiegelt sich nach etwa 20 Jahren in der Abfallmenge wider, die „verarbeitet" werden muss, wobei freilich nicht damit zu rechnen ist, dass alle PV-Anlagen nach 20 Jahren Nutzungsdauer wieder abgebaut werden. Im Jahr 2010 sollten demnach etwa 5 000 Tonnen an PV-Modulen aus dem Jahr 1990 als Abfall eingegangen sein. Eine Prognose für den PV-Abfall durch eine Studie des Instituts für Siedlungswasserbau, Wassergüte- und Abfallwirtschaft (ISWA) und des Instituts für Photovoltaik (ipv) aus dem Jahr 2012 kam auf eine weltweite Abfallmenge von 4 000 Tonnen pro Jahr. Die Recyclingorganisation PV-Cycle hat im Jahr 2010 dagegen nur etwa 1 400 Tonnen eingesammelt.

Als Reaktion auf die insgesamt unbefriedigende Entwicklung fallen seit dem 24. Januar 2012 auch Solarmodule unter eine Novellierung der Elektroschrott-Richtlinie. Für die PV-Branche sieht die Novelle vor, dass 85 Prozent aller verkauften Solarmodule gesammelt und zu 80 Prozent in die Wiederverwertung gebracht werden müssen.

Bis 2014 waren alle 27 EU-Mitgliedsländer verpflichtet, die Verordnung in nationales Recht umzusetzen. Dadurch hat man die Hersteller in die Pflicht genommen, Strukturen für die Wiederverwertung bereitzustellen. Die Trennung der Module von anderen Elektrogeräten wird dabei bevorzugt. Bereits existierende Sammel- und Recyclingstrukturen sollen zudem ausgebaut werden.

In Deutschland wird die Rücknahme aktuell über das Elektro- und Elektronikgerätegesetz (ElektroG) geregelt, der deutschen Umsetzung der europäischen WEEE-Richtlinie (WEEE = Waste of Electrical and Electronic Equipment). Die Hersteller und Inverkehrbringer von Solarmodulen müssen sich registrieren und dafür sorgen, dass die von ihnen verkauften Photovoltaikmodule zurückgenommen und ordnungsgemäß entsorgt werden. Das ist bei Solaranlagen nicht anders als bei Staubsaugern und Fernsehern.

Der Branchenverband BSW-Solar hat Ende Oktober 2019 ein Merkblatt zum sicheren Umgang mit PV-Altmodulen veröffentlicht, das sich an Installateure und Betreiber von PV-Anlagen richtet.

Durch die breite Palette an Solarzellen und -modulen erhöht sich der Anpassungsaufwand an die jeweils eingesetzte Recyclingtechnologie. Bisher existieren großtechnische Recyclingverfahren nur für Module aus kristallinem Silizium und aus Cadmiumtellurid. Verfahren für Module mit anderen Halbleitertechniken

Recycling von Solarmodulen

	c-Si (kristalline Siliziumzellen)	a-Si (amorphe Siliziumzellen)	CIS (Kupfer-Indium-Diselenid-Zellen)	CdTe (Cadmium-Tellurid-Zellen)
	Anteil in %			
Glas	75–80	80–90	80–85	95
Aluminium	10–12	< 0,001–10	< 0,001–12	< 0,01
Silizium	ca. 3	< 0,1		
Polymere	ca. 6,5	10	6	3,5
Zink	0,12	< 0,1	0,12	0,01
Blei	< 0,1	< 0,1	< 0,1	< 0,01
Kupfer (Kabel)	0,6		0,85	1
Indium			0,02	
Selen			0,03	
Tellur				0,07
Cadmium				0,07
Silber	< 0,006			< 0,01

Quelle: „Recycling von Solarmodulen – Potenzial und Anspruch eines zukünftigen Stoffstroms", PV-Cycle-Studie 2007

Die Gewinnung von Lithium in Südamerika geht sehr zulasten der Umwelt.

befinden sich erst in der Entwicklungsphase. Neben dem Verfahren der Deutsche Solar AG, bei dem die schadhaften und ausgedienten Module über thermische und chemische Prozesse entweder als Ganzes oder als Bruchstücke der Solarzellen aufbereitet werden, bietet beispielsweise die Firma First Solar für ihre Cadmium/Tellurit-Module ein technisch anderes Verfahren an, bei dem die Module mechanisch zerkleinert und anschließend über weitere chemische und maschinelle Prozesse in ihre Bestandteile zerlegt, separiert und die Halbleiterrohstoffe letztlich zurückgewonnen werden. Der energieintensiv hergestellte Teil der Solarzellen (Silizium) kann vier- bis fünfmal wiederverwertet werden.

Der Energieverbrauch für die Herstellung von Solarzellen aus Recyclingmaterialien benötigt weniger als ein Drittel der Energie, die für die Herstellung von Solarzellen aus Primärmaterialien beansprucht wird – aus ökologischer Sicht sind lediglich die verwendeten Ätzlösungen zu bemängeln, da diese teilweise toxisch und somit bei unsachgemäßer Handhabung eine Gefahr für die Umwelt darstellen können. Die Einsparung an Energie und damit auch die Reduktion von Emissionen machen das Recycling umwelttechnisch gesehen sinnvoll. Somit ergibt die Energiebilanz für Herstellung beziehungsweise Recycling von PV-Modulen ganz eindeutige Vorteile für das Recycling.

Batteriespeicher

Immer mehr Photovoltaikanlagen werden mit Batteriespeichern betrieben. Bei Batteriespeichern, zum Beispiel mit der Lithium-Ionen-Technologie, ist die Umweltbilanz im Verhältnis zur reinen Photovoltaik differenzierter zu betrachten. Die meisten Studien befassen sich hierzu mit der Elektromobilität, welche sich nochmals vom Betrieb von PV-Anlagen unterscheidet.

Lithium-Ionen-Akkus haben sich schon seit langer Zeit zum Branchenstandard entwickelt. Vor der größeren Markteinführung von Stromspeichern in Verbindung mit einer Solaranlage oder auch der Elektromobilität waren diese bereits in vielen elektronischen Geräten wie Smartphones und Laptops im Einsatz.

Ähnlich wie bei der Photovoltaik ergeben sich unterschiedliche Perspektiven, angefangen von der Herstellung über den Betrieb bis hin zur Entsorgung. Dabei dürfte der reine Betrieb eines Stromspeichers ökologisch kaum negative Tendenzen aufweisen, insbesondere wenn er mit regenerativem Strom betrieben wird, was in der Elektromobilität heute noch nicht zu 100 Prozent geschieht. Ansonsten spielen hinsichtlich der Öko-Bilanz drei Faktoren eine wichtige Rolle:

1 die Umwelteinflüsse durch Rohstoffabbau, Produktion und Transport,
2 die dafür aufgewendete Energie,
3 das Recycling.

Rohstoffe

Für die Herstellung von Solarstromspeichern sind spezielle Rohstoffe erforderlich, die in Deutschland nicht vorkommen und teilweise generell selten in der übrigen Welt vorhanden sind.

Lithium ist ein auf der Erde zwar häufig zu findendes Leichtmetall, allerdings kommt es nur in geringen Konzentrationen vor. Das Lithium für die Stromspeicher wird vorrangig in Chile, Bolivien, China und Argentinien abgebaut, wo bereits die ersten Probleme entstehen.

Zur Lithiumgewinnung wird salzhaltiges Grundwasser an die Oberfläche gepumpt und über eine Kette von Verdunstungsteichen geleitet, in denen über mehrere Monate ein Verdunstungsprozess an der Sonne stattfindet. Hat das Lithiumchlorid in den Teichen die nötige Konzentration erreicht, wird die Lösung in eine Aufbereitungsanlage gepumpt, wo unerwünschtes Bor und Magnesium extrahiert und ausgefiltert werden, um anschließend mit Natriumcarbonat behandelt zu werden. Das dabei ausgefällte Lithiumcarbonat wird gefiltert und getrocknet. Überschüssige Restsole wird in den Salzsee zurückgepumpt. Gerade in trockenen Gegenden wie Chile wird durch die Grundwasserverwendung das Austrocknen der Landschaft gefördert.

Kobalt wird überwiegend aus Kupfer- und Nickelerzen gewonnen. Die genaue Gewinnungsart ist von der Zusammensetzung des Ausgangserzes abhängig und bisweilen sehr aufwendig.

Der größte Teil des Kobalts wird durch Reduktion der Nebenprodukte in der Gewinnung des Nickel- und Kupferabbaus und der Schmelze gewonnen. Daher hängt die Kobaltversorgung in hohem Maße vom Kupfer- und Nickelabbau in einem bestimmten Markt ab. Es gibt verschiedene Methoden, um Kobalt von Kupfer und Nickel zu trennen, abhängig von der Höhe der Kobaltkonzentration und der genauen Zusammensetzung des verwendeten Erzes. Kobalt kann unter anderem aus der Kupferschmelze ausgelaugt werden. Dementsprechend ergeben sich neben hohem chemischen und energetischen Einsatz auch ein hoher Einsatz von Wasser und entsprechenden Abwässern zur Gewinnung.

Das Vorkommen von Kobalt beschränkt sich in hohem Maße auf den Kongo. Vorkommen in China, Kanada und Russland liegen etwa um den Faktor 10 niedriger als im Kongo. Die ausschließlich aus den ausländischen Gebieten geförderten Rohstoffe drücken die Ökobilanz für Deutschland in Anbetracht der Transportwege sowie -fahrzeuge zusätzlich erheblich.

Insbesondere Kobalt ist wegen der damit in Verbindung stehenden Kinderarbeit in die Kritik geraten. Über die Hälfte des heute verwendeten Kobalts stammt aus der Republik Kongo. Im Jahre 2016 wurden 84 400 Tonnen Kobalt gewonnen, für das Jahr 2030 wird eine Nachfrage von 450 000 Tonnen Kobalt vorausgesagt, was einen enormen Druck auf die einzelnen Kobaltminen nach sich zieht. Von den 84 000 Tonnen Kobalt stammten 18 000 Tonnen, also rund 20 Prozent, aus illegalen Kleinbergwerken im Kongo. Daher kann man zwischen zwei Arten von Kobaltminen unterscheiden:

1. Die Gewinnung aus illegalen Kleinbergwerken und
2. die aus industriellen Minen mit gewissen Standards.

Heutzutage liegen die industriellen Minen hauptsächlich in chinesischer Hand und schaffen somit nur wenige Arbeitsplätze für Einheimische – die Armut in der Region wächst trotz des Rohstoffreichtums. Die illegalen Kleinbergwerke oder Minen sind meist 40 bis 50 Meter tief und werden von den Arbeitern (darunter viele Kinder) ohne jegliche Schutzkleidung, Schutzausrüstung oder Maschinen händisch gegraben. Diese Bergwerke sind schmale, enge Tunnel, die ohne Pfeiler und Wände, die die Minen vor dem Einstürzen schützen könnten, in den Boden gegraben werden. Aufgrund der Enge werden vermehrt Kinder und kleine Erwachsene eingesetzt, um das Kobalterz zu fördern. Die Gewinnung des Kobalts ist sehr aufwendig, da der Rohstoff immer nur vereinzelt und in kleinen Mengen zu finden ist.

Nach UN-Leitprinzipien müssen alle Unternehmen, die in die Lieferkette eingebunden sind, den Prinzipien für Wirtschaft und Menschenrechte entsprechen. Sofern diese nicht beachtet oder gebrochen werden, müssen die Unternehmen den Vorgang sofort abbrechen. Die Herkunftsländer der Unternehmen verpflichten die Unternehmen, die Herkunft der Materialien sowie die Herstellung nochmals selbst zu überprüfen, um eine Menschenrechtsverletzung auszuschließen. Amnesty International hat verschiedenen Unternehmen gegenüber den Vorwurf ausgesprochen, die Konzerne profitierten von Kinderarbeit im Kongo. In Artikel 32 (UN) des Übereinkommens sind die Rechte des Kindes klar definiert: „Die Vertragsstaaten erkennen das Recht des Kindes an, vor wirtschaftlicher Ausbeutung geschützt und nicht zu einer Arbeit herangezogen zu werden, die Gefahren mit sich bringen, die Erziehung des Kindes behindern oder die Gesundheit des Kindes oder seine körperliche, geistige, seelische, sittliche oder soziale Entwicklung schädigen könnte." Im Juni 2021 hat die Bundesregierung das Lieferkettengesetz beschlossen. Ziel ist es, den Schutz grundlegender Menschenrechte zu verbessern und insbesondere das Verbot von Kinderarbeit durchzusetzen. Auch Umweltbelange sind darin relevant, wenn sie zu Menschenrechtsverletzungen führen (beispielsweise durch vergiftetes Wasser) oder dem Schutz der menschlichen Gesundheit dienen.

Das „Kobalt-Problem" betrifft jedoch nicht nur allein die Herstellung industrieller oder gewerblicher Energiespeicher, sondern fängt bereits bei Kleinanwendungen wie dem Smartphone an. Die direkten Umwelteinflüsse durch Rohstoffabbau, Produktion und Transport sowie die humanen Auswirkungen müssen bei Energiespeichern daher als negativ bezeichnet werden.

Produktion

Um den für die Produktion notwendigen Energieverbrauch ins Verhältnis zur Stromspeicherleistung zu bringen, haben Forscher den sogenannten Energy Stored On Invested (ESOI) Wert entwickelt (Erntefaktor). Hier haben die Stromspeicher in den vergangenen Jahren bereits deutliche Fortschritte gemacht.

Während der Wert im Jahr 2013 noch bei 10 lag, liegt er heute bereits bei 18. Das bedeutet, dass ein durchschnittlicher Lithium-Ionen-Stromspeicher 18-mal so viel Energie speichert und abgibt, wie beim Abbau und der Produktion aufgewendet wurde. Je langlebiger der Speicher ist, desto besser ist schließlich auch der ESOI-Wert. Die Umweltbilanz in diesem Bereich entwickelt sich somit positiv und sollte sich, wie die Vergangenheit bereits gezeigt hat, weiter deutlich verbessern.

Eine genaue Gesamtbewertung zur Ökobilanz bleibt schwierig, da insbesondere die Rohstoffgewinnung und die damit verbundenen Umweltschädigungen, die sich im Besonderen negativ auf die Ökobilanz auswirken, nicht genau abgeschätzt werden können.

Rücknahme von Altbatterien

Es ist bekannt, dass Altbatterien giftige Schwermetalle wie Quecksilber, Cadmium und Blei enthalten können. Um Mensch und Umwelt zu schützen und Wertstoffe in hohem Maße wiederzugewinnen, müssen sie getrennt vom unsortierten Siedlungsabfall gesammelt und recycelt werden. Dies gilt bereits für Klein- und Autobatterien.

Im Jahr 2006 trat die EU-Batterierichtlinie (BattRL) in Kraft. Ihr Ziel ist es, die Umweltbelastungen durch Altbatterien zu reduzieren. In Deutschland löste das Batteriegesetz (BattG) im Jahr 2009 die Batterieverordnung von 1998 ab. Das BattG, das die BattRL in nationales Recht umsetzt, gilt für alle Arten von Batterien und Akkumulatoren also Fahrzeug-, Industrie- und die aus dem Alltag bekannten Gerätebatterien. Insofern besteht in Deutschland und anderen EU-Ländern ein „Rücknahmezwang".

Zudem ist das Inverkehrbringen von Batterien, die mehr als 0,0005 Gewichtsprozent (fünf Milligramm pro Kilogramm) Quecksilber enthalten, verboten. Auch das Inverkehrbringen von Gerätebatterien mit einem Cadmiumgehalt von mehr als 0,002 Gewichtsprozent (20 Milligramm pro Kilogramm) ist per Gesetz nicht erlaubt.

Fahrzeug- und Industriebatterien unterliegen hingegen nicht dem Cadmiumverbot! Enthalten Batterien die Schwermetalle Cadmium beziehungsweise Blei oberhalb bestimmter Grenzwerte, muss dies auf der Batterie beziehungsweise der Verpackung unterhalb des durchgestrichenen Mülltonnensymbols gekennzeichnet werden.

Vertreiber von Batterien sind dementsprechend verpflichtet, Altbatterien unentgeltlich vom Endnutzer zurückzunehmen. Auf der anderen Seite sind Endnutzer gesetzlich verpflichtet, alle anfallenden Altbatterien bei den Vertreibern von Batterien oder den Sammelstellen der Wertstoffhöfe und Schadstoffmobile abzugeben. Keinesfalls gehören Altbatterien – beispielsweise auch beschädigte Altbatterien und Knopfzellen – in den Hausmüll oder gar achtlos in die Umwelt geworfen.

Wallbox für das Eigenheim

Um die Sammelstellen leicht zu finden, gibt es ein – allerdings nicht verbindliches – einheitliches Sammelstellenlogo.

Fahrzeug- und Industriealtbatterien (E-Bike-Akkus, Akkus zur Speicherung erneuerbarer Energien …) können von Endnutzern bei den Vertreibern dieser Batteriearten kostenfrei zurückgeben werden. Teilweise beteiligen sich auch kommunale Sammelstellen freiwillig an der Sammlung solcher Batterien.

Problemfeld Lithium-Ionen-Batterie

Bei den Batterien zur konventionellen Energieversorgung haben sich verschiedene auf Lithium basierende Techniken durchgesetzt. Die zunehmende Verbreitung dieser Technologie bringt aber auch einige Schwierigkeiten mit sich. Dazu zählt die Brandgefahr. Vor allem, wenn solche Batterien durch Fremdeinwirkung beschädigt sind, kann ein innerer Kurzschluss entstehen, die Lagerung ist dann nicht sicher. Bereits bei Kleinanwendungen (Smartphone) sind Fälle bekannt, bei denen die Batterie thermisch „durchgegangen" ist. Denn Lithium ist reaktionsfreudig, in Verbindung mit Feuchtigkeit entzündet sich das Metall. In Lithium-Ionen-Batterien liegt das Lithium zwar in gebundener Form und in nur geringer Menge vor, problematisch ist aber die Temperaturentwicklung durch die hohe Energiedichte. Wenn also zunehmend Lithium-Stromspeicher mit hoher Kapazität beispielsweise im Straßenverkehr in Elektrofahrzeugen verbaut sind, stellt sich die Frage: Wie wird ein bei einem Unfall beschädigter Akku sicher transportiert und entsorgt?

Gebrauchte und unbeschädigte Blöcke können unter den gleichen und international gültigen Sicherheitsanforderungen wie neue transportiert werden. Problematisch sind aber Batterieblöcke mit einem Gewicht von mehr als einem halben Kilo und einer mechanischen Beschädigung. Hier ist der Transport in Deutschland nur unter bestimmten Bedingungen und Vorgaben der Bundesanstalt für Materialprüfung (BAM) erlaubt und muss zudem dort angemeldet werden. Die Batterieindustrie arbeitet unter Hochdruck im Eigeninteresse an einer Lösung des Transportproblems. So werden durch die gegründete Stiftung Gemeinsames Rücknahmesystem (GRS) seit einigen Jahren flächendeckende Rücknahme- und Entsorgungssysteme für Lithium-Batterien betrieben. Seit Mitte 2013 steht ein von der BAM geprüftes Transportsystem zur Verfügung, welches auch die Entsorgung beschädigter großer Lithium-Batterien sicherstellt. Dieses ist so konstruiert, dass der Akku darin notfalls kontrolliert abbrennen kann.

Recycling und Verwertung

Die etablierten Recyclingprozesse für Altbatterien und -akkus konzentrieren sich vor allem auf die Rückgewinnung von Quecksilber, Cadmium, Blei, Zink, Eisen, Aluminium, Nickel, Kupfer, Silber, Mangan und Kobalt. Mit der Wiedergewinnung dieser Stoffe kann unter anderem die umweltbelastende Primärgewinnung vieler Rohstoffe reduziert werden. Wertvolle Beiträge zum Umwelt- und Ressourcenschutz werden dadurch geleistet.

Ausgediente größere Akkus, insbesondere Lithium-Ionen-Akkus, nehmen, wenn diese unbeschädigt sind, einen anderen Weg. Sie werden zum Recycling zu Unternehmen wie der Redux Recycling GmbH in Bremerhaven oder in die europäischen Nachbarländer gebracht, etwa zur Snam in Saint Florent oder zur Umicore in Belgien. Dort werden die Materialien getrennt. Die Menge an großen Batterien, die dort landen, ist aktuell noch überschaubar; wenn einzelne Module der Lithium-Akkus in der Leistung nachlassen, können sie ausgewechselt werden. Der geringe Anteil Lithium in den Akkus von oft nur einem Prozent des Gewichts soll das Recycling übrigens nicht lohnen, zudem ist Lithium nicht teuer. Wiederverwertet werden aber andere Metalle wie Kobalt und Kupfer.

Wegen der langen Lebensdauer ist die bisher angefallene Menge an Lithium-Akkus noch gering – von einigen Herstellern ist zu hören, sie suchten defekte Exemplare, um sie untersuchen zu können, es seien aber kaum welche zu finden.

Die Bundesregierung fördert schon seit dem Jahr 2009 Forschungs- und Entwicklungsprojekte im Rahmen der Elektromobilitätsforschung, um Behandlungs- und Recyclingprozesse zu verbessern. Aus den zahlreichen Förderaktivitäten der letzten Jahre ist das Interesse der Bundesregierung zu erkennen, nicht nur die Batterietechnik für die Elektromobilität, sondern auch die zugehörigen Recyclingtechniken zu fördern.

Ausblick

Mit zunehmenden Anwendungen, sei es in der Elektromobilität oder den industriellen beziehungsweise regenerativen Stromerzeugungsanwendungen, wird sich das Rücknahme- und Recyclingthema sicher verdichten. Die rechtliche Unterscheidung zwischen Geräte- und Industriebatterien wird von Recyclingunternehmen kritisiert. In der Sammel- und Recyclingpraxis würde es zunehmend schwerer werden, Industrie- und Gerätebatterien auseinanderzuhalten. So finde eine immer stärkere Durchmischung dieser Klassen in den Batterieabfällen statt, die sich auch bei der Verarbeitung optisch nicht viel unterschieden und damit praktisch nicht mehr auseinanderzuhalten seien. Damit fließen die Industriebatterien in zunehmendem Maße in die Sammel- und Recyclingquoten der Gerätebatterien ein. Mit der Novelle der Batterierichtlinie und des Batteriegesetzes sei zudem eine Anpassung der Berechnung von Recyclingquoten zum Beispiel für alle kritischen Metalle in Li-Zellen – wie Lithium, Kobalt, Nickel – notwendig, um gerade bei der Zunahme der Elektromobilität für diesen stark wachsenden Markt auch zukünftig genügend Rohstoffe zur Verfügung zu haben.

Weiterhin bleibt abzuwarten, ob die von den Herstellern angepriesene Lebensdauer der Batteriespeicher annähernd erreicht wird und welche modularen Austauscheinheiten entwickelt werden, um gegebenenfalls das Handling der Rücknahme und des Recyclings zu erleichtern.

Darüber hinaus werden alternative Batteriesysteme entwickelt und in den Markt gebracht, so zum Beispiel die Salzwasserbatterie. Die Vorteile der Salzwasserbatterie liegen im geringen Verbrauch seltener Erden bei der Herstellung. Sie gilt als tiefentladefest, besitzt jedoch eine geringere Energiedichte als Li-Batterien. Mit dem Einsatz von Natrium anstatt Lithium gilt diese Batterie aber als nachhaltiger.

DIE RAHMEN-BEDINGUNGEN

WELCHEN STROMBEDARF KANN MAN DECKEN?

Die Photovoltaik bietet vielfältige Möglichkeiten der Stromerzeugung und -nutzung, sei es zur Steigerung des regenerativen Stromanteils im Strommix oder zur Eigenstromversorgung. Im Jahr 2021 wurden rund 10 Prozent des benötigten Stroms in Deutschland durch Photovoltaik produziert. Zehn Jahre vorher waren es nur etwa vier Prozent. Die Erzeuger erneuerbarer Energien gewinnen gegenüber den fossilen Energieerzeugern in günstigen Zeiten in vielen Fällen bereits die Oberhand.

Im Monat Juli 2022 konnte bundesweit der bislang höchste Wert an PV-Stromproduktion auf Wochenbasis ermittelt werden. Bei wolkenlosem Himmel und einer eher geringen Stromnachfrage aufgrund der Eindämmungsmaßnahmen der Corona-Pandemie gab es am 17. Juli 2022 einen Anteil von knapp 32 Prozent an der Nettostromerzeugung, wie Energy Charts vom Fraunhofer-Institut für Solare Energiesysteme (ISE) veröffentlichte. Damit erzeugten die Photovoltaikanlagen mehr Strom als die Windparks. Insgesamt lag der Anteil der erneuerbaren Energien an der Nettostromerzeugung im Jahr 2022 bei knapp 50 Prozent, wie aus den Daten von Energy Charts weiter hervorgeht.

Wie bereits aus den Grundlagen der Einstrahlung dargestellt, ergibt sich durch die Photovoltaik der Nachteil einer nicht konstanten Energieversorgung, welche sehr tageszeit- und wetterabhängig ist. Dies trifft natürlich auch auf die Windkraft zu.

Etwas besser sieht es jedoch bei der örtlichen dezentralen Energieversorgung aus, wenn man die Stromdeckungsquote zum Beispiel bei einem Einfamilienhaus betrachtet. Hier können je nach Betriebsart (mit oder ohne Speicher) und Haushaltstechnik (Elektrogeräte, Heizung) zwischen 30 und 70 Prozent des Strombedarfs von einer PV-Anlage gedeckt werden. Aber auch hier hängt dies stark von den einzelnen Gegebenheiten ab, welche aber besser steuerbar sind.

Eine 100-prozentige Deckung des Strombedarfs ist theoretisch denkbar, soweit PV-Anlage, Speicher sowie Stromverteilung dem Energiebedarf des Wohnhauses durch intelligente Systeme angepasst sind und sich dabei Lastspitzen komplett abdecken lassen können. Für einen durchschnittlichen Vier-Personen-Haushalt ergibt sich ein durchschnittlicher Stromverbrauch von rund 5000 kWh pro Jahr. Die theoretische Deckung des Stromverbrauchs ließe sich daher bereits durch eine PV-Anlage mit einer Leistung von 5 kWp bei optimaler Ausrichtung erreichen. Schwachpunkt ist und bleibt aber die tages- und jahreszeitliche Schwankung an solarem Einstrahlungsangebot, bei dem es im Sommer zu einer überschüssigen Stromproduktion und im Winter zu einem Produktionsdefizit kommt. Können tageszeitliche Schwankungen noch mit einem Batteriespeicher ausgeglichen werden, ist ein saisonaler Ausgleich zumindest mit den derzeit zur Verfügung stehenden technischen Möglichkeiten kaum wirtschaftlich zu realisieren, ohne dass die PV-Anlage selbst erheblich vergrößert werden muss. Dies wird auch in naher Zukunft noch so sein, soweit nicht andere Energieformen und Speichersysteme (etwa Wasserstoff) einem schnelleren technischen Fortschritt unterliegen, die ganz neue Anwendungsmöglichkeiten bei der verlustfreien Speicherung und somit die erforderlichen Deckungsquoten ermöglichen.

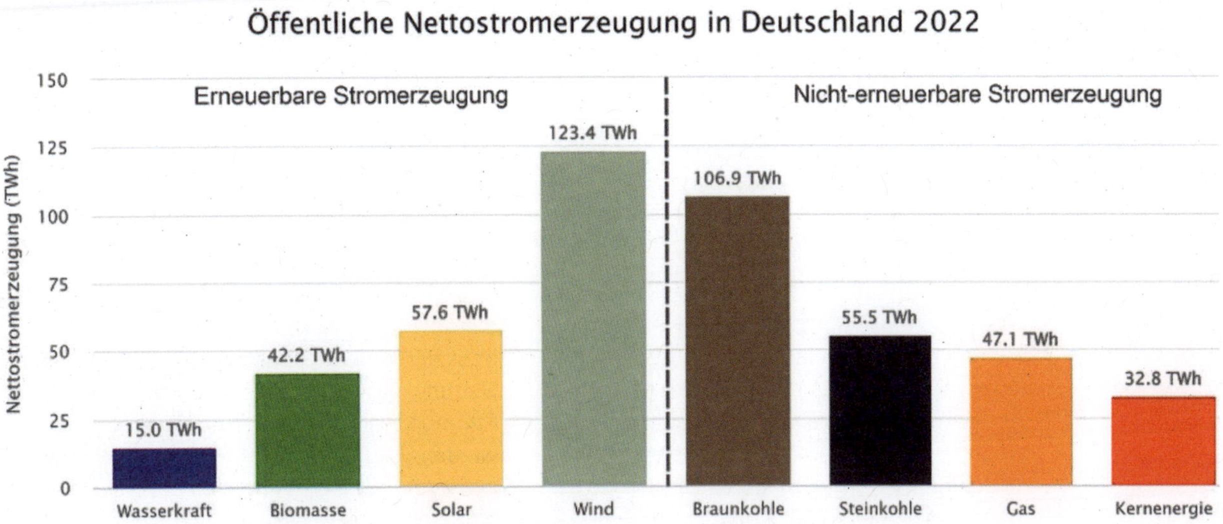

Nettostromerzeugung in Deutschland im Jahr 2022 (Datengrundlage: energiezukunft.eu)

FLÄCHENBEDARF DER ANLAGE

Die Größe der Generatorfläche sowie deren Ausrichtung bestimmen die Höhe der Stromerzeugung.

Was geht? Nutzbare Flächen und Generatorausrichtung

Prinzipiell eignet sich erst einmal so gut wie jedes Dach beziehungsweise jede freie Dachfläche für die Installation einer PV-Anlage. Einschränkungen sind dort gegeben, wo sich durch Dachaufbauten (Kamin, Gaube, Dachvorsprünge und ähnliches) oder in der Nähe befindlichen hohen Bewuchs Verschattungen ergeben. Ist die Dachfläche von der Größe her begrenzt und treten zudem Teilverschattungen auf, kann durch technische Ergänzungen, wie Ertragsoptimierer an PV-Modulen, die Ertragssituation verbessert werden.

Optimale Anlagenausrichtungen sind natürlich diejenigen, deren Module nach Süden zeigen und sich in einer Neigung von zwischen 30 Grad und 40 Grad befinden. Abweichungen hiervon bedingen daher eine Verringerung des Ertrags, der je nach Dachneigung oder auch Fassadenausrichtung sehr unterschiedlich ausfallen kann.

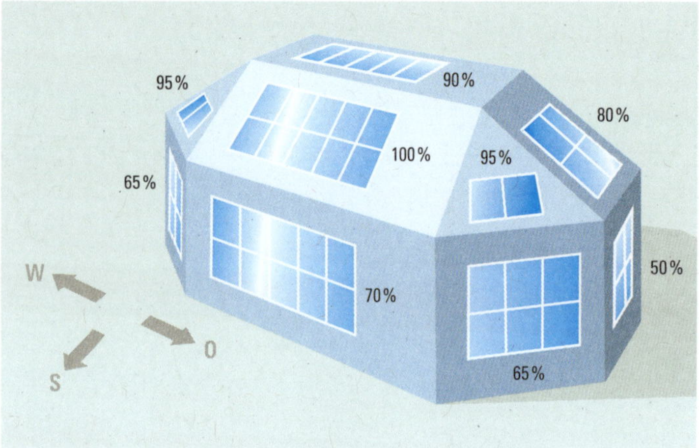

Ertragsquoten bei Nutzung unterschiedlich ausgerichteter Dach- und Fassadenflächen

Doch auch andere wie Ost- und West-Ausrichtungen haben ihren Reiz, da es hier, entgegen einer reinen Südausrichtung, nicht zu einer Leistungsspitze in der Mittagszeit und somit zu einer steilen Glockenbildung kommt, sondern sich die Energiegewinnung durch eine etwas gedrücktere, jedoch breitere Energiekurve abzeichnet. Dies bedeutet eine bessere Energieverteilung über den Tagesverlauf hinweg und sowohl in den Morgen- und Abendstunden einen anspruchsvollen Ertrag aufgrund der nach diesen Himmelsrichtungen geneigten Teilflächen.

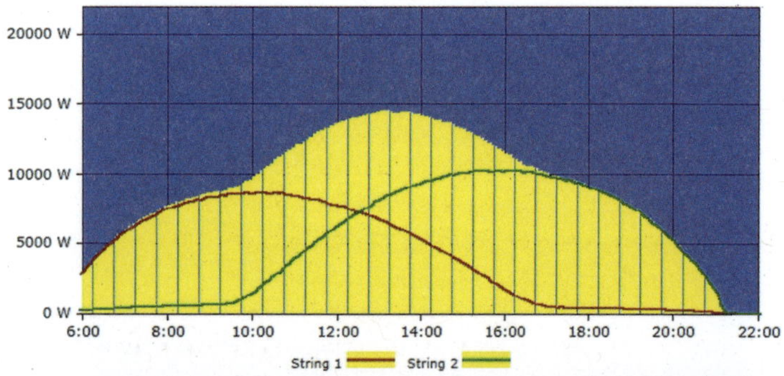

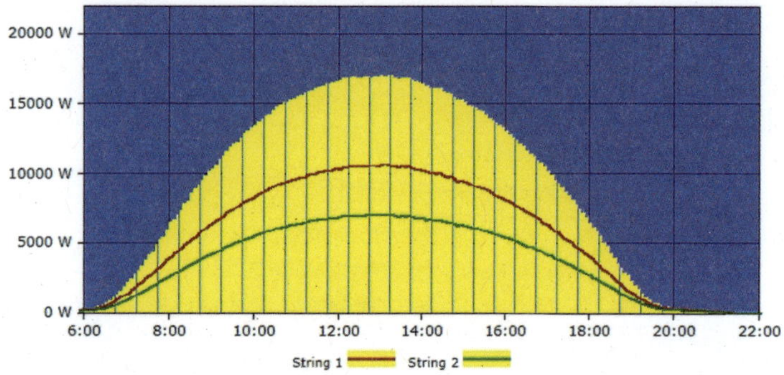

Ertragsverlauf: Beispiel Ost-West-Anlage (oben); im Vergleich hierzu eine reine Südausrichtung (unten)

Flachdächer können ebenso mit Modulen belegt werden, allerdings ist bei ihnen ein Gestell mit künstlicher Neigung zu wählen, damit die Anlage einen einigermaßen guten Ertrag abwirft. Da die sich hier ergebenden einzelnen Modulreihen einen Abstand zueinander benötigen, um sich nicht gegenseitig zu verschatten, bleibt ein Flachdach im realen Flächenvergleich zu einem Steildach im Nachteil.

Optimierte Flächenausnutzungen auf einem Flachdach können sich aber dann ergeben, wenn die Module zum Beispiel in Ost-West-Ausrichtung angeordnet sind. Hierbei entfällt der verschattungsbedingte Abstand der Modulreihen, der sonst vorzusehen ist. Auch ergeben sich die bereits aufgezeigten Vorteile einer über den Tagesverlauf geglätteten Energiekurve (siehe die Grafiken unten links).

Dank der fortgeschrittenen Modultechnik mit hohen Wirkungsgraden ist es heutzutage möglich, bereits auf kleinen Dachflächen eine passable Anlagenleistung zu installieren. Hat man noch vor ungefähr zehn Jahren für eine 8-kWp-Anlage eine Dachfläche von rund 60 Quadratmetern benötigt, so reicht hierfür heute eine Fläche von etwa 40 Quadratmetern aus. Insofern ist es aktuell möglich, mit moderner Modultechnik auf fast jedem üblichen Hausdach eine PV-Anlage mit mindestens 5 kWp zu installieren.

Aber auch abseits von Dächern lassen sich freie und geeignete Flächen finden. So können Module auch an Fassaden oder als Balkonverkleidung installiert werden. Zwar ergeben sich bei senkrechten Flächen geringere Energieerträge, dafür kann aber die Montage recht einfach sein, was sich im Kosten-Nutzen-Verhältnis wieder ausgleicht. Auch frei im Garten aufgestellte Systeme, soweit sie den örtlichen Baubestimmungen entsprechen, sind denk- und umsetzbar.

ERTRAGSERWARTUNG – ERZEUGTE STROMMENGE

Um zu wissen und zu verstehen, was eine PV-Anlage an Erträgen leistet und wie diese einzuordnen sind, bedarf es ein wenig Grundlagenwissen darüber, wie sich die Anlagengröße berechnet und der sich ergebende Ertrag hierzu im Verhältnis steht. Dabei sollte man auch die physikalischen Eigenschaften der Module kennen, um den von einer PV-Anlage erzeugten Ertrag auch richtig einordnen zu können.

Solare Strahlung

Die solare Strahlung wurde bereits erklärt (siehe Seite 12). Es sollte daher plausibel verständlich sein, dass, wo die solare Einstrahlung größer ist, sich auch ein höherer Energieertrag ergeben wird. Bezüglich der Ausrichtung von PV-Modulen wurden ebenfalls (Grafik „Verschiedene Strahlungsanteile", Seite 12) entsprechende Hinweise gegeben.

Anlagennennleistung

Die Anlagennennleistung ergibt sich aus der Summe der einzelnen Nennleistungen aller Module (Generatoren) und wird in Watt (W) oder Kilowatt (kW) angegeben. Üblich ist auch die Bezeichnung kWp (Kilowatt-Peak) – Peak steht hierbei für Spitzenleistung oder maximale Nennleistung.

Die Modulzellen beziehungsweise Module haben nicht immer die volle Leistung. Die Ist-Leistung hängt von vielen Faktoren ab:

- von der (Sonnen-)Einstrahlung (Watt pro Quadratmeter) und
- von der Zelltemperatur.

Im Folgenden werden Ihnen die elektrotechnischen Hintergründe so einfach wie möglich nahegebracht. Wer sich über die Grundlagen der Photovoltaik informieren möchte, findet im Fachbuchhandel genügend Auswahl an interessanten Büchern und Lehrheften (Anlaufadressen im Netz siehe „Service", Seite 202).

Um Strom erzeugen zu können, benötigt man eine Spannungsquelle. Diese bilden die Modulzellen, wie in „Funktion einer Solarzelle" (siehe Seite 16) erläutert. Wer sich an die Schulzeit zurückerinnert, weiß aus der Physik sicherlich noch, wie sich die elektrische Leistung berechnet.

$$P = U \times I$$

P = Leistung (Watt); U = Spannung (Volt); I = Strom (Ampere)

Module erzeugen je nach Konstruktion unterschiedliche Spannungen. Die Modulzellen (Halbleiter) haben die Eigenschaft, dass sie bei niedriger Temperatur eine höhere Spannung erzeugen als bei hohen Temperaturen. Sie besitzen somit einen Temperaturkoeffizienten, welcher aussagt, um wie viel Prozent sich die Spannung pro Grad Temperaturunterschied ändert. Unterschieden wird hierbei die

- Leerlaufspannung (Uoc), also die in der Zelle oder dem Modul anstehende Spannung, wenn es nicht im Betrieb ist,
- und die Betriebsspannung (Umpp), wenn der Strom über einen Verbraucher fließt oder der Wechselrichter einspeist.

Die Betriebsspannung liegt dabei immer etwas niedriger als die Leerlaufspannung. Schön lässt sich dies mit einem Gartenschlauch vergleichen. Drehen Sie den Wasserhahn auf und halten den Schlauch am anderen Ende mit der Hand zu, entsteht ein relativ hoher Druck (vergleichbar mit der Leerlaufspannung). Lassen

Sie den abgedrückten Bereich des Schlauches los, fließt das Wasser und es stellt sich ein niedrigerer Wasserdruck im Schlauch ein. So ähnlich verhält es sich auch mit der Spannung, wenn Strom fließt.

Ganz ähnlich sieht es bei den Modulzellen mit dem Kurzschlussstrom (Ioc) beziehungsweise dem Betriebsstrom (Impp) aus. Je intensiver die Sonneneinstrahlung, desto höher auch der Kurzschlussstrom der Zelle. Der Betriebsstrom hingegen ist niedriger als der Kurzschlussstrom, jedoch nur geringfügig.

Aus den Faktoren der elektrischen Spannung und dem Strom ergibt sich letztendlich auch die Modulleistung. Insofern unterliegt diese je nach Einstrahlung und Temperatur entsprechenden Schwankungen.

Damit man nun zum Vergleich der Modulleistungen untereinander ein einheitliches Maß abbilden kann, wurde normativ festgelegt, dass die Nennleistung der Module immer bei einer Einstrahlung von 1 000 Watt pro Quadratmeter und einer Zelltemperatur von 25 Grad Celsius gemessen wird. Hierdurch wird sichergestellt, dass alle Leistungsangaben von Modulen unter den gleichen Bedingungen (STC – Standard-Test-Conditions) ermittelt und somit vergleichbar sind.

Aus den genannten Moduleigenschaften ergibt sich in Summe der auf dem Dach installierten Module die Gesamtanlagenleistung.

Beispiel: 20 Module á 300 Wp = 6,00 kWp

Diese Leistung von 6,00 kWp wird selbst unter idealen Bedingungen in vielen Fällen im laufenden Betrieb nicht erreicht. Die maximal mögliche Leistung hängt von der Einstrahlung (Ausrichtung, Sonneneinstrahlung) sowie der Zelltemperatur, welche die Zellspannung beeinflusst, ab. So kann es sein, dass bei einem steilen, nach Süden ausgerichteten Dach die Leistung in den Monaten April und Mai am stärksten ist, obgleich hier die Sonne jahreszeitlich noch gar nicht ihren höchsten Tageslauf erreicht hat. Hierfür ist die für die Jahreszeit noch niedrige Zelltemperatur neben der direkten Einstrahlung verantwortlich.

Dagegen kann eine auf einem relativ flachen Dach errichtete Photovoltaikanlage im Sommer trotz hohen Sonnenstands und hoher direkter Sonneneinstrahlung hinter ihrer Nennleistung bleiben, weil sich bei sehr warmer Witterung die Zellen dementsprechend erwärmen und somit eine geringere Zellspannung besitzen.

Im Ergebnis bleibt daher festzuhalten, dass die Anlagennennleistung, das heißt der Spitzenwert, auch bei guter Ausrichtung nur in den seltensten Fällen oder auch gar nicht erreicht wird, weil eine hohe Einstrahlung meist auch hohe Temperaturen bedeutet und umgekehrt niedrige Temperaturen meist auch niedrige Einstrahlungen.

Die Anlagennennleistung kann sich unter gewissen Umständen mit der Zeit stetig und dauerhaft verringern. Die Modulzellen unterliegen einer natürlichen Degradation, also einem Nachlassen der Nennleistung im fortgeschrittenen Alter. Der Prozess ist oft unterschiedlich und richtet sich auch nach dem Halbleitermaterial und der Glasqualität. Bestimmte Dünnschichtmodule können eine höhere Anfangsdegradation aufweisen, kristalline Zellen zeigen eher eine gleichmäßige Degradation. Der Wert liegt zwischen 0,1 bis 0,5 Prozent pro Jahr.

Spezifischer Ertrag

Der spezifische Ertrag gilt als Standardmaßeinheit für die von der Photovoltaikanlage erzeugte Energie. Ähnlich wie beim Spritverbrauch des Autos (Liter pro 100 Kilometer) berechnet sich der Ertrag aus der Summe der erzeugten Energie pro Zeiteinheit in kWh geteilt durch die Anlagennennleistung in kWp. Somit ergibt sich ein Wert mit der Einheit kWh/kWp.

Beispiel: Eine PV-Anlage erzeugte in einem bestimmten Jahr eine Energie von 7 700 kWh bei einer Anlagengröße von 8,00 kWp – dann ergibt sich folgender spezifischer Jahresertrag:

7 700 kWh : 8 kWp = 962,5 kWh/kWp.

Man kann diesen Wert für den spezifischen monatlichen sowie täglichen Anlagenertrag berechnen. Typischerweise und mit entsprechender Vergleichsaussage wird aber meist der spezifische Jahresertrag herangezogen.

Dieser spezifische Jahresertrag hängt bei einem normalen und ungestörten Anlagenbetrieb von der jährlichen Globaleinstrahlung ab. Daher kann der spezifische Anlagenertrag auch bei unterschiedlicher jährlicher Globaleinstrahlung schwanken. Weiterhin ist der Anlagenertrag von der Anlagenverfügbarkeit abhängig, das heißt ob die Anlage störungsfrei über das Jahr betrieben wurde oder es zu Ausfällen kam (Wechselrichterausfälle …). Bei gut ausgerichteten Anlagen in Deutschland und guter jährlicher Globalstrahlung sollte der Wert zwischen 950 und 1 100 kWh/kWp liegen.

Performance Ratio

In der Regel trifft der spezifische Anlagenertrag – also kWh pro kWp – eine Aussage über die energetische Leistung einer PV-Anlage. Diese Methode bietet jedoch nur einen relativ groben Vergleich zur Prüfung, ob die eigene Anlage tatsächlich gut funktioniert oder eigentlich besser laufen könnte.

Abweichungen in den monatlichen und jährlichen örtlichen Einstrahlungen erschweren oftmals eine genaue Einschätzung. Ferner ist ein Ergebnis mit einem spezifischen Jahresertrag von beispielsweise 950 kWh/kWp zwar zunächst nicht schlecht. Es stellt sich aber die Frage, ob die Anlage real nicht doch vielleicht 960 oder gar 970 kWh/kWp hätte erbringen können. Darüber hinaus muss man für ein vergleichbares Jahresergebnis einer Anlage auch ein ganzes Jahr abwarten, um einen echten Vergleichswert zu erhalten. Bei sich einschleichenden Störungen im Jahresverlauf kann dies schon zu möglichen und nicht ohne Weiteres erkennbaren Ertragseinbußen führen.

Eine permanente Kontrolle der Anlagenleistung, und zwar unabhängig von der Höhe der Einstrahlung, also auch bei schlechtem Wetter, bietet die Performance Ratio, welche auch als Qualitätsfaktor bekannt ist. Hierunter versteht man in der Photovoltaik das Verhältnis von Nutzertrag zum Sollertrag einer Anlage. Die Performance Ratio ist vereinfacht ausgedrückt das Verhältnis der Anlagenleistung (Energieerzeugung) zur Einstrahlung. Ein Vergleich der Leistungsfähigkeit der PV-Anlage ist also unabhängig von guter oder schlechter Einstrahlung gegeben. Beispielsweise hat ein Ostdach bei

Temperaturabhängige Leistung steiles Süddach im Frühjahr

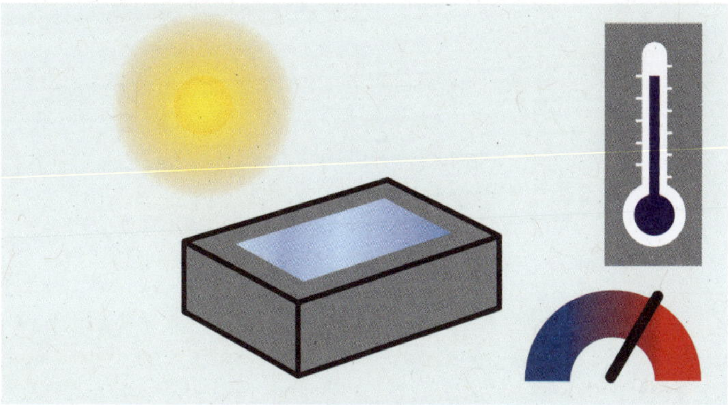

Temperaturabhängige Leistung flaches Süddach im Sommer

gleicher Dachneigung und identischem Standort gegenüber einem Süddach sicherlich einen geringeren Ertrag. Würden wir für das Ostdach als Beispiel 850 kWh/kWp und für das Süddach 950 kWh/kWp als Ertragsergebnis erzielen, wäre dies erst einmal plausibel. Das Ostdach kann bei einer geringeren Sonneneinstrahlung als beim Süddach trotzdem einen im Verhältnis zur Einstrahlung besseren Ertrag haben als das Süddach. Dies ist dann ersichtlich, wenn für beide Anlagen die Performance Ratio bekannt ist.

Leistungsfähige PV-Anlagen erreichen eine Performance Ratio von über 80 Prozent. Sie kann in Jahren mit geringer Globalstrahlung höher ausfallen als in solchen mit hoher Einstrahlung (etwa wegen der bereits genannten Temperaturverluste). Um diesen Vergleich zu ermöglichen, bedarf es neben der Aufzeichnung des Anlagenertrags eines weiteren Hilfs-

Einstrahlungssensor

mittels, nämlich eines Einstrahlungssensors zur Aufzeichnung der globalen Einstrahlung.

Gerade bei Großanlagen gehört eine solche Datenaufzeichnung zum Standard, da hier selbst kleine Anlagenstörungen ins Geld gehen können; die Performance Ratio steht als Wert permanent zum Vergleich zur Verfügung, womit man Abweichungen zeitnah erkennen und darauf reagieren kann.

Energiefluss und Verluste einer PV-Anlage

Eine Photovoltaikanlage verzeichnet im Betrieb wie jede energieumwandelnde Anlage Verluste, die sich primär auf den Ertrag der Photovoltaikanlage auswirken. Sie entstehen bei den einzelnen Anlagenkomponenten, die bauart- und konstruktionsbedingt zwangsläufig auftreten beziehungsweise auftreten können. Hierzu gehören zum Beispiel Verluste durch die Lichtreflexion der Modulscheibe, durch Leitungen und Steckverbinder, Umwandlungsverluste bei Wechselrichter und Temperaturverluste, wie wir sie bereits bei den Zelleigenschaften kennengelernt haben.

Es treten aber auch Verluste auf, die planerisch vielleicht gar nicht berücksichtigt wurden und/oder sich womöglich allein aus dem Anlagenbetrieb ergeben. So können Verschattungen und Verschmutzungen der Module den Ertrag mindern. Dies wird in den folgenden Kapiteln noch genauer behandelt (siehe ab Seite 57).

Ertragsprognosen

Im Vordergrund jeder Photovoltaikanlage stehen die Fragen, mit welchem Ertrag und mit welchen Einnahmen aus der Einspeisevergütung oder letztendlich mit welcher Stromersparnis durch Eigenverbrauch zu rechnen ist. Hierzu wurden bereits einige Punkte im ersten Kapitel (siehe Seite 10) angesprochen. Da der reale Ertrag wie beschrieben an viele Faktoren gekoppelt ist, kann es auf diese Frage keine Standardantwort geben.

Um eine Voreinschätzung zu ermöglichen, werden vom Planer oder Installateur im Zuge der Angebotserstellung sogenannte Wirtschaftlichkeitsberechnungen auf Basis einer Ertragsprognose durchgeführt, auf die wir später noch eingehen werden. Ertragsprognosen sollten vom Anlagenplaner mit Vorsicht erstellt werden, da sie oft als Maß aller Dinge angesehen werden und seitens des Anlagenbetreibers oftmals das Verständnis dafür fehlt, wenn es zu Abweichungen kommt. Die Ertragsprognose muss realistische Werte als Ergebnis hervorbringen, was sie dann tut, wenn das Berechnungsprogramm mit den richtigen Daten „gefüttert" wird. Werthaltige Ertragsprognosen sind meist nur mittels Ertragsgutachten zu erwarten, die von unabhängigen Dritten erstellt werden. Bei Großanlagen ist das meist ein Muss, weil hier bereits die Banken entsprechende Grundlagen für die Finanzierung prüfen wollen. Schließlich muss sichergestellt sein, dass die Kosten des Kreditdienstes zumindest von den Ertragserlösen gedeckt werden.

Zwar gibt es schon lange einfache oder auch etwas anspruchsvollere Berechnungsprogramme für Ertragsprognosen, doch lässt sich das Endergebnis hieraus mit vielen Stellschrauben in einen „gewünschten" Wert überführen. Als Laie ist man hierbei überfordert, insbesondere wenn das Berechnungsprogramm die gesamten Eingabedaten oder Analysen nicht offenlegt, sondern nur eine Ergebniszusammenfassung liefert. In nicht wenigen Fällen klaffen daher Theorie und Praxis weit auseinander. So können sich aus verschiedenen Annahmen von Leitungsverlusten, Wetterdaten, fehlender Berücksichtigung von Horizontal- und Nahverschattungen aus mehreren

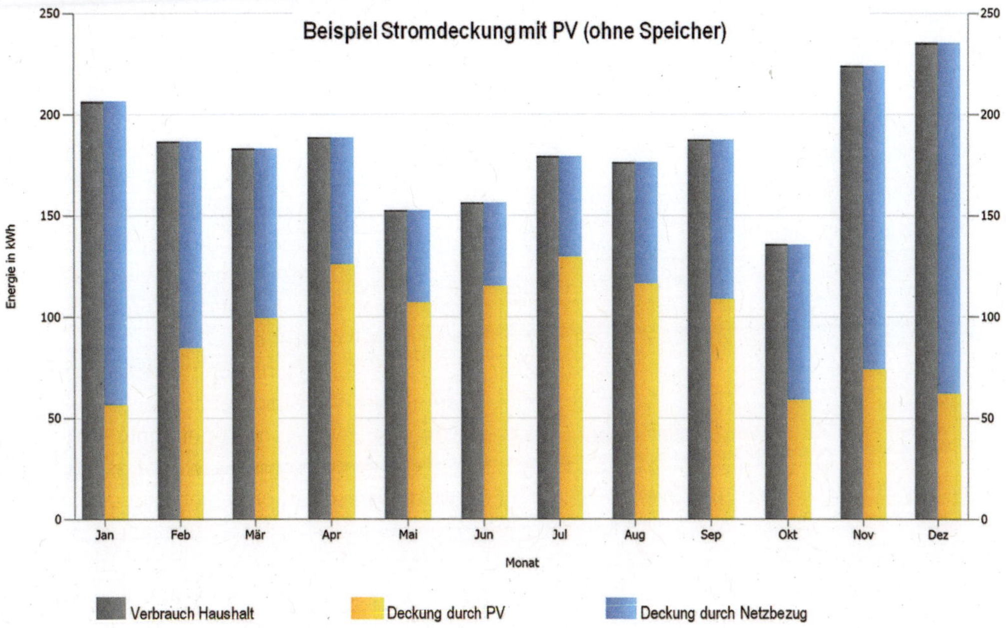

unabhängigen Berechnungen für ein und dieselbe Anlage recht unterschiedliche Resultate ergeben. Optimistisch angesetzte Ertragsergebnisse führen zwangsläufig zu einer deutlich besseren Anlagenrendite, wobei früher mitunter ein überhöhter Anlagenpreis argumentativ gleich mit ausgeglichen wurde. Im Gegenzug führt eine zu vorsichtig gerechnete Ertragsprognose im Vergleich mit den realen Ertragswerten der Anlage zu einem stets „guten" realen Jahresertrag, was den Anlagenbetreiber in entsprechender Sicherheit wiegt. In nicht wenigen Fällen könnte die Anlage durch eine vernünftige Planung in Wirklichkeit aber einen besseren Ertrag erzielen.

Gleiches gilt übrigens für die Wirtschaftlichkeit von Speichersystemen. Besonders für die Zukunft angesetzte exorbitante Stromkostensteigerungen führen einerseits natürlich zu einem für den Anlagenkäufer günstigen Gesamtergebnis. Ob sich andererseits die Preisspirale tatsächlich so nach oben dreht, weiß niemand, auch wenn es aktuell danach aussieht.

Für Anlagenbetreiber wichtig: Es handelt sich bei den prognostizierten Erträgen um ein langfristiges Mittel jährlicher Einstrahlungen aus den letzten 10 bis 15 Jahren. Die tatsächliche Jahreseinstrahlung unterliegt gemäß dem tatsächlichen Vorkommen jährlichen Abweichungen. Wird für eine Anlage beispielsweise ein jährlicher Jahresertrag von 980 kWh/kWp bei einer zugrunde liegenden mittleren Jahresstrahlung von 1 100 W/m^2 ermittelt, sollte im Vergleich zur tatsächlichen Jahresstrahlung, wenn diese auch den Wert von 1 100 W/m^2 erreicht hat, der prognostizierte Jahresertrag unter Berücksichtigung von geringen prozentualen Abweichungen (+/- 5 Prozent) ebenfalls um 980 kWh/kWp erreicht haben. Liegt der Ertragswert deutlich niedriger, stimmt entweder die Ertragsberechnung nicht oder die Anlage läuft nicht optimal.

Lassen Sie sich daher die Parameter aus der Ertragsprognose vom Fachbetrieb Ihrer Wahl erläutern und fragen Sie im Zweifelsfall nach.

Mittlerweile bekommt man über das Internet die Möglichkeit, bei verschiedenen Organisationen oder Anbietern (z. B. solarserver.de) eine Ertragsprognose mittels einfacher Berechnung zu erstellen. Diese kann aufgrund der eingeschränkten Eingabemöglichkeiten aber nur als grober Anhaltswert betrachtet werden und ersetzt keine fachmännische Ertragsberechnung unter Berücksichtigung aller örtlichen Gegebenheiten (wie etwa Teilverschattungen, unterschiedliche Dachneigungen, ...).

INSTALLATION BEIM HAUSNEUBAU ODER NACHRÜSTUNG

Die Installation einer PV-Anlage beim Hausneubau bringt Vorteile bei der Energiebilanz und Kosteneinsparungen beim Strombezug.

Nutzungsmöglichkeiten von PV-Strom

Der Schwerpunkt der PV-Nutzung liegt beim Eigenstromnutzen und damit der Schaffung von Unabhängigkeiten in der Energieversorgung.

Hausneubau

Für den Häuslebauer stellt sich die Frage, ob man gleich eine PV-Anlage mitplanen und realisieren sollte oder ob man diese später nachrüstet. An eine solche Entscheidung sind einerseits mehrere Überlegungen geknüpft, andererseits sind die individuellen Möglichkeiten der Bauherren zu berücksichtigen.

Im Vordergrund mag sicherlich auch der finanzielle Aspekt stehen. Früher, also vor rund 15 Jahren, waren PV-Anlagen noch kostenintensiver in der Anschaffung. Da lag der Anschaffungspreis für eine 6-kWp-Anlage noch bei 3000 bis 4000 Euro/kWp und somit einer Gesamtinvestitionssumme von etwa 18000 bis 24000 Euro. Bei einer Amortisationszeit von rund 12 Jahren im Zuge einer Vollfinanzierung warf die Anlage daher bei einer reinen Netzeinspeisung erst ab dem 13. oder 14. Jahr einen Gewinn ab; dieser wirkte sich somit erst relativ spät als finanzielle Entlastung eines finanzierten Hauses aus.

Heute liegen die Systemkosten (ohne Speicher bei gleicher Anlagengröße) zwischen 1500 und 1800 Euro/kWp, für die gesamte Anlage somit bei ungefähr 9000 bis 11000 Euro. Zugleich dient eine PV-Anlage derzeit nicht mehr zur reinen Netzeinspeisung, sondern ist Bestandteil der Energieversorgung des Gebäudes selbst. Und hier ergeben sich vielfältige Möglichkeiten mit sofortiger Kosteneffizienz beziehungsweise -einsparung und alle hieraus erdenklichen Kombinationen:

- Allgemeiner Eigenverbrauch ohne Speicher (Einsparung von Strombezugskosten),
- Eigenverbrauch im Speziellen (beim Betrieb einer Wärmepumpe …),
- Heizen mit PV-Strom (im Sommer nur für Warmwasserbereitung …),
- Allgemeiner Eigenverbrauch mit Speicher (höhere Einsparung von Strombezugskosten),
- Elektromobilität.

Ferner kann eine Photovoltaikanlage in die Energiebilanz eines Wohnhausneubaus eingebunden werden. Seit der Energieeinsparverordnung (EnEV 2009) war es bereits zulässig, in der Energiebilanz eines Gebäudes für den EnEV-Nachweis auch den erneuerbaren Stromertrag aus Photovoltaikanlagen zu berücksichtigen.

Die EnEV wurde durch das neue Gebäudeenergiegesetz (GEG), welches ab November 2020 Gültigkeit erlangte, ersetzt. Hierbei entstand ein neues, einheitliches Regelwerk für die energetischen Anforderungen an Gebäudeneubauten, an Bestandsgebäude sowie für den Einsatz von erneuerbaren Energien bei der Wärme- und Kälteversorgung von Gebäuden.

In Abzug zu bringende Werte vom Jahres-Primärenergiebedarf (nach GEG § 23)

PV-Anlage	ohne Batteriespeicher	mit Batteriespeicher
Abzug vom Jahres-Primärenergiebedarf	150 kWh je kW installierter Leistung	200 kWh je kW installierter Leistung
Zusätzlich ab einer Nennleistung in kW in Höhe des 0,03-fachen der Gebäudenutzfläche, geteilt durch die Anzahl der beheizten oder gekühlten Geschosse	70 % des elektrischen Endenergiebedarfs der Anlagentechnik	100 % des elektrischen Endenergiebedarfs der Anlagentechnik
Maximaler Abzug vom Jahres-Primärenergiebedarf	30 % des errechneten Jahres-Primärenergiebedarfs	45 % des errechneten Jahres-Primärenergiebedarfs

Zugleich wurden neben der EnEV auch andere bisherige Gesetze wie das Erneuerbare-Energien-Wärmegesetz (EEWärmeG) und das Energieeinsparungsgesetz überflüssig. Im Ergebnis werden auch die europäischen Vorgaben zur Gesamtenergieeffizienz von Gebäuden umgesetzt.

Der geforderte Anteil von erneuerbaren Energien zur Deckung des Wärme- und Kältebedarfs bleibt gegenüber der früheren Gesetzesvorlage unverändert. Es gibt nunmehr jedoch zwei wesentliche Neuerungen für Strom aus erneuerbaren Energien:

1 Zum einen kann Strom aus erneuerbaren Energien, wie zum Beispiel aus einer Photovoltaikanlage, den errechneten Jahres-Primärenergiebedarf weiter reduzieren als noch in der EnEV.
2 Hinzu kommt die neue Möglichkeit, den Solarstrom für den geforderten Anteil von erneuerbaren Energien zu berücksichtigen.

Es bietet daher Planern die Möglichkeit, den geforderten Anteil der erneuerbaren Energien auch mit gebäudenah erzeugtem Strom zu decken.

Strom aus erneuerbaren Energien darf nach dem GEG vom errechneten Jahresprimärenergiebedarf abgezogen werden (§ 23). Dieser muss im unmittelbar räumlichen Zusammenhang zum Gebäude erzeugt werden. Der Verbrauch des Stroms muss direkt nach der Erzeugung oder einer vorübergehenden Speicherung erfolgen – nur die überschüssige Strommenge darf in das öffentliche Netz eingespeist werden.

Die Höhe des Abzugs vom errechneten Jahres-Primärenergiebedarf setzt sich aus zwei Faktoren zusammen:

1 Je Kilowatt installierter Nennleistung dürfen pauschal 150 Kilowattstunden vom errechneten Jahresprimärenergiebedarf abgezogen werden. Beim Einsatz eines Batteriespeichers erhöht sich der Wert auf 200 kWh.
2 Zusätzlich dürfen 70 Prozent des elektrischen Energiebedarfs der Anlagentechnik abgezogen werden, bei Einsatz eines Batteriespeichers erhöht sich der Wert auf 100 Prozent. Dies gilt ab einer Nennleistung in Kilowatt in Höhe des 0,03-fachen der Gebäudenutzfläche, geteilt durch die Anzahl der beheizten oder gekühlten Geschosse nach DIN V 18599–1:2018–09.

Der maximal in Abzug zu bringende Wert beträgt 30 beziehungsweise 45 Prozent des errechneten Wertes für den Jahresprimärenergiebedarf.

Solare Baupflicht

Immer mehr kommt auch die solare Baupflicht in die politische Diskussion. In Baden-Württemberg ist diese bereits 2022 eingeführt worden. In der Novelle des baden-württembergischen Klimaschutzgesetzes ist sie für Neubauten im Nicht-Wohnbereich (Lager- und Produktionsstätten, Parkhäuser etc.) enthalten. Hamburg führt als erstes Bundesland ab 2023 eine generelle Baupflicht für Solaranlagen ein, somit auch für Wohngebäude. Berlin und Bayern wollen folgen. Ob es einer „Pflicht“ über-

haupt bedarf, ist in vielen Bereichen allerdings fraglich. Bei neu errichteten Gewerbebauten, Parkplätzen oder öffentlichen Gebäuden ergibt eine solche Verpflichtung sicherlich Sinn, da ansonsten in vielen Fällen die Dächer ungenutzt bleiben. Beim Bau eines Einfamilienhauses sollte eine PV-Anlage bereits zum „normalen" Bestandteil der Haustechnik gehören, so wie die Heizungsanlage. Insbesondere der Einsatz von Wärmepumpen macht deren Betrieb mit einer PV-Anlage betriebswirtschaftlich äußerst attraktiv.

Natürlich können PV-Anlagen später auch nachgerüstet werden. Da die heutige Nutzung jedoch der Eigenverbrauchsoptimierung dient, ist es sinnvoll, vor einem Wohnhausneubau über die Einbindung von PV-Strom nachzudenken und verschiedene Nutzungsmöglichkeiten in Betracht zu ziehen.

Nachrüstung

Eine Nachrüstung mit Photovoltaik ist in der Regel immer möglich. Man muss sich allerdings mit den vorhandenen Infrastrukturen eines Gebäudes arrangieren beziehungsweise es können hierbei bauliche Änderungen erforderlich werden. Diese sollte man zumindest beim Hausneubau vorab berücksichtigen. Hierzu gehört beispielsweise auch die Verlegung von Kabelwegen vom Dach zum geplanten Wechselrichterstandort in Form von Leerrohren.

Für den nachträglichen Bau einer Photovoltaikanlage auf einem Hausdach sollten unter anderem folgende Aspekte und Fragen beachtet werden:

- Genügt das Dach den statischen Anforderungen für eine PV-Anlage?
- Kann die Dacheindeckung verbleiben, oder wird vor der Installation einer PV-Anlage eine Sanierung erforderlich?
- Reicht die vorhandene Zählerverteilung des Hausanschlusses beziehungsweise der elektrischen Verteileranlage des Gebäudes vom Platzbedarf her für die Aufnahme eines zusätzlichen Energiezählers aus?

Gerade bei älteren Gebäuden sollte die Frage gestellt werden, ob im Zuge der Installation einer PV-Anlage nicht gleich auch das Dach energetisch mit saniert werden soll. Eine PV-Anlage ist sicher schnell installiert. Aber was ist nach 10 oder 15 Jahren, wenn das Gebäude mit seinem Dach bereits 50 Jahre und länger besteht? Eine PV-Anlage soll in der Regel 20 oder 30 Jahre zuverlässig Strom erzeugen. Wenn sich die Nutzungszeit der PV-Anlage mit einer späteren Sanierungsdringlichkeit des Daches überschneidet, entstehen zusätzliche Kosten für den Rückbau der PV-Anlage und finanzielle Verluste für deren zeitlichen Ausfall. Bei einer vorgezogenen Sanierung des Daches können mögliche Freiräume für die PV-Anlage geschaffen werden. Zudem bietet eine energetische Sanierung auch immer Kosteneinsparpotenzial, etwa bei den Heizkosten; zudem werden energetische Sanierungen, auch Einzelmaßnahmen, seit dem 1. Juli 2021 im Rahmen der Bundesförderung effiziente Gebäude (BEG) besonders attraktiv finanziell gefördert (siehe auch Seite 126 f.).

Mit der danach fachgerecht installierten PV-Anlage ergibt sich die Sicherheit, dass ein dauerhafter Betrieb gewährleistet und keine Rückmontage wegen Dachreparaturen erforderlich wird. Im Zweifel sollte zur Einschätzung der Situation und des Zustandes des vorhandenen Daches eine Architektin oder ein Energieberater mit einbezogen werden, welcher die vorhandene Bausubstanz in Augenschein nimmt und gegebenenfalls einen Vorschlag für ein energetisches Gesamtkonzept erstellt.

BAURECHT UND NETZZUGANG

Die folgenden rechtlichen Betrachtungen, Gesetzesauszüge und Abhandlungen wurden sorgfältig recherchiert, erheben jedoch keinen Anspruch auf Vollständigkeit und Anwendbarkeit auf mögliche Einzelfälle. Insbesondere bei etwaigen Auslegungen einzelner EEG-Textformulierungen ergehen regelmäßig neue Hinweise oder auch Entscheidungen der Clearingstelle oder auch Rechtsprechungen aus Gerichtsverfahren. Es wird daher empfohlen, sich bei Unstimmigkeiten entweder an einen erfahrenen Installateur oder in Streitfällen an einen Fachanwalt für Energierecht zu wenden.

Auch bei der Installation von PV-Anlagen sind gewisse baurechtliche und genehmigungsrelevante Spielregeln zu berücksichtigen. Schließlich handelt es sich bei ihnen um bauliche Anlagen, die den gesetzlichen Grundlagen des Baurechts unterliegen. Es gibt aber für viele Unwägbarkeiten entsprechende Lösungsmöglichkeiten.

Benötige ich eine Baugenehmigung?

Das Baurecht ist Ländersache. Die dort aufgeführten Inhalte lehnen sich in der Regel an die Musterbauordnung der Länder an, die vom Länderausschuss herausgegeben wurde. Sie stellt jedoch nur eine Empfehlung dar, von der je nach Bundesland in den eigentlichen landesspezifischen Bauordnungen abgewichen werden kann – demzufolge gibt es in den Bundesländern verschiedene baurechtliche Bestimmungen.

Auch bei Photovoltaikanlagen ist dies nicht einheitlich geregelt, sondern unterscheidet sich von Bundesland zu Bundesland. Im Allgemeinen aber sind Photovoltaikanlagen, welche auf Dach- und Fassadenflächen installiert werden, nicht baugenehmigungspflichtig. Für Freiflächenanlagen gelten andere Bedingungen. Gebäudeunabhängige Anlagen unterliegen einer begrenzten Größe in der Genehmigungsfreiheit; sie dürfen je nach Bundesland maximal neun Meter lang und drei Meter hoch sein.

Grundsätzliche Genehmigungspflicht

Obwohl die baurechtlichen Regelungen einen deutlichen Konsens der Bundesländer über die prinzipielle Genehmigungsfreiheit von Photovoltaikanlagen erkennen lassen, so kann man nicht grundsätzlich von einem Freifahrtschein ausgehen. Es gibt teilweise Einschränkungen mit erforderlicher Zustimmung der Baubehörde. Hierzu zählen unter anderem:

- denkmalgeschützte Gebäude,
- im Zuge des Ensembleschutzes auch für die Umgebung denkmalgeschützter Gebäude,
- in Bundesländern, die in der Landesbauordnung eine örtliche Bauordnung zulassen und wenn dieses Recht von der zuständigen Kommune im Zuge einer Bebauungsregelung umgesetzt wurde, die sich auch auf die Genehmigungspflicht von Photovoltaikanlagen bezieht,
- Verglasungen im Überkopfbereich in Form von PV-Modulen.

Denkmalschutz und Umwelt – mögliche Stolperfallen

Die Errichtung einer Photovoltaikanlage auf oder an einem denkmalgeschützten Gebäude ist keine einfache Angelegenheit; denn die Aufgabe des Denkmalschutzes ist es, Bauwerke in

Altes Gebäude mit Solarpaneel auf dem Dach in Berlin, Deutschland

ihrer ursprünglichen Bausubstanz und ihrem Erscheinungsbild zu erhalten. Photovoltaikanlagen stellen jedoch einen mitunter erheblichen optischen Eingriff in diese Bereiche dar. Vor diesem Hintergrund scheint die Hürde, Denkmalschutz und Photovoltaiktechnologie miteinander zu vereinen, fast unüberwindbar.

Aufgrund der fortgeschrittenen Photovoltaiktechnologie gibt es inzwischen jedoch akzeptable Lösungen zur Integration von Photovoltaiksystemen in denkmalgeschützte Gebäude. Beispiele hierzu sind Solardachziegel oder Module mit homogenen, dunklen, auch matten Oberflächen, die sich optisch zumindest besser in die Umgebung einpassen als aufgesetzte „blaue" Solarmodule mit silbernem Rahmen.

Dennoch müssen PV-Vorhaben für solche Bauwerke ein gesondertes Genehmigungsverfahren durchlaufen. Zuständige Instanz ist hier die Denkmalbehörde, an die ein formeller Antrag samt allen Bauplänen mit detaillierter Skizzierung des Umsetzungsvorhabens zu richten ist. Diese Vorgehensweise gilt nicht nur für denkmalgeschützte Häuser selbst, sondern gleichermaßen auch für Gebäude in unmittelbarer Nähe eines denkmalgeschützten Gebäudes sowie denkmalgeschützte Ortsteile im Sinne des Ensembleschutzes. In einigen Städten wurden bereits die absoluten Installationsverbote in historischen Kernbereichen gelockert, da der Bedarf an PV-Anlagen erkannt wurde.

Spiegelungen

Ein nicht zu unterschätzender Aspekt sind durch das Glas von Photovoltaikmodulen erzeugte Blendungen. Wenn die Solaranlage die Nachbarn blendet, kann das ärgerlich und teuer werden – unabhängig von einer in der Bauordnung verankerten Genehmigungsfreiheit. Deshalb sollte die Blendwirkung bei der Planung des Generators (Modulanordnung) nicht unberücksichtigt bleiben. Das Oberlandesgericht Düsseldorf hat den Betreiber einer Photovoltaikanlage dazu verpflichtet, die von seinem Generator ausgehenden Reflexionen zu minimieren. Ein Gutachter hatte festgestellt, dass das Nachbargrundstück von der Anlage an mehr als 130 Tagen massiv von Blendungen betroffen ist. Solche Situationen sind aber in der Praxis eher selten anzutreffen.

Genehmigungen gemäß geltender Vorschriften

Die Vielfalt an unterschiedlichen Photovoltaiksystemen ist schier überwältigend. Deshalb war es über kurz oder lang erforderlich, dass übergeordnete Regelungen und Zertifizierungen zur Photovoltaikanlage definiert wurden.

Mit der Normierung nach VDE (Verband der Elektrotechnik, Elektronik und Informationstechnik e. V.) wurde ein zentrales Kriterium geschaffen, um zu definieren, ob Photovoltaikbauteile den geltenden Ansprüchen genügen. Normative Anforderungen geben hilfreiche Aufschlüsse über die Qualität der PV-Module. Insofern ist es bedeutsam, dass über die VDE-Normen PV-Module geprüft und zertifiziert werden. Achten Sie immer darauf, dass nur solche Solarmodule eingesetzt werden, die eine sicherheitstechnische Zulassung („CE-Kennzeichnung") und Zertifizierung besitzen.

Gleiches gilt auch für die statische Betrachtung insbesondere bei den Haltesystemen und den hierzu verwendeten Komponenten. Das Deutsche Institut für Bautechnik (DIBt) veröffentlichte Anfang November 2012 die Bauregelliste 2012/2, welche mittlerweile durch die „Technischen Baubestimmungen" abgelöst wurde. Hier müssen unter anderem Photovoltaikmodule auch die Anforderungen nach dem

Blendungseffekt von Photovoltaikmodulen

Haltesystemaufbau einer Schrägdachanlage

deutschen Bauproduktengesetz erfüllen. Außerdem wurden die „Hinweise für die Herstellung, Planung und Ausführung von Solaranlagen" auf der Webseite des DIBt veröffentlicht. Solaranlagen unterliegen dem Bauordnungsrecht. Für bestimmte Komponenten, Installationen und Materialkonfigurationen verlangt das DIBt „allgemeine bauaufsichtliche Zulassungen". Die Aufnahme der Photovoltaikmodule in die Technischen Baubestimmungen ohne weiteren Nachweis für die Standsicherheit stellt eine Erleichterung für die Branche dar.

Voraussetzungen zur Nachweisfreiheit. Photovoltaikmodule dürfen unter folgenden Voraussetzungen ohne zusätzlichen Verwendbarkeitsnachweis eingesetzt werden:

- CE-Kennzeichnung bzw. Zertifizierung nach DIN EN 61215, DIN EN 61464 sowie DIN EN 61730 Teil 1 und 2
- Dachneigung ≤ 75 Grad
- Freilandanlagen im öffentlich unzugänglichen Bereich (eingezäunt)
- Modulfläche bis zwei Quadratmeter mit mechanisch gehaltener Glasdeckfläche

Kommen Montagesysteme ohne zusätzlichen Verwendbarkeitsnachweis zum Einsatz, kann der Nachweis auf Grundlage eingeführter Normen rechnerisch geführt werden.
Eine bauaufsichtliche Zulassung ist erforderlich, wenn

- die Tragfähigkeit von Metallkonstruktionen im Versuch ermittelt werden muss,
- relevante Teile des Montagesystems aus Kunststoff bestehen,
- die Montageträger oder Aussteifungselemente des PV-Moduls geklebt sind, zum Beispiel bei Backrails.

Bestehen aus Brandschutzgründen die Anforderungen „schwerentflammbar" oder „nicht brennbar", wie beispielsweise bei Außenfassaden, muss das Brandverhalten der Module beziehungsweise Kollektoren nachgewiesen werden.

Darüber hinaus sind die Regelungen zu den technischen Anschlussbedingungen der örtlichen Netzbetreiber, kurz TAB genannt, beziehungsweise die normativen Anschlussrichtlinien, unter anderem die VDE-AR-N 4105, von Bedeutung. Demnach müssen Photovoltaikanlagen, die den erzeugten Strom ins örtliche Stromnetz einspeisen, den technischen Anschlussbedingungen des örtlichen Stromnetzbetreibers entsprechen. Das heißt: Ein Energieversorger ist nur dann zur Abnahme des solaren Stroms verpflichtet , wenn Ihre PV-Anlage den Regelungen seiner TAB entspricht.

Für PV-Anlagen am öffentlichen Stromnetz mit Eigenverbrauchnutzung gelten darüber hinaus weiterführende Richtlinien der jeweiligen Netzbetreiber als Ergänzung zu den normativen Anschlussrichtlinien. Leider hat jeder Netzbetreiber seine eigene Philosophie, was das Zählersystem angeht. Einfachere sowie einheitliche Regelungen sind daher mit der Einführung von Smart Meter zu erwarten (siehe „Überwachung und Smart Meter", ab Seite 72).

Genehmigung durch den Energieversorger

Nach dem Erneuerbare-Energien-Gesetz (EEG) ist der zuständige Stromnetzbetreiber ausdrücklich dazu verpflichtet, die solar erzeugte Energie vom Kunden abzunehmen und ins öffentliche Stromnetz einzuspeisen. Im Gegenzug hat er die gesetzlich definierte Einspeisevergütung zu entrichten. Laut Bundesministerium für Umwelt ist in diesem Kontext kein Genehmigungsverfahren beim Energieversorger vorgesehen. Stattdessen muss das Photovoltaiksystem von einem Fachbetrieb der Elektroinstallation errichtet und beim Stromnetzbetreiber angemeldet werden. Die Inbetriebnahme erfolgt unter Anwesenheit des Elektro- installateurs und eines Mitarbeiters des Energieversorgers.

Obwohl der Weg des Solarstroms in das örtliche Stromnetz durch diese Regelungen grundsätzlich geebnet ist, sollte man sich als zukünftiger PV-Anlagenbesitzer darüber im Klaren sein, dass es bezüglich des Energieversorgers dennoch gewisse Barrieren gibt. Vom Inhaber einer Photovoltaikanlage müssen schließlich die technischen Anforderungen des örtlichen Stromnetzes berücksichtigt werden, weshalb bereits beim Bau auf eine absolute Kompatibilität mit diesen technischen Details geachtet werden muss. Die Verantwortung hierfür liegt jedoch bei der ausführenden Fachfirma.

DAS ERNEUERBARE-ENERGIEN-GESETZ (EEG)

Das Erneuerbare-Energien-Gesetz ist eng mit der Geschichte der Photovoltaik und deren Marktetablierung verbunden. Ohne diese Gesetzesgrundlagen würde es heute keine marktfähigen regenerativen Energieformen geben. Neben der Photovoltaik regelt das EEG weitere regenerative Energieerzeugungen wie Wasserkraft, Windenergie, Geothermie, Energie aus Biomasse sowie Grubengas.

Zusammenfassend betrachtet regelt das Erneuerbare-Energien-Gesetz (letzter Stand: Novelle 2023) die vorzugsweise Einspeisung von Strom aus erneuerbaren Quellen ins Stromnetz und garantiert deren Anlagenbetreibern mehr oder minder feste Einspeisevergütungen. Dies hört sich einfach und konsequent an – zu Anfangszeiten, als das EEG aus gerade einmal vier Seiten bestand, war das auch so. Wie das bei anderen Gesetzen so üblich ist, ändern sich diese, insbesondere wenn bestimmte Interessen aufeinander stoßen. Dies war spätestens dann der Fall, als der Zubau an erneuerbaren Energien Fahrt aufgenommen hatte und es aufgrund der damaligen hohen Einspeisevergütungen um die Frage der Kostenverteilung ging.

Notwendigkeit des Ausgleichs

Da die Stromerzeugung aus erneuerbaren Energien regional und saisonal unterschiedlich ist, wurde zwischen den Netzbetreibern eine bundesweite Ausgleichsregelung erforderlich. Mit der Ausgleichsmechanismusverordnung (AusglMechV) vom Mai 2009 wurde EEG-

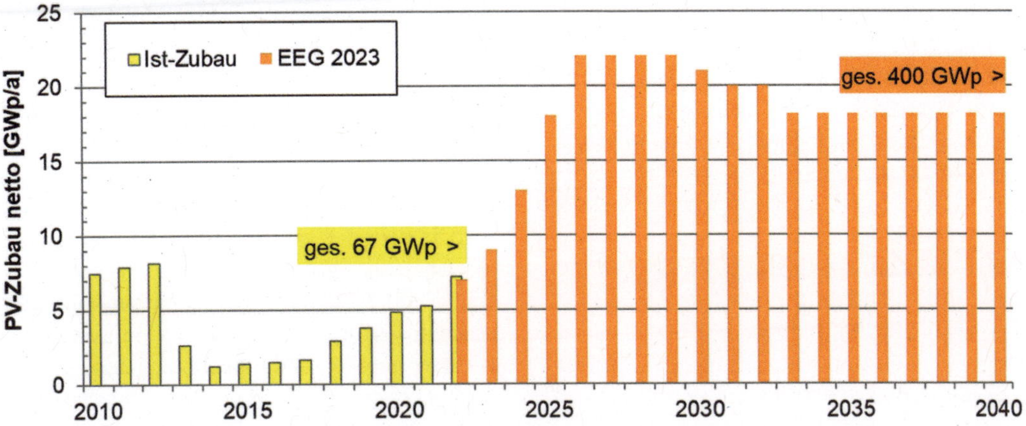

Netto-PV-Zubau: Ist-Werte bis 2022 (2022: Vorläufige Schätzung), Ausbaupfad zur Erreichung der gesetzlichen Ziele [EEG2023] (Quelle: Fraunhofer ISE)

Strom zu den Übertragungsnetzbetreibern durchgeleitet, von ihnen gemäß Vorgaben vergütet und an der Strombörse vermarktet. Die Möglichkeiten zur Direktvermarktung des EEG-Stroms sind mit dem EEG 2012 über das Marktprämienmodell erweitert worden.

Ein weiterer Ausgleichsbedarf ergab sich bis 2022 für die Kosten, die als Differenz zwischen den Erlösen für den EEG-Strom und den festgelegten Vergütungssätzen entstehen. Dieser Betrag wurde als EEG-Umlage bezeichnet und von den Endverbrauchern gezahlt. Diese Kosten sorgten regelmäßig für Diskussionen, da einerseits die durch das EEG vergüteten regenerativen Energieangebote stiegen, andererseits jedoch die Strommarktpreise an der Börse sanken. Die Kopplung der Strompreise an die Börse ist seit jeher ein strittiges Thema, da dies als Kostentreiber der Strompreise angesehen wird.

Mit mehreren EEG-Novellen erfolgte ein tiefer politischer Eingriff in die Vergütungsregelungen des EEG mit erheblichen Absenkungen und Beschneidungen der Fördervoraussetzung. Infolgedessen sank der Zubau der Photovoltaik im Jahr 2014 auf nur noch 1,2 Megawatt von ursprünglich 11,9 Megawatt 2011 und hat sich erst in den letzten Jahren wieder erholt. In der Energiewende ist Deutschland hierdurch aber deutlich zurückgefallen.

Mit der 2021 neu gewählten Bundesregierung (Ampel-Koalition) wurde gleichzeitig das EEG tiefgreifend reformiert und die Ausbauziele deutlich erhöht. Hieraus ergeben sich folgende wesentliche Änderungen:

- Der Bau von regenerativen Anlagen wird zum „öffentlichen Interesse“ erklärt, gewinnt damit in der juristischen Abwägung verschiedener Interessen an Gewicht.
- Netzbetreiber müssen zukünftig ein Portal für Netzanfragen zur Verfügung stellen, die Netzanfragen werden damit digitalisiert und beschleunigt.
- Die EEG-Umlage entfällt ersatzlos.
- Die bislang geforderte Leistungsbegrenzung auf 70 Prozent bei Anlagen bis 25 kWp entfällt (ist auch für Altanlagen noch geplant).
- Die Höhe der Vergütung ist zukünftig abhängig davon, ob eine Eigenversorgungs- oder eine Volleinspeiseanlage betrieben wird.
- Die Vergütungssätze wurden angehoben.
- Volleinspeiseanlagen erhalten noch deutlich höhere Vergütungssätze.
- Die Degression (monatliche Absenkung der Vergütungssätze) wird bis Januar 2024 ausgesetzt und danach nur noch halbjährlich angesetzt.
- Anlagen bis 20 kWp werden künftig auch auf dem Grundstück vergütet, wenn sich das Hausdach nicht eignet (Garten, Carport etc.).
- Die Begrenzung bei Mieterstrom auf 100 kWp entfällt.

Das Ziel des neuen EEG ist es, den Ausbau von regenerativen Energien nicht mehr „in Schach zu halten", sondern deutlich zu forcieren. Dies geschieht nicht nur, um die von der Regierung selbst gesteckten Klimaziele zu erreichen, sondern steht auch im Fokus der aktuellen geopolitischen Konfrontationen im Osten Europas mit der dadurch ausgelösten Energiekrise.

EEG – Rechte und Pflichten für Anlagenbetreiber

Bei Errichtung und Betrieb einer PV-Anlage ergeben sich aus dem EEG auch Rechte und Pflichten. Neben den erforderlichen Abstimmungen beim zuständigen Netzbetreiber mit Prüfung der Netzverträglichkeit und womöglich auch baurechtlichen Gegebenheiten (siehe Seite 41) ist das Erneuerbare-Energien-Gesetz (EEG) mitunter Dreh- und Angelpunkt.

Das EEG hat seit dem Jahre 2000 verschiedene Entwicklungen hinter sich (siehe Seite 8). Im Lauf seiner gut 20-jährigen Geschichte hat sich ein recht umfangreiches Gesetz mit über 100 Paragrafen und ebenso vielen Seiten entwickelt. Die Ursachen dieser Erweiterungen sind unterschiedlicher Natur. Da sind etwa Vorgaben zur Netzstabilität, Regelungen bezüglich der Direktvermarktung bis hin zu recht komplizierten Bestimmungen über die sogenannten Ausgleichsmechanismen, Zubauraten und Vergütungsregelungen zu nennen. Vergleichbar dem Steuergesetz, ist das EEG zu einem verkomplizierten Werk geraten, bei dem selbst Brancheninsidern manchmal die Haare zu Berge stehen.

Man kommt bedauerlicherweise nicht umhin, sich mit einigen Punkten aus dem EEG zu befassen, wenn man eine Photovoltaikanlage plant, installieren lässt und betreibt.

Zu beachten ist, dass sich einige neue Gesetzespunkte nicht nur auf Neuanlagen auswirken, sondern im Rückgriff auch Altanlagen erfassen können. Grundtenor bei allen auch die Altanlagen betreffenden Regelungen ist meist, dass sich eine Nichtbeachtung dieser Auflagen oder Vorgaben auf die Einspeisevergütung auswirken kann, von einer Reduzierung bis zum vollständigen Verlust des Vergütungsanspruchs – zumindest für den Zeitraum, in dem die geforderten Bedingungen nicht vorliegen oder nachgewiesen werden.

Da die gesetzlichen Regelungen umfangreich sind, beschränken sich die Ausführungen in diesem Buch auf PV-Anlagen in kleinerer Anlagengröße bis maximal 30 kWp. Für größere Anlagen werden nur stichpunktartige Querverweise gegeben.

Anlagenbegriff

Bereits die Definition einer PV-Anlage führte früher zu heftigen Diskussionen. Danach war jedes einzelne Modul als separate Anlage zu sehen, was sich mittlerweile geändert hat. Anlass für die Klarstellung ist eine Entscheidung des Bundesgerichtshofs (BGH) (Urteil vom 4.11.2015, Az.: VIII ZR 244/14), wonach bei Photovoltaikanlagen nicht jedes einzelne Modul als Anlage zu verstehen sei. Vielmehr bilde erst die Gesamtheit aller Module die Anlage „Solarkraftwerk".

Nun ist Anlage nicht gleich Anlage, insbesondere wenn es darum geht, mit welcher Marge der eingespeiste Strom vergütet wird. Da man früher aufgrund der je nach Anlagengröße gestaffelten Vergütung dazu überging, neue Anlagen möglichst klein aufzuteilen, um die hohe Vergütung von Kleinanlagen zu erhalten, hat der Gesetzgeber diesem Treiben frühzeitig einen Riegel vorgeschoben. Danach gelten mehrere Solaranlagen unabhängig von den Eigentumsverhältnissen und ausschließlich zum Zweck der Ermittlung der installierten Leistung als eine Anlage, wenn sie sich auf demselben Grundstück oder Gebäude befinden und sie innerhalb von 12 aufeinanderfolgenden Kalendermonaten in Betrieb genommen worden sind.

Im Klartext: Die Module auf dem Hausdach und diejenigen auf der Garage des gleichen Grundstücks zählen als eine Anlage, wenn diese zeitlich innerhalb von 12 Monaten errichtet wurden. Würde die Garage erst nach 12 Monaten mit Modulen „nachgerüstet" werden, so würden sich zwei getrennte Anlagen mit unterschiedlicher Vergütung ergeben.

Zahlungsansprüche des Betreibers nach Errichtung einer EEG-Anlage

Der Gesetzgeber spricht bei der Vergütungshöhe des erzeugten Stroms von einem „anzulegenden Wert". Zu unterscheiden ist dieser Wert von der „Festvergütung". Hier verringert sich der anzulegende Wert um 0,4 ct/kWh. Diese Verringerung trifft lediglich nicht bei Anlagen mit Direktvermarktung zu. Der anzulegende Wert unterscheidet sich nach Anlagengröße und -ort.

Beim Ort unterscheidet man Anlagen auf und an Gebäuden (übliche Aufdachanlagen, aber auch Lärmschutzwände) sowie Anlagen auf freiem Gelände (Freifeldanlagen).

Neu im EEG 2023 ist, dass man bei der Vergütung unterscheidet in Anlagen, welche den Strom komplett in das öffentliche Netz einspeisen (Volleinspeiseanlagen), oder Eigenverbrauchsanlagen mit Überschusseinspeisung.

Von der Größe und der davon abhängigen Einspeisevergütung wird bei Dachanlagen ab dem 1. Januar 2023 unterschieden:

a) Volleinspeiseanlagen
- bis 10 kWp
- > 10 kWp bis 100 kWp
- > 100 kWp bis 400 kWp
- > 400 kWp bis 1 MWp

b) Überschusseinspeiseanlagen
- bis 10 kWp
- > 10 kWp bis 40 kWp
- > 40 kWp bis 1 MWp

Gesetzliche Festvergütung

Interessant für Anlagenbetreiber ist der gesetzlich fest vorgegebene Vergütungsrahmen für den eingespeisten Strom. Wie erwähnt, besteht die wesentliche Vergütungsänderung im aktuellen EEG darin, dass man zwischen PV-Anlagen mit Volleinspeisung und Eigenstromnutzung (Überschusseinspeisung) unterscheidet. Dabei erhalten Anlagen mit Volleinspeisung eine deutlich höhere feste Einspeisevergütung als Überschusseinspeiseanlagen. Das Gesetz soll hier Anreize schaffen, auch Dachflächen von Gebäuden mit PV auszurüsten, welche nur geringen oder keinen Eigenstromnutzen haben. Ziel ist es, insgesamt den Zubau von PV zu verstärken. Dass eine Überschusseinspeiseanlage wegen der geringeren Vergütung nicht im Nachteil ist, sehen wir später bei den Wirtschaftlichkeitsvergleichen.

Grundsätzlich bekommt man für eine Anlagengröße bis 100 kWp nach § 48, Abs. 2 eine gesetzlich festgelegte Einspeisevergütung. Deren Höhe richtet sich gestaffelt nach der Anlagengröße. Zum 1. Januar 2023 bedeutet dies für Volleinspeiseanlagen:
- bis 10 kWp: 13,0 ct/kWh
- > 10 kWp bis 40 kWp: 10,9 ct/kWh
- > 40 kWp bis 100 kWp: 10,9 ct/kWh

für Überschusseinspeiseanlagen:
- bis 10 kWp: 8,20 ct/kWp
- > 10 kWp bis 40 kWp: 7,10 ct/kWh
- > 40 kWp bis 100 kWp: 5,80 ct/kWp

Je nach Anlagengröße über 10 kWp ergibt sich daher ein Mischpreis für die gesetzliche Vergütung, das heißt für die ersten 10 kWp bei Volleinspeiseanlagen werden 13,0 ct/kWh vergütet, für die über 10 kWp hinausgehende Leistung bis 40 kWp 10,9 ct/kWh und so weiter. Für Anlagen ab 100 kWp gibt es zusätzliche, gesonderte Vergütungsregelungen, auf die hier aber nicht näher eingegangen wird.

Die Werte der Einspeisevergütungen werden bis Ende Januar 2024 eingefroren. Danach unterliegen diese einer Degradation von einem Prozent pro Halbjahr.

Mieterstromzuschlag

Was ist Mieterstrom? Das Gesetz zur Förderung von Mieterstrom wurde im Sommer 2017 verabschiedet. Das Ziel bestand darin, Solarstrom zur dezentralen Energieversorgung in Deutschland voranzubringen, gerade auch in Ballungsräumen und Städten – Stichwort urbane Energiewende.

Es sollte die Möglichkeit geschaffen werden, zum Beispiel auf Mehrfamilienhäusern (Mietwohnungen) Photovoltaikanlagen zu errichten und zu betreiben, um den erzeugten Strom direkt an die Mieter verkaufen zu können. Weil das Mieterstromgesetz wegen vieler bürokratischer Hürden nicht gegriffen hat, wurden in der EEG-Novelle 2021 und 2023 diverse Verbesserungen auch für Mieterstrom beschlossen.

Wer Mieterstrom anbietet, bekommt einen Mieterstromzuschlag (je nach Anlagengröße aktuell ca. 2 ct/kWh). Mit dem Mieterstromzuschlag sind jedoch viele bürokratische Auflagen verbunden, welche in der Vergangenheit bereits viele Projekte einfach zum Scheitern gebracht haben.

So ergaben sich finanzielle Belastungen durch die Zahlung der vollen EEG-Umlage, Probleme bei der Gewerbesteuerbefreiung, hohe Vertragsanforderungen, aufwendige Messkonzepte und Bürokratiehürden, unter anderem bei diversen erforderlichen Meldungen.

Die EEG-Umlage ist zum Glück Vergangenheit. Zudem hat das neue EEG zum Thema Mieterstrom einige Erleichterungen gebracht: Erfreulicherweise ist zum Beispiel die Begrenzung solcher Anlagen auf eine installierte Leistung von 100 kW entfallen. Doch es bleiben mehrere Probleme: Die Mieterstromzuschläge sanken, anders als die allgemeinen Einspeisevergütungen, auch im Jahr 2022 Monat für Monat weiter. Die Anbieter von Mieterstrom müssen sich nicht nur um die Abrechnung des Solarstroms, sondern auch um die Reststrombeschaffung aus dem Netz kümmern. Das erzeugt einen erheblichen Mess- und Verwaltungsaufwand. Zudem sind Objekte von der Mieterstromregelung ausgenommen, bei denen nicht mindestens 40 Prozent der Nutzfläche dem Wohnen dienen. Kleinere wirtschaftliche Betriebe bleiben daher außen vor.

Das Energiewirtschaftsgesetz (EnWG) bestimmt zudem im § 42a, dass der von den Endnutzern für den Mieterstrom zu zahlende Preis nicht höher sein darf als 90 Prozent des im jeweiligen Netzgebiet geltenden Grundversorgungstarifs. Dies ist in der Praxis oft nicht einhaltbar, insbesondere bei den Turbulenzen am Strompreismarkt.

Nach § 9 des Stromsteuergesetzes ist erneuerbarer Strom, der vom Erzeuger selbst verbraucht wird, von der Stromsteuer ausgenommen. In Mieterstrommodellen werden aufgrund der bürokratischen Aufwendungen aber oft Dritte beauftragt, den Mix aus Eigen- und Fremdstrom zu managen (Lieferkettenmodell). Das kostet nicht nur Geld, sondern es wird auf den gesamten Strom zusätzlich die Stromsteuer erhoben. Das Antrags- und Abwicklungsverfahren bei den Hauptzollämtern ist dabei dermaßen bürokratielastig, dass Mieterstromprojekte schwerwiegend behindert werden.

Eine oftmals bessere Alternative besteht darin, auf den Mieterstromzuschlag (im Mittel ca. 2 ct/kWh) zu verzichten und den von der PV-Anlage erzeugten Strom „individuell" zu nutzen. Der Vorteil liegt in der flexiblen Preisgestaltung, auch weil jeder Mieter seinen Stromanbieter behalten kann. Zwar verbleiben immer noch entsprechende Aufgaben beim Vermieter (PV-Stromabrechnung, Meldepflichten), diese sind aber in der Regel ohne Hilfe Dritter zu bewältigen. Darüber hinaus gibt es eine Vielzahl von Nutzungsvariationen ohne größeren Bürokratieaufwand, zum Beispiel:

- Vermieter nutzt PV für Allgenmeinstrom, der Mieter Rest als Überschusseinspeisung;
- Vermieter vermietet einen Teil einer PV-Anlage an Mieter, der Mieter kann dann frei über den erzeugten Strom verfügen.

Hieraus ergeben sich oftmals recht flexible und unbürokratische Lösungen, was den Verzicht auf den Mieterstromzuschlag mehr als wett macht.

Netzanschluss

In der Regel können PV-Anlagen bis zu einer Größe von 30 kWp am bestehenden Hausanschluss angeschlossen werden. Nach den bisherigen rechtlichen Regelungen ist der Netzverknüpfungspunkt, also der Anschlusspunkt einer PV-Anlage bis 30 kWp, stets der vorhandene Hausanschluss. Aber Vorsicht: Man sollte sich auf diesen Automatismus nicht verlassen. Wer einfach eine Anlage < 30 kWp errichten lässt und diese dann beim Netzbetreiber zum Anschluss anmeldet, kann überrascht werden. Probleme kann es in abseits gelegenen Netzen und bei Freileitungsanschlüssen mit Aufdachständern geben. Hier können bereits Anlagengrößen ab 20 kWp kritisch sein. Letztendlich obliegt es dem Netzbetreiber, für einen entsprechenden Netzausbau zu sorgen. Das EEG regelt auch hier entsprechend:

- Nach § 8 Abs. 5 ist es die Pflicht des Netzbetreibers, einen Monat nach Eingang des Netzanschlussbegehrens einen Zeitplan vorzulegen (Arbeitsschritte bis zum Netzanschluss, nötige Informationen). Als zukünftiger Anlagenbetreiber haben Sie ein Recht darauf, obgleich dies von vielen Netzbetreibern sehr stiefmütterlich gehandhabt wird.
- Aus § 8 Abs. 6 ergibt sich weiterhin die Pflicht des Netzbetreibers, nach Eingang der Informationen weitere Auskünfte zu übermitteln, zum Beispiel mögliche Netzanschlusskosten.
- Eine kleine Privilegierung ergibt sich für Anlagen bis 10,8 kWp. Solche können angeschlossen werden, wenn der Netzbetreiber den Zeitplan nach § 8 Abs. 5 nicht einen Monat nach Eingang des Netzanschlussbegehrens übermittelt hat.

§ 9 EEG: Technische Vorgaben

Dreh- und Angelpunkt bestehender und neuer PV-Anlagen sind technische Vorgaben zur Reduzierung oder Begrenzung der Einspeisung. Demnach müssen Anlagenbetreiber ab einer bestimmten Anlagengröße ihre Anlagen mit einer technischen Einrichtung ausstatten, mit der der Netzbetreiber die Einspeiseleistung bei Netzüberlastung jederzeit ferngesteuert reduzieren und die Ist-Einspeisung abrufen kann. Bei kleineren Anlagen bestand bisher die Alternative, die Einspeiseleistung dauerhaft auf maximal 70 Prozent zu begrenzen.

Diese Regulierungsmöglichkeiten sind noch ein Relikt aus der Zeit, in der man den Zubau von PV-Anlagen politisch klein halten wollte und zudem die Sorge bestand, dass der Netzausbau dem PV-Zuwachs weiter hinterherhinken würde. In der praktischen Anwendung wird der Netzbetreiber bei Erfordernis allerdings nie Kleinanlagen abregeln, weil das viel zu aufwendig wäre. Er begnügt sich in der Praxis mit größeren Anlagen, weil er dort mit wenigen Eingriffen eine größtmögliche Regelwirkung erzielen kann, anstatt mit Hunderten von Kleinanlagen. Über Sinn und Unsinn lässt sich daher bereits an dieser wie auch an anderen Gesetzesstellen sicher diskutieren.

Rechtzeitiges Anschlussbegehren

Wir empfehlen grundsätzlich, rechtzeitig das Anschlussbegehren beim zuständigen Netzbetreiber zu stellen, um nicht unnötig Zeit zu verlieren, insbesondere wenn sich durch die halbjährliche Degradation der Einspeisevergütungen Nachteile ergeben sollten.

Hieraus ergibt sich bereits die erste technische wie finanzielle Hürde: Die geforderten technischen Regeleinrichtungen ziehen zusätzliche Investitionskosten nach sich. Mit Datenleitung, Datenlogger und Fernverbindung können da schon einmal 1 000 bis 4 000 Euro zusammen kommen, dazu noch die jährlichen Übertragungsgebühren von ca. 100 bis 200 Euro. Für Kleinanlagen war dies völlig unwirtschaftlich.

Darüber hinaus muss für die Dauer des Anlagenbetriebs gewährleistet sein, dass die technische Einrichtung funktioniert. Nicht selten führen die Netzbetreiber bei ferngesteuerten Regeleinrichtungen Tests durch, bei denen die Funktion geprüft wird. Soweit die technische Einrichtung nicht vorhanden ist oder nicht regelkonform funktioniert, schwebt das Damoklesschwert des Entfalls oder der Reduzierung der Einspeisevergütung der Anlage über dem Kopf des Anlagenbetreibers. Daher sollte regelmäßig geprüft werden, ob die Photovoltaikanlage die technischen Voraussetzungen nach § 9 EEG noch erfüllt – und entsprechend funktioniert.

Blieb bisher bei kleineren Anlagen die 70-Prozent-Regelung: Zur Beschränkung der Anlage am Verknüpfungspunkt auf maximal 70 Prozent ihrer Wirkleistung musste bei einer 10-kWp-Anlage ein Wechselrichter mit einer maximalen Leistung von 7 kWp eingesetzt oder bei der Verwendung eines größeren Geräts dessen Leistung auf diese 70 Prozent abgeregelt werden. Damit ist in einem separaten Beschluss außerhalb des bisher beschlossenen EEG 2023 nunmehr Schluss! Neue PV-Anlagen bis 25 kWp sind von dieser Regelung ausgenommen. Bestandsanlagen bis 7 kWp können auf Antrag von der 70-Prozent-Regelung ausgenommen werden. Ob auch größere Bestandsanlagen dem folgen können, ist noch unklar.

Nach EEG ist die technische Regeleinrichtung stark an den zukünftigen Einbau intelligenter Messsysteme (Smart Meter Gateway, IMSys: Intelligentes Messsystem – siehe „Überwachung und Smart Meter", Seite 72) geknüpft. Dessen „Roll-out", das heißt die Freigabe durch das Bundesministerium für Sicherheit und Informationstechnik (BSI), verzögert sich allerdings noch.

Man unterscheidet aktuell zwei Anlagensegmente:

1 Anlagen von 7 bis 25 kWp und
2 Anlagen ab 25 kWp.

Anlagen bis 7 kWp sind von der Einbaupflicht eines IMSys befreit.

Bei Anlagen von >7 kWp bis 25 kWp greift die Einbaupflicht des IMSys.

Bei Anlagen ab 25 kWp muss aktuell eine technische Regeleinrichtung eingebaut werden, bis es zum Roll-out des IMSys kommt.

EEG-Umlage

Mit der EEG-Umlage wurde bisher der Ausbau der erneuerbaren Energien in Deutschland finanziert. Das Erneuerbare-Energien-Gesetz (EEG) legt fest, dass Strom aus erneuerbaren Energien abgenommen und für 20 Jahre zu einem bestimmten Preis pro Kilowattstunde vergütet wird. Hieraus entstehen Kosten, die auf die Verbraucher umgelegt werden müssen.

Die bisherige Regelung bei Eigenverbrauch von selbst erzeugtem Solarstrom war die, dass man ab einer Anlagenleistung von 10 kWp beziehungsweise einer erzeugten Menge von 10 000 kWh pro Jahr für den eigenverbrauchten Strom eine anteilige EEG-Umlage von 40 Prozent des EEG-Umlagensatzes bezahlen musste. Letztendlich wurde man bestraft, wenn man den selbst erzeugten Strom auch selbst genutzt und damit die Netze entlastet hat.

Bereits vor der Einführung des EEG 2023 hat die Bundesregierung beschlossen, die EEG-Umlage abzuschaffen. Hierdurch sind auch alle Regelungen der EEG-Umlage aus dem EEG 2023 gefallen.

Pflichtverstöße

Etwas ernster sieht es bei den sogenannten Pflichtverstößen aus. Geradezu „bedrohlich" wirkt der § 52 EEG. Hier werden im Konkreten die Auswirkungen aufgezeigt, wenn der Anlagenbetreiber gegen gewisse Pflichten aus dem EEG verstößt. Dabei verringert sich der anzulegende Wert – also die Einspeisevergütung – auf Null, unter anderem

- so lange Anlagenbetreiber die zur Registrierung der Anlage erforderlichen Angaben nicht an das Marktstammdatenregister (siehe unten, Seiten 51, 146) übermittelt haben,
- solange Betreiber bei bereits registrierten Anlagen bei einer erfolgten Leistungserhöhung diese nicht nachgemeldet haben.

Die Einspeisevergütung verringert sich auf den Monatsmarktwert (Börsenpreis),

- solange Anlagenbetreiber keine technische Regeleinrichtung eingebaut haben und diese in Funktion vorhalten, wenn eine solche gefordert ist (bei Anlagen > 25 kWp),
- solange Anlagenbetreiber eine Einspeisevergütung erhalten, jedoch den erzeugten Strom gleichzeitig an Dritte veräußern (Doppelvermarktungsverbot).

Die Pflichtverstöße beziehen sich auf verschiedene Paragrafen des EEG, welche im Gesetzestext des EEG stellenweise noch folgen oder vorangehen. Im Einzelnen sollen diese hier nur auszugsweise mit den wichtigsten Hinweisen besprochen werden.

Marktstammdatenregister (MaStR)

Mit der Marktstammdatenregisterverordnung vom 10. April 2017 und deren Novelle vom 21.November 2018 hat in einer längeren Übergangsfrist nun das Marktstammdatenregister (MaStR) die früher übliche Meldung und Registrierung bei der Bundesnetzagentur abgelöst. Im Marktstammdatenregister müssen alle Akteure des Strom- und Gasmarkts sich selbst und ihre Anlagen registrieren. Dies betrifft insbesondere die Betreiber von Stromerzeugungsanlagen – dementsprechend auch PV-Anlagen einschließlich deren ortsfeste Batteriespeicher.

Dabei muss jede Solaranlage, jedes Windrad eines Windparks und jede Biogasanlage oder jedes konventionelle Kraftwerk einzeln erfasst werden. So ist etwa nach der Registrierung der PV-Anlage gegebenenfalls zusätzlich auch der Stromspeicher zu registrieren.

Damit die Zahlungen nach EEG ohne Abzüge geleistet werden können, müssen die vom Gesetzgeber vorgegebenen Fristen für die Registrierung eingehalten werden. Bei Anlagen, die vor dem Start des dazugehörigen Webportals in Betrieb gegangen sind, gilt in der Regel eine zweijährige Frist zur Registrierung. Diese endete am 31. Januar 2021. Für Neuanlagen, die nach dem Start des Webportals in Betrieb genommen werden, gilt nach Inbetriebnahme eine einmonatige Frist zur Registrierung.

Das MaStR-Webportal (markstammdatenregister.de) steht allen Marktakteuren und der Öffentlichkeit seit dem 31. Januar 2019 zur Verfügung. Registrierungen von Stromerzeugungsanlagen können nur noch über dieses neue Webportal vorgenommen werden. Die Registrierung kann nur durch den Anlagenbetreiber erfolgen. Mit der Registrierung erhält dieser eine Bestätigung zum Ausdrucken mit den relevanten Anlagendaten.

Notwendige Datenänderungen: Änderungen der im Marktstammdatenregister eingetragenen Daten müssen innerhalb eines Monats nach der Änderung angepasst werden. Insbesondere hier steckt der Teufel im Detail. Erfolgt ein Modultausch, etwa nach einem Schaden oder wegen eines Garantiefalls, und ändert sich hierdurch die Anlagenleistung – zum Beispiel geringfügig nach unten –, stellt dies eine verpflichtende Registrierungsänderung dar. Die bürokratischen Anforderungen nach der Anlagenregistrierungsverordnung (AnlRegV) gehen sogar so weit, dass nach § 5 Abs. (1) bei einer bereits registrierten Anlage auch Änderungen der ursprünglichen Anlagendaten zu melden sind, wie zum Beispiel Telefonnummer oder E-Mail-Adresse.

---

§ 71 EEG: Anlagenbetreiber

Aus § 71 EEG ergibt sich eine weitere Verpflichtung des Anlagenbetreibers. Hier geht es um die rechtzeitige Mitteilung der erzeugten Strommenge (Zählerablesung) für die Jahresendabrechnung. Diese Mitteilung hat bis spätestens zum 28. Februar des nächsten Jahres zu erfolgen. Bei Großanlagen, in denen über monatliche Ist-Werte (Lastgangzähler) abgelesen wird, ist dies kein Thema. Bei kleineren Anlagen wird man oft mit der vom Netzbetreiber zum Jahresende verschickten Ablesekarte erinnert.

Modultausch, Vergütung und Modul

Es kommt nicht selten vor, dass Module getauscht werden müssen. Ob dies nun aus Gewährleistungsgründen geschieht oder wegen eines Schadens oder nur, weil die Leistung der Module nachgelassen hat: Das sollte neben der rein technischen Bearbeitung auf den ersten Blick erst einmal keine weiteren Auswirkungen haben – möchte man meinen. Nicht unproblematisch ist aber die Frage, ob man bei einem Modultausch auch die bisherige Vergütung nach dem EEG behält.

Die Einspeisevergütung für ausgetauschte Module war in der Vergangenheit nicht sicher geregelt. Bei strikter Anlagen- und Vergütungsauslegung würde man die ursprüngliche Vergütung für die getauschten Module verlieren und bekäme für die neuen Module nur die aktuelle Vergütung nach EEG.

Mit der Sonderregelung in § 38b hat der Gesetzgeber nunmehr etwas Klarheit geschaffen. Darin heißt es, vereinfacht ausgedrückt, dass Solaranlagen, die aufgrund eines technischen Defekts, einer Beschädigung oder eines Diebstahls an demselben Standort bis zur gleichen, vorherigen Größe ersetzt werden, die ursprüngliche Einspeisevergütung beibehalten. Die getauschten (defekten) Module verlieren gleichzeitig ihren Vergütungsanspruch.

Es besteht aber weiterhin Auslegungsbedarf zur Anwendung des § 38b des EEG, da der Gesetzgeber die aufgeführten Fälle, die zu einem Modultausch führen können, nicht im Einzelnen definiert hat. Was ist ein technischer Defekt, was eine Beschädigung oder ein Diebstahl? Der BDEW (Bundesverband der Energie und Wasserwirtschaft e. V.) hat in einem Arbeitspapier dargelegt, dass von einer Funktionsstörung allgemein ausgegangen werden kann, wenn sie sich „vor allem als nicht nur unerhebliche Leistungseinbuße des betreffenden Moduls bis zu einem vollständigen Defekt, d. h. eines technischen Ausfalls des Moduls beschreiben" lässt.

Ein Defekt kann sowohl äußerlich vorliegen als auch durch Leistungsminderung. Wichtig zu wissen ist, dass eine natürliche Leistungsminderung (Degradation) kein Defekt im Sinne des EEG ist und somit von der darin enthaltenen Vergütungsregelung ausgenommen ist.

Im Gegensatz zu einem technischen Defekt ist die Beschädigung grundsätzlich eine Einwirkung von außen, wie etwa Glasbruch durch Hagel, Blitzschlag, Brand oder Vandalismus. Laut BDEW ist der Diebstahl auf die strafrechtliche Definition abzustellen.
Auch hier hilft eine ausreichende Dokumentation in Form von Messprotokollen, Bilddokumentation und Beschreibung des Umstands, der zum Modultausch geführt hat.

Probleme der Kompatibilität beim Modultausch. In der Praxis ergeben sich bei einem Modultausch auch noch andere Probleme: Nicht selten sind Marken und Modultypen vom Markt verschwunden und können nicht 1:1 ersetzt werden. Oftmals gibt es geeignete Module nur noch mit höherer Leistung, da sich in der Vergangenheit die Flächenleistungen der Module erheblich erhöht haben. Daher ist zu beachten, dass sich die Gesamtanlagenleistung nach einem Modultausch nicht erhöht.
Bleibt die Anlagenleistung bei geringerer Modulanzahl gleich, ändert sich nichts. Erhöht sich die Gesamtleistung bei gleicher Modulanzahl, wäre die überschüssige Leistung als Anlagenerweiterung zu sehen, mit der Folge, dass – und auch nur hierfür – eine neue Vergütung zum Zeitpunkt des Modultausches erfolgt. Auch sind dann die weiteren Konsequenzen einer Anlagenerweiterung im Vorfeld des Modultausches zu beachten in Bezug auf:

- Netzkapazität,
- Netzverträglichkeitsprüfung,
- Einspeiseanmeldung,
- technische Regeleinrichtung,
- Anmeldung der Anlagenerweiterung beim zuständigen Netzbetreiber.

Hier können sich sonst entsprechende Überraschungen ergeben. Eine Verringerung der Gesamtanlagenleistung ist dabei unschädlich. Die Veränderung unterliegt aber stets einer Meldepflicht.

Wichtig: Für die ersetzten Module entfällt der Vergütungsanspruch endgültig. Man kann sie zwar, soweit funktionsfähig, weiterhin verwenden, ein EEG-Vergütungsanspruch besteht durch die ausdrückliche Regelung aber nicht mehr. Eine sinnvolle Nutzung noch gebrauchstauglicher Module lässt sich daher vornehmlich im Ausland oder für den Eigenverbrauch ausmachen, bei dem eine Überschusseinspeisung ins öffentliche Netz ausgeschlossen ist.

EEG-Clearingstelle

Die Clearingstelle EEG ist die zentrale Anlaufstelle für alle, welche vom EEG tangiert werden – so auch PV-Anlagenbetreiber. Die Clearingstelle wurde 2007 zunächst als Clearingstelle EEG durch das Bundesministerium für Umwelt, Naturschutz und Reaktorsicherheit (BMU) errichtet und wird seit 2013 im Auftrag des Bundesministeriums für Wirtschaft und Klimaschutz (BMWK) weiterbetrieben. 2017 wurde ihre Kompetenz um das Messstellenbetriebsgesetz (MsbG) erweitert, wenn es um die Messung des von einer EEG-Anlage erzeugten oder bezogenen Stroms geht. Die Clearingstelle bietet allen Beteiligten die Möglichkeit, Streitigkeiten bei der Auslegung und bei der Anwendung des EEG im Vorfeld zu vermeiden oder effizient und kostengünstig zu lösen. Sie gibt auf ihrer Internetseite clearingstelle-eeg-kwkg.de bereits umfangreiche Informationen, unter anderem zur Auslegung des EEG.

STAND DER TECHNIK

SOLARE ANWENDUNGS-FORMEN

Die Photovoltaiktechnik kann in unterschiedlicher Weise genutzt werden, am einfachsten als Direktanwendung für Kleingeräte auf 12- oder 24-Volt-Basis oder in diversen Gebrauchsgegenständen wie Taschenlampen, Taschenrechnern, Gartenleuchten etc.

Für eine weitreichende konventionelle Nutzung im Privat- wie auch Industriebereich und insbesondere zur Einspeisung ins öffentliche Netz wird Wechselstrom mit einer Spannung von 230 V und einer Frequenz von 50 Hz benötigt. Für eine solche Anwendung sind in Verbindung mit Photovoltaik diverse, in drei Bereiche fallende Komponenten erforderlich:

- Gleichstrombereich,
- Wechselstrombereich und
- mechanischer Bereich.

Solarzellen/-module

Wie m ersten Kapitel (siehe Seite 14) ausgeführt, ergeben sich aufgrund verschiedener Herstellungstechniken von Halbleitern unterschiedliche Zelltypen und so eine Vielzahl Module, die kaum mehr zu überschauen sind. Daher wollen wir uns hier nur an die gängigsten Modultypen halten. Als Grobeinteilung wurden Module auf Silizium- bzw. Zellscheibenbasis sowie Dünnschichtmodule genannt.

Neben den unterschiedlichen Halbleitertechniken ergeben sich bei den genannten Modultypen hauptsächlich Unterschiede in der Flächenleistung sowie Betriebsweise.

Dünnschichtmodule

Dünnschichtmodule haben in der Regel einen geringeren Wirkungsgrad. Sie benötigen für eine bestimmte Leistung eine größere Generatorfläche, als dies bei kristallinen Modulen der Fall ist. Sie liegt bei ca. 8 bis 15 m²/kW. Dies ist insbesondere bei kleinen Dachflächen von Nachteil, da sich im Ergebnis auch nur eine PV-Anlage mit kleinerer Gesamtleistung ergibt.

Einige Dünnschichtmodule müssen zudem unter bestimmten Bedingungen betrieben werden, um ihre zugedachte Leistung dauerhaft zu erbringen und keinen Schaden zu nehmen. Dazu gehören eine bestimmte Betriebsweise der Wechselrichter oder konkrete Erdungsmaßnahmen eines Generatorpols.

Dünnschichtmodulen wurde in der Vergangenheit eine höhere Lichtausbeute zugesagt, zum Beispiel durch Nutzung des breiten Lichtspektrums, insbesondere der diffusen Strahlungen, weshalb solche Module heute gerade bei ungünstig ausgerichteten Dächern zu finden sind. Ihre zugedachte Eigenschaft einer größeren Lichtausbeute haben einige Typen von Dünnschichtmodulen jedoch nicht erfüllt.

Wirkungsgrad

Der Wirkungsgrad bezieht sich auf die Flächenleistung, er ist nicht zu verwechseln mit Leistung im Sinne von „besserer" Leistung, sprich Stromausbeute im Verhältnis zur jeweiligen Modulleistung.

Kristalline Module

Kristalline Module mit den üblichen Abmessungen von etwa 1,00 Meter x 1,66 Meter werden mehr und mehr von größeren Formaten bis 1,00 Meter x 2,00 Meter abgelöst. Die Flächenleistung liegt bei etwa 5 bis 7 m²/kWp.

Zelltechnik früher (Beispiel monokristalline Vollzellen links) und heute (Beispiel monokristalline Halbzellen rechts)

Insbesondere monokristalline Module besitzen sehr gute Wirkungsgrade von 18 bis 20 Prozent und haben sich daher aktuell auf dem Markt durchgesetzt.

Zu berücksichtigen ist, dass Module unter Realbedingungen in den seltensten Fällen ihre volle Nennleistung erreichen. Diese läge, wie in „Spezifischer Ertrag"beschrieben (siehe Seite 34), bei 1 000 Watt Einstrahlung und 25 Grad Celsius Zelltemperatur. In der Regel werden die Zellen bei hoher Einstrahlung meist bis zu 50 Grad Celsius warm, was die Zellspannung mindert.

Verschaltung von Siliziummodulen

Verbesserte Techniken ergeben sich bei Siliziummodulen auch mittels optimierter Verschaltung bezihungsweise Verdrahtung der Zellen. Früher wurden für die Zellverbindung untereinander in der Regel zwei breitere Leiterbändchen (Busbars) verwendet, die auf der Zelle parallellaufen. Mit der Zeit hat man jedoch festgestellt, dass die Strombelastbarkeit der Leiterbändchen aufgrund ihrer geringen Anzahl sehr hoch ist und es hierdurch auch zu Schäden gekommen ist. Moderne Module haben heute fünf und mehr Busbars, die in einer dünnen Form über die Zellen verlaufen, womit der Strom gleichmäßiger verteilt wird und sich die Wirkungsgrade entsprechend verbessern.

In der neuen Modulgeneration ist man dazu übergegangen, halbe Zellen zu verbauen; die übliche quadratische monokristalline Zelle wird dazu in der Mitte nochmals halbiert. Dies dient unter anderem der Reduzierung der Strombelastung. In den meisten Modulen mit solchen Halbzellen ist das Modul selbst nochmals in der Mitte durch eine getrennte Verschaltung in zwei Hälften unterteilt. Diese Verschaltungsweise bringt zum Beispiel Vorteile bei Teilverschattungen, die sich bei solchen Modulen geringer auswirken als bei üblichen Modulverschaltungen.

Modulqualität

Handelsübliche Solarmodule sind für den Einsatz im Freien bei mitteleuropäischen Wetter- und Klimaverhältnissen ausgelegt. Insofern müssen sowohl die Materialauswahl als auch die Fertigungsqualität diesen Kriterien genügen. Es ist daher darauf zu achten, dass die Module ein Prüfzertifikat nach IEC 61215 (beziehungsweise IEC 61646 für Dünnschichtmodule, ICE = International Electrotechnical Commission) und DIN EN 61730 Teil 1 und 2 („Schutzklasse II") vorweisen. Die Qualitätstests beinhalten auch eine Erprobung auf Witterung und auf mechanische Belastung durch Hagelschlag. In früheren Zeiten sind bereits Module auf dem Markt aufgetaucht, die mit gefälschten Zertifikaten verbreitet wurden. Man kann dies leicht überprüfen, indem man auf der Internetseite des angegebenen Prüfinstituts nachsieht, ob das angebotene Modul dort aufgeführt ist. Letztendlich gehen Sie kein Risiko ein, wenn Sie Module bekannter Anbieter auswählen.

Für besondere äußere Bedingungen wie in der Nähe von aggressivem Salzwasser (Nord- und Ostseeküste) oder in der Landwirtschaft

(Ammoniakgase) sollten speziell geprüfte Modulausführungen verwendet werden.

Garantien

Bei der von den Modulherstellern eingeräumten Garantie unterscheidet man zwischen der Leistungsgarantie und der Produktgarantie. Die Produktgarantie geben die Hersteller meist über die üblichen zwei Jahre der gesetzlichen Gewährleistung hinaus für bis zu zehn, aktuell sogar auch 15 und in Einzelfällen 20 Jahre. Bezüglich der Mindestleistung eines Moduls garantieren die Hersteller für Zeiträume bis zu 25 Jahren, in Einzelfällen auch 30 Jahren. Die zeitliche Leistungsgarantie unterscheidet sich oftmals entweder in einer gestaffelten Angabe, wie zum Beispiel 10 Jahre 90 Prozent und 25 Jahre 80 Prozent oder linear für den gesamten Zeitraum.
Weitere Hinweise hierzu finden sich unter „Garantie für Module" (siehe Seite 161).

Reihen- und Parallelschaltung

Für die gezielte Wirkweise zur Erzeugung von Solarstrom sind Zellen und Module in sogenannten Strings organisiert; Gruppen von Solarzellen und Modulen werden miteinander verschaltet, indem sie hintereinander in Reihe installiert und verdrahtet werden. Ähnlich wie mit Batterien, die hintereinander in einer Taschenlampe liegen und so die erforderliche Stromspannung erhöhen, bauen die seriell verschalteten Solarzellen/Module von Element zu Element die hohe Stromspannung auf, die für den Betrieb des Wechselrichters und letztendlich für die Netzeinspeisung erforderlich ist. Dies nennt man Reihenschaltung. Bei der Reihenschaltung ergibt sich die Spannung aus der Summe aller Spannungen der einzelnen Zellen beziehungsweise Module. Der maximal mögliche Strom der Reihenschaltung wird vom maximalen Strom eines Bindeglieds (Zelle oder Modul) begrenzt.

Beispiel: 20 in Reihe geschaltete Module mit je acht Ampere Strom und 40 Volt Spannung ergeben in der Summe acht Ampere Strom und 800 Volt Spannung.

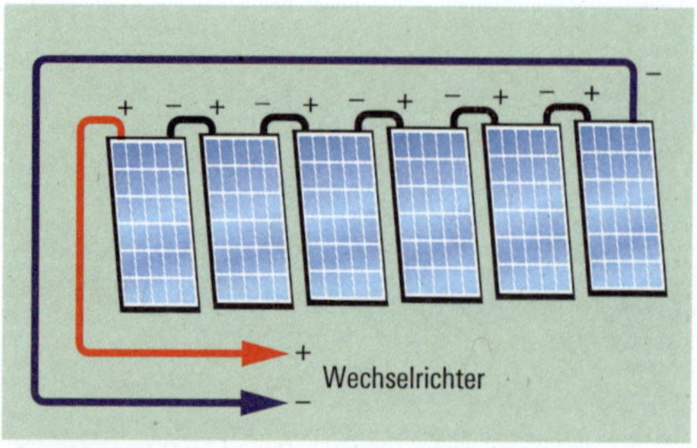

Module als „Strang" (oder „String") miteinander verschalten

Die einzelnen Strings an Modulen können je nach Anlagenauslegung auch parallel geschaltet werden, insbesondere bei der Dünnschichttechnik. Hierbei bleibt die Spannung gleich, jedoch erhöht sich der Strom in Summe nach der Anzahl der parallel verschalteten Strings.

Beispiel: Der zuvor genannte Strang mit 20 Modulen wird mit einem gleichen Strang parallel verschaltet, dann bleibt die Spannung bei 800 Volt. Der Stromwert erhöht sich jedoch auf 16 Ampere.

Werden mehrere Stränge parallel auf einen Wechselrichter geschaltet, sollten diese exakt gleich sein, damit bei der Umwandlung des Stroms im Wechselrichter keine Verluste entstehen, denn der schwächste Strang gibt die Leistung vor. Wie bei Batterien: Ist eine Batterie von mehreren in einem Gerät schwach oder gar defekt, wird die Leistung sofort schwächer.

In „Ertragserwartung …" (siehe Seite 33) wurde bereits das Verhältnis von Strom und Spannung physikalisch erläutert. Der Strom in der Photovoltaiktechnik ist dabei proportional von der vorherrschenden Einstrahlung abhängig, die Spannung von der Zelltemperatur. Aus beiden Werten ergibt sich ein Strom-Spannungsverhältnis, welches letztendlich zur Modul- oder Anlagenleistung führt. Am optimalen Punkt beider Werte, also maximaler Strom und maximale Spannung, ergibt sich der optimale Arbeitspunkt „Mpp" (engl. „Maximum power point": maximaler Leistungspunkt). Er ist entscheidend für eine bestmögliche Stromerzeugung beziehungsweise -umwandlung und wird im Wechselrichter (siehe "Intelligente Wechselrichter", Seite 60) optimiert. Für jede Situation von Einstrahlung und Zelltemperatur gibt es eine Kombination aus Spannung und Strom und so eine Veränderung des Mpp.

In der Grafik „Maximale Leistung" sehen wir links beginnend die Linie des Nennstroms beziehungsweise des Kurzschlussstroms (Ioc) des Moduls, die im Bogen nach unten zur Nennspannung bzw. Leerlaufspannung (Uoc) des Moduls führt – die sogenannte Strom-Spannungs-Kennlinie. Im optimalen Bereich, also maximal möglicher Strom und maximal mögliche Spannung, zeigt sich der Mpp. Im Schnittpunkt führt dann auf der gestrichelten Linie 2 nach links der Betriebsstrom des Moduls (Impp) und nach unten die Betriebsspannung (Umpp). Aus dem Produkt beider Werte resultiert nunmehr die Modulleistung (Pmpp). Die gleiche Darstellung ergibt sich sowohl für in Reihe oder parallel verschaltete Module als auch für den Generator insgesamt. Je steiler dieser dargestellte Bogen ist, desto besser die Effizienz des Moduls, da der Mpp dann auch weiter nach oben rückt.

Verringert sich die Einstrahlung, rutscht der Stromwert nach unten. Demzufolge ergibt sich auch ein sich nach unten verschiebender Mpp (Punkt 3) und somit eine verringerte Leistung.

Bei unsachgemäßer Planung sowie allgemein im Betrieb kann es zu Störungen kommen, die den Stromfluss oder die Wirkung der Solarzellen/-module beeinträchtigen, das heißt, die Strommenge kann sich zum Beispiel verringern. Erfolgt dies über den gesamten Generator, zum Beispiel durch eine Wolke, ist dies nicht weiter tragisch, denn Grund ist die natürlich vorherrschende Einstrahlung. Betrifft die Störung aber zum Beispiel ein einzelnes Modul oder einen einzelnen Modulstrang, dann rutscht dort, wie oben beschrieben, der Mpp nach unten. Bei den ungestörten Modulen/Strängen bleibt der obere Mpp jedoch bestehen. Die Folge sind plötzlich zwei unterschiedliche Mpps. Aus diesen zwei Leistungsbereichen ergibt sich nun eine Mischung, fachlich als „Mismatch" (engl. Diskrepanz, Konflikt) bezeichnet. In der Regel erfolgt die Stromumwandlung dann nur noch am unteren Mpp oder dazwischen, was bedeutet, dass die Leistung der ungestörten Module ignoriert wird –

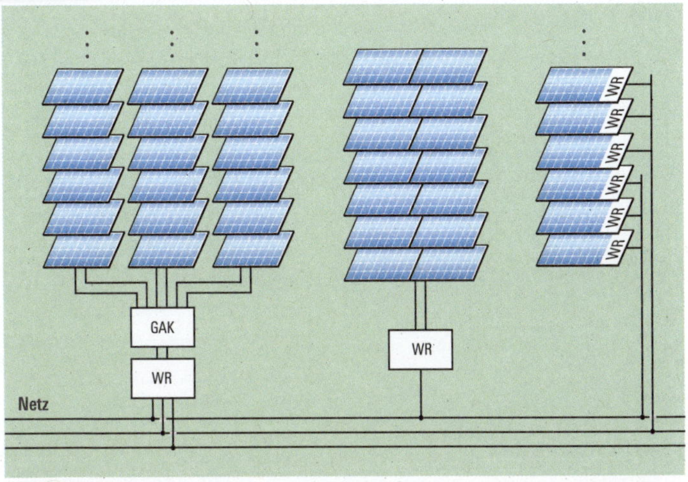

Übersicht Verschaltungskonzepte: Parallelschaltung mit Generatoranschlusskasten (GAK) (links), Einzelstringverschaltung (Mitte), Modulwechselrichter (rechts)

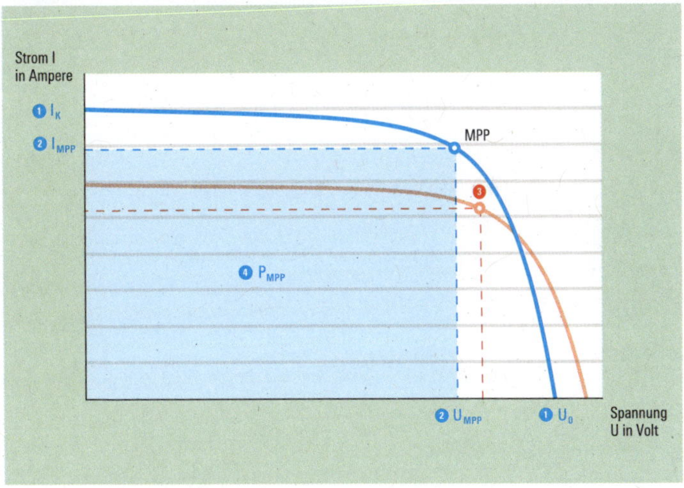

Strom-Spannungs-Kennlinien und maximale Leistung bei hoher Einstrahlung (blau) und geringerer Einstrahlung (rot)

insbesondere bei der Stromumwandlung im Wechselrichter. Die Folge sind Leistungseinbußen und somit Ertragsverluste.

Typische Störungen hierbei sind:

- Verschattung
- Verschmutzung
- Fehlerhafte Verschaltung

Verschattungen

Bekannte Verschattungen sollten bereits bei der Anlagenplanung berücksichtigt werden, sowohl was die Modulverteilung auf dem Dach angeht als auch deren Verschaltung. Doch auch nach der Installation der Photovoltaikanlage können Verschattungen auftreten, zum Beispiel durch bauliche Veränderungen in der näheren Umgebung oder durch wachsenden Baumbestand. Auch eine nachträglich installierte Satellitenschüssel kann Probleme verursachen. Gerade Verschattungen werden in der Regel von Anlagenbetreibern unterschätzt – selbst von Installateuren. Viele Anlagenbetreiber gingen früher davon aus, dass, wenn ein Teilbereich eines Moduls verschattet ist, die übrigen Module unbeschattet voll funktionieren. Dem ist leider nicht so.

Wie in der Verschaltungsbeschreibung erwähnt, gibt das schwächste Glied die Leistung vor. Ist der Solarstromfluss an einer Stelle gestört – ob durch Defekt, Verunreinigung oder eben Verschattung – wird der aus den vorgelagerten Solarzellen/Modulen anliegende Strom aufgehalten. In der Elektro- und Halbleitertechnik spricht man vom „Gartenschlaucheffekt". Die herandrängenden Ladungsträger (Elektronen) werden nicht weitergeleitet und stauen sich an der Störstelle auf wie Wasser in einem abgeklemmten Gartenschlauch.

Der eintretende Elektronenstau ist für Photovoltaikbetreiber aus zwei Gründen fatal:

1. Zum einen erzeugen sie, weil sich die Elektronen an einer Stelle stauen, „Druck", der sich in Hitze entladen kann; es droht ein sogenannter Hot Spot mit hohen Hitzegraden an der oder den entsprechenden Zellen. Das Material des Moduls kann im „Dauerstress" dabei erheblich beschädigt werden.
2. Weiterhin kann es passieren, dass der Strom in einem String aus vorgelagerten Solarzellen nicht weitergeleitet wird – was auch den Strom aus vorgelagerten Modulen im String betreffen kann –, und für Nutzung oder Einspeisung verloren geht. So bestimmt die schwächste Solarzelle im Modul die Leistung beziehungsweise das schwächste Modul im String den Solarertrag. Dem Betreiber droht ein – mitunter erheblicher – Ertragsausfall.

Die meisten Module haben als Schutz gegen solch auftretende „Stauströme" sogenannte Bypassdioden in den Modulanschlussdosen eingebaut. Diese können bei einer Teilverschattung einzelne Zellreihen im Modul schalten, sodass der „gestaute Strom" quasi umgeleitet wird und nicht die verschatteten Zellreihen durchfließt. Hierdurch ergibt sich lediglich ein „Teilausfall" des Moduls/Strings.
Die Grafik rechts zeigt vereinfacht dargestellt die Situation von verschatteten Zellen im Bereich einer Bypassdiode. Die Bypassdiode wirkt hierbei durchleitend, der Strom der beiden benachbarten Zellreihen kann ungehindert durch den String fließen, die Verschattungsverluste sind somit reduziert.

Wirkt die Verschattung über einzelne Zellen aller mit Bypassdioden versehenen Zellreihen, kann auch hier der Verschattungseffekt nicht mehr eingedämmt werden; es kommt zu einer

Verschattung durch Dachgaube

Zu enger Reihenabstand und falsche Modullage erzeugt „Vollverschattung"

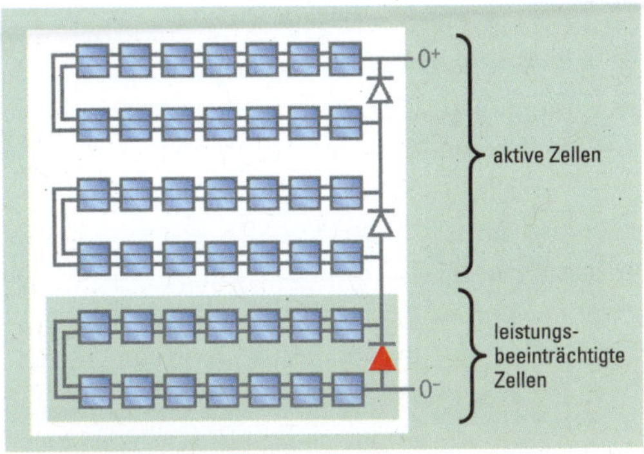

Teilverschattetes Modul mit aktiver Bypassdiode mit 1/3 Leistungsreduzierung

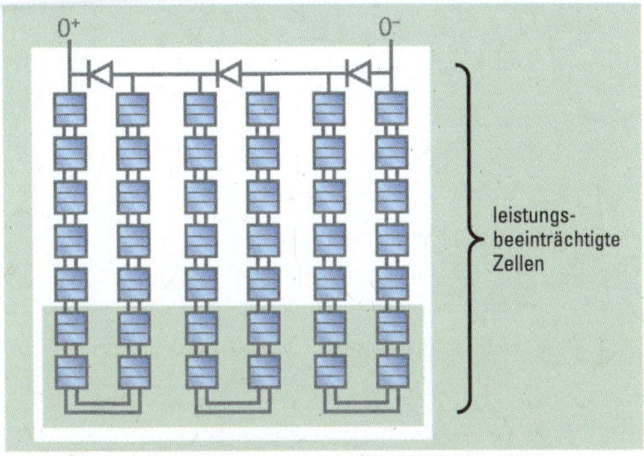

Teilverschattetes Modul über alle Zellstrings – somit weitgehend Vollverschattung mit entsprechender Leistungsreduzierung

„Vollverschattung“ des Moduls und somit zur Beeinträchtigung des gesamten Modulstrings.

Dies ist bereits bei der Planung zu berücksichtigen, wenn etwa einzelne Modulreihen mit einer künstlichen Neigung versehen werden (zum Beispiel auf einem Flachdach) und diese Modulreihen sich womöglich gegenseitig verschatten. Hier macht es bereits einen Unterschied, ob die Module quer oder senkrecht stehend installiert sind. Bei Quermontage wirkt noch die Bypassdiode der unteren Zellreihe.

Natürlich kann es vorkommen, dass sich im Tageslauf der Sonne Teilverschattungen nicht vermeiden lassen. Diese können aber beherrscht werden, indem die betreffende PV-Anlage entsprechend geplant, die betroffenen Strings separat verschaltet und bei der Wechselrichterauslegung planerisch berücksichtigt werden. Es gibt mittlerweile Wechselrichter mit zwei oder drei getrennten Mpp-Eingängen, die wiederum zwei oder drei unterschiedliche Stränge optimal verarbeiten können. Es gibt andererseits auch Anlagen, bei denen berechtigte Zweifel bestehen, ob in der Planung die auftretenden Verschattungen überhaupt berücksichtigt wurden.

Um Teilverschattungen entgegenzuwirken, insbesondere bei begrenzten Dachflächen mit entsprechenden Dachaufbauten wie Kaminen, Dachgauben und Dachversprüngen, können Module auch mit „Optimizern“ (Leistungsoptimierern) ausgestattet werden. Leistungsoptimierer passen die bestmöglichen Arbeitspunkte der Solarmodule individuell an und kontrollieren die Leistung jedes einzelnen Solarmoduls. Daher werden sie gerade bei kleinen PV-Anlagen eingesetzt, die mit Auslegungsproblemen wie beispielsweise Teilverschattungen konfrontiert sind. Leistungsoptimierer kompensieren damit Leistungsverluste, die bei üblichen PV-Systemen zu Einbußen führen. So lassen sich Module unterschiedlicher Ausrichtung miteinander verbinden. Einige Modulhersteller integrieren bereits bei der Fertigung Leistungsoptimierer. Neben der Modulintegration lassen sich Leistungsoptimierer auch als Retrofit-Lösung bei bestehenden, von Teilverschattung betroffenen PV-Installationen nachrüsten. Die Materialkosten hierfür liegen aber bei ungefähr der Hälfte der Kosten eines Moduls.

Verschmutzung

Verschmutzungen können je nach Installationsort und Generator- beziehungsweise Dach-

In den Zellenbereich reichende Randverschmutzung

neigung (< 15 Grad) nicht unerheblich sein. Je nach Konstruktionsart, etwa gerahmt oder ungerahmt, kann in Verbindung mit einer sehr niedrigen Generatorneigung der Selbstreinigungseffekt durch Regen vermindert bis unwirksam sein. Insbesondere kristalline Zellen/Module (polykristalline und monokristalline) reagieren mitunter sehr empfindlich auf Verschmutzungen mit Leistungseinbußen, wogegen Dünnschichtmodule verhalten wirken, da diese Halbleitertechnik ein breiteres Lichtspektrum nutzen kann (siehe auch Seite 176 ff.).

Fehlerhafte Verschaltung

Werden Module mit unterschiedlichen Eigenschaften (elektrische Kennwerte) oder in unterschiedlicher Ausrichtung miteinander verschaltet, bilden sich im Verbund ebenfalls verschiedene Mpps aus. Typisches Beispiel ist die Verschaltung unterschiedlich ausgerichteter Module oder unterschiedlicher Modulneigungen. Klassisch hier: die Dachgaube, auf deren zumeist flacherem Dach eine geringere Anzahl Module mit denen des steileren Hauptdachs in einem Strang zusammengeschaltet werden.

INTELLIGENTE WECHSELRICHTER NACH BEDARF

Für die Nutzung des von den PV-Modulen erzeugten Gleichstroms im Haushaltsstromnetz ist zunächst dessen Umwandlung in Wechselstrom erforderlich – das gilt gleichermaßen als Voraussetzung, um den selbst produzierten Strom ins öffentliche Netz einspeisen zu können. Hierzu werden Umrichter – besser bekannt als Wechselrichter – benötigt. Diese wandeln über eine elektronisch gesteuerte Optimierungseinheit den Gleichstrom möglichst verlustarm in Wechselstrom um und machen auf diese Weise PV-Strom allgemein nutzbar.

Bei größeren PV-Anlagen, zum Beispiel ab 500 kWp, werden in der Regel sogenannte Zentralwechselrichter eingesetzt. Auf diesen Wechselrichter laufen alle Strings der Anlage, die vorher noch parallel in Strangsammelkästen zusammengeschaltet sind. In vielen Fällen wird solch ein Zentralwechselrichter auch mit einem Trafo kombiniert, um wegen der Anlagengröße gleich ins Mittelspannungsnetz einspeisen zu können.

Bei kleineren und mittelgroßen Anlagen haben sich Stringwechselrichter etabliert. An solche Geräte werden meist wenige Strings angeschlossen. Je nach Anlagengröße können daher ein oder auch mehrere Wechselrichter erforderlich werden. Bei Kleinanlagen bis zu 20 kWp stehen auf dem Markt auch verschiedene Kompaktgeräte in unterschiedlichen Leistungsstufen und mit verschieden vielen Eingängen zur Verfügung, weshalb man in solchen Leistungsgrößen zumeist mit einem Wechselrichter auskommt. Auch bieten solche Geräte einige getrennte Eingänge mit mehreren Mpp-Trackern, sodass sich an ein Gerät zum Beispiel unterschiedliche Modulstränge oder unterschiedlich ausgerichtete Teilgeneratoren anschließen lassen, deren verschiedene Stromeigenschaften vom Wechselrichter optimal umgewandelt werden können.

Bei den Wechselrichtern unterscheidet man solche

- mit eingebautem Trafo (Trafogeräte) und
- trafolose Wechselrichter.

Aufgrund der besseren Wirkungsgradverhältnisse haben sich heutzutage die trafolosen Geräte durchgesetzt, da diese den Vorteil besitzen, keine Trafoverluste zu generieren. Frühere Trafogeräte hatten einen Wirkungsgrad von 91 bis 94 Prozent; trafolose Wechselrichter schaffen bei optimaler Betriebsauslegung aktuell Wirkungsgrade von mehr als 98 Prozent.

Weiterhin wird unterschieden zwischen einphasig und dreiphasig angeschlossenen Geräten. Hintergrund: Das öffentliche Stromnetz besteht im Niederspannungsbereich (Hausanschluss) aus drei Phasen. Der Leistungsbezug wird im Hausanschluss weitgehend auf die drei Phasen aufgeteilt. Nach den normativen Vorgaben darf auch beim Einspeisen keine „Schieflast" von > 4,6 kW entstehen. Demzufolge sind einphasige Wechselrichter auch nur auf eine maximale Leistung von 4,6 kW begrenzt. Zumindest alle größeren Geräte haben einen dreiphasigen Anschluss.

Sogenannte Hybrid-Wechselrichter ermöglichen den Betrieb mit einem Stromspeicher. Hierbei ist es dem Wechselrichter möglich, über den Gleichstromweg die Batterie zu laden und gleichzeitig über den Wechselstromausgang das Hausnetz zu versorgen oder den Stromüberschuss einzuspeisen. Auch der Stromspeicher gibt seine Energie über den Hybrid-Wechselrichter wieder ab. Ein solcher Wechselrichter kann auch ohne Stromspeicher betrieben werden. Zugleich gibt es auch Batteriewechselrichter mit einem bereits eingebauten kleinen Stromspeicher.

Wirkungsgrad

In allen Wechselrichtern geht ein Teil des erzeugten Solarstroms bei der Energieumwandlung und für die Eigenversorgung der Geräteelektronik verloren. Insbesondere im Teillastbereich haben Wechselrichter früher mit Wirkungsgradverlusten zu kämpfen gehabt. Daher entwickelte man besondere Verschaltungskonzepte bei den Wechselrichtern untereinander, wodurch bei geringer Sonneneinstrahlung wenige Geräte die Leistung der anderen Wechselrichter mit übernommen haben. Beispiel war hier die „Team-" oder „Master-Slave-Verschaltung". Durch Entwicklungen in der Optimierung haben die Hersteller diese Verluste inzwischen auf weniger als fünf Prozent reduziert. Der Wirkungsgrad eines Geräts oder einer Maschine hängt in der Regel von der Auslastung ab. Die auf den Datenblättern der Wechselrichter angegebenen Spitzenwirkungsgrade treten daher nur bei einer ganz bestimmten, zumeist hohen Leistung des Solargenerators auf. Aus den vorangegangenen Kapiteln wissen wir mittlerweile, dass die Leistung bei PV sehr schwankt. Daher ergeben sich im Realbetrieb Nennleistungen von 0 bis 100 Prozent. Anhand des Spitzenwirkungsgrads lässt sich insofern weder ein Vergleich zwischen den Geräten ziehen noch eine Aussage für die Gesamteffizienz des jeweiligen Wechselrichters treffen. Entscheidend ist deshalb der reale Verlauf des Wirkungsgrads über den gesamten Leistungsbereich des Geräts. Einen reellen Vergleichswert für die Effizienz im realen Betrieb bildet der „Europäische Wirkungsgrad", der sich ebenso in vielen Datenblättern findet. Dabei wird der Wirkungsgrad bei 5, 10, 20, 30, 50 und 100 Prozent der Nennleistung mit den in Mitteleuropa (Standort Trier) jeweils üblichen Einstrahlungsenergiemengen gewichtet, um eine Art durchschnittlichen Wirkungsgrad zu berechnen.

Der Wechselrichter verarbeitet den von den PV-Modulen erzeugten Strom unter optionalen Bedingungen. Da die von den Modulen erzeugte Spannung von der Temperatur sowie die erzeugte Stromstärke von der Sonneneinstrahlung abhängig sind, ergibt sich ständig ein schwankendes Strom-Spannungsverhältnis. Den sich hieraus ergebenden Mpp haben wir im Kapitel zuvor bereits kennengelernt, siehe Seite 57. Da sich die Leistung aus dem Produkt von Strom und Spannung ergibt, muss der Wechselrichter stets seinen „Arbeitspunkt" an die von den Modulen angebotene maximale Spannung und den Strom anpassen. Eine „starre" Regelung würde dabei zu erheblichen Verlusten führen.

Ein smarter Solar-Wechselrichter

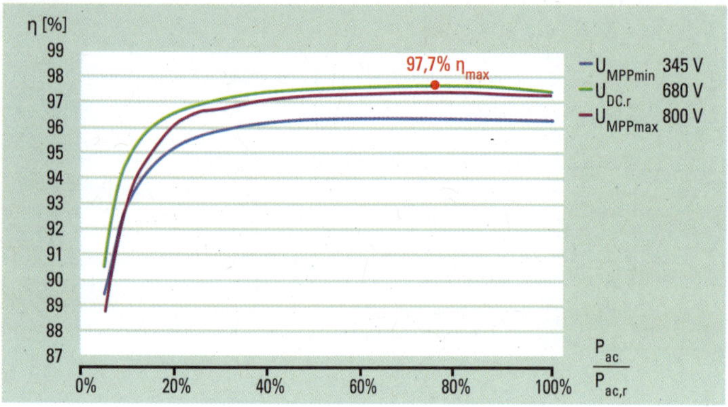

Wirkungsgradkurve eines Wechselrichters in Abhängigkeit von der Betriebsspannung des Modulstrangs (Daten: „Piko 12" von Kostal)

Diese Anpassung übernimmt ein „Mpp-Tracker". „Tracker" bedeutet übersetzt „Verfolger" – und genau darin besteht die Aufgabe. Der Mpp-Tracker verfolgt den sich ergebenden Arbeitspunkt aus Strom und Spannung permanent. Ergeben sich durch falsche Verschaltung oder Störungen mehrere Arbeitspunkte, ist es dem Mpp-Tracker nicht mehr möglich, dem wirklich optimalen Punkt zu folgen; er wird zwischen den verschiedenen Mpp-Punkten „springen". Demzufolge kann der angebotene Gleichstrom nicht optimal umgewandelt werden und es kommt zu Ertragseinbußen.

Moderne Wechselrichter haben für solche Fälle weitere Optimierungseinheiten, die das Strom-Spannungsverhältnis bei teilverschatteten Modulsträngen anpassen und somit auch Ertragsverluste reduzieren. Hilfreich sind bei kleineren PV-Anlagen auch Leistungsoptimierer (siehe vorherigen Abschnitt, Seite 59).

Der Auslegung eines Wechselrichters mit den verwendeten Solarmodulen und deren Verschaltung kommt ebenfalls eine hohe Bedeutung zu. Da die Module nur unter bestimmten, optimalen Bedingungen ihre Maximalleistung erbringen, wurden Wechselrichter ehemals stark unterdimensioniert, um einen hohen Teillastbetrieb und hiermit verbundene Verluste zu minimieren – insbesondere bei Anlagen mit ungünstigen Dachausrichtungen. Da wurde bei einer Modulleistung von 10 kWp auch gern einmal eine Wechselrichterleistung von nur 7 kW verwendet. Dies wird heutzutage nicht mehr praktiziert, da sich sowohl die Wirkungsgrade der Wechselrichter als auch die Module verbessert haben. Zudem benötigt ein Wechselrichter entsprechende Leistungsreserven, wenn er seine Leistung an ein stark ausgelastetes Netz bei hoher solarer Einstrahlung anpassen muss.
Dem Wechselrichter selbst kommt in einer PV-Anlage eine hohe Bedeutung zu, denn er ist nicht nur für die Stromumwandlung, sondern auch dafür verantwortlich, dass die erforderlichen Bedingungen zur Nutzung des Wechselstroms im Bereich der zulässigen Toleranzen strikt eingehalten werden.

Der Wechselrichter übernimmt hierbei verschiedene Sicherheitsfunktionen vor und während seines Betriebs.

- Er prüft zum Beispiel vor seinem automatischen Einschalten am Morgen, ob im Generatorbereich, das heißt auf der Gleichstromseite, keine Isolationsfehler (zum Beispiel durch Schäden) vorhanden sind. Werden solche entdeckt, nimmt der Wechselrichter seinen Betrieb erst gar nicht auf und generiert eine Fehlermeldung.
- Weiterhin überwacht der Wechselrichter das Netz, an dem er angeschlossen ist. Kommt es dort zu Störungen, etwa durch einen Spannungsabfall oder eine Veränderung der Netzfrequenz, muss der Wechselrichter darauf reagieren und versuchen, das Netz zuerst durch entsprechende Parameteranpassung zu unterstützen, bevor er aus Sicherheitsgründen den Einspeisebetrieb bei zunehmender Netzverschlechterung ganz einstellt. Man möchte damit verhindern, dass bereits bei kleineren Netzstörungen viele PV-Anlagen in einem Netzgebiet plötzlich abschalten und es dabei zu einer Kettenreaktion kommt, bei der das Versorgungsnetz quasi zusammenbrechen könnte.
- Kommt es zu einem plötzlichen Netzausfall, muss auch der Wechselrichter sofort abschalten. Man möchte damit eine „Inselbildung" vermeiden, in der Wechselrichter weiterhin Strom in ein womöglich schadhaftes Netz einspeisen.

Moderne Wechselrichter verfügen neben einem Betriebsdisplay auch über entsprechende Auswertungstools mit Ertragsdatenbank sowie Fehlerspeicher. Obendrein bieten sie die Möglichkeit, externe Datenlogger für eine Fernauslesung anzuschließen. In vielen Geräten sind Schutzeinrichtungen wie beispielsweise ein Überspannungsschutz bereits integriert.

Der netzseitige Anschluss am Wechselrichter erfolgt über eine kleine Unterverteilung mit Sicherungseinrichtungen zur Zählertafel des Hausanschlusses, wo der PV-Strom dann, soweit er nicht vor dem Zähler im eigenen Haushalt komplett oder auch nur in Teilen selbst verbraucht wird, ins Netz eingespeist wird.

Wegen der großen Brandgefahr ist dieser Anbringungsort für Wechselrichter ungeeignet.

Modulwechselrichter

Aufgrund der aufgezeigten möglichen Probleme bei der Modulverschaltung wäre es natürlich optimal, wenn jedes Modul seinen eigenen Wechselrichter hätte, um dort den Strom unter optimalen Bedingungen umzuwandeln. So würde man sicherlich freiere Planungsmöglichkeiten erzielen, insbesondere in Teilverschattungsbereichen. Ebenso entfiele die fehleranfällige Gleichstromverkabelung von den Modulen bis zu den Wechselrichtern.

Die gute Nachricht: Solche Geräte gibt es. Trotz einiger erfolgter Anwendungen haben sie sich bislang jedoch nicht durchgesetzt. Hemmpunkt der Entwickler ist meist die Frage: Wie baut man eine Elektronik, die genauso lange funktioniert wie das Solarmodul, also 20 bis 30 Jahre? Lange Zeit gelang es überdies nicht, ähnlich hohe Wirkungsgrade wie bei größeren Wechselrichtern zu erreichen. Eine Renaissance könnten Modulwechselrichter aber bei sogenannten Stecker-Solargeräten erfahren (siehe ab Seite 107).

Montagestandort

Die meisten heutigen Geräte sind dafür konzipiert, mit Witterungsbedingungen im Freien zurechtzukommen; dennoch sind bei der Wahl des Montageorts einige Punkte zu bedenken.

Da die Geräte im Betrieb Wärme erzeugen, die abgeführt werden muss, sollte ein kühler und luftiger Ort gewählt werden. Die Installation außen an einer Gebäudesüdseite mit direkter Sonneneinstrahlung oder auf dem Dachboden, der im Sommer bereits stark erwärmt wird, ist daher nicht zu empfehlen. Auch sollte ein solches Gerät dem Regen nicht ungeschützt ausgesetzt sein, obgleich die Geräte entsprechende Schutzklassen besitzen. Der Keller, an einem freien und zugänglichen Ort in der Nähe der Hausverteilung und des Zählerschranks, ist die bessere Wahl.

Wichtig ist auch, dass die Geräte sich in Augenhöhe befinden. Zum einen können die Betriebsstände an dem Display gut abgelesen werden, zum anderen vereinfacht es den Servicefall bei einem erforderlichen Gerätetausch. Manche Kompaktgeräte wiegen bis zu 50 Kilogramm, wodurch es schwierig wird, diese beispielsweise aus drei Metern Höhe abzunehmen und wieder anzubringen.

Elektrische Installationen erfordern von Haus aus bereits einen ohne Hilfsmittel möglichen Zugang, insbesondere zur Wartung und Prüfung. Die meisten Hersteller von Wechselrichtern machen in ihren Bedingungen entsprechende Vorgaben zur Montage.

Ganz wichtig sind die Sicherheitsvorschriften, die es nicht erlauben, dass solche Geräte in feuergefährdeten Betriebsstätten installiert werden – also etwa dort, wo Stroh, Futtermittel oder andere brennbare Materialien lagern oder wo es zu erheblicher Staubbildung kommen kann.

MONTAGESYSTEME UND VERKABELUNG

So vielfältig die Dachformen und die -eindeckung sein können, so vielfältig ist auch das Angebot an Systemen, um PV-Module sicher auf dem Dach zu befestigen. Die Befestigung setzt in jedem Fall eine individuelle Planung für das betreffende Dach voraus.

PV-Anlagen sind im Prinzip auf sämtlichen Dacheindeckungen möglich:

- Dachpfannen,
- Falzziegeln,
- Biberschwänzen,
- Wellzementplatten,
- Blechdächern,
- Bitumendachbahnen und sogar
- Schieferdächern.

Ausschlaggebend für die dauerhafte Installation ist zunächst, dass Dach und -eindeckung ausreichend tragfähig sind und eine entsprechende Restlebensdauer besitzen. Ist die Dacheindeckung älter als 25 Jahre und besteht vielleicht aus Kunstschiefer oder Wellplatten, ist zu prüfen, ob Asbestanteile enthalten sind – das Überbauen asbesthaltiger Eindeckungen ist gesetzlich verboten (siehe Seite 68).

Bestehen Unsicherheiten und fehlen aussagekräftige Bauunterlagen, sollte man das Dach von einem Fachmann begutachten lassen. Insbesondere bei älteren Dächern sollte geprüft werden, ob deren Zustand (Dacheindeckung, Dachlattung, Sparren, Unterspannbahnen) noch eine längerfristige Haltbarkeit gewährleistet, oder ob die Gefahr besteht, dass das Dach während des Betriebs einer PV-Anlage zum Sanierungsfall wird.

Auch das Thema Statik bietet viel Anlass zu Diskussionen in Verbindung mit der Errichtung einer Photovoltaikanlage auf einem Gebäude. In den meisten Fällen werden die Zuständigkeiten zwischen Gebäudeeigentümer und Anlagenerrichter unterschiedlich interpretiert.

Nach der Musterbauordnung, welche die Grundlage der länderspezifischen Bauordnungen bildet, ist eine Photovoltaikanlage eine bauliche Anlage im Sinne des Baugesetzes. Neben der Regelung zur Gestaltung, dass sich

Haltekonstruktion auf Ziegeldach mit Blechersatzziegeln zur Schadensvermeidung

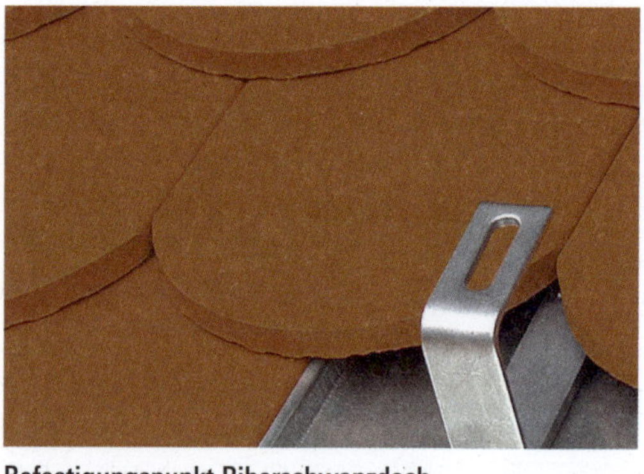

Befestigungspunkt Biberschwanzdach

Aufgeständerte und ballastierte Modulreihen

ein Bauwerk harmonisch in die Umgebung einfügen muss, ist die Standsicherheit der Anlage als Ganzes und ihrer einzelnen Teile als wesentliches Merkmal hervorzuheben. Auch wenn die Musterbauordnung verfahrensfreie Bauvorhaben für Photovoltaikanlagen definiert, entbindet dies den Bauherrn oder späteren Anlagenbetreiber nicht von der Beachtung der entsprechenden Vorschriften. In der Regel verfügt der Bauherr jedoch nicht über die fachliche Kenntnis bei Planung und Montage, weshalb dafür Fachplaner und Installationsbetriebe beauftragt werden. Er muss jedoch dafür Sorge tragen, dass die entsprechenden Anforderungen dokumentiert werden.

Gebäudestatik

Bei der Gebäudestatik handelt es sich um den Standsicherheitsnachweis der Gebäudekonstruktion – von den Gebäudefundamenten bis zur Dachkonstruktion. Vor der Montage einer PV_Anlage ist in diesem Zusammenhang zu prüfen, inwieweit Lastreserven zur Aufnahme des zusätzlichen Gewichts einer Photovoltaikanlage vorhanden sind. Die Prüfung wird sich in der Regel auf die Tragfähigkeit der Dachkonstruktion (Sparren, Pfetten, Unterzüge) sowie der tragenden Dacheindeckungen (Trapezblech, flächige Deckplatten) beschränken.

Die Überprüfung der Gebäudestatik vor der Montage einer PV-Anlage setzt einen intensiven Informationsaustausch zwischen Gebäudeeigentümer und Installationsfirma voraus.

- Einerseits kann der Gebäudeeigentümer unter einer (wenn überhaupt bekannt) allgemeinen Gewichtsannahme üblicher PV-Systeme von 20 bis 25 kg/m^2 prüfen lassen, ob das vorhandene Dach diese Zusatzlasten schadlos aufnehmen kann; oder er kann berechnen lassen, welche Tragreserven allgemein zur Verfügung stehen.
- Andererseits ist er jedoch auch auf die Hinweise und Informationen des Installateurs angewiesen, welches System dieser für die Photovoltaikanlage verwenden möchte. Hier können sich gravierende Unterschiede ergeben: von einer dachparallelen Montage ausgehend mit einer zusätzlichen flächigen Belastung von etwa 20 kg/m^2 bis hin zu Linienlasten von weit über 100 kg/m^2 bei aufgeständerten und mit Zusatzgewichten beschwerten Montagevarianten auf einem Flachdach.
- Im Gegenzug wird sich der Installateur die tatsächlichen Lastreserven des Daches geben und bestätigen lassen, da er diese für eine individuelle Planung der Photovoltaikanlage benötigt.

Die Installationsanleitung des Systemherstellers liegt zumindest vor der Montage nur dem Installateur vor und nicht dem Kunden

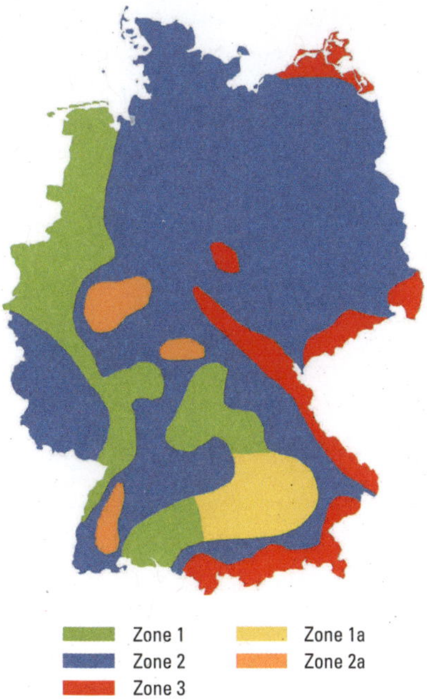

Schneelastzonen in Deutschland

Auftretende Schneelasten müssen vom PV-System aufgenommen werden.

oder zukünftigen Anlagenbetreiber. Grundsätzlich installiert der Fachmann die Photovoltaikanlage auch auf eigene Verantwortung. Dies wird meist aus der Installationsanleitung des Gestellherstellers ersichtlich, in der nicht selten vorgeschrieben ist, dass vor der Montage geprüft werden muss, ob das Produkt und die sich hieraus ergebende Zusatzlast den statischen Anforderungen vor Ort entspricht. Dabei ist bei Dachanlagen die bauseitige Tragfähigkeit des Daches zu prüfen. Bei den meisten Einfamilienhäusern ist davon auszugehen, dass diese in statischer Hinsicht eine PV-Anlage problemlos aufnehmen können.

Statik Haltekonstruktion

Völlig anders sieht es beim Standsicherheitsnachweis der Photovoltaikanlage aus. Hier liegt grundsätzlich die alleinige Verantwortung beim Installateur oder Anlagenplaner, da die Auswahl des Befestigungssystems eigenverantwortlich von diesem getroffen wird.

Der Installateur hat die Photovoltaikanlage mit ihrer Befestigungskonstruktion daher statisch so zu berechnen oder berechnen zu lassen, dass sie standsicher auf dem Dach angebracht und dort auch auf Dauer standsicher installiert ist. Hierbei sind neben den Eigenarten des Daches, dessen Dachkonstruktion und der Dachhaut auch alle äußeren Umstände wie zusätzliche Lasten aus Schnee und Wind gemäß DIN EN 1991 (Eurocode 1) zu berücksichtigen. Die Ergebnisse hieraus bilden neben den Tragreserven des Daches die relevanten Grundlagen für das zu wählende Montagesystem, dessen Bemessung, Anordnung und Befestigung auf dem Dach. Gleichzeitig ist der rechnerische Nachweis zu erbringen, wie die vom Photovoltaiksystem auftretenden Lasten sicher in die tragende Dachkonstruktion abgeleitet werden. Denn nur der Installateur weiß, welches Tragsystem er für die Module wählt und in welcher Form (flächige Auflast, Linienlast, Punktlast, Direktbefestigung etc.) die Lasteinleitung in das Dach erfolgt.

Deutschland ist zum Beispiel in mehrere Schneelastzonen eingeteilt. Je höher die Einordnung der Zone, desto größer ist das Schneegewicht, das bereits bei der Gebäudestatik berücksichtigt werden muss.

Bei Photovoltaikanlagen ist hierbei zu berücksichtigen, dass bei der Montage von Modulen die Schneelast nicht mehr flächig über die Dacheindeckung aufgenommen wird, sondern von den Modulen getragen wird. Die Last wird über die zumeist punktuellen Befestigungen der Module am Dach in die Dachkonstruktion abgetragen. Im Zuge der Planung ist seitens des Installateurs daher eine statische Planung für das Haltesystem zu erstellen, aus der die lastspezifischen Besonderheiten hervorgehen und sowohl die Befestigungspunkte, deren Anzahl als auch das Haltesystem insgesamt berechnet werden. Gerade im süd- und ostbayerischen Raum ist immer wieder festzustellen, dass die Unterstützungsabstände der Modultragschienen zu groß und die Anzahl der Befestigungspunkte pro Quadratmeter Dachfläche daher geringer sind, als eigentlich statisch erforderlich. Die Folgen sind oft Schäden nach einem größeren Schneeereignis.

Ähnliches gilt für Flachdächer. Dort ergeben sich die Schwerpunkte meist durch Windlast bei aufgeständerten Modulen, die dem Wind eine erhöhte Angriffsfläche bieten. Solche Systeme müssen in der Regel mit Zusatzgewichten beschwert (ballastiert) werden. Neben der richtigen Berechnung hierzu muss auch ein Augenmerk auf die Gebäudestatik insgesamt

Halte- und Montagesystem für Schrägdachanlagen bei Aufdachmontage

gelegt werden, wenn relativ hohe Zusatzlasten auf dem Dach zustandekommen.

Vielfältige Faktoren bei der Montage: Nicht nur die Dachform, auch die -eindeckung ist von Belang. Welche Möglichkeiten der Befestigung von Dachhaken gibt es, und wie ist der Sparrenabstand? Muss die Dachhaut durchdrungen werden und wenn ja, wie und vor allem: Wie wird diese Durchdringung dauerhaft abgedichtet? Welches Montagesystem für welches Dach und für welche Module? Antworten auf diese Fragen findet man am besten auf den Internetseiten der Montagesystemhersteller.
Zu berücksichtigen sind auch die Montagehinweise der Hersteller. Die Module dürfen zumeist nur an bestimmten Stellen des Rahmens geklemmt werden. Manche Module besitzen nur eine begrenzte Belastbarkeit. Module ohne Rahmen sind für schneereiche Gegenden nicht geeignet, da deren Stabilität geringer ist als bei gerahmten Modulen.
Beispiel: Viele Module haben eine maximale Belastbarkeit von 2400 Pascal. Dies entspricht einer Last von 2,4 kN/m^2 (Kilonewton) oder etwa 240 kg/m^2. Am Standort Füssen in Bayern mit einer Höhenlage von circa 800 Metern ergibt sich eine zu berücksichtigende Bodenschneelast von ungefähr 480 kg/m^2, welche abgemindert auf eine geneigte Dachform noch mit einem Wert von rund 390 kg/m^2 anzusetzen ist. Deshalb sind dort Module mit einer höheren geprüften Belastbarkeit erforderlich und natürlich ein speziell hierfür ausgewähltes Haltesystem.

Für die eigentliche Dach- und Modulbefestigung gibt es, wie bereits erwähnt, unterschiedliche Systeme. Bei Dächern mit Ziegeleindeckungen werden in der Regel sogenannte Sparrenanker oder Dachhaken verwendet. Diese werden am Sparren befestigt und besitzen einen Haltebügel, der durch ausgeklinkte Ziegel eingedeckt wird. Bei Trapez- oder asbestfreien Wellzementplatten erfolgt die Befestigung mittels Stockschrauben. Wichtig dabei ist, dass die Befestigungspunkte sicher in der Tragkonstruktion des Daches (Sparren oder Pfette) befestigt sind. In Dachlatten eingehängte Dachhaken sind ebenso kritisch anzusehen wie direkte Befestigungen ausschließlich im Blech eines Trapezblech- oder in der Oberschale eines Sandwichdachs.

Für dachintegrierte Lösungen gibt es auch Sonderbefestigungen. Diese haben zumeist ein wasserdichtes Wannensystem als Unterkonstruktion, in dem die Module dann in gleicher Ebene wie die Dacheindeckung befestigt werden. Die Vorteile einer Indachlösung im Hinblick auf die Ästhetik können dann zum

Nachteil werden, wenn den Modulen eine ausreichende Hinterlüftung fehlt. Wie bereits angesprochen (siehe Seite 34), verringert sich bei Wärmeeinwirkung die Betriebsspannung der Module. Es kann somit zu einer verminderten Leistung kommen.

Asbestdächer

Asbest als Baustoff war in früheren Jahren aufgrund seiner einfachen Verarbeitung, hohen Festigkeit sowie seiner Hitze- und Säurebeständigkeit sehr beliebt. Es hat dann viele Jahre gedauert, bis durch die Erkenntnis über die durch Asbest hervorgerufenen Erkrankungen ab 1993 die Herstellung und Verwendung von Asbest verboten wurde. Ist eine Dacheindeckung aus heutiger Sicht also älter als 25 Jahre, ist nicht auszuschließen, dass Asbest enthalten ist.

Gemäß den technischen Regeln für Gefahrstoffe TRGS 519 dürfen asbesthaltige Dächer nicht überbaut werden. Dies fällt unter das Verwendungsverbot (§ 18 Abs. 1 der Gefahrstoffverordnung), da es sich hierbei nicht um ASI-Arbeiten (ASI = Abbruch-, Sanierungs- und Instandhaltungsarbeiten) handelt. Das gilt auch für PV-Anlagen, und zwar unabhängig davon, ob diese dachparallel (flächig) oder als aufgeständerte Anlagen in Reihe montiert werden. Eine Zuwiderhandlung kann einen Straftatbestand darstellen. Es wird hier daher dringend abgeraten, solche Dächer für PV-Anlagen zu benutzen. Sie sind vorher zu sanieren, in der Regel durch eine neue Dacheindeckung.

Gleichstromverkabelung

Bei der Verkabelung auf der Gleichstromseite, also vom Generator (den Modulen) über das Dach bis zum Wechselrichter, sind sorgfältiges Arbeiten wie ein dauerhafter Schutz der Leitungen und Steckverbinder gegen äußere Einflüsse wie Wind, Schnee, Eis und mögliche Beschädigungen sicherzustellen. Das hat seinen guten Grund.

Wenn Sie zu Hause mit der Bohrmaschine ein Loch in die Wand bohren und aus Unachtsamkeit eine elektrische Leitung beschädigen, haben Sie in den meisten Fällen insofern Glück, als dass die Sicherung auslöst oder vorher sogar der Fehlerstromschutzschalter (FI). Diese Sicherheitseinrichtungen sollen in erster Linie dafür sorgen, dass Sie keinen elektrischen Schlag bekommen. Auf der anderen Seite stellen diese auch im Hinblick auf den Brandschutz eine Sicherheitsmaßnahme dar. Bei einer Netzspannung von circa 230 Volt würde bei einem Kurzschluss über die normale Hausverkabelung mit einem Kabelquerschnitt von meist 1,5 bis 2,5 mm^2 ein Kurzschlussstrom von gut 200 Ampere fließen. Dem sind die verlegten Leitungen nicht gewachsen, sie würden glühen und dabei eine Brandgefahr darstellen. In der Hausverteilung finden sich meist Sicherungen mit einem Nennstrom (Betriebsstrom) von 16 bis 25 Ampere, selten 32 Ampere. Da der real möglich auftretende Kurzschlussstrom von etwa 200 Ampere um ein Zigfaches größer ist als die Leistung der Sicherungen, sprechen Letztere bei einem Fehlerfall schnell an und lösen aus. In der Elektrotechnik ist zudem gewünscht, dass in einem Fehlerfall ein hoher Fehlerstrom fließt, damit die Sicherungen schnell und sicher auslösen können.

Bei der Gleichstromseite der Photovoltaikanlage ergibt sich ein völlig anderes Bild: Der Kurzschlussstrom, also der bei hoher Sonneneinstrahlung direkt an den Anschlusskabeln des Moduls messbare Strom, liegt bei einem aktuell marktüblichen Modul/String bei serieller Verschaltung und guter Einstrahlung bei ungefähr acht Ampere.

Fachgerechte Leitungseinführung durch Dachdeckung

Der Betriebsstrom – also der Strom, der fließt, wenn das Modul an einen Wechselrichter angeschlossen ist und dieser einspeist – liegt bei ebensolcher Einstrahlung nur knapp unter dem Kurzschlussstrom, also bei etwa 7,5 Ampere. Gut erkennbar ist das bei der Erklärung des Mpp, siehe Seite 57. Wie man sieht, ergeben sich im Fehlerfall nur sehr geringe Unterscheidungsmerkmale zwischen Betriebsstrom und Kurzschlussstrom, für die es auf dem Markt derzeit noch gar keine geeigneten Sicherungen oder Schutzmaßnahmen gibt. Daraus resultiert die Forderung, die Gleichstromverkabelung geschützt (gegen äußere Einflüsse) und einadrig getrennt (zur Minimierung der Kurzschlussgefahr) zu verlegen. Spezielle Schutzgeräte wie Isolationsüberwachungen, die auch in den Wechselrichtern verbaut sind, können im detektierten Fehlerfall zwar die Leitung an einer bestimmten Stelle (meist am Gerät) trennen, die weiterführende Leitung zum Generator und unter dem Generator bleibt jedoch weiterhin unter Spannung respektive Strom, solange Lichteinfall vorherrscht.

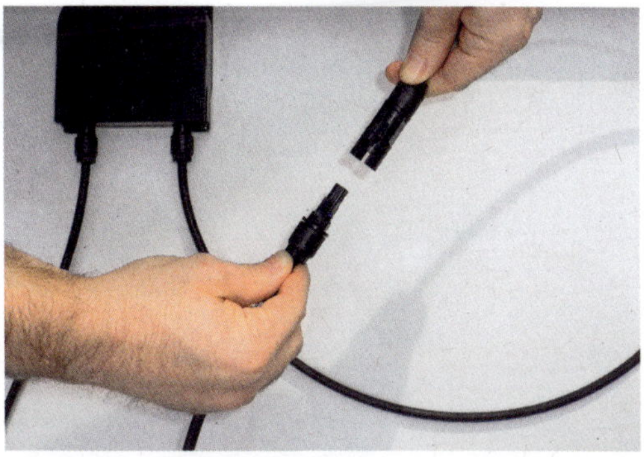

Passgenaue Steckerverbindung ein- und desselben Systems sowie Herstellers

Brandgefahr

Bei der Gleichstromverkabelung ergeben sich in einem Fehlerfall aber nicht nur Gefahren durch einen elektrischen Schlag, sondern insbesondere eine Brandgefahr durch einen Lichtbogen. Ein gleichstromseitig erzeugter Lichtbogen löscht sich nicht selbsttätig, solange genügend Energie (Strom) und ein geringer Abstand der beiden Pole vorhanden sind. Dies kann zu einer Brandentstehung und -ausweitung über die gesamte Anlage und möglicherweise auf das betreffende Gebäude führen. Daher gilt der richtigen Verlegung der Leitungen grundsätzlich ein großes Augenmerk, denn unsachgemäß verlegte Leitungen, zum Beispiel entlang scharfer Metallteile, können beschädigt werden.

Richtige Leitungsverlegung: In vielen Fällen herrschen kontroverse Diskussionen über das „Wie" der Leitungsverlegungen – sowohl bei Dach- als auch Freifeldanlagen. Hierzu gibt die DIN VDE 0100–712 eigentlich klare Vorgaben. Die Leitungen müssen geschützt vor äußeren Einflüssen wie Regen, Wind, UV-Strahlen, Verschmutzung, Eis und Schnee verlegt werden. Die oftmalige Argumentation, die Leitungen wären UV-beständig, kann hierbei nur bedingt gelten. Die UV-Beständigkeit ist begrenzt. Sie hängt mit der Beanspruchung des Kabels zusammen und diese wiederum mit den äußeren Einflüssen wie Witterung, Temperatur und Strahlungsintensität. Wenn Sie – und jetzt kommen wir wieder auf unser Auto zurück – für den Winter Winterreifen an Ihr Auto montieren, können Sie mit diesem bei schneebedeckter oder vereister Fahrbahn auch nicht mit hoher Geschwindigkeit fahren – man muss die Geschwindigkeit stets den Wetter- und Straßenverhältnissen anpassen, weil der Winterreifen keinen umfassenden Allwetterschutz darstellt. Auch der Schutz einer UV-beständigen Leitung muss dementsprechend den äußeren Verhältnissen angepasst werden, zumindest da, wo sie direkten Witterungsbedingungen ausgesetzt sind, also zumindest außerhalb des Generatorfelds im Außenbereich. Sind ungeschützte Leitungen an der Oberfläche ihrer Isolierung bereits angegriffen, wie zum Beispiel durch Ausbleichen, beschleunigt sich der Alterungsprozess um ein Vielfaches.

Bei der üblichen Verlegeweise müssen die Leitungen daher unter dem Generator mindestens am Haltegestell mit UV-beständigen (schwarzen) Kabelbindern hochgebunden werden. Bei

Ausreichend Platz im Zählerschrank!

Weiterer Platzbedarf ergibt sich durch einen zusätzlichen Zähler. Im Zählerschrank des Hausanschlusses ist für den allgemeinen Stromverbrauch ein Bezugszähler vorhanden. Beim Einbau der in Zukunft verpflichtenden intelligenten und fernauslesbaren Messsysteme (Smart Meter) kann sich sogar ein noch größerer Platzbedarf ergeben als für einen üblichen Zähler. Bei mehreren Abrechnungskreisen (mehrere Wohnungen, Gemeinstrom) werden es oft gleich mehrere Zähler. Häufig ist ein unbenutztes Zählerfeld vorhanden, meist als Reserve für eine Tarifschaltuhr für „Nachtstrom". Bei Platzproblemen ist die Zählerinstallation stets mit dem zuständigen Netzbetreiber abzustimmen.

der Dacheinführung empfiehlt sich ein Lüftungsziegel (Ziegeldach) oder eine geeignete, dauerhafte und regensichere Einführung. Die Leitungen können auch in einem Schutzrohr an der Außenwand nach unten geführt werden. Bei größeren Höhen benötigen die Leitungen aber eine Zugentlastung und besser sogar noch eine entsprechende Befestigung, sodass die Leitungen durch das freie Hängen nicht durch ihr Eigengewicht beschädigt werden.

Bei größeren Leitungsbündeln sollte ein geeignetes Kabelführungs- oder Befestigungssystem verwendet werden. Die Verlegung der Leitungen auf der Dachhaut ist nach den Vorschriften nicht erlaubt.

Steckverbindungen

Der Anschluss der Module erfolgt mit speziellen Steckverbindungen mit gesonderten Kennzeichnungen für Plus und Minus. Dabei gibt es auf dem Markt verschiedene Systembauformen unterschiedlicher Hersteller. Es sollte darauf geachtet werden, dass beim Anschluss der Module zur Strangleitung nur passgenaue system- und herstellergleiche Stecker Verwendung finden. Systemgleiche Stecker können bei Verwendung unterschiedlicher Hersteller zu Passungenauigkeiten führen, was eine solche Steckerverbindung fehleranfällig macht.

Netzanschluss und Einspeisung

Neben jedem elektrischen Anschluss sind auf der Wechselstromseite (AC-Seite) auch die Normen und technischen Regeln für den Anschluss von PV-Anlagen an das Versorgungsnetz zu beachten. Weitere Vorgaben: die Technischen Anschlussbedingungen (TAB) des jeweiligen Netzbetreibers vor Ort, die von anderen Netzbetreibern abweichen können. Der zuständige Netzbetreiber gibt vor, wie der Anschluss, neben den allgemein gültigen Normen

Bei Volleinspeisung ist die Anlage über einen eigenen Zähler direkt mit dem Stromnetz verbunden.

Bei Überschusseinspeisung fließt der Solarstrom zunächst ins Hausnetz und nur der Überschuss ins öffentliche Netz.

und Regeln, an sein Versorgungsnetz zu realisieren ist. Dies hat der Planer oder Installateur vorher abzustimmen und bei der Planung der PV-Anlage zu berücksichtigen.

Zur elektrischen Versorgung aus dem öffentlichen Stromnetz verfügt jedes Wohnhaus über einen Anschluss. Wo das Kabel ins Gebäude geführt ist, befindet sich ein verplombter Kasten mit den Hauptsicherungen. Von dort führt eine Leitung zum Zählerschrank, in dem die elektrische Unterverteilung des Hauses sowie der Abrechnungszähler des Stromversorgers – auch Messstellenbetreiber genannt –, untergebracht sind. Die juristische Eigentumsgrenze zwischen Stromversorger und Stromkunde befindet sich direkt zwischen dem Anschluss- und dem Zählerkasten. Der Stromzähler gehört üblicherweise dem Stromnetz- oder Messstellenbetreiber. Die Stromverteilung des Hauses beginnt am Ausgang des Zählers. Jeder Stromkreis des Hauses ist jeweils durch eigene Sicherungen (Schmelzsicherungen oder Lasttrennschalter) geschützt.

Kopplung ans Stromnetz

Photovoltaikanlagen können auf zwei verschiedene Arten ans Stromnetz gekoppelt werden:

1. Volleinspeisung, bei der der von der PV-Anlage erzeugte Strom vollständig in das öffentliche Netz eingespeist wird.
2. Überschusseinspeisung, bei der primär der von der PV-Anlage erzeugte Strom für den Eigenbedarf verbraucht wird und der überschüssig erzeugte Strom dann in das öffentliche Netz eingespeist wird.

Der Anschluss der PV-Anlage auf der Wechselstromseite hängt, außer bei Neubauten, im Speziellen davon ab, in welchem baulichen und technischen Zustand sich die elektrische Anlage vor Ort befindet. Es können dabei keine allgemein gültigen Vorgehensweisen angeführt werden. Die Normen und technischen Regeln sind genau zu beachten. Letztlich liegt es in der Verantwortung des Installateurs zu beurteilen, inwieweit die vorhandene Unterverteilung geeignet ist, die notwendigen Elemente und Anschlüsse der PV-Anlage normkonform und gemäß der geltenden TAB aufzunehmen. Nicht selten sind veraltete Unterverteilungen technisch nicht mehr nutzbar und müssen auf den neuesten Stand der Technik gebracht werden. Fehlender Einbauraum für Sicherungen, Schutzeinrichtungen oder Fernwirktechnik zur Abregelung der Anlagenleistung durch den Netzbetreiber können ebenfalls eine Erweiterung notwendig machen.

Der oder die Wechselrichter sind, wie die häuslichen Stromkreise, mit einer Sicherung oder einem Lasttrennschalter auszustatten. Unter bestimmten Umständen ist ein separater Fehlerstromschutzschalter erforderlich (zum Beispiel in landwirtschaftlichen Betrieben oder bestimmten öffentlichen Netzformen), gegebenenfalls muss auf der AC-Seite auch ein Überspannungsschutz nachgerüstet werden.
Bei Eigenverbrauch mit Überschusseinspeisung kann in der Regel statt des bisherigen Bezugszählers auch ein Zweirichtungszähler eingesetzt werden. Dieser bietet zwei getrennten Zählwerken für Bezug und Einspeisung Raum. Zumeist verlangen die Netzbetreiber eine getrennte Zählung des von der PV-Anlage insgesamt erzeugten Stroms einerseits und des eingespeisten Stroms andererseits. Die Zähler sind in der Regel am Hausanschluss anzuordnen, wo sich auch der übliche Bezugsstromzähler befindet. Abweichungen vom Zählerplatz sind nur in Absprache mit dem zuständigen Netzbetreiber möglich.

Zähler mieten: Alle benötigten Zähler können, soweit sie im Zählerschrank untergebracht sind, beim Netzbetreiber gemietet werden. Betreiber von PV-Anlagen können die für Erzeugung und Einspeisung nötigen Zähler auch selbst anschaffen und sparen dann Zählergebühren. Allerdings müssen sie die eigenen Zähler regelmäßig eichen lassen (elektromechanische Zähler alle 16 Jahre, elektronische Zähler alle acht Jahre) und sind für deren Funktion voll verantwortlich. Wer Wartungsaufwand sparen will, sollte dies dem Netzbetreiber überlassen. Zudem ändert sich mit der Einführung der Smart Meter die Zählertechnik ohnehin. Hier ist es womöglich interessant, den Messstellenbetreiber zu wechseln (siehe folgenden Abschnitt „Smart Meter").

ÜBERWACHUNG UND SMART METER

Die Funktions- und Ertragsüberwachung ist ein Schlüsselelement für die wirtschaftliche Nutzung einer PV-Anlage sowie für deren Wirtschaftlichkeit insgesamt. Unentdeckte Funktionsfehler oder Ertragsabweichungen führen zu entsprechenden Ertragsverlusten und unter Umständen auch zu weitreichenden Schäden.

Für Anlagenbetreiber gibt es verschiedene Möglichkeiten, die Funktion und den Ertrag der Anlage zu überwachen. Die einfachste Überwachung ergibt sich über den Wechselrichter und dessen Funktionsdisplay. Zumindest können dort mögliche Störungen an der Anlage am ehesten festgestellt werden.

Das soll jedoch nicht darüber hinwegtäuschen, dass der Fehler auch im Detail stecken kann. Ertragsminderungen sind am Wechselrichter zum Beispiel nur „gefühlsmäßig" einschätzbar, wenn nicht ein zweiter Wechselrichter mit der gleichen Modulauslegung als Vergleich dienen kann. Wie bereits erläutert, hängt der Ertrag von vielen Faktoren ab. Diese sind beim Vergleich natürlich ebenfalls zu berücksichtigen. Die größte Abhängigkeit besteht grundsätzlich von der solaren Einstrahlung auf die Modulebene.

Vergleichsanlagen

Bei kleineren PV-Anlagen ohne großes Anlagenmonitoring ist es oftmals schwierig, den Ertrag der Anlage zu deuten. Bei einem Wechselrichter mit einem String mag es noch möglich sein, die monatlichen Zählerwerte mit Werten aus im Internet gelisteten Vergleichswerten anderer Anlagen (etwa beim Solarförderverein) zu vergleichen. Besitzen Sie mehrere Wechselrichter mit zudem noch unterschiedlichen Strings und verschiedener Dachausrichtung, wird das Ganze bereits schwieriger. Hier ergeben sich nur relativ grobe Vergleiche, welche je nach Standort der Vergleichsanlagen erheblich schwanken können.

Für erste Ertragseinschätzungen beim Verdacht, dass die Anlage nicht die erwarteten Strommengen erzeugt, können Online-Datenbanken hilfreich sein, so etwa beim Solarförderverein unter sfv.de oder bei sonnenertrag.de.

Anlagenüberwachung – Monitoring – Fehlererkennung

Genauere Vergleiche und eine sichere Betriebsführung ergeben sich nur über ein sogenanntes Monitoring (Anlagenfernüberwachung), in dem man differenzierte Ertragserfassungen vornehmen kann. Hier gibt es recht einfache Systeme mit automatisch generierender Fehlermeldung bis hin zu recht ausgefeilten Datenauswertungen und visuellen Darstellungen, u. a. mit Einzelstringüberwachung sowie Einstrahlungs- und Temperatursensor. Ob sich das auch für Kleinanlagen lohnt, muss jeder selbst entscheiden und abwägen.

Mit der heute verfügbaren Technik sind auch kleine Monitoringsysteme mit permanenter Überwachung und automatischer Fehlermeldung Stand der Technik, gerade wenn sich die Wechselrichter oder auch die Anlage selbst nicht immer in Reichweite des Betreibers befinden.

Verschiedene Monitoringsysteme

Auf dem Markt gibt es derzeit eine Vielzahl von Monitoringsystemen mit visualisierter Aufbe-

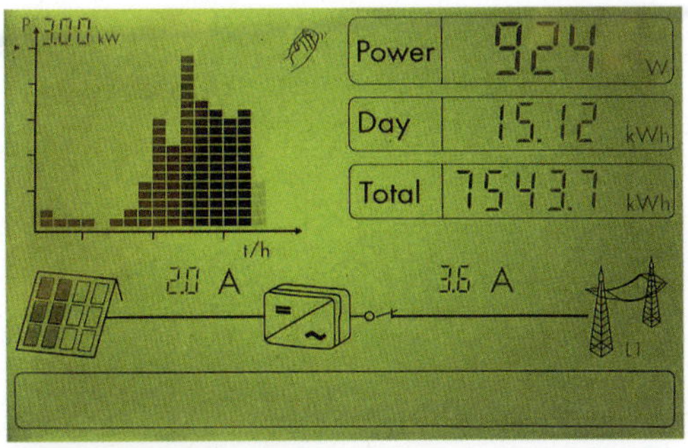

Display am Wechselrichter

reitung und ortsunabhängiger Kontrolle via Internet oder Smartphone. Die Systeme unterscheiden sich durch

- ihre örtliche Installation: Datenleitung mit Schnittstelle oder Bluetooth-Variante,
- die Datenaufzeichnung und den Datenversand: direkt am PC, via GPRS oder über Speicherkarte
- sowie die Visualisierungsmöglichkeiten und Datenaufbereitung.

Bei einem visualisierten Monitoringsystem werden Anlagenausfälle oder auch bereits Teilausfälle und Leistungsabweichungen einzelner Wechselrichter schnell erkannt. Mit moderner Sensortechnik können sogar Ausfälle einzelner Stringleitungen oder Generatoren erkannt werden.

Neben kostenfreien Systemen, was die Datenaufbereitung via Internet angeht, sind einige Systeme auch gebührenpflichtig. Die Höhe der Gebühr richtet sich meist nach der Anlagengröße. Bereits der Laie kann mithilfe visualisierter Anlagendaten auffällige Abweichungen zeitnah erkennen. Voraussetzung ist jedoch, dass die Anlagendaten, die Wechselrichter-/Stringleistungen sowie die Zuordnungen der Wechselrichter genau erfasst wurden.

Parallel laufende Wechselrichterleistungsdiagramme sind – vorausgesetzt, die einzelnen Wechselrichter sind auch gleich belegt – erst einmal ein beruhigendes Zeichen für einen ungestörten Anlagenbetrieb.

Größere und auffälligere Abweichungen sind immer ein Zeichen eines nicht normalen Anlagenbetriebs, einer Störung. Die Diagrammbeispiele auf Seite 75 zeigen die Leistungskurven dreier Wechselrichter, wobei zwei davon mit einer kleineren Leistung gleich bestückt sind und ein Wechselrichter fast die doppelte Leistung hat. Bei allen drei Wechselrichtern ergeben sich unterschiedliche Abweichungen, die nicht durch Wolken bedingt sein können, sondern entweder durch überhöhte Temperatur oder infolge von außerhalb der Normwerte liegenden Netzparametern (Netzspannung oder Netzfrequenz).

Smart Meter

Der Begriff des Smart Meters taucht immer häufiger in Verbindung mit Digitalisierung und intelligenten Netzen auf. Viele fragen sich aber, was genau ist ein „Smart Meter"?

In den meisten Haushalten werden aktuell übliche Drehstromzähler (Ferraris) sowohl zur Messung des Strombezugs als auch zur Messung des von einer PV-Anlage ins Netz eingespeisten Stroms verwendet. In manchen Fällen wurden diese bereits durch elektronische Arbeitszähler abgelöst, insbesondere bei Neubauten. In der Energiewirtschaft wird daher aktuell zwischen intelligenten Messsystemen und modernen Messeinrichtungen unterschieden. Moderne Messeinrichtungen sind im Grunde genommen elektronische oder digitale Stromzähler. Erst durch die Anbindung eines solchen digitalen Stromzählers an ein Kommunikationsmodul, das Smart Meter Gateway, wird daraus ein intelligentes Messsystem (IMS) = Smart Meter. Durch die Verbindung mit dem Smart Meter Gateway kann der digitale Zähler die erhobenen Messdaten und gegebenenfalls auch

Datenlogger – ein Überwachungsgerät für PV-Anlagen

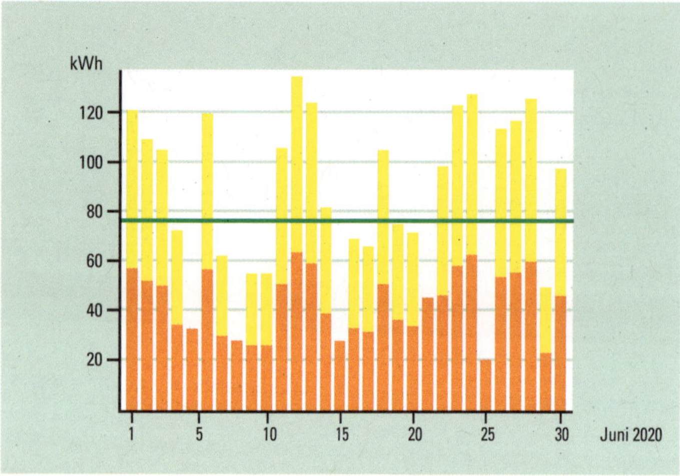

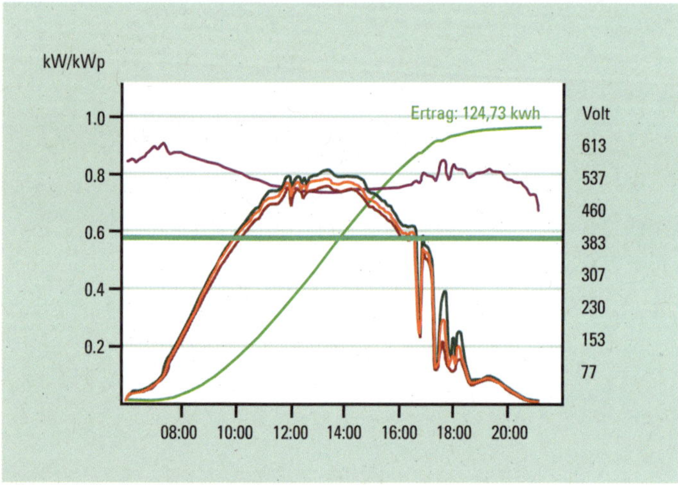

Visualisierte Datenaufbereitungen eines Monitoringsystems

andere Informationen oder Steuerungsbefehle über ein Kommunikationsnetz mit Dritten austauschen. Zukünftig sollen alle Zähler gegen Smart Meter ausgetauscht werden.

Das Ziel der bisherigen Messeinrichtungen war eine gerechte Verteilung der Kosten aus der Energieerzeugung. Dazu muss das Messsystem so genau sein, wie es dem Kunden wirtschaftlich zumutbar ist. Künftig werden die Ziele erweitert um die Energieeinsparung, eine bessere Bilanzierung sowie Steuerbarkeit von Verbrauch und Erzeugung. Schlussendlich muss das Messsystem dann „energiewendetauglich" sein.

Daher soll der Strommarkt in den kommenden Jahren nach und nach digitalisiert werden. Das wurde 2016 mit dem Gesetz zur Digitalisierung der Energiewende beschlossen. Kernstück dieses Gesetzespakets wiederum war das neue Messstellenbetriebsgesetz (MsbG). Das MsbG regelt die schrittweise flächendeckende Einführung von „intelligenten" digitalen Energiezählern. Der Prozess dieser Einführung nennt sich „Smart Meter Roll-out". Der Gesetzgeber begründet dies damit, dass das Stromnetz in einer dezentralen Energiewelt „intelligenter" werden muss und Verbraucher genauer über ihren Energieverbrauch informieren soll.

Vorzüge intelligenter Messsysteme

Die Vorteile eines solchen intelligenten Messsystems müssen unterschiedlich betrachtet werden. Für den Verbraucher eröffnet sich langfristig die Möglichkeit der Nutzung flexibler Stromtarife. Dies bedeutet, er kann seinen Stromverbrauch dahingehend steuern, dass tageszeitlich oder abhängig vom Wochentag je nach Angebot und Verbrauch unterschiedliche Stromtarife zur Verfügung stehen.

Auch PV-Anlagenbetreiber sollen davon profitieren. Kurzfristig besteht die Möglichkeit, dass man seine Einspeisung visualisiert bekommt. So bieten einige Messstellenbetreiber (MSB) an, dass die Photovoltaikanlage ihre Erzeugungsdaten in Echtzeit visualisiert und übermittelt. Viele Betreiber bekommen diese Visualisierung aber bereits über den Wechselrichter, sodass sich für sie nicht viel ändert. Langfristig können durch die Digitalisierung weitere Vorteile entstehen:

- bei der Vermarktung des überschüssigen Stroms nach Ende der EEG-Vergütung,
- bei der Gestaltung passgenauer Messkonzepte wie zum Beispiel bei der Optimierung der Eigenversorgung oder
- bei Mieterstrommodellen.

Smart Meter können die Realisierung alternativer und komplexerer Messkonzepte erleichtern. Für Betreiber von PV-Anlagen mit Wärmepumpe kann es beispielsweise leichter werden, eine Kaskadenmessung beim Verteilnetzbetreiber durchzusetzen und damit einen günstigen Wärmepumpenstromtarif zu beziehen, um über die Wärmepumpe den Eigenverbrauch zu optimieren. Dasselbe gilt bei der Einbindung von Stromspeichern oder dezentralen Konzepten wie Mieterstrommodellen.

Umstellung auf smarte Technologie

Der bereits verzögert angelaufene Start des Smartmeter-Rollouts im Jahr 2020 wurde durch gerichtlichen Einspruch jedoch vorerst gestoppt. Daher bleiben Betreiber von Photovoltaikanlagen zunächst vom Einbau der Smart Meter „verschont", da noch technische und juristische Hürden seitens des Bundesamtes für Sicherheit in der Informationstechnik (BSI) zu bewältigen sind. Es soll aber demnächst damit weitergehen. Entsprechende gesetzliche Vorgaben werden aktuell auf den Weg gebracht. Mit einem Neustart müssen PV-Anlagenbetreiber damit rechnen, Post von ihrem zuständigen Netzbetreiber zu bekommen, mit der sie über die Pflicht zum Einbau der neuen Messtechnik innerhalb einer dreimonatigen Frist informiert werden.

- Aufgrund der Einbauverpflichtung über den Netzbetreiber werden also die meisten PV-Anlagenbetreiber in den kommenden Jahren mit dem Einbau der Smart Meter rechnen müssen. Dies betrifft grundsätzlich sowohl neue PV-Anlagen als auch solche im Bestand, sofern diese eine Leistung von mehr als 7 kWp und weniger als 100 kWp haben.

Bestehende Digitalzähler: PV-Betreiber, die bereits vor einem möglichen Roll-out-Start einen üblichen digitalen Zähler verbauen, der an ein Kommunikationsnetz angeschlossen ist, genießen nach letztem Stand allerdings einen achtjährigen Bestandsschutz und sind für diesen Zeitraum so noch vom Pflichteinbau befreit.

Je nach Größenklasse und Konfiguration der Anlage sind zudem folgende Aspekte zu beachten:

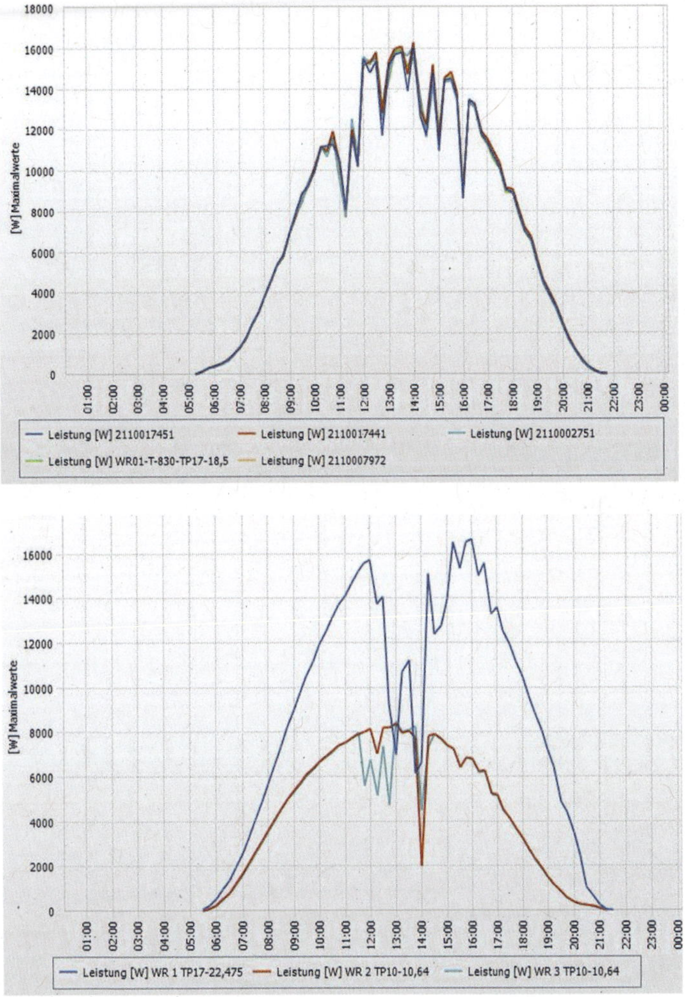

Oben: synchron laufende Wechselrichter; unten: Leistungsabfälle etwa bei zu hoher Netzspannung oder Wärmeentwicklung und Abriegelung des Wechselrichters

Man unterscheidet bei den Messstellenbetreibern:

- den grundzuständigen Messstellenbetreiber (gMSB), der in der Regel gleichzeitig der örtliche Verteilnetzbetreiber ist, und
- den wettbewerblichen Messstellenbetreibern (wMSB).

Der Smart-Meter-Roll-out wird von den gMSB umgesetzt. Diese sind für

- die Bereitstellung des Stromzählers,
- die Erhebung der Messentgelte sowie
- die Erfassung und Übertragung der Messwerte zuständig.

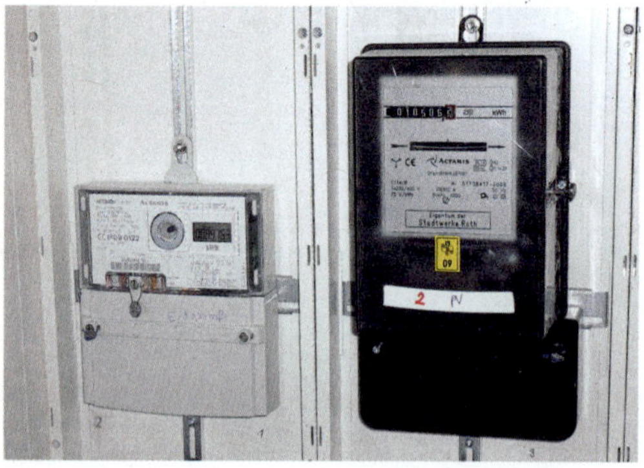

Moderner elektronischer Zähler links und älterer Drehstromzähler (Ferraris) rechts

Eingebautes zertifiziertes Smart Meter Gateway

Der grundzuständige Messstellenbetreiber hat dabei die Pflicht, in seinem Schreiben auf die mögliche Wahl eines anderen Messstellenbetreibers hinzuweisen. Welchen Messstellenbetreiber der jeweilige PV-Anlagenbetreiber mit dem Zählereinbau beauftragt, um seiner Einbaupflicht nachzukommen, bleibt ihm selbst überlassen. Allerdings ist gesetzlich geregelt, dass der gMSB die sukzessive Umrüstung nahezu aller Messstellen auf neue intelligente Messsysteme innerhalb des eigenen Netzgebiets und innerhalb eines bestimmten Zeitraums zu gewährleisten hat. Wird ein PV-Anlagenbetreiber also nicht selbst aktiv, wird er früher oder später vom gMSB zum Einbau des Smart Meters verpflichtet werden.

Soweit mit den neuen Smart Metern ein Datenaustausch erfolgt, stellt sich natürlich die Frage aller Fragen: Wie steht es um die Datensicherheit?

Die intelligente Messtechnologie führt zwangsläufig zu einem erhöhten Verkehr an Daten, die Aufschluss über das Verbrauchsverhalten von Privathaushalten geben können und somit datenschutzrechtlich sensibel sind. Auch ist jede digitale Kommunikationsinfrastruktur den Gefahren von Hackerangriffen ausgesetzt. Das kennt man aus dem Internet und E-Mailverkehr. Um ein einheitliches und sehr hohes Sicherheitsniveau zu gewährleisten, sind daher Schutzprofile und technische Richtlinien zur Gewährleistung von Datenschutz, Datensicherheit und Interoperabilität gesetzlich vorgeschrieben. Inwieweit man den verwendeten Systemen der jeweiligen Messstellenbetreiber vertrauen kann, bleibt abzuwarten.

Kosten der neuen Messtechnik?

Die Kosten für den Einbau der digitalen Technik tragen die Betreiber der PV-Anlagen, ebenso die Kosten einer Umrüstung des Zählerschranks, soweit erforderlich. Wie hoch diese Kosten im Einzelfall sein werden, hängt von einer Reihe von Faktoren ab – beispielsweise von

- den aktuellen, regional unterschiedlichen Kosten für den Messstellenbetrieb,
- dem Anbieter,
- den baulichen Gegebenheiten oder
- dem jeweils einzubauenden Produkt.

Wer's bezahlt: Gesetzlich festgelegt ist lediglich eine Preisobergrenze für die jährlichen Kosten des Messstellenbetriebs, die im Zuge des Smart-Meter-Roll-outs entstehen.

Für PV-Anlagen

- zwischen 7 kWp und 15 kWp liegt die Preisobergrenze bei 100 Euro/Jahr,
- zwischen 15 kWp und 30 kWp bei 130 Euro/Jahr und für PV-Anlagen
- zwischen 30 kWp und 100 kWp bei 200 Euro/Jahr.

Es ist derzeit davon auszugehen, dass die gMSB sich an der Preisobergrenze orientieren werden. Für den Anlagenbetreiber bedeutet dies gegenüber dem aktuellen, analogen Messstellenbetrieb (der ja auch

heute schon bezahlt wird) Mehrkosten von mindestens 80 bis 180 Euro/Jahr.
Für Anlagen größer als 100 kWp ist keine Preisobergrenze vorgesehen, sondern nur ein „angemessenes Entgelt“. Anders als bei kleineren PV-Anlagen wird der Smart-Meter-Roll-out bei der registrierenden Lastgangmessung (RLM), die von Grund auf höhere Messstellenkosten erzeugt, also nicht unbedingt mit Mehrkosten verbunden sein. Allerdings können Betreiber größerer Anlagen durch den Wechsel zu einem wMSB auch heute schon signifikante Einsparungen erzielen.

Abseits der örtlichen Netzbetreiber

Während es früher relativ unbedeutend war, wer einmal im Jahr analog die Daten aus dem Zähler ausgelesen hat, wird es im digitalen Zeitalter auf das Gesamtpaket ankommen. Neben gegebenenfalls günstigeren Preisen für den Messstellenbetreiber betrifft dies beispielsweise Zusatzangebote wie die Visualisierung der Stromerträge und -verbräuche, die Stromvermarktung aus ehemaligen EEG-Anlagen oder PV-spezifische Messkonzepte. Daher können wMSB im Zuge des Smart-Meter-Roll-outs eine interessante Alternative sein. Allerdings müssen PV-Anlagenbetreiber selbst tätig werden, wenn sie sich für einen Anbieter jenseits des lokalen Netzbetreibers entscheiden wollen. Auch nach dem Einbau eines Smart Meters kann der Anlagenbetreiber seinen Messstellenbetreiber aber natürlich wechseln, vergleichbar mit dem Wechsel des Stromanbieters.

SCHUTZMASSNAHMEN GEGEN BLITZ UND ÜBERSPANNUNG

Ein in vielen Fällen vernachlässigtes, aber auch kontrovers diskutiertes Thema ist der Blitz- und Überspannungsschutz von Photovoltaikanlagen. Einerseits erzeugt er Kosten bei den meist unter Preisdruck stehenden Anbietern, andererseits wird bei dessen Ausführung auch vieles falsch gemacht, was die Sicherheit der Anlage sogar wesentlich verschlechtern kann. Es stellt sich seitens des Anlagenbetreibers oft die Frage: Benötige ich einen Blitz- und Überspannungsschutz überhaupt? Eine pauschale Antwort kann hier nicht gegeben werden, sondern es kommt immer darauf an.

Erhöhtes Risiko?

Grundsätzlich ist fachtechnisch und wissenschaftlich anerkannt, dass eine auf einem Gebäude installierte Photovoltaikanlage die Blitzeinschlaghäufigkeit nicht erhöht. Insofern besteht bei der Installation einer PV-Anlage nicht zwingend die Notwendigkeit, auch eine Blitzschutzanlage (BSA) zu installieren. Es ergeben sich jedoch verschiedene Ausnahmen.

In landwirtschaftlichen Betriebsstätten ist dieses Thema zum Beispiel nicht zu unterschätzen. Allein aus Forderungen der Brandversicherungen und zum Schutz der unterge-

Wohnhaus mit Blitzschutzsystem

brachten Tiere und Maschinen ist ein äußerer sowie innerer Blitzschutz in den vielen Fällen Pflicht. Bei der Planung einer PV-Anlage sind zudem bestehende Blitz- und Überspannungsanlagen zu berücksichtigen. Eine PV-Anlage darf zum Beispiel eine vorhandene Blitzschutzeinrichtung nicht beeinflussen. Die Schutzwirkung muss weiterhin erhalten bleiben.
Bei einer Blitzschutzanlage unterscheidet man

- den „äußeren" sowie
- den „inneren" Blitzschutz.

Der äußere Blitzschutz besteht aus den Fang- und Ableiteeinrichtungen (Blitzschutzdraht). Der innere Blitzschutz besteht aus dem Blitzschutzpotenzialausgleich sowie Überspannungsschutzgeräten mit unterschiedlichen

Zu geringer Trennungsabstand zum äußeren Blitzschutz

Wirkungsgraden, je nach Blitzschutzzone und zu schützendem Bereich.

Die Erfordernis der Installation einer Blitzschutzanlage (BSA) auf einem Gebäude kann sich aus verschiedenen Situationen heraus ergeben:

- Bauordnungsrechtliche Forderungen: zum Beispiel auf Schulen, Verkaufsstätten, Hochhäusern
- Versicherungsrechtliche Forderungen: Manche Versicherer fordern bei einer bestimmten Anlagengröße einen Blitz- und/oder Überspannungsschutz.

Ist auf einem Gebäude bereits eine BSA vorhanden, so hat dies zunächst einmal seinen Grund. Bei der Errichtung einer Photovoltaikanlage auf einem solchen Dach muss dieser Umstand bei der Planung und Ausführung daher zwingend berücksichtigt werden. Dies ergibt sich bereits aus den normativen Forderungen.

Notwendige Prüfparameter

Ist ein äußerer Blitzschutz vorhanden, gilt es zu prüfen, ob mit der Photovoltaikanlage der erforderliche Trennungsabstand zur Blitzschutzanlage eingehalten werden kann. In der Regel beträgt dieser je nach Dachhöhe 30 bis 50 Zentimeter und ist vom Installateur oder einer Blitzschutzfachkraft rechnerisch nachzuweisen.

Der Abstand ist deshalb erforderlich, damit bei einem Blitzeinschlag in diese Fangeinrichtungen der Blitzstrom nicht über den Weg der Ableiter zur Erde auf andere Bauteile, wie zum Beispiel die Photovoltaikanlage, überspringen kann und es dabei zu Schäden und/oder gefährlichen Funkenbildungen kommt. Auf keinen Fall darf eine äußere Blitzschutzanlage, dazu gehört auch der Ableitedraht, mit einer PV-Anlage überbaut werden. Ist ein ausreichender Abstand vorhanden, kann die Photovoltaikanlage in den Blitzschutz eingebunden werden – dies bedeutet im Schutzbereich eingebunden, nicht angebunden werden! Dann reicht zudem ein Überspannungsschutz (SPD – Surge Protective Device) vom Typ 2 vor den Wechselrichtern beziehungsweise den zu schützenden Geräten in der Regel aus. Es können aber auch mehrere SPDs erforderlich werden, wenn sich die Anlage vom Generatorfeld bis zu den Wechselrichtern sehr lang ausdehnt.

Die Einhaltung des Trennungsabstands der Photovoltaikanlage zur äußeren BSA soll oberstes Ziel sein. Ansonsten ergeben sich erhebliche Aufwendungen für den Blitzschutzpotenzialausgleich und den inneren Blitzschutz.

Kann der Trennungsabstand nicht eingehalten werden, zum Beispiel bei einem Blechdach (hier liegen sowohl Blitzableiter als auch Dachhaut auf einem Potenzial – sprich, sind leitend verbunden), muss man sich über die Folgen klar sein. Bei einem Blitzeinschlag in die Fangeinrichtungen können Blitzteilströme über die Photovoltaikanlage – also Gleichstromleitungen – abfließen. Führen die Gleichstromleitungen in das Gebäude, werden die Blitzteilströme gleichzeitig mit in das Gebäude geführt, mit entsprechenden Auswirkungen.

Daher ist in diesem Fall unmittelbar am Gebäudeeintritt der Strangleitungen ein SPD Typ 1 (Blitzstromableiter) anzuordnen. Unter Umständen wird unmittelbar am zu schützenden Gerät (zum Beispiel Wechselrichter) noch ein SPD Typ 2 erforderlich. Die metallene Halterkonstruktion der Photovoltaikanlage ist in den Blitzschutzpotenzialausgleich einzubinden.

Letzterer hat die Aufgabe,

1 eine gefährliche Funkenbildung und somit Brandentstehung bei einem Blitzüberschlag von der BSA auf die Photovoltaikanlage zu vermeiden und
2 die beim Blitzeinschlag auftretende Überspannung über das gesamte metallene System zu verteilen und somit den Potenzialunterschied (Überspannung) zu eliminieren. Näheres hierzu regeln die entsprechenden VDE-Normen.

Weitere mögliche Schäden

Schäden an elektrischen Geräten oder Anlagen entstehen aber nicht nur bei einem direkten Blitzeinschlag, sondern können auch bei Naheinschlägen in einem Radius von bis zu 1 500 Metern vorkommen. Wie muss man sich das vorstellen?

Bei einem Blitzeinschlag entsteht mit dem Blitz ein elektromagnetisches Feld. Je nach Ausbreitung dieses elektromagnetischen Feldes kann sich dieses in Leitungen induktiv einkoppeln. Die Leitungen, zum Beispiel die Gleichstromleitungen auf dem Dach, wirken hierbei wie Antennen. Sind die Leitungen auf dem Dach in großen Leiterschleifen verlegt, wird diese Antennenwirkung noch begünstigt. Durch diese Einkopplung entstehen in den Leitungen Spannungsspitzen, welche die dort angeschlossenen Geräte (Module, Wechselrichter …) zerstören können.

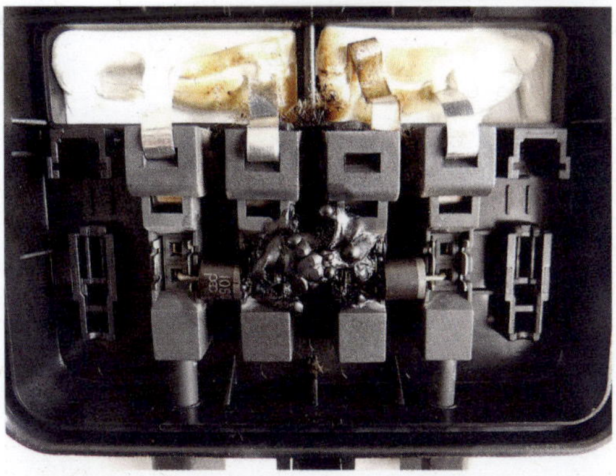

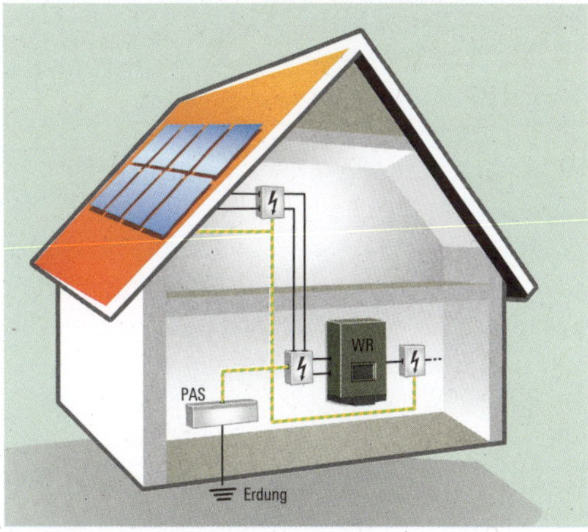

Beispiel eines Überspannungsschutzes im Gleichstrom- und Wechselstromsystem mit Anschluss an die Potenzialausgleichsschiene (PAS)

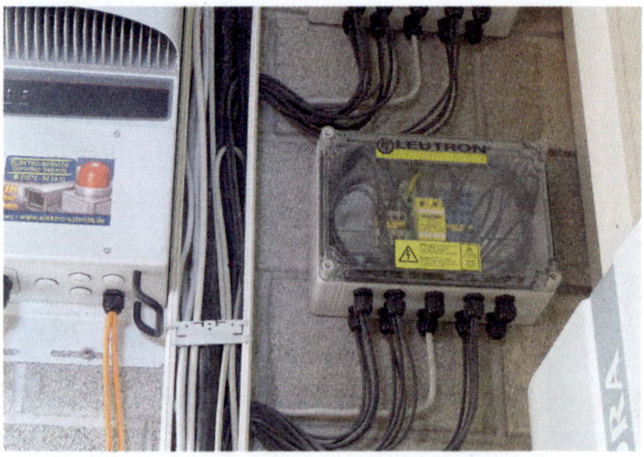

Vermischte Verlegung von Leitungen kann die Schutzwirkung vor Überspannung durch Spannungseinkopplung im zusammengeführten Leitungsbündel aufheben.

Blitzschutz erforderlich? Der innere Blitz- oder Überspannungsschutz richtet sich ebenfalls in Erfordernis und Umfang nach der Örtlichkeit, einer Gefährdungsbeurteilung sowie den normativen Forderungen, insbesondere der DIN VDE 0100–443, DIN VDE 0100–712 (PV-Anlagen) und VDE 0185–305 Teil 3, Blatt 5, wobei die Normen teilweise keine deutlichen Vorgaben machen, was oft zu Diskussionen führt und es insbesondere für Laien schwer verständlich macht.

- Eindeutig ist die Regelung bei neuen Wohngebäuden: Hier ist bereits auf Grundlage des Vorschriftenwerks spätestens seit 2019 ein Überspannungsschutz am Netzeingangsbereich bei der Neuerrichtung einer elektrischen Anlage zu installieren – unabhängig vom Vorhandensein einer PV-Anlage. Im Zuge dessen sollte dann auch bei der PV-Anlage ein separater Überspannungsschutz am Wechselrichter sowie auf der Gleichstromseite angebracht werden. Soweit Datenleitungen vorhanden sind (Anlagenüberwachung), wird ebenfalls ein Überspannungsschutz empfohlen.
- Bei Bestandsgebäuden ist die Situation oftmals unklar. Ist kein äußerer Blitzschutz vorhanden und auch nicht erforderlich, muss nicht unbedingt ein SPD eingebaut werden. Klar muss aber auch sein dass es, allein durch einen Naheinschlag eines Blitzes noch bis zu 1 500 Meter vom Objekt entfernt zu elektrischen und magnetischen Feldkopplungen kommen kann, die beispielsweise die installierten Module und Wechselrichter beschädigen können.

Überspannungsschutz – Installation

Bei der Installation von Überspannungsschutzeinrichtungen ist darauf zu achten, dass alle Leitungen und Geräte eingebunden werden. Wird nur der Wechselrichter auf der Gleichstromseite geschützt, können trotzdem Überspannungen netzseitig oder über die Datenleitungen auftreten und das Gerät beschädigen. Auch bei Überspannungseinrichtungen scheitert die richtige Installation oft an Kleinigkeiten:

Bei Überspannungseinrichtungen müssen die ankommenden („schmutzigen") Leitungen und abgehenden („sauberen") Leitungen strikt getrennt sein, damit es im Überspannungsfall nicht zu Spannungsüberschlägen kommt und die Überspannung somit die Schutzeinrichtungen umgehen kann. Nicht selten sieht man vor Ort eine gemischte Leitungsverlegung, bei der ein richtiger Überspannungsschutz letztendlich in den meisten Fällen nur mit verminderter Wirkung gegeben ist.

Es wird daher empfohlen, die unterschiedlichen Leitungen (Gleichstrom/Wechselstrom/Datenleitungen) physikalisch getrennt in separaten Kabelführungssystemen zu verlegen – allein schon deswegen, um elektromagnetische Beeinflussungen zu vermeiden.

SPEICHERTECHNIK

Durch einen Stromspeicher ist es möglich, den Eigenstromverbrauch und somit den Autarkiegrad von PV-Anlagen erheblich zu steigern. Stromspeicher erfüllen dabei noch einen anderen Zweck: die Entlastung der Netze. So kann überschüssiger Strom in Zeitbereichen drohender Netzüberlastung zwischengespeichert werden. Ein Abschalten oder eine Leistungsregulierung von PV-Anlagen wäre dann nicht mehr erforderlich. Demzufolge spielen Speicher eine immer wichtigere Rolle in der Energiewende.

Begrifflichkeiten

Wenn Sie sich mit Stromspeichern beschäftigen, treffen Sie auf verschiedene Abkürzungen und Begriffe. Wir erklären hier im Folgenden einige der wichtigsten:

- BAT: System, das eine oder mehrere Zellen, Module oder Batteriepacks enthält. Es verfügt über eine Batteriemanagementeinheit, die im Fall von Überladung, Überstrom und Überhitzung die Verbindung unterbricht (vergleiche IEC 62619).
- BMS: Batteriemanagementsystem. Zu einer Batterie gehörendes elektrisches System zur Überwachung und/oder Lenkung ihres Zustands, zur Berechnung sekundärer Daten, Aufzeichnung dieser Daten und/oder Regelung ihrer Umgebung, um damit das Leistungsverhalten und/oder die Lebensdauer der Batterie zu beeinflussen.
- DoD: Depth of Discharge, Entladetiefe. In der Regel werden Akkus nicht vollständig entladen, da sie sonst beschädigt werden. Die Entladetiefe gibt an, wie viel Prozent der Nennkapazität dem Akku entnommen werden können, ohne dabei die Lebensdauer stark negativ zu beeinflussen. Die Entladetiefe hängt entscheidend vom verwendeten Material ab. Lithium-Ionen-Akkus können in der Regel tiefer entladen werden als beispielsweise Blei-Akkus. Die Entladetiefe und die Zyklenzahl bedingen sich in der Regel gegenseitig. Je höher die Entladetiefe, desto besser wird die vorgehaltene Kapazität genutzt.
- Nominelle Batteriekapazität (C): eine vom Hersteller angegebene Kapazität, die innerhalb bestimmter Entladezeiten und Betriebstemperaturen ermittelt wird. Sie bezeichnet die Energie, die bei einer definierten Entladedauer entnommen werden kann.
- Stromspeicherkapazität: wird im Akkubereich begrifflich als maximale Ladungsmenge verwendet, die in den Akkus gespeichert werden kann. Sie bezeichnet die Ladung, die aus einem Akku entnommen werden kann, wird in Amperestunden (Ah) oder in Coulomb (C, 1 C = 1 As = 1/3600 Ah) gemessen und ist von der Stromstärke und von der Temperatur abhängig. Die Einheit Ah stellt eine Bezeichnung der elektrischen Ladung dar. Die Stromspeicherkapazität hingegen wird oft auch als elektrische Arbeit in Wattstunden (Wh) angegeben. Den Unterschied bildet die in der Wh enthaltene Nennspannung (in V), die für das jeweilige Batteriesystem konstant ist und somit auf die Kapazität keinen weiteren Einfluss nimmt.
- Die Nennkapazität ist ein Kennwert von Batterien und Akkus, der sich aus dem Produkt von Ladestrom in Ampere (A) und Ladezeit in Stunden (h) errechnet. Er drückt das Fassungsvermögen in Amperestunden (Ah) oder Kilowattstunden (kWh) aus.
- C-Koeffizient: Kennwert über die verfügbare Nennkapazität von Batterien und Akkus: Es ist ein Maß für die Restkapazität bei der Ladung und Entladung von Akkus und steht in unmittelbarem Zusammenhang mit dem La-

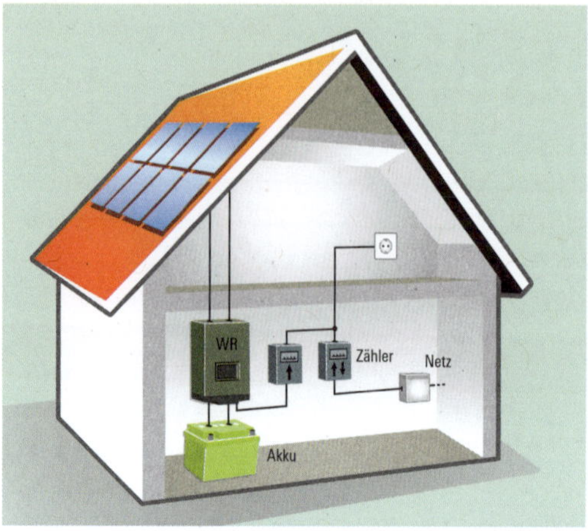

Eigenstromverbrauch mit Speicher und Überschusseinspeisung

destrom und Entladestrom. Der C-Faktor ist eine dimensionslose Zahl, die in Verbindung mit dem Buchstaben C (nicht die Einheit Coulomb) angegeben wird: 1C, 2C, 10C usw. oder auch als C5, C10 und auch in Bruchteilen wie C/10 oder C/2.

1C bedeutet beispielsweise, dass eine Batterie mit einer Nennkapazität von 1 Amperestunde (Ah) eine Stunde lang einen Entladestrom von 1 Ampere liefert. Hat eine Batterie mit der gleichen Nennkapazität einen C-Koeffizienten von 2C, dann ist der Entladestrom 2 Ampere über 30 Minuten und bei einem Koeffizienten von 0,2C hat sie einen Entladestrom von 200 mA über fünf Stunden. Bei der Bruchteilangabe bezieht sich der Wert auf die Entladezeit. So bedeutet C/10 einen zehnstündigen Entladestrom. Statt des C-Koeffizienten wird häufig auch die Entladezeit angegeben. So spricht man statt von 0,2C von einer 5-Stunden-Entladung oder bei 0,1C von einer 10-Stunden-Entladung. Andererseits kann man in diesem Zusammenhang auch von „entnehmbarer Kapazität" sprechen. So hat beispielsweise ein Akku mit einer Nennkapazität von 10 kWh und einem C-Koeffizienten von C5 eine Entladeleistung von 2 kW über fünf Stunden, was einem Energiedurchsatz von 2 kWh entspricht.

- Zyklenzahl: gibt Aufschluss über die Lebensdauer des Akkus, die durch den „Materialverschleiß" verursacht wird, also wie oft ein Akkumulator be- und entladen werden kann, bevor seine nutzbare Kapazität unter eine im praktischen Einsatz untaugliche Grenze fällt. Ein Zyklus stellt dabei die vollständige Entladung und anschließende Aufladung des Akkus dar. Die Zyklenzahl ist abhängig von der Entladetiefe, dem Entladestrom sowie der Temperatur, bei der der Akku betrieben wird.
- Wirkungsgrad: stellt ein Maß für die Effizienz von Energieübertragungen beziehungsweise -wandlungen dar. Beim Akku spricht man von einem Ladewirkungs- beziehungsweise coulombschen Wirkungsgrad. Dieser gibt das Verhältnis von entnommener Ladung/Kapazität bei der Entladung zur zugefügten Ladung/Kapazität bei der Aufladung an. Er gibt also Aufschluss über die Ladungsverluste der Batterie. Vom Ladewirkungsgrad ist der energetische Wirkungsgrad abzugrenzen. Dieser ist der Quotient aus entnommener und eingeladener Energie und gibt nicht nur Auskunft über die Ladungsverluste, sondern auch über Spannungs- sowie thermische Verluste.
- Unterschied „Batterie" – „Akku": Eine Batterie, auch Primärzelle genannt, ist in den überwiegenden Fällen ein nicht wiederaufladbarer Energiespeicher. Die Umwandlung der Energie basiert auf einer elektrochemischen Reaktion. Beispiel: übliche Alkalibatterie.
  Ein Akku dagegen ist eine Sekundärzelle, die immer wieder über eine externe Stromquelle, aufladbar ist. Oftmals wird für den Akku auch der Begriff der Batterie oder des Batteriespeichers verwendet, obgleich dies technisch nicht ganz korrekt ist.

Stromspeicherarten

Auf dem Markt befinden sich verschiedene Techniken von Stromspeichern, die sich nach den verwendeten Materialien und ihren technischen Eigenschaften unterscheiden.

- Bleiakkumulator: Die zumindest früher übliche und einfache Speichertechnik besteht aus der Blei- oder Blei-Gel-Batterie.

Diese sind prinzipiell aus einem säurefesten Gehäuse und zwei Bleiplatten oder Plattengruppen zusammengesetzt, von denen die eine als positiv und die andere als negativ gepolte Elektrode dient, sowie einer Füllung mit 38-prozentiger Schwefelsäure (H_2SO_4) als Elektrolyt oder bei modernen Blei-Gel-Batterien durch Zusatz von Kieselsäure in Form eines Gels. Blei-Gel-Batterien sind daher auslaufsicher. Sie besitzen aber eine relativ geringe Energiedichte.

- Lithium-Ionen-Akkumulatoren: Einhergehend mit dem technischen Fortschritt in der Mobilfunk- und Computertechnik wurden Lithium-Ionen-Akkus ständig weiterentwickelt. Lithium-Ionen-Akkumulatoren sind Speicher auf der Basis von Lithium. Sie weisen im Vergleich zu anderen Akkumulatortypen eine hohe Energiedichte auf, erfordern jedoch in den meisten Anwendungen elektronische Schutzschaltungen.

Im Lithium-Ionen-Akku wird die elektrische Energie in Lithium-Atomen (an der negativen Elektrode) und (zumeist) Übergangsmetall-Ionen (an der positiven Elektrode) in einem chemischen Prozess gespeichert. Lithium kann in ionisierter Form durch den Elektrolyten zwischen den beiden Elektroden hin- und herwandern.

Dieser Lithium-Ionen-Fluss ist zum Ausgleich des externen Stromflusses beim Laden und Entladen nötig, damit die Elektroden selbst weitgehend elektrisch neutral bleiben. Beim Entladen geben Lithium-Atome an der negativen Elektrode jeweils ein Elektron ab, welches über den externen Stromkreis zur positiven Elektrode fließt. Gleichzeitig wandern gleich viele Lithium-Ionen durch den Elektrolyten von der negativen zur positiven Elektrode. An der positiven Elektrode nehmen aber nicht die Lithium-Ionen das Elektron wieder auf, sondern die dort vorhandenen und im geladenen Zustand stark ionisierten Übergangsmetall-Ionen.

Je nach Akkutyp können das Kobalt-, Nickel-, Mangan-, Eisen-Ionen ... sein. Das Lithium liegt an der positiven Elektrode im entladenen Zustand somit weiterhin in Ionenform vor.

Da Lithium-Ionen-Akkumulator den Oberbegriff für eine Vielzahl möglicher Materialkombinationen für Anode, Kathode und Separator darstellt, ist es schwierig, allgemeingültige Aussagen zu treffen. Je nach Materialkombination unterscheiden sich die Eigenschaften teilweise deutlich. Hinzu kommt, dass die Batteriehersteller in den letzten Jahren insbesondere auf bekannten Problemfeldern wie Haltbarkeit und Sicherheit erhebliche Verbesserungen erzielen konnten. Nachfolgend führen wir einige

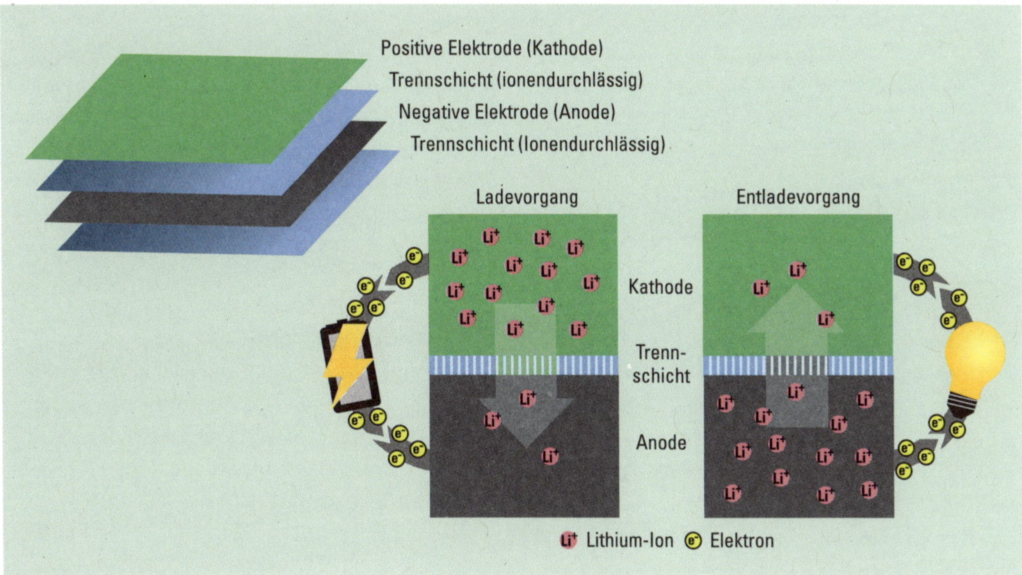

Aufbau und Funktion eines Lithium-Ionen-Akkus

Beispiele von Batterietypen auf Lithium-Basis auf.

Lithium-Cobalt-Oxid

Abkürzungen: LCO oder als chemische Formel: $LiCoO_2$.

Diese Akkus haben eine verhältnismäßig kurze Lebensdauer (500 bis 1 000 Zyklen), jedoch hohe Energiedichte (typischer Handyakku). Allerdings sind LCO-Kathoden nicht so widerstandsfähig gegen Temperaturen wie andere Lithium-Ionen-Kathodentypen und dementsprechend brandgefährlicher bei missbräuchlichem Umgang.

Lithium-Mangan-Oxid-Spinell

Abkürzungen: LMS, LMO oder als chemische Formel: $LiMn_2O_4$

Sie bieten eine höhere Zellspannung als auf Kobalt basierende Materialien und sind widerstandsfähiger gegen Hitze. Allerdings ist ihre Energiedichte geringer. Die Grenztemperatur für ein thermisches Durchgehen liegt bei circa 210 Grad Celsius. Sie besitzen eine mittlere Zyklenzahl von 1 500 bis 2 000. Mangan-Verbindungen sind im Gegensatz zu Kobalt-Verbindungen ein sichereres und umweltfreundlicheres Kathodenmaterial. Andere Vorteile sind ein niedriger Preis und bessere Leistungen bei hohen Außentemperaturen.

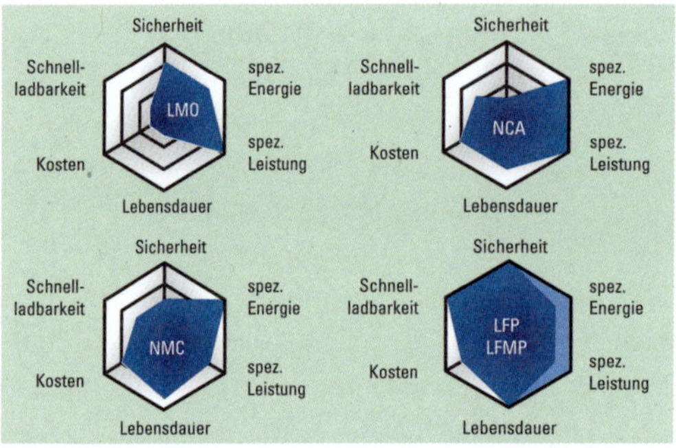

Vergleich unterschiedlicher Kathodenmaterialien in Bezug auf Sicherheit, spezifische Leistung, spezifische Energie, Lebensdauer und Kosten (Quelle: Wisdom Tree Europe)

Lithium-Nickel-Cobalt-Mangan

Abkürzungen: NMC, NCM oder als chemische Formel: $Li(NiCoMn)O_2$

Wie LMS-Systeme können NMC-Systeme auf hohe Kapazitäten ausgelegt werden. So gibt es etwa Zellen, die auf moderate Ladebedingungen ausgelegt sind und Kapazitäten von 2 800 mAh aufweisen. Sie liefern Ströme zwischen 4 und 5 A.

NMC-Kathoden bieten einen guten Kompromiss aus guter allgemeiner Leistungsfähigkeit (Performance), hohen Energiedichten und annehmbaren Kosten. Die spezifische Energiedichte dieser Kathoden ist besser als die von LFP (siehe unten), LMO und LCO (siehe oben), ebenso die Entladungsrate im Vergleich zu LCO-Kathoden, nicht jedoch verglichen mit LFP-Kathoden.

Lithium-Eisen-Phosphat

Abkürzungen: LFP oder als chemische Formel: $LiFePO_4$

Auf Phosphat basierende Materialien haben eine bessere thermische und chemische Stabilität als andere Lithium-Ionen-Kathoden-Materialien. LFP-Zellen sind sehr sichere Batterien. Sie sind im Falle einer Überladung feuerfest und widerstandsfähiger im Fall von Kurzschlüssen. Im Fall einer missbräuchlichen Anwendung gibt dieses Kathodenmaterial keinen Sauerstoff ab, verbrennt nicht und ist dementsprechend unempfindlich gegen Hitze. Sie haben auch eine längere Lebensdauer (mehr als 5000 Zyklen) und können mit hohen Ladeströmen (bis zu 3C) geladen werden.

Allerdings weisen sie wegen ihrer niedrigen Nennspannung von 3,2 Volt eine niedrigere Energiedichte als viele andere Kathodenmaterialien wie NMC oder NCA auf. LFP-Kathoden unterstützen höhere Spannungen und entsprechend höhere Ströme, weshalb sie sich für den Einsatz in schnellladefähigen Lithium-Ionen-Akkus eignen.

Lithium-Eisen-Phosphat-Zellen werden wegen ihrer Vorteile aktuell favorisiert für Heimspeicher eingesetzt.

Vor- und Nachteile von auf Lithium basierenden Batterien (LIB)

Vorteile:

- Sehr hohe Energiedichten (ungefähr viermal höher als die von Bleibatterien)
- Hohe Zellspannungen: bis zu 3,7 V Nennleistung. Eine Lithium-Ionen-Zelle kann drei NiCd- oder NiMH-Zellen, die nur 1,2 V leisten, ersetzen.
- Vertragen hohe Entladeströme: können mit einer Rate von bis zu 40C entladen werden. Dies ermöglicht, dass Automobilanwendungen wie Kaltanlasser oder Antriebe für Hybridfahrzeuge mit niedrigeren Batteriekapazitäten ausgestattet werden können.
- Schnellladung möglich
- Batterien können fast komplett entleert werden, ohne die Zyklusdauer, die Lebensdauer oder die Hochstromabgabe zu beeinflussen
- Sehr geringe Selbstentladungsrate (drei bis fünf Prozent pro Monat)
- Sehr hoher coulombscher Wirkungsgrad (Entlade-/Ladekapazität fast 100 Prozent). Man kann also nahezu den gesamten Strom, den man in eine LIB geladen hat, wieder entnehmen.
- Nahezu kein Memory-Effekt, keine Aufarbeitung oder vollständige Ent- und Beladung nötig, um den Lebenszyklus beizubehalten
- Variationen der grundlegenden Zellenchemie (etwa der verschiedenen Anoden- und Kathodenmaterialien) erlauben das Verfeinern der Leistungseigenschaften, um bestimmten Anwendungen gerecht zu werden
- Bauweisen auch von sehr kleinen Batterien möglich

Nachteile:

- Teilweise Empfindlichkeit gegenüber Tiefentladung, Überladung und zu hohen Temperaturen (ist jedoch mit Steuerelektronik beherrschbar)
- Relativ hohe Empfindlichkeit gegen hohe oder niedrige Temperaturen.

Systemtechnik

Nachfolgend werden die gängigsten Topologien und Batteriezellchemien betrachtet.

Mehrere Lithium-Ionen-Akkumulatoren für Mobiltelefone

AC-gekoppeltes System (Wechselstrom)

AC-gekoppelte Systeme (AC = alternating current) speichern den Strom auf der AC-Seite, also nach dem Wechselrichter. Ein PV-Wechselrichter wandelt den Gleichstrom der PV-Anlage in Wechselstrom um (PV2AC, sprich „PV to AC"). Die Batterieladung (AC2BAT) und Batterieentladung (BAT2AC) erfolgt über einen bidirektionalen Batterie-Wechselrichter. Die gesamte Kette der Batterieladung besteht somit aus den Pfaden PV2AC und AC2BAT.

Der Vorteil liegt darin, dass sie sich einfach in bestehende Solarstromanlagen einbinden und hinsichtlich der Speicherkapazität – unabhängig von der PV-Anlagenleistung – flexibel erweitern lassen. Darüber hinaus beeinflusst das Speichersystem die Arbeit des Solarwechselrichters nicht, weshalb dieser bei Bestandsanlagen auch nicht getauscht werden muss. Daher ist bei bestehenden PV-Anlagen die AC-Variante die günstigere Lösung.

Andererseits wirken sich die verlustreichen AC-AC-Kopplungssysteme hierbei nachteilig aus: Der Gleichstrom der PV-Anlage wird nämlich über den Wechselrichter in Wechselstrom, über den Laderegler der Batterie dann wieder in Gleichstrom und schließlich – beim Verbrauch über das Speichermedium – erneut in Wechselstrom umgewandelt. Diese permanente Umwandlung führt zu erheblichen Verlusten. Die Systemeffizienz kann hierbei zwischen nur 80 und 85 Prozent liegen.

Lebensdauer von Speichermedien steuern

Laut Zentrum für Sonnenenergie- und Wasserstoff-Forschung Baden-Württemberg (ZSW) konnten im Labor bei einer Batterie 10 000 volle Ladezyklen erreicht werden, ohne dass sich die Anfangskapazität zu stark reduzierte. Diese blieb bei circa 85 Prozent erhalten.

Bei 200 bis 250 Ladezyklen pro Jahr und einer Lebensdauer von 20 Jahren geben Markthersteller für Lithium-Ionen-Batterien bisher 5 000 bis 6 000 Ladezyklen an. Aus Forscherkreisen werden allerdings deutlich niedrigere Zahlen genannt, da auch die zeitliche Alterung der Batterie zu berücksichtigen ist.

Hauptfaktor für die Haltbarkeit ist die Betriebsweise der Batterie. Dabei spielen die Umgebungstemperaturen sowie die Entladetiefe wie auch Vollladezeiten eine erhebliche Rolle.

Umgebungstemperaturen über 20 Grad Celsius beeinflussen die Brauchbarkeitsdauer von Akkumulatoren erheblich. Dabei verdoppelt sich die Korrosionsgeschwindigkeit der Elektroden bei einer Übertemperatur von 10 Grad Celsius. Somit werden aus

- 15 Jahren Brauchbarkeitsdauer bei 20 Grad Celsius Raumtemperatur nur noch
- 10,5 Jahre bei 25 Grad Celsius
- 7,5 Jahre bei 30 Grad Celsius
- 4,5 Jahre bei 35 Grad Celsius und
- 3 Jahre bei 40 Grad Celsius.

Entladetiefen unter 20 Prozent der Batteriekapazität führen bei Lithium-Ionen-Batterien ebenso zu einer Reduzierung der Haltbarkeit wie eine permanente 100-prozentige Vollladung.

Durch die Verwendung unterschiedlichen Kathodenmaterials ergeben sich bei den Speicherbatterien auch verschiedene Eigenschaften in Bezug auf die Energiedichte, Sicherheit, die spezifische Leistung, die Lebensdauer und die Kosten. Einen kleinen Vorteil in allen Bereichen weist hierbei die Lithium-Eisen-Phosphat-Batterie auf.

DC-gekoppeltes System (Gleichstrom)

Bei den DC-gekoppelten Systemen (DC = direct current) wird der Speicher nebst Laderegler zwischen Generator und Wechselrichter integriert. Das Speichersystem ist somit an den DC-Zwischenkreis des Wechselrichters angebunden. Das Leistungsumwandlungssystem besteht aus einer Einheit. Die erzeugte PV-Energie wird in den Akku geladen (PV2BAT) oder zur Lastdeckung/Netzeinspeisung verwendet (PV2AC). Der Akku wird zur Lastdeckung über den Wechselrichter entladen (BAT2AC). Die Wechselrichterbrücke kann unidirektional oder bidirektional ausgeführt sein. Trifft Letzteres zu, ist es zusätzlich möglich, die Batterie aus dem AC-Netz oder durch andere Energieerzeuger (zum Beispiel ein kleines Windrad) zu laden (AC2BAT).

DC-gekoppelte Speicher sind in der Regel effizienter als AC-gebundene PV-Speichersysteme. Der solare Gleichstrom muss nur einmal umgewandelt werden. Bei neu errichteten PV-Anlagen ist diese Variante daher preiswerter als die Wechselstromanbindung. Die Systemeffizienz liegt bei ca. 85 bis 90 Prozent, wenn die einzelnen Komponenten genau aufeinander abgestimmt sind.

Höhere Effizienz und geringere Kosten sind vor allem dann erzielbar, wenn Netz-, Batterie- und Eingangsspannung der PV-Anlage auf ähnlichem Niveau liegen. Derzeit sind Batterien mit 48 Volt die gängigste und vor allem günstigste Variante. Bei dieser Spannung ist ein DC-System in der Regel nicht effizienter als ein AC-System. Deshalb sollte im Vorfeld ein bestimmtes Verhältnis zwischen Eingangsleistung für die Batterie und Ausgangsleistung der PV-Anlage festgelegt werden.

Nachteilig bei diesen Systemen ist die geringe Flexibilität der DC-Kopplung, weswegen die Einzelkomponenten genau aufeinander abgestimmt werden müssen. Das heißt, dass bei einer Speichernachrüstung von bestehenden Anlagen der Wechselrichter in der Regel getauscht werden muss, da er nicht mit dem vorhandenen System kommunizieren kann. Dies verteuert eine DC-gekoppelte Nachrüstung

Energieumwandlungspfade

PV2AC:	PV-Netzeinspeisung oder Direktnutzung
AC2BAT oder PV2BAT:	AC-Batterieladung oder PV-Batterieladung
BAT:	Batteriespeicherung
BAT2AC oder BAT2PV:	AC-Batterieentladung oder PV-Batterieentladung

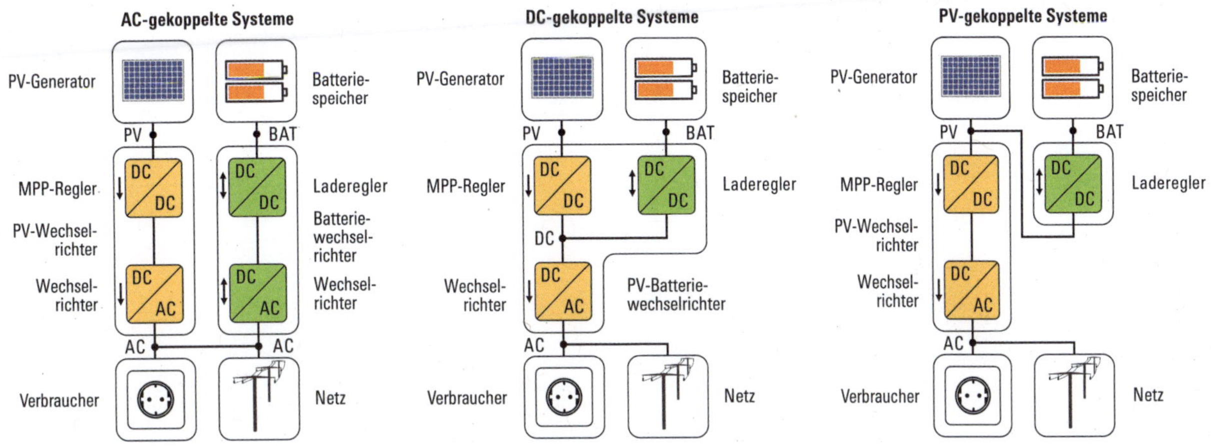

AC-gekoppeltes System, DC-gekoppeltes System, PV-Generator-gekoppeltes System (von links nach rechts)

wiederum, weshalb hier ein AC-gekoppeltes System von Vorteil wäre.

PV-Generator-gekoppeltes System

Bei einem PV-Generator-gekoppelten System erfolgt die Kopplung des Batteriespeichers direkt an den Generator. Bei der Speicherentladung erfolgt die Einspeisung über den PV-Wechselrichter. Das Akkusystem simuliert somit einen zweiten Generator. Es wird üblicherweise über einen Batteriekonverter zwischen dem PV-Generator und einem konventionellen PV-Wechselrichter angebunden. Die Batterie wird direkt über den Konverter geladen (PV2BAT), PV-Netzeinspeisung/Direktnutzung (PV2AC) sowie Akkuentladung (BAT2AC) erfolgen über einen zum Speichersystem kompatiblen PV-Wechselrichter. Die gesamte Kette der Akkuentladung besteht somit aus den Energiewandlungspfaden BAT2PV und PV2AC (die Ziffer „2" in den Abkürzungen steht für das englische „to", also „zu").

Nutzbare Speicherkapazität – Effizienz von Speichersystemen

Die Auswahl des richtigen und effizientesten der zuvor genannten Systeme hängt von vielen Faktoren ab, die im Folgenden weiter vertieft werden sollen. Bei Speichersystemen ergeben sich Verluste, die zum einen systembedingt, zum anderen dimensionierungsbedingt sind.

Ähnliches ergibt sich bereits beim üblichen Betrieb einer PV-Anlage, etwa durch Umwandlungs-, Leitungs-, Trafoverluste etc., die unter anderem bei der Ertragssimulation mit einfließen. Bei Speichersystemen sind solche Verluste jedoch nicht ohne Weiteres ermittelbar, da diese in sehr unterschiedlichen Abhängigkeiten stehen. Darüber hinaus ist es teilweise immer noch schwierig, aus den reinen Produktdatenblättern der Speicherhersteller entsprechende Angaben zu erhalten, aufgrund derer man mögliche Verluste einschätzen könnte.

Dimensionierungsverluste

Dimensionierungsverluste resultieren aus der Leistungsbeschränkung der einzelnen Systemkomponenten:

- Zum einen kann die Begrenzung der Leistungsabgabe des Wechselrichters den Nutzen eines PV-Speichersystems beeinträchtigen.
- Zum anderen kann sich eine sehr geringe nominale Lade- und Entladeleistung des Batteriespeichers nachteilig auswirken.

Umwandlungswirkungsgrade

In PV-Speichersystemen fallen Umwandlungsverluste in den leistungselektronischen Systemkomponenten und im Batteriespeicher an.

Die Umwandlungsverluste sind sehr stark abhängig vom gewählten System, das heißt

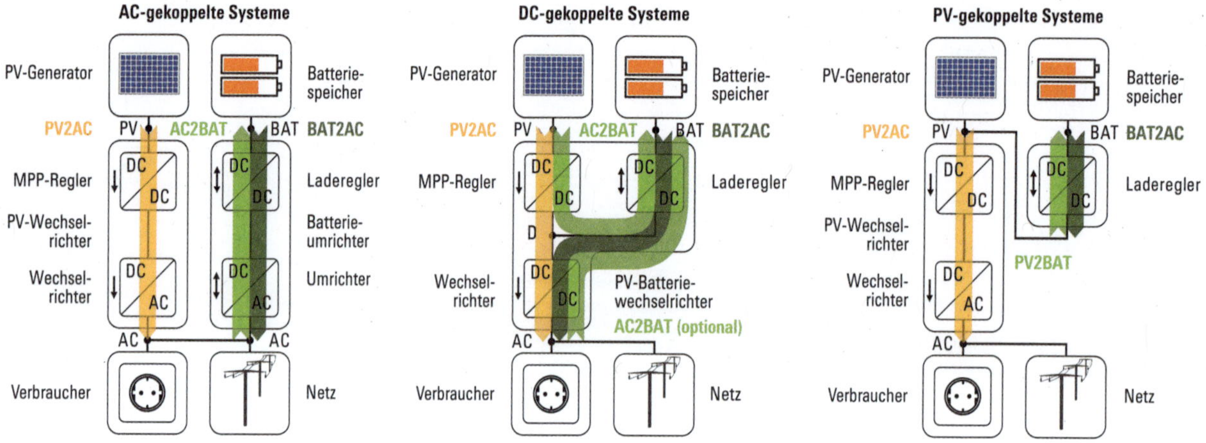

Energiewandlungspfade der einzelnen Topologien von PV-Speichersystemen

DC-DC oder DC-AC oder Kombinationen davon. Je mehr Umwandlungswege man im System besitzt – von der Stromerzeugung in den Solarmodulen an gerechnet über Wechselrichter, Hochsetzsteller, Speichermedium bis zurück zur Stromeinspeisung ins häusliche Energienetz –, desto geringer ist in der Regel der Systemwirkungsgrad, da in jedem Umwandlungsschritt Energie verloren geht.

Nachfolgend werden die gängigsten Topologien und Batteriezellchemien betrachtet. Die Systemtopologien und die zugehörigen Energiewandlungspfade aus den bereits vorgestellten Systemen sind oben nochmals zusammengefasst dargestellt.

Hinweis: Bei AC- und PV-Generator-gekoppelten Systemen wird zusätzlich zum eigentlichen Speichersystem ein konventioneller PV-Wechselrichter für den Betrieb benötigt. Darüber hinaus ist nicht in jedem verfügbaren Speichersystem ein Wechselrichter integriert. Dies führt dazu, dass sich je nach Ausstattung eines konkreten Systems nicht alle Wandlungspfade bestimmen lassen. Mit abgebildet sind hierbei die entsprechenden Energiewandlungspfade, woraus sich folgende ergeben:

Regelungsverluste

Unter Regelungsverlusten oder auch -abweichungen versteht man die Trägheit des Speichersystems insbesondere bei der Entladung im Zuge des Eigenstromverbrauchs. Es beschreibt den Zeitweg von dem Zeitpunkt an, ab dem bei geladenem oder teilgeladenem Speicher und einer Unterkapazität der PV-Anlage ein zusätzlicher Strombedarf zum Beispiel durch Zuschaltung eines Haushaltsgeräts entsteht (Lastprofil „Strombedarf Haushalt" ist größer als Leistungsprofil „PV"), bis zu dem Zeitpunkt, an dem der Speicher tatsächlich reagiert und sich entlädt. Man nennt diese Spanne auch „Tot- und Einschwingzeit". Regelungsverluste werden daher hauptsächlich durch zeitliche Verzögerungen und Ungenauigkeiten der Systemregelung hervorgerufen.

In der Praxis lassen sich Verzögerungen in der Messwerterfassung und -verarbeitung nicht vermeiden. Je länger Tot- und Einschwingzeit der Systemregelung sind, desto höher liegt der unerwünschte Energieaustausch zwischen Speichersystem und Stromnetz – in diesem Zeitraum wird also Netzstrom bezogen, der eigentlich durch den Speicher abgedeckt werden soll. Insofern ist es kein „echter" Verlust aus dem Speicher, sondern primär ein wirtschaftlicher Verlust durch höheren und letztendlich unnötigen externen Strombezug.

Einige Systeme kommen auf recht kurze Zeiten um etwa fünf Sekunden, trägere Systeme verzeichnen eine Zeitspanne von mehr als einer Minute.

Standby-Leistungsaufnahme

Die Bereitschaftsverluste eines PV-Speichersystems resultieren aus der Leistungsaufnahme der Systemkomponenten im Standby-Betrieb. Je nach Systemdimensionierung befindet sich ein Batteriespeicher jährlich 2 000 bis 4 000 Stunden im entladenen Zustand.

Zum Systemverbrauch im Standby-Modus trägt zum einen die Leistungsaufnahme des AC-Leistungssensors am Netzanschlusspunkt bei, der bis zu 3 W betragen kann. Darüber hinaus nehmen einige Systeme bei entladenem Batteriespeicher AC-seitig Leistung zur Versorgung der Steuerungselektronik, des Kommunikationsmoduls und weiterer Systemkomponenten auf. Hinzu kommt bei einigen Systemen die DC-seitige Versorgung der Wechselrichter durch den Batteriespeicher. Zusätzlich zum Standby-Verbrauch im entladenen Zustand ist auch die Leistungsaufnahme des Systems bei vollgeladenem Batteriespeicher entscheidend.

Im Mittel befindet sich ein Batteriespeicher jährlich 1 000 bis 2 000 Stunden an der oberen Grenze des Ladezustandsbereichs. Die AC-Leistungsaufnahme der AC-gekoppelten Systeme wird in diesem Fall durch das PV-System gedeckt und verringert die in das Netz eingespeiste Energie. Der Batteriespeicher wird bei der Hälfte der Systeme zur Versorgung der Wechselrichter entladen. Zusammen mit der Leistungsaufnahme des AC-Leistungssensors resultiert daraus eine Standby-Leistungsaufnahme mit bis zu 45 W im vollgeladenen Zustand. In Summe können sich im Jahr hierdurch mehr als 100 kWh an Standby-Verlusten ergeben.

Energiemanagementverluste

Sobald Stromüberschüsse bei der PV-Anlage entstehen, werden diese zum vorhandenen Stromspeicher geführt. Dies kann bereits am Vormittag der Fall sein. Dadurch ergibt sich folgender Nachteil: Der Speicher bleibt bis abends über längere Zeit vollgeladen, was für seinen Alterungsprozess nicht unbedingt förderlich ist.

Erfolgt jedoch eine sogenannte prognosebasierende Batterieladung – eine nach vorhersehbarer Witterung verzögerte Ladung –, so wird der Speicher beispielsweise bis 10 Uhr nur zu 60 Prozent geladen. Die volle Ladung erfolgt dann erst zur Mittagszeit, um mit dem Speicher die Lastspitze zu kappen. Damit ergibt sich eine volle Ausschöpfung der von der PV-Anlage erzeugten Energie. Darüber hinaus verkürzt sich hierdurch die Standzeit des vollgeladenen Speichers.

Qual der Wahl – Stromspeicher-Inspektion 2022

Da es auf dem Markt eine Vielzahl von Speichersystemen gibt, angefangen bei Einzelsystemen mit Hybrid-Wechselrichter und Speichern bis hin zu Komplettsystemen, und über die technischen Angaben allein keine Aussagen zu treffen sind, welche Systeme und Komponenten untereinander welchen Systemwirkungsgrad erreichen, wurde vom BSW (Bundesverband Solarwirtschaft) im März 2017 erstmals ein „Effizienzleitfaden für PV-Speichersysteme" veröffentlicht. Dabei war die Hoffnung groß, dass sich die Vergleichbarkeit der am Markt erhältlichen Batteriesysteme für Privathaushalte rasch verbessern würde. Schließlich hatten gleich mehrere Unternehmen eine freiwillige Selbstverpflichtung abgegeben, ihre Geräte den im Effizienzleitfaden beschriebenen Labortests zu unterziehen und der Öffentlichkeit die Ergebnisse zugänglich zu machen. Vergleichbare Angaben zur Effizienz der Speichersysteme und zum entnehmbaren Energieinhalt des Batteriespeichers, der meist als nutzbare Speicherkapazität bezeichnet wird, findet man bislang aber nur in Einzelfällen.

Häufig ist nur die eigentlich nicht weiter relevante nominale Speicherkapazität angegeben. Auf die Tatsache, dass die nutzbare Speicherkapazität eines Batteriespeichers vom Wechselrichter abhängt, wird derzeit nur selten hingewiesen. Die Angaben zur Umwandlungseffizienz beschränken sich in vielen Datenblättern weiterhin auf die Maximalwerte. Auf die weitaus wesentlicheren Teillastwirkungsgrade wird zu selten eingegangen. Ein aussagekräftiger Vergleich von unterschiedlichen Produkten anhand der Datenblätter bleibt daher schwierig.

Die Hochschule für Technik und Wissenschaft (HTW) hat mit ihrem entwickelten Stromspeicher-

Inspektionsbericht Systeme nach den im Effizienzleitfaden aufgestellten Prüfregeln geprüft und veröffentlicht. Damit war es möglich, Systeme untereinander zu vergleichen, was anfangs noch anonym geschah. Mittlerweile sind einige Anbieter, bei denen sich gute Systemeffizienzen ergeben, aus dieser Anonymität hervorgetreten und haben einer Veröffentlichung ihrer Testergebnisse zugestimmt. Damit ist ein Durchbruch gelungen, dass sich das Augenmerk auf die Effizienz der Speichersysteme verstärkt hat und somit bereits bei der Entwicklung von Speichersystemen an vielen Stellschrauben gedreht wird, um gute Effizienzen zu erreichen – denn mit dieser Transparenz ergeben sich auch Wettbewerbsvorteile. Wer diese Transparenz scheut, hat vielleicht auch etwas zu verbergen.
Der Stromspeicher-Inspektionsbericht ist frei herunterzuladen unter:
solar.htw-berlin.de/studien/speicher-inspektion-2022/

Aufstellungsräume

Die baulichen Gegebenheiten für die Aufstellung von Batterien sollten nicht unterschätzt werden. Bleiakkus benötigen einen trockenen und entlüfteten Raum (Knallgasbildung). Für Lithium-Ionen-Akkus werden sogar brandsichere Räume diskutiert. Wahrscheinlich sind die Hersteller gefragt, die Entflammbarkeit und Selbstzündung von Batterien konstruktiv zu lösen. Die Auswahl des vorteilhafteren Akkusystems auf Lithiumbasis trägt bereits dazu bei.

Bei der Aufstellung werden prinzipiell zwei Unterbringungsarten unterschieden:

1 Abgeschlossene Räume in Gebäuden
2 Abgeschlossene Batterieschränke/-behälter inner- oder außerhalb von Gebäuden.

Anforderungen, die gleichermaßen für beide Unterbringungsarten gelten, sind beispielsweise die folgenden:

- Es ist zu gewährleisten, dass alle Räume, Schränke und Behälter zu Wartungszwecken zugänglich bleiben.
- Von einer Aufstellung in Wohn- und Fluchtwegebereichen ist abzusehen.
- Es ist zu prüfen, dass der Untergrund am Aufstellort ausreichend tragfähig, vibrationsfrei und eben ist.
- Gegebenenfalls sind Befestigungen und Kippsicherungen anzubringen.
- Freiräume für Kühlluftzufuhr sowie Warmluftabfuhr müssen vorhanden sein; ebenfalls sind die vom Hersteller angegebenen Mindestabstände zu beachten.
- Es ist auf den Ausschluss folgender Faktoren zu achten:
  Luftfeuchtigkeit über 80 Prozent
  Salz- oder ammoniakhaltige Feuchtluft
  Direkte Sonneneinstrahlung
  Überschwemmungsgefahr
  Explosionsfähige Atmosphäre
  Starke Span- oder Staubentwicklung
- Außerdem sind in Batterieräumen Warnschilder und -hinweise gemäß DIN EN 50272–1 anzubringen.

Ungeachtet dessen sind die Herstellervorgaben bei der Installation eines Speichers zwingend zu beachten. In der Regel sind hierfür Räume vorzusehen, in denen sich keine brennbaren Materialien befinden und eine gewisse Temperaturkonstanz vorhanden ist.

Li-Ionen-Akkus haben ein recht begrenztes Temperaturfenster für den Betrieb, das heißt für Ladung und Entladung, welches zwischen 10 °C und 25 °C liegen sollte.

Netzanschluss

Die meisten Photovoltaikanlagen laufen im Netzparallelbetrieb, die Wechselrichter speisen in das öffentliche Netz ein.

Bei der Speichernutzung kommt je nach System ein Netzparallel- oder Inselbetrieb in Betracht. Wird der Batteriespeicher genutzt, um das Lastprofil zwischen Erzeugung und Verbrauch auszugleichen und so den Eigenverbrauchsanteil zu erhöhen, so erfolgt die Installation zunächst nach den Vorgaben des Herstellers und des Netzbetreibers. Sie ist in diesem Fall mit der Installation eines PV-Wechselrichters vergleichbar.

Soll der Batteriespeicher auch dazu genutzt werden, um bei einem Ausfall oder dem Nichtvorhandensein der elektrischen Energieversorgung das Gebäude oder Teile hiervon weiter zu versorgen, wird damit aus normativer Sicht ein „Inselnetz" gebildet und betrieben. In der Regel kennt man solche Betriebsweisen beim Wochenendhaus oder im Campingbereich. Hier sind entsprechende Regelvorgaben zu beachten, damit der Speicher etwa bei einem Ausfall des öffentlichen Netzes nicht in das öffentliche Netz einspeist:

Cloudlösungen

Besitzer von Photovoltaikanlagen stehen vor dem immer gleichen Problem: Im Sommer wird mehr Strom produziert, als man verbraucht und speichern kann, und im Winter fehlt genügend Stromertrag. Das Modell einer Strom-Cloud, auch „Solar-Cloud" genannt, soll da Abhilfe schaffen. Wie geht das und für wen lohnt es sich?

Der Grundgedanke bei der Strom-Cloud ist derselbe wie bei der Daten-Cloud. Hat man auf dem eigenen PC nicht mehr genug freien Speicherplatz, schiebt man die Daten ins Internet auf Server des Cloudanbieters. Will man später dann darauf zugreifen, lädt man sie einfach wieder herunter.

Die Strom-Cloud funktioniert analog nach dem Motto: Im Sommer produzieren, im Winter abrufen. Der Überschuss der im Sommer erzeugten Solarenergie fließt in die Cloud, also übers Stromnetz zum Cloudanbieter. In der sonnenarmen Jahreszeit oder je nach Bedarf, bezieht man – als Teil der Strom-Cloud – wie den dort „gespeicherten" Strom.

Die Abrechnung erfolgt dabei in der Regel ganz einfach: Hat man am Ende des Jahres mehr Strom eingespeist als verbraucht, bekommt man die Differenz zum aktuell gängigen Preis ausgezahlt; im Umkehrfall bezahlt man diese. Hier bestehen allerdings auch abweichende Angebote.

So ermöglicht es die Strom-Cloud theoretisch, komplett energieautark zu werden und keinen Strom klassischer Anbieter zukaufen zu müssen. Dies bleibt allerdings Theorie, weil auch die ganz großen Anbieter solche Cloud-Dienste anbieten.

Nachteile der Strom-Cloud

So schön sich das gesamte System Strom-Cloud im ersten Moment liest, muss man sich doch über einige Einschränkungen im Klaren sein. So will natürlich jeder Anbieter Geld verdienen, was sich in einer monatlichen Grundgebühr zeigt, für die in der Regel keine Preisgarantie besteht. Weiterhin schlägt es bisweilen ordentlich zu Buche, wenn man wider Erwarten doch mehr Strom zukaufen muss, als die eigene Cloud zur Verfügung stellt, denn die Preise pro Kilowattstunde sind dann höher als bei einem billigen klassischen Stromtarif.

Viele Anbieter verkaufen Komplettpakete aus PV-Anlage und Strom-Cloud, die für Kunden zunächst komfortabel sind. Oftmals wird damit geworben, für „null Euro" eine Photovoltaikanlage erwerben zu können. Wichtig dabei zu wissen: Eine Wahlfreiheit bezüglich Photovoltaikhersteller und dem eigenen Speichersystem besteht nicht. Außerdem lassen sich solche Systeme teilweise nur schwer nachrüsten, falls doch einmal mehr Strom gebraucht wird.

Anbieter

Anbieter von Strom-Cloud-Lösungen sind häufig große Energiekonzerne, wie zum Beispiel E.on, und Speicherhersteller – von denen Sie dann den Speicher beziehen müssen. Die Grundgebühren liegen hierbei sehr unterschiedlich zwischen 16 und über 30 Euro pro Monat.

Das Markt- und Wirtschaftsforschungsunternehmen EUPD Research hat Cloud-Lösungen mehrfach geprüft. 2020 kam das Unternehmen zu dem Schluss, dass einige Angebote günstiger sein können, als den restlichen Bezugsstrom über einen herkömmlichen Stromvertrag zu beziehen. Letztendlich ist ein individuelles Rechenmodell für jeden Betreiber einer Photovoltaikanlage notwendig, um zu ermitteln, ob sich eine solche Lösung lohnt. Oder es sollten stattdessen andere Lösungen vor Ort (zum Beispiel Speichererweiterungen, Anschaffung eines E-Fahrzeugs) erwogen werden, die letztlich eine günstigere Variante darstellen.

ELEKTROMOBILITÄT

Elektromobilität (E-Mobilität) ist insbesondere dann nachhaltig, wenn der dafür eingesetzte Strom aus erneuerbaren Energien stammt, was sich umkehrt, kommt der Strom aus konventioneller Energieerzeugung. Zudem ist es eine wirtschaftliche Frage, ob man den Strom aus den Gestehungskosten einer PV-Anlage für beispielsweise rund 12 ct/kWh „tankt" oder zu einem fast drei- bis viermal so hohen Preis aus dem Netz bezieht.

Dabei lohnt sich die Elektromobilität finanziell bereits in mehrfacher Hinsicht. Ein grober Vergleich:

Technisch gesehen stellt ein elektrisch betriebenes Fahrzeug einen flexiblen Stromverbraucher mit hohem Leistungsbezug dar. Zusammen mit einem guten Lademanagementsystem kann die direkte Nutzung von Solarstrom für das Laden von E-Fahrzeugen bei PV-Eigenversorgungsanlagen helfen, das Lastprofil des Haushalts zu optimieren und somit die Eigenverbrauchsquote zu steigern. Letztendlich ist ein Elektrofahrzeug nichts anderes als ein rollender Stromspeicher.

Rechtliche Rahmenbedingungen

Beim Betrieb kombinierter E-Mobilitäts-, Photovoltaik- und Speichersysteme sind verschiedene rechtliche Vorgaben zu beachten, die sich aus den gesetzlichen Anforderungen für die jeweilige Technologie ergeben, aber auch aus dem gemeinsamen Betrieb mit Ladesäulen.

Da wäre zuerst das Erneuerbare-Energien-Gesetz (EEG). Es regelt die technisch-organisatorischen Anforderungen an den Betrieb und die (geförderten) Vermarktungsmöglichkeiten von Strom aus PV-Anlagen. Hierzu wurden bereits einige Überlegungen getroffen, siehe ab Seite 44.

Energiewirtschaftsgesetz (EnWG)

Als energietechnische Einrichtung unterliegt die E-Ladesäule auch dem Energierecht. Gemäß § 3 Nr. 25 EnWG gilt der Ladepunktbetreiber – und somit der Ladesäulenbetreiber – nach dem Energiewirtschaftsrecht als Letztverbraucher.

Weitere technische Vorgaben ergeben sich aus der 2016 eingeführten Ladesäulenverordnung (LSV). Sie beinhaltet klare und verbindliche Regelungen zu Ladesteckerstandards und Mindestanforderungen zum Aufbau und Betrieb öffentlich zugänglicher Ladepunkte für E-Fahrzeuge. Somit sind private Ladepunkte von der LSV ausgenommen. Die Regelungen hieraus müssen von privaten Ladepunkten nicht beachtet werden.

Bau- und Planungsrecht

Die Errichtung von Ladestationen unterliegt dem Bau- und Planungs- sowie dem Eigentumsrecht, wobei gerade für Bestandsgebäude besondere Vorgaben existieren. So war etwa ein Mieter ohne Zustimmung seines Vermieters nicht berechtigt, bauliche Veränderungen an der Mietsache vorzunehmen, die für die Errichtung einer Ladeinfrastruktur erforderlich sind.

Vergleich der Treibstoffkosten für einen Renault ZOE pro 100 km

Benzin: 7,0 l/100 km x 1,80 Euro/l	12,60 Euro
Diesel: 5,0 l/100 km x 1,80 Euro/l	9,00 Euro
Elektro (Netzstrom): 16 kWh x 0,40 Euro/kWh	6,40 Euro
Elektro (PV-Strom) 16 kWh x 0,12 Euro/kWh	1,92 Euro

Die Bundesregierung hat Mitte September 2020 ein Gesetz durch den Bundestag gebracht, das Mietern und Wohnungseigentümern das Recht auf die Installation einer Ladestation für ihr Elektroauto zuspricht. Der Vermieter ist demnach für die Umsetzung verantwortlich, während der Mieter die Kosten trägt. Wohnungseigentümern sollen dem Bundesjustizministerium zufolge „bauliche Maßnahmen im individuellen Interesse einzelner Wohnungseigentümer, die zugleich im gesamtgesellschaftlichen Interesse liegen" künftig erleichtert werden.

Technische Anforderungen

Das technische Design einer E-Ladesäule mit PV-Eigenversorgungsanlagen ergibt sich aus folgenden Kriterien:

- **Nutzungsart und Nutzerstruktur** (Anzahl der E-Fahrzeuge, Nutzer)
- **Ladebedarf** (unter anderem Ladezeiten, Ladeleistung, Reichweiten, Prioritäten)
- **Integration der Ladestationen** in die Gesamtanlage (PV, Stellplatz, Garage)
- **Leistung und Ertrag** der PV-Anlage
- **Leistung und Kapazität** eines potenziellen Batteriespeichers
- **Leistungsfähigkeit des Last- und Energiemanagements**
- **Entfernung zwischen Ladestation und Hausanschlusspunkt**
- **Anforderungen des örtlichen Netzbetreibers** an ein spezielles Messkonzept

In Abhängigkeit von der Ladeleistung unterscheidet man zwei Ladebetriebsarten:

1. die Normalladung mit bis zu 22 kW Ladeleistung und
2. die Schnellladung mit mehr als 22 kW.

Ein einphasiger Ladeanschluss ist nur bis 4,6 kW zulässig. Darüber hinaus muss der Anschluss dreiphasig (Drehstrom) erfolgen. Bei üblichen Hausanschlüssen liegt die Obergrenze der Anschlussleistung bei 30 kW. Höhere Ladeleistungen müssen daher beim zuständigen Netzbetreiber beantragt werden.

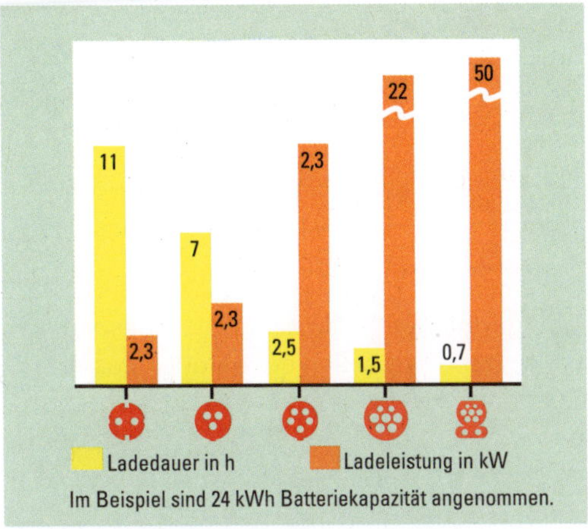

Ladestation: Elektroauto laden mit Solarstrom (Datengrundlage: ibc solar AG)

Die unterschiedlichen Fahrzeugtypen und -hersteller unterstützen in der Regel mindestens ein (begrenztes) Normalladen. Das Schnellladen stellt oftmals eine Zusatzoption dar, kann aber auch gar nicht verfügbar sein. Zudem ist zu beachten, dass neben der Ladeleistung je nach Ladebetriebsart und Fahrzeughersteller auch verschiedene Ladestecker zum Einsatz kommen können, sodass die Ladesäule hierauf abgestimmt sein muss.

Wallbox

Um PV-Strom von der eigenen PV-Anlage zum Laden des E-Fahrzeugs zu nutzen, wird eine passende Ladeeinrichtung an Stellplatz, Carport oder Garage erforderlich – schon allein um des Landekomforts willen. Im Vergleich zu einer Haushaltssteckdose kann zudem mit höherer Leistung, besserer Effizienz und in kürzerer Zeit geladen werden. Wer obendrein besondere Stromtarife abschließt, kann die Wallbox beispielsweise wie einen Timer auf Nachtstrom programmieren. Wallboxen gibt es nicht nur beim E-Auto-Hersteller, sondern auch auf dem freien Markt – zu Preisen ab circa 300 Euro. Doch Achtung: Die Installation muss hier wie da ein qualifizierter Elektriker übernehmen. Auch über die passende Ladeleistung sollte man sich vorher informieren.

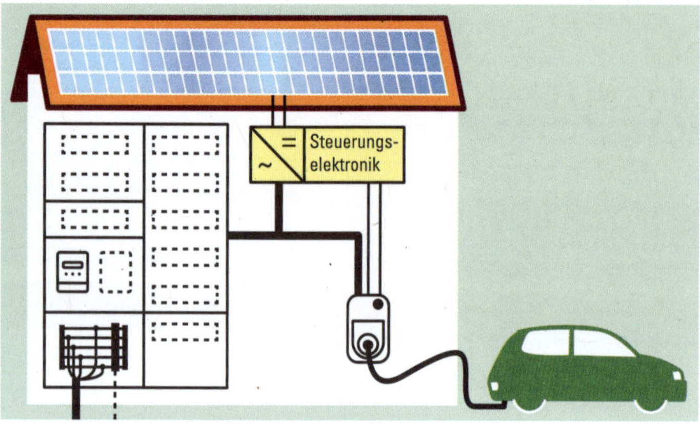

Steuerung der Ladestation über einen Schaltkontakt

Ladedauer

Die Ladedauer eines Fahrzeugs ergibt sich aus der Fahrzeugbatteriekapazität, der maximal zulässigen Ladeleistung und der Leistung der Ladeeinrichtung respektive des Netzanschlusses. Sie ist somit individuell unterschiedlich.

Ein Kleinwagen mit einer Ladeleistung von 22 kW kann in weniger als drei Stunden aufgeladen werden. Schnellladevorgänge haben hingegen eine typische Dauer von 20 bis 40 Minuten, abhängig vom Fahrzeug und der Ladestation. Der Ladevorgang wird durch den Nutzer oftmals bei circa 80 Prozent beendet, da die Ladeleistung bei hohen Ladezuständen stark abnimmt und sich die Dauer des Ladevorgangs entsprechend überproportional zur geladenen Strommenge verlängert. Hierbei können wiederum abhängig von Fahrzeug und Ladestation bis zu 100 Kilometer Reichweite pro 10 Minuten Ladedauer erzielt werden.

Netzanschluss

Bei entsprechender Ladeleistung muss zur Garage beziehungsweise zum Fahrzeugstellplatz in der Regel ein neues, leistungsfähiges Elektrokabel verlegt werden. So erfordert beispielsweise eine Ladeleistung von 11 kW einen 400-V-Drehstromanschluss und muss mit 16 Ampere abgesichert werden. Eine Leistung von 22 kW erfordert einen 32-A-Anschluss.

Umgangssprachlich spricht man hier von Kraftstrom. Küchenherde, Durchlauferhitzer oder eben die Wallbox für E-Autos werden auf diese Weise dreiphasig angeschlossen. Bei der identischen Absicherung mit 16 Ampere käme man hier rechnerisch auf maximal 11,1 kW. Bei einer 32-Ampere-Dauerlast steigt der Wert auf 22 kW. Mit dieser Ladeleistung wäre der gleiche Akku in einer guten Stunde wieder voll.

Laden mit PV-Überschuss

Solarstrom aus der eigenen PV-Anlage wird zum Laden des E-Autos genutzt.

Intelligentes Lade- und Energiemanagement

Der Einsatz eines Lastmanagements ist gerade bei PV-Eigenstromverbrauchsanlagen eine technisch und wirtschaftlich sinnvolle Maßnahme. Hierdurch ergibt sich eine optimale Nutzung des selbst erzeugten PV-Stroms. Die Anpassung der Ladeleistung an das Solarstromangebot erhöht damit die Eigenverbrauchsquote gegebenenfalls auch durch ein zusätzliches Speichersystem. Nachfolgend daher einige mögliche technische Lösungen.

Starre Steuerung

Die einfachste Variante, mit PV-Überschuss zu laden, besteht darin, mit einem Schaltkontakt des Wechselrichters den Ladepunkt zum Laden freizugeben. Sowohl viele Wechselrichter als auch Ladesäulen bieten diese Freigabemöglichkeit technisch an. Dabei kann der Wechselrichter so parametriert werden, dass ab dem Erreichen einer bestimmten Leistung oder eines PV-Ertrags die Ladestation freigeschaltet wird.

Nachteile beziehungsweise Einschränkungen hieraus ergeben sich dadurch, dass

- der aktuelle Hausverbrauch oder Bedarf an Haushaltsstrom unberücksichtigt bleibt,
- keine kontinuierliche Steuerung des Ladestroms ins Fahrzeug erfolgt,
- bei geringem oder keinem PV-Ertrag keine Fahrzeugladung möglich ist.

Werden beispielsweise eine 10-kWp-PV-Anlage und eine 15-kW-Ladestation installiert, so wäre die PV-Anlage nicht in der Lage, die gesamte elektrische Energie für den Ladevorgang des E-Fahrzeugs zur Verfügung zu stellen.

Es handelt sich daher nur um eine Kompromisslösung, bei der zusätzlicher Ladestrom aus dem Energienetz bezogen werden muss. Der Vorteil liegt darin, dass das Verfahren ohne höhere Zusatzkosten angewendet werden kann.

Ein Risikopunkt bleibt: Im Zweifelsfall wird das E-Fahrzeug gar nicht geladen. Benötigt man zu einem gewissen Zeitpunkt einen bestimmten Ladezustand des E-Fahrzeugs, muss die Betriebsart der Ladestation darauf angepasst werden.

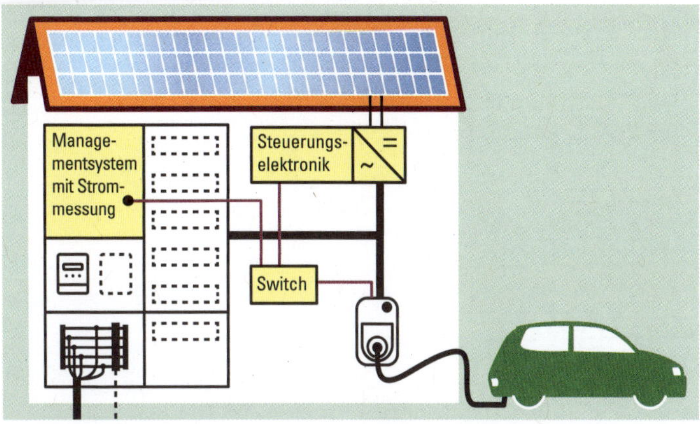

Vom PV-Ertrag abhängige dynamische Ladesteuerung

Dynamische Steuerung

Bei dieser Variante wird der zulässige und erforderliche Stromwert der Ladestation dem Energieüberschuss der PV-Anlage kontinuierlich angepasst. Dabei wird der Hausverbrauch berücksichtigt und der Ladesteuerung per Kommunikation mitgeteilt, mit welcher Maximalleistung sie aktuell laden darf. Da auch hier in der Regel meist ergänzend Netzstrom für die Ladung des E-Fahrzeugs benötigt wird, bieten solche Systeme zusätzlich die Möglichkeit, den erlaubten Bedarf an Netzstrom zu konfigurieren. So kann zum Beispiel der Ladevorgang mit 80 Prozent Netzstrom und 20 Prozent PV-Strom starten. Steigt der PV-Überschuss, so verringert sich automatisch der Netzbezug. Auch hier besteht die Gefahr, dass das Fahrzeug nur unzureichend oder gar nicht geladen wird. Daher muss eine Umstellmöglichkeit an der Ladestation gegeben sein.

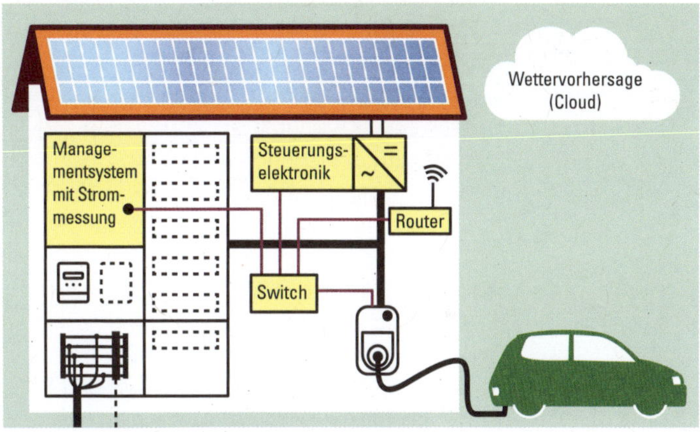

Von der Wettervorhersage abhängiges Laden

Wetterabhängiges Laden

Verschiedene Hersteller bieten Lösungen an, die über das Internet Daten von Wettervorhersagesystemen beziehen. Wird dem Managementsystem mitgeteilt, welche Energiemenge es am E-Fahrzeug laden soll und wie viele Stunden es dafür Zeit hat, berechnet ein Programm unter Berücksichtigung des Hausverbrauchsprofils, ob der prognostizierte PV-Ertrag ausreichend sein wird. Trifft das nicht zu, lädt das System unter zusätzlichem Netzbezug, wodurch sichergestellt wird, dass das E-Fahrzeug im vorgegebenen Zeitraum auch vollständig geladen ist. PV-Anlagenbetreiber, die bereits ein intelligentes Monitoringsystem unterhalten, können diese Funktion unter Umständen schon nutzen, wenn sie die passende Ladeinfrastruktur dafür wählen.

Einbindung in stationären Stromspeicher

Die bisher genannten Lösungen haben alle den Nachteil, dass in der Nacht keine Sonne scheint oder an bestimmten Tagen die Sonneneinstrahlung für eine volle PV-Leistung und somit Fahrzeugaufladung zu gering ist. Alternativ können daher auch stationäre Stromspeicher in den Ladevorgang eingeplant werden.

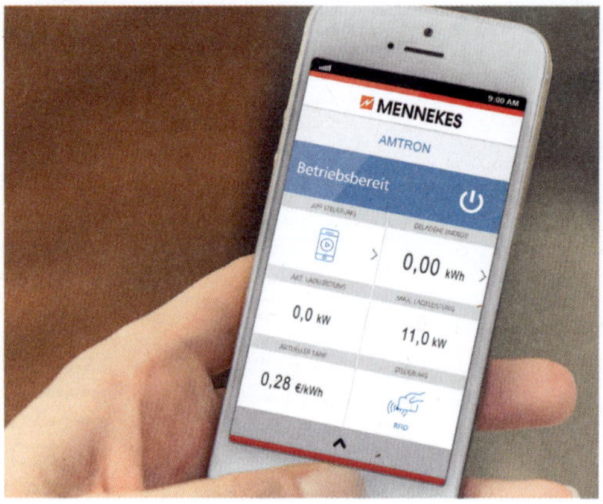

Lade-App auf dem Smartphone im Privatbereich

Zu bedenken ist allerdings: Jeder Stromspeicher besitzt nur eine begrenzte Speicherkapazität, die in Heimbereichen meist nicht über 10 kWh hinaus geht, es sei denn, man plant für das E-Fahrzeug gleich einen größeren Speicher ein. Der Batteriewechselrichter verfügt ebenfalls meist nur über eine begrenzte Leistung. Das Laden von E-Fahrzeugen mit höherer Batteriekapazität wird damit natürlich schwierig bis unmöglich.

Dennoch können stationäre Speicher dazu beitragen, den Netzbezug an Strom für das Laden eines E-Autos zu reduzieren, insbesondere im Sommer, bei geringerem Stromverbrauch im Haushalt. Auch hier sind intelligente Betriebs- und Managementsysteme hilfreich.

Anforderungen an das Messkonzept

In der Regel ist beim Betrieb einer E-Ladesäule im Bereich eines Einfamilienhauses für den eigenen Bedarf kein anderes Messsystem erforderlich als dasjenige, welches bereits durch den Betrieb der PV-Anlage vorhanden ist und sowohl den Eigenstromverbrauch als auch die Überschusseinspeisung berücksichtigt.

Schwieriger wird es, wenn Sie Ihren Nachbarn mitversorgen wollen oder Ladestationen bei einem Mietshaus mit einer PV-Mieterstromanlage für einzelne Mieter zur Verfügung stehen. Dann greifen Anforderungen, die sich aus den verschiedenen Gesetzen wie EEG, EnWG, MsbG und Mess- und Eichgesetz (MessEG) ergeben. Mess- und Zählerkonzepte können hierbei komplex werden. Auch sind womöglich zusätzliche Abgaben, wie etwa die EEG-Umlage auf den eigenverbrauchten, jedoch an Dritte gelieferten Strom zu berücksichtigen. Daher sollte das geplante Messkonzept von Konstellationen aus Versorgung der Ladeinfrastruktur mit Strom aus einer eigenen PV-Anlage mit dem Netz- beziehungsweise Messstellenbetreiber vor der Installation unbedingt abgestimmt werden.

Netzanschlussbedingungen

Der Anschluss von Ladestationen für die E-Mobilität sollte ebenfalls mit dem Netzbetreiber abgesprochen werden. Bei einer Bemessungsleistung von mehr als 12 kVA (Kilovoltampere) bedarf die Inbetriebnahme der Ladestationen gemäß § 19 Abs. 2 NAV sogar der expliziten Zustimmung des Netzbetreibers. Die technischen Anschlussbedingungen des örtlichen Netzbetreibers (TAB) müssen beachtet werden. In den TAB werden sowohl allgemein gültige technische Anforderungen wie die TAR 4105 umgesetzt als auch darüber hinausgehende eigene Anforderungen wie zum Beispiel eine Genehmigungspflicht definiert. So müssen Ladestationen und Wallboxen auf privatem Gelände wie im öffentlichen Raum beim örtlichen Netzbetreiber angemeldet werden.

Meldepflichten für Betreiber von E-Ladesäulen

Die wesentlichen Melde- und Anzeigepflichten ergeben sich aus dem EEG, der Netzanschlussverordnung (NAV), der Ladesäulenverordnung (LSV) und den Technischen Anschlussregeln (TAR). Hierbei gilt eine generelle Meldepflicht für Ladestationen ab 4,7 kW beim Netzbetreiber sowie eine Zustimmungspflicht des Netzbetreibers zur Inbetriebnahme bei Ladestationen mit einer Bemessungsleistung von über 12 kVA (§ 19 NAV).

Technische Normen und Gesetze für Ladeinfrastruktur

Die Anforderungen an Ladeeinrichtungen für Elektromobilität regeln die VDE-AR-N 4100 „Technische Anschlussregeln Niederspannung", gegebenenfalls die Ladesäulenverordnung LSV (März 2016) – „Verordnung über technische Mindestanforderungen an den sicheren und interoperablen Aufbau und Betrieb von öffentlich zugänglichen Ladepunkten für Elektromobile" –, die Netzanschlussverordnung NAV, die einschlägigen Normen der VDE für die Errichtung von Niederspannungsanlagen, die DIN EN 61851-1 (VDE 0122-1) – „Elektrische Ausrüstung von Elektrofahrzeugen – Konduktive Ladesysteme für Elektrofahrzeuge – Teil 1: Allgemeine Anforderungen" –, das Mess- und Eichgesetz (MessEG) und die Mess- und Eichverordnung (MessEV) – „Technischer Leitfaden Ladeinfrastruktur" – VDE 2016.

Förderungen

Um einen Anreiz für diesen Ausbau zu bieten, haben Bund und Länder einige Förderprogramme auf den Weg gebracht, die finanzielle Vorteile mit sich bringen, sobald Ladestellen unter gewissen Voraussetzungen installiert werden. Diese sind sehr verschieden und es gibt immer wieder Veränderungen, die abhängig von den aktuellen politischen Beschlüssen sind, weshalb an dieser Stelle kein konkretes Programmbeispiel aufgeführt wird. Informieren Sie sich hierzu über das Internet oder bei Ihrem Fachbetrieb, der über die aktuell gültigen Bestimmungen im Bild sein sollte.

Damit die staatliche Förderung für den Ausbau von privaten und gewerblichen Ladestationen (Wallboxen) fließen konnten, hat die große Regierungskoalition im September 2020 das Miet- und Wohnungseigentumsrecht angepasst. Hiernach kann jeder Wohnungseigentümer die Genehmigung für den Einbau einer Ladevorrichtung an seinem Stellplatz verlangen. Auch für Mieter wird mit Inkrafttreten des neuen Gesetzes die Beantragung einer Wallbox einfacher. Bisher waren die rechtlichen Hürden für Eigentümer oder Mieter noch relativ hoch: So konnte etwa in einer Wohnungseigentümergemeinschaft ein Eigentümer nur dann eine Ladesäule aufstellen, wenn alle anderen Eigentümer dieser Gemeinschaft einwilligten. Zudem konnte in einer Mietimmobilie der Vermieter den Bau einer Ladestation verweigern.

HEIZEN MIT STROM

Wer sich noch an die berühmten Nachtspeicheröfen erinnert, weiß, dass man früher mit einem günstigen Nachttarif relativ wirtschaftlich mit Strom heizen konnte. Spätestens mit den Steigerungen der Energiepreise hat sich dies geändert, weshalb bis vor Kurzem wirtschaftlich nicht mehr darstellbar war, Strom in irgendeiner Form in Wärme umzuwandeln.

Mit der heutigen Preisentwicklung und den zur Verfügung stehenden Techniken bei Photovoltaikanlagen ergeben sich andere Perspektiven. In den letzten Jahren sind die Kosten für Photovoltaiksysteme, insbesondere mit den nachlassenden Preisen bei PV-Modulen, erheblich gesunken. Daher ist heute die Photovoltaik für Anwendungen attraktiv, die früher nicht denkbar gewesen wären – zum Beispiel auch die Warmwasserbereitung.

Darüber hinaus ist zu beachten, dass der Wärmemarkt in Deutschland fast doppelt so groß ist wie der Strommarkt. Nach statistischen Auswertungen des Bundesministeriums für Wirtschaft und Energie (Arbeitsbereich Energiebilanzen, 2015) wird für die Raumwärme und Warmwasser gut ein Drittel des Energiebedarfs benötigt.

Warmwasserbereitung

Die Warmwasserbereitung erfolgt in der Regel auf verschiedenen Wegen und ist zumeist vom vorhandenen Heizsystem abhängig. Hierbei kennen wir:

- Warmwasserboiler
- Durchlauferhitzer
- Gastherme/Heizanlage
- Pufferspeicher mit verschiedenen Heizmedien (Brennkessel)
- Solarthermie in Kombination mit Pufferspeicher

Bereits die beiden erstgenannten Heizmedien werden ausschließlich mit Strom betrieben. Insofern kann eine installierte Photovoltaikanlage einsparende Auswirkungen auf die Stromkosten haben, wenn deren erzeugter Strom für einen anteiligen Eigenverbrauch genutzt wird. Mit einem installierten Stromspeicher lässt sich der Eigenverbrauch weiter steigern.

Konventionelle Wärmeerzeuger moderner Wohngebäudeheizungen laufen im Sommerbetrieb ausschließlich für den Brauchwasserbedarf, also Warmwasser zum Spülen, für Bad und Dusche, und sind daher oftmals stark taktend bei gleichzeitig schlechten Wirkungsgraden. Variablere und durchaus wirtschaftlichere Lösungen ergeben sich, sobald ein Pufferspeicher vorhanden ist, da dort größere Mengen an Warmwasser aufbereitet werden können. Jedoch ergeben sich auch hier im Sommer Verluste, zum Beispiel durch die gespeicherte Wärme.

Ein effizienteres Verhalten bieten Kombinationen aus verschiedenen Heizmedien im Zusammenhang mit einem Pufferspeicher. Klassisch ist hierbei die Kombination einer üblichen Wohnungsheizung (Ölbrenner, Gasbrenner oder Pelletheizkessel) in Verbindung mit einer thermischen Solaranlage. Die Wärme wird hier auf dem Dach über entsprechende Kollektoren gewonnen und an das Brauchwasser weitergegeben. So unterstützt die thermische Solaranlage den Pufferbetrieb und ermöglicht, die Leistung des Heizkessels zu vermindern oder in den Sommermonaten sogar komplett auszusetzen. Der konventionelle Heizkessel übernimmt in der kalten Jahreszeit einen größeren Anteil an der Brauchwassererwärmung, da die Wärmegewinnung über das Dach ähnlich der Stromerzeugung mit Photovoltaik von der Sonne abhängig ist.

Die übliche Konstellation für den Betrieb eines Pufferspeichers war bisher die mit einer thermischen Solaranlage. Bei effizienten Energiesparhäusern ist in den letzten Jahren die Wärmepumpe hinzugekommen.

Kostenvergleich Solarthermie und Photovoltaik

Seit den günstigen Marktpreisen für Photovoltaiksysteme tritt die PV-Anlage vermehrt in Konkurrenz zur thermischen Solaranlage. Die Frage nach der Wirtschaftlichkeit beider Systeme lässt sich nicht ohne Weiteres beantworten, denn das Problem der Antwort liegt oftmals im Detail der Betrachtung. Um eine Aussage zur besseren Wahl treffen zu können, ist die Kosten/Ersparnis-Betrachtung sinnvoll. Beantwortet wird hierbei die Frage, wie viel investiert werden muss und in welchem Maße sich die jeweilige Anlage bezahlt macht. Dies muss allerdings über einen größeren Zeitraum beurteilt werden, da sich die Kosten weder für Photovoltaik- noch für Solarthermieanlagen innerhalb weniger Jahre amortisieren.

Ein weiteres Problem: Auslegung und Standort der Anlage. In Kombination mit dem individuellen Warmwasserverbrauch verlangt dies nach einer individuellen Aufschlüsselung der Möglichkeiten und Kosten. Nur so lässt sich eine wirklich sinnvolle Aussage zur besseren Wahl treffen.

Investitionskosten thermischer Solaranlagen

Bereits die technische Ausrüstung einer thermischen Solaranlage kann recht umfangreich sein: angefangen von den Kollektoren (Flachkollektor oder Röhrenkollektor) über die Rohrmontage (Vorlauf, Rücklauf) vom Dach bis zum Keller, einschließlich deren Dämmung, bis zu einem Wärmetauscher mit Pumpen für den Vor- und Rücklauf, Ausdehnungsgefäße sowie die entsprechende Regeleinrichtung. Die Kosten sind vor allem abhängig von der Entscheidung, ob die Solarthermie „lediglich" für das Warmwasser oder auch heizungsunterstützend arbeiten soll.

Ohne Heizungsunterstützung sind pro Person etwa ein bis eineinhalb Quadratmeter Kollektorfläche nötig. Wenn die Anlage darüber hinaus zum Heizen verwendet wird, kommt man nicht unter drei bis vier Quadratmeter weg. Darüber hinaus gilt: Je schlechter die Dämmung des Hauses, desto mehr Kollektorfläche wird benötigt. Der Solarspeicher sollte etwa 80 Liter pro Person fassen können, bei Unterstützung der Heizung wesentlich mehr, je nach Gebäudegröße sollte dieser dann etwa dreimal so groß sein.

Die Kosten für Flachkollektoren entsprechen etwa 300 bis 400 Euro pro Quadratmeter; für Röhrenkollektoren dagegen liegen sie mit etwa 600 bis 800 Euro pro Quadratmeter deutlich höher. Die Kosten für die Montage von Pumpen und Rohren schwanken stark und liegen zwischen 2 000 und 3 000 Euro. Hauptsächlich hängen die Kosten aber davon ab, ob die Heizung mit einbezogen wird oder nicht.

Rechnet man nun ohne Heizungsunterstützung für einen Vier-Personen-Haushalt eine fünf Quadratmeter große Flachkollektorfläche, ergeben sich Kosten im Mittel von ungefähr 5 000 Euro.

Ertrag Solarthermie

Wie bei der Photovoltaik ist das Ertragsergebnis bei einer Solarthermieanlage an Ausrichtung und Auslegung gekoppelt. Die Solarstrahlung in Deutschland liegt je nach Region zwischen 900 und 1 200 kWh pro Quadratmeter im Jahr. Die Verluste der gesamten Solarthermieanlage können aufgrund ihrer Trägheit und systembedingt (Wärmeverluste, Verluste aus Wärmetauscher etc.) bis zu rund 50 Prozent betragen, sodass der Jahresertrag bei durchschnittlich 450 bis 600 kWh pro Quadratmeter Kollektorfläche liegt.

Eine herkömmliche Solarthermieanlage für einen Vier-Personen-Haushalt mit fünf Quadratmetern Kollektorfläche erzeugt demnach bei optimaler Ausrichtung und angenommenem Wärmeertrag von 700 kWh rund 3 500 Kilowattstunden nutzbare Wärme pro Jahr. Mit dieser Menge lassen sich etwa 350 Liter Öl oder 350 Kubikmeter Gas einsparen.

Beispielrechnung: Heizölpreise unterliegen jedoch größeren Schwankungen. Lagen diese im November 2018 noch bei etwa 85 Cent pro Liter, betrugen die Kosten im gleichen Monat im Jahr 2020 nur noch die Hälfte. Aufgrund der Einführung weiterer CO_2-Abgaben sowie die durch den Ukrainekrieg ausgelöste Energiekrise ist der Heizölpreis Mitte 2022 auf ein Rekordhoch von über 1,50 Euro pro Liter gestiegen. Legt man einen mittel- bis langfristigen Heizölpreis von rund 100 Cent pro Liter zugrunde, würde das einer Ersparnis von circa 350 Euro pro Jahr entsprechen; beim Gaspreis mit Kosten von rund 15 ct/kWh wären dies sogar rund 500 Euro. Der Betrieb einer solarthermischen Anlage erzeugt aber auch Betriebskosten. Die Umwälzpumpen verbrauchen Strom, die Heizflüssigkeit im Leitungssystem einer Solarthermieanlage muss regelmäßig auf ihre Frostbeständigkeit geprüft und etwa alle fünf Jahre ausgetauscht werden. Insgesamt sind Betriebskosten von circa 50 Euro pro Jahr zu erwarten.

Investitionskosten Photovoltaik

Nutzt man Photovoltaik über den Eigenstromverbrauch zum Heizen, müssen folgende Überlegungen mit einfließen: Je älter eine bereits bestehende Photovoltaikanlage ist, desto höher ist die gesetzliche Einspeisevergütung und desto höher waren auch die Investitionskosten. Es ist daher kaum sinnvoll, wenn die Einspeisevergütung um 40 ct/kWh liegt und man ei-

AC-gekoppeltes System mit Heizkartusche

nen Teil des Stroms hieraus für den Eigenverbrauch heranzieht, da die Kosten für diesen noch weit über den üblichen Strompreisen liegen, es sei denn, man bekommt aus dem EEG 2009 noch den Eigenverbrauchsbonus. Die Wirtschaftlichkeit einer Photovoltaikanlage für die Warmwasserbereitung und/oder Heizung muss sich daher entweder an einer Neuinstallation und den aktuellen Marktpreisen orientieren oder ist auch bei EEG-ausgelaufenen Anlagen interessant.

Hierbei gibt es verschiedene Varianten:

- „Konventionelle PV-Anlage" mit Überschusseinspeisung:
  Hier bestehen die erforderlichen Komponenten aus Kollektor (Module), Verkabelung, Wechselrichter, Smart Meter, Einspeiseverkabelung, Zähler (gegebenenfalls mehrere Zähler für Eigenverbrauch und Überschusseinspeisung). Zur Warmwasserbereitung kann ein Heizstab im Pufferspeicher betrieben werden. Hier liegen die Kosten je nach Anlagengröße bei einer 5-kW-Anlage beispielsweise bei aktuell etwa 8 000 Euro – ohne Heizstab. Es muss hierbei sichergestellt sein, dass nur der PV-Überschussstrom zum Heizen Verwendung findet.
- AC-gekoppelte Warmwassersysteme ohne Batteriespeicher:
  Ein kombiniertes Wechselrichtersystem mit Heizkartusche optimiert den Eigenverbrauch in der Weise, dass der von der PV-Anlage erzeugte Strom vordringlich für die strombasierende Haushaltsversorgung und nur nachrangig für die Warmwasserbereitung verwendet wird. Hierbei wird die Heizleistung linear geregelt, sodass möglichst wenig Energie ins Netz eingespeist wird und der Eigenverbrauch deutlich steigt. Netzgekoppelte PV-Anlagen erreichen im Mittel eine Eigenverbrauchsquote von 25 bis 40 Prozent (ohne Speichersystem). Mit einem speziellen Regelsystem in Verbindung mit Warmwasserbereitung kann der Eigenverbrauch bereits ohne Batteriespeichermedium auf über 70 Prozent erhöht werden. Der Nachteil liegt in den höheren Investitionskosten, die bei einer 5-kW-Anlage je nach verwendetem System um circa 20 Prozent höher liegen als bei einer konventionellen PV-Anlage. Dem wären neben den Einsparungen konventionellen Brennstoffs auch die Einsparungen der Bezugskosten des Stroms gegenüberzustellen.
- AC-gekoppelte Systeme mit Batteriespeicher:
  Hier handelt es sich um das gleiche System wie zuvor beschrieben, jedoch mit dem Unterschied, dass überschüssige Stromenergie in einen Batteriespeicher gespeichert und bei Bedarf entweder für den üblichen Haushaltsstrom oder zum Heizen zur Verfügung steht. Ein solches System eignet sich für größere PV-Anlagen (ab circa 8 kW). Bedacht werden muss, dass der Pufferspeicher der Heizanlage bereits eine Art Speichersystem für überschüssigen Strom darstellt. Bei größeren PV-Anlagen ergibt sich aber in der Regel ein noch größerer Überschussstrom, der meist nicht vollständig für Wärmeenergie benötigt wird – zumal in den Sommermonaten. Demzufolge kann ein Stromspeicher sinnvoll sein, wenn dort die überschüssig gespeicherte Energie zum Beispiel nachts zur Verfügung steht. Auch hier liegen die Investitionskosten deutlich höher als bei einer konventionellen PV-Anlage. Demgegenüber wären neben den Einsparungen konventionellen Brennstoffs

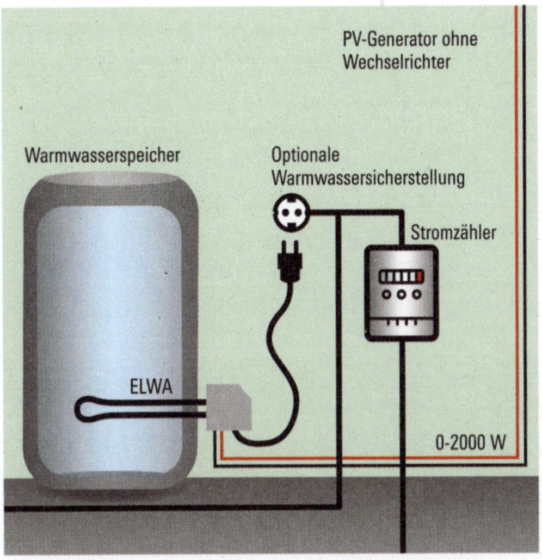

DC-Heizsystem mit Heizstab und Regeleinrichtung

auch die Einsparungen der Bezugskosten des Stromes gegenüberzustellen.

- Reine PV-Heizanlage – DC-gekoppelt und netzautark:
Die einfachste Anwendung einer PV-Anlage für Warmwasser und Heizung ergibt sich durch direkte DC-gekoppelte Systeme. Hier ergeben sich auch erhebliche Einsparpotenziale bei der Investition durch den Wegfall üblicher Komponenten wie Wechselrichter und Stromzähler nebst Verteilung. Solche Systeme arbeiten lediglich mit einem Heizstab, der direkt in den Pufferspeicher eingebaut und allein mit PV-Gleichstrom betrieben wird. Neben den PV-Modulen und der Gleichstromverkabelung sind keine weiteren Installationen erforderlich. Der Nachteil solcher Systeme ist darin zu sehen, dass diese von der Leistung nur von der parallel erzeugten Energie der PV-Anlage abhängig sind und ausschließlich der Warmwasserbereitung dienen – also keinen weiteren Überschussstrom für den Haushalt zur Verfügung stellen. Sinnvoll können solche Systeme zum Beispiel dort eingebunden werden, wo bereits eine vorhandene PV-Anlage existiert, aber noch kleine Restdachflächen frei sind. Auch bei PV-Neuanlagen kann ein solches System wirtschaftlich sinnvoll sein. Bei richtiger Auslegung können mit solch einfachen Systemen 100 Prozent Eigenverbrauch erzielt werden. Mit weiteren Optionen wie der Kombination mehrerer Heizstäbe lässt sich ein solches System beliebig ausbauen.
- Netzautark mit Batteriespeicher:
Ähnlich wie bei den beschriebenen DC-gekoppelten Systemen mit Batteriespeicher kann mit der zusätzlichen Installation eines Batteriespeichers eine weitere Variante zur Anwendung kommen. Hier wird der direkt von den PV-Modulen erzeugte und für die Warmwasseraufbereitung noch überschüssige Strom gespeichert und bei Bedarf direkt wieder an das Heizsystem abgegeben. Auch hier steht sowohl die von den PV-Modulen als auch vom Speichersystem gespeicherte Energie ausschließlich der Warmwasserbereitung zur Verfügung und nicht dem üblichen Haushaltsstrombedarf. Dabei ist jedoch insbesondere zu berücksichtigen, ob das Energieangebot der PV-Anlage wirklich einen Batteriespeicher erfordert, insbesondere wenn im Sommer bereits ein hoher Wärmeüberschuss entsteht. Klug ist eine derartige Konstellation meist bei kleinen Pufferspeichern, die tagsüber schnell aufgeladen sind, deren Warmwasser allerdings auch schnell wieder verbraucht wird. Hier ist ein „Nachladen" nachts vorteilhaft. Wirtschaftlich wäre aber zu überlegen, anstatt eines Batteriespeichers gleich in einen größeren Pufferspeicher zu investieren, da dessen Kosten derzeit noch deutlich niedriger liegen als bei einem Batteriespeicher.

Vergleich Photovoltaik und Heizen mit Solarthermie

Beim Vergleich zwischen PV-Heizsystemen und Solarthermie spielen viele Faktoren eine Rolle, angefangen bei der zur Verfügung stehenden Dachfläche, dem Energie- und (bestehenden) Heizkonzept des Gebäudes sowie dem Aufwand möglicher Nachrüstungen.

Kostenvergleich

Wie bereits erwähnt, liegt der reale Ertrag einer Solarthermieanlage bei 450 bis 600 kWh pro Quadratmeter Kollektorfläche und bei einer Photovoltaikanlage zwischen 800 kWh und 1 100 kWh pro kWp. Beides kann nicht direkt verglichen werden. Umgerechnet auf den Quadratmeter Modulfläche bei einem derzeit handelsüblichen leistungsstarken PV-Modul (Abmessung: circa 1,75 m x 1,10 m = ca. 1,9 m^2, bei einer Leistung von 420 Wp = ca. 220 Wp/m^2 sowie einem mittleren Ertrag von 950 kWh/kWp) ergibt sich ein Ertrag von circa 210 kWh/m^2. Demzufolge ist eine thermische Solaranlage im Wirkungsgrad (bezogen auf die Kollektorfläche) als effizienter zu bezeichnen als eine zu vergleichende PV-Anlage.

Legen wir diesen Vergleich mit der zuvor beschriebenen fünf Quadratmeter großen Kollektorfläche der solarthermischen Anlage zu Grunde, wird durch eine gleich große PV-Anlage eine Jahresenergieleistung von 1 045 kWh erzeugt (bei einer Fläche von fünf Quadratmetern entspräche dies ca. 1 100 Wp Modulleistung). Hieraus ergeben sich unter Zugrundelegung der gleichen Parameter Einsparungen von etwa 105 Litern Heizöl und rund 100 Euro pro Jahr (bei 100 ct/l). Bei einer Nutzungsdauer von 25 Jahren liegt hier die Einsparung inklusive Energiekostensteigerung bei etwa 3 000 bis 3 500 Euro. Legt man bei einer 1-kWp-PV-Anlage samt erforderlichem Heizstab Kosten von aktuell etwa 2 500 Euro zugrunde (ohne erforderlichen Wechselrichter + DC-Heizstab), ergeben sich je nach Entwicklung der konventionellen Heizkosten ähnlich lange Amortisationszeiten wie bei der thermischen Solaranlage.

Interessant wird die Photovoltaik aber dann, wenn man einen größeren Generator installieren kann. Ausgehend von einer 6-kWp-Aufdachanlage, was circa 30 Quadratmeter Modulfläche entspricht, ergeben sich Investitionskosten (ohne Wechselrichter + DC-Heizstab mit 2 x 2,5 kW) von aktuell ungefähr 10 000 Euro. Diese Anlage erzeugt bei unterstellten 950 kWh/kWp etwa 5 700 kWh Strom pro Jahr, der direkt und durch den Heizstab weitgehend verlustfrei in Heizenergie zur Warmwasserbereitung umgesetzt wird. Die Ersparnis gegenüber Heizöl liegt bei 570 Litern pro Jahr und entsprechenden Kosten von 570 Euro (bei 100 ct/l). Bei Gas wären es rund 900 Euro Ersparnis pro Jahr. Es wird jedoch genügend Platz auf dem Dach benötigt.

Noch besser schneidet ein Vergleich bei einer kombinierten Nutzung der Photovoltaikanlage für konventionellen Eigenstromverbrauch und Heizen aus. Geht man hier von einer üblichen 10-kWp-Anlage aus, kann durch die Kombination von selbst verbrauchtem Haushaltsstrom, Stromspeicher und Heizstrom die Eigenverbrauchsquote weit nach oben geschraubt werden. Der Haupteinspareffekt einer neuen Photovoltaikanlage liegt sicherlich bei der Ersparnis der Kosten aus dem konventionellen Strombezug (aktuell circa 40 ct/kWh). Gleichzeitig könnte man mit einer KWh PV-Strom auch rund 0,1 Liter Heizöl einsparen. Bei 100 ct/l läge die Kostenersparnis beim Heizöl lediglich bei ca. 10 ct/kWh PV-Strom. Bei Gas sind es aber bereits mehr als 15 Cent (nach aktueller Preislage).

Technischer Vergleich

Beim Vergleich zwischen thermischer Solar- und Photovoltaikanlage sind folgende Aspekte und Vorteile einer Photovoltaikanlage für Warmwasserbereitung zu beachten:

- Durch den Wegfall der Rohrleitungen und Dämmung wird erheblicher Installationsaufwand eingespart. Gleiches gilt für den Entfall von Elementen wie Pumpen, Ventilen, Ausdehnungsgefäßen und Frostschutzgemischen.
- Eine thermische Solaranlage wird über einen Fühler gesteuert, der sich in einem Kollektorfeld befindet. Dieser steuert die sogenannte Anlauftemperatur, das heißt diejenige Temperatur, bei der die Umwälzpumpe anspringt und die thermische Solaranlage sozusagen zu laufen beginnt. Die Starttemperatur liegt in der Regel zwischen 40 und 50 Grad Celsius. Insofern sind für den Betrieb einer thermischen Solaranlage weitgehend sonniges Wetter beziehungsweise wärmere Temperaturen erforderlich, Photo-

Solarthermieanlage auf einem Flachdach

voltaikmodule erzeugen dagegen auch bei Bewölkung Strom; zwar im unteren Leistungsbereich, aber dennoch wird Energie erzeugt und beim Heizeinsatz in Wärme umgewandelt.

- Der Wirkungsgrad eines Heizsystems ist abhängig von der Speichertemperatur. Dies bedeutet bei einer thermischen Solaranlage, dass die Erwärmung von zum Beispiel 30 Grad Celsius „kaltem" Wasser bei einer vorhandenen, vom Kollektor erzeugten Temperatur von beispielsweise 70 Grad Celsius sicherlich effizienter ist, als wenn bereits warmes Wasser von 60 Grad Celsius mit der gleichen Kollektortemperatur weiter erwärmt werden soll. Bei einem elektrisch betriebenen Heizstab ist dies völlig unabhängig, da hier die Erwärmung des Wassers nicht durch Temperaturaustausch zustande kommt, sondern durch direkt abgegebene Heizenergie.
- Bei niedrigen Außentemperaturen ist eine elektrische Heizung effizienter als die solarthermische Aufheizung von Brauchwasser. Unter ungünstigen Umständen wird bei einer Solarthermieanlage aufgeheiztes Wasser über den Kollektor in die Umwelt „verheizt".
- Ein weiterer Gesichtspunkt ergibt sich bei der Effizienz der Solarthermieanlage im Hinblick auf ihre hydraulische Funktionsweise. Der Pufferspeicher funktioniert nach dem Schichtenprinzip. Im oberen Bereich befindet sich das Wasser mit der höchsten Temperatur, wogegen nach unten hin sich die kälteren Wasserschichten einstellen. Neben den Verlusten durch die erforderlichen Umwälzpumpen und Rohrleitungen können sich je nach Konstellation auch Effizienzverluste im Pufferspeicher ergeben. Durch den Pumpenkreislauf wird in der Regel kälteres Wasser aus den unteren Wasserschichten des Pufferspeichers gezogen, in den Kollektorflächen erwärmt und dann etwa in die mittleren Höhenschichtungen des Pufferspeichers wieder hineingepumpt. Durch den Pumpenkreislauf können sich im Pufferspeicher Verwirbelungen ergeben, sodass eine effiziente Temperaturschichtung verhindert wird. Demzufolge wird bereits wieder vermischtes wärmeres Wasser in die Heizkollektoren gepumpt – mit der Folge, dass die

Zwei Puffer einer Heizungsanlage mit 2000 Litern Gesamtkapazität (Heizungsanlage mit Scheitholzvergaser)

Effizienz der Solarthermieanlage sinkt. Bei einem Heizstab gibt es keine hydraulischen Verwirbelungen; hier wird das geschichtete untere und somit kälteste Wasser im Pufferspeicher erwärmt, welches dann aufgrund der physikalischen Eigenschaften weiter nach oben geschichtet wird.

- Bei der Verwendung von Photovoltaikmodulen zur reinen Warmwassererwärmung ohne Netzanschluss ist der Hauseigentümer frei in seiner Wahl, was Anlagengröße, Modultausch, Erweiterung oder Verringerung der Photovoltaikleistung angeht. Hier zählen weder das EEG noch eventuelle Vorgaben des örtlichen Netzbetreibers, wenn der Strom autark ohne Netzanschluss verwendet wird. Dies bedeutet, dass nicht nur technische Hürden entfallen, sondern auch bürokratische.
- Einige Anbieter von PV-Heizsystemen verwenden Umwandlungssysteme mit zwei oder sogar drei Mpp-Eingängen. Hier wird die Nutzung von Photovoltaik zum Beispiel auf einem Einfamilienwohnhaus durch die Möglichkeit der Nutzung verschiedener Ausrichtungen der angeschlossenen Module effektiv und vielfältig. So ist die gleichzeitige Nutzung von Dachrestflächen auf der Ostseite, Westseite und zugleich Südseite (zum Beispiel Balkon oder Fassade) möglich.

Kostengünstige Alternative zum Stromspeicher

Aus der betrachteten Nutzung von Photovoltaikanlagen zum Heizen ergibt sich mit dem Medium des Pufferspeichers auch eine kostengünstige Alternative zur „Stromspeicherung". Werden mit einem PV-System plus Stromspeicher Autarkiegrade von bis zu 70 Prozent erreicht, können solche auch mit Pufferspeichern für Warmwasser erreicht werden, wenn über eine Regeleinrichtung oder in Kombination mit einem Wechselrichter und Heizkartusche überschüssige Stromanteile der Photovoltaikanlage nach dem elektrischen Eigenverbrauch als Heizenergie in den Pufferspeicher geheizt werden. Unter gegebenen Umständen kommt man hierbei sogar ohne Überschussnetzeinspeisung aus – mit einem Deckungsanteil von bis zu 100 Prozent der PV-Anlage für den Eigenbedarf.

Eigennutzung nach EEG-Vergütungszeit

Ebenso interessant wird die thermische Nutzung von PV-Anlagen, wenn die vorhandenen PV-Anlagen bereits aus der 20-jährigen EEG-Vergütung herausgefallen sind oder dies in den kommenden Jahren erfolgt. Für größere Anlagen ergibt sich zwar eine relative gute Autarkie im reinen Eigenstromverbrauch im Haushaltsbedarf. Jedoch bleiben sicherlich auch größere Teilmengen an Überschussstrom übrig, welche dann gegen eine noch ungewisse Vergütung in das Netz eingespeist werden müssen. Eine Verbindung mit der Erwärmung von Heizwasser stellt hier eine sinnvolle und effiziente Alternative für den von der PV-Anlage erzeugten Strom dar. Dabei gibt es sicherlich eine Vielzahl von Kombinationen mit der Aufteilung größerer Anlagen für den reinen Eigenstrombedarf und die Warmwassererwärmung.

WÄRMEPUMPEN UND PHOTOVOLTAIK

Wärmepumpen sind bei Neubauten in aller Munde. Sie sind gegenwärtig die erste Wahl, wenn es darum geht, Heizkostenersparnis und umweltschonende Wärmeerzeugung zusammenzubringen. Denn die Energie, die eine Wärmepumpenheizung nutzt, stellt die Umwelt unbegrenzt und kostenfrei zur Verfügung. Für die Wärmeerzeugung wird nur ein relativ geringer Anteil an Strom für den Antrieb und die Pumpe benötigt, um diese Energie nutzbar zu machen.

Aus technischer Sicht unterscheidet man verschiedene Wärmepumpenarten:

- Luftwärmepumpe
- Erdwärmepumpen
- Wasserwärmepumpen
- Abwärme-Wärmepumpen

Die Wärmepumpe arbeitet nach einem relativ einfachen Prinzip und erzielt dabei eine erstaunlich effektive Wirkung. Vereinfacht gesagt funktioniert sie wie ein Kühlschrank – nur umgekehrt. Während der Kühlschrank im Inneren kühlt und die Wärme nach außen leitet, holt sich die Wärmepumpe Wärmeenergie aus dem Erdreich, der Luft oder dem Grundwasser und leitet diese in das Heizungssystem.

Am bekanntesten ist die Luft-Wasser-Wärmepumpe. Luft ist überall und kostenfrei vorhanden. Darüber hinaus enthält Umgebungsluft immer Wärme – auch wenn es draußen im Winter kalt ist. Der physikalisch untere Temperaturgrenzwert (absoluter Nullpunkt) liegt bei –273,15 Grad Celsius. Das bedeutet, jede Temperatur, die darüber liegt, enthält noch thermische Energie, die nutzbar ist. Auch wenn es in der Theorie möglich ist, lässt sich ein wirtschaftlicher Betrieb mit einer Luft-Wasser-Wärmepumpe allerdings nur bis zu einer Außentemperatur von etwa –20 Grad Celsius erreichen. Die Aufstellung der Wärmepumpe ist sowohl innerhalb als auch außerhalb des Gebäudes möglich.

So funktionieren Wärmepumpen

Im Betrieb der Wärmepumpe saugt ein eingebauter Ventilator die Luft aktiv an und leitet sie an einen Wärmeüberträger, den Verdampfer, weiter. In diesem zirkuliert ein Kältemittel, das aufgrund seiner thermischen Eigenschaften seinen Aggregatzustand bereits bei geringer Temperatur ändert. Kommt es mit der zugeführten „warmen" Außenluft in Verbindung, erwärmt es sich so lange, bis es schließlich beginnt zu verdampfen. Da die Temperatur des dabei entstehenden Dampfes noch verhältnismäßig niedrig ist, strömt der Dampf weiter an einen elektrisch angetriebenen Verdichter. Dieser erhöht den Druck, wodurch auch die Temperatur ansteigt. Hat der Kältemitteldampf das gewünschte Temperaturniveau erreicht, strömt er weiter zum nächsten Wärmeübertrager, dem Verflüssiger. Hier überträgt er seine Wärme auf das Heizsystem und kondensiert. Die so gewonnene Wärme lässt sich zum Heizen oder zur Warmwasserbereitung nutzen. Bevor das abgekühlte Kältemittel wieder erwärmt und verdichtet werden kann, durchströmt es zunächst ein Expansionsventil. Dabei sinken Druck und Temperatur auf das Ausgangsniveau und der Kreislauf lässt sich wiederholen.

Den Hauptunterschied verschiedener Wärmepumpen bildet die Wärmequelle. Diese bestimmt letztendlich auch, an welchem Ort die Wärmepumpe aufgestellt wird. Neben Umgebungs- und Abluft sowie dem Grundwasser kann eine Wärmepumpe auch dem Erdreich Wärme entziehen. Im Falle eines Eis-Energiespeichers dienen sogar alle drei Wärmequellen als Energielieferant. Welche dieser Wärmequellen eher infrage kommt, ist individuell. In der Praxis finden Luft-Wasser-Wärmepumpen sehr häufig Verwendung, was unter anderem an ihrer verhältnismäßig schnellen Installation liegt. Natürlich spielt auch der Preis eine wichtige Rolle. Schließlich ist eine Luft-Wasser-Wärmepumpe die günstigste Art, mit Umweltwärme zu heizen.

COP-Kennwert

Der Coefficient of Performance (COP) steht für das Verhältnis von erzeugter Nutzwärme und eingesetzter Antriebsenergie als eine Momentaufnahme. Für die Planung einer Anlage ist aber der voraussichtliche Betrieb über ein ganzes Jahr zu betrachten. Dafür wird die abgegebene Wärmemenge mit der gesamten elektrischen Arbeit der Wärmepumpenanlage unter Berücksichtigung der Stromanteile für Pumpen, Regelung etc. ins Verhältnis gesetzt. Das Ergebnis wird als Jahresarbeitszahl beziehungsweise SCOP bezeichnet. Der COP ist daher ein wichtiger Kennwert bei Wärmepumpen. Je größer dieser ausfällt, desto effizienter arbeitet die Wärmepumpe.

Wärmepumpe auf PV abstimmen

Wer eine Wärmepumpe mit Photovoltaik betreiben möchte, sollte beide Komponenten aufeinander sowie auf individuelle Gegebenheiten abstimmen. Bei der Kombination einer Wärmepumpe mit Photovoltaik werden die elektrischen Komponenten, die für diesen Prozess notwendig sind, zum Teil mit Solarstrom betrieben. Das reduziert die Kosten für Wärmepumpenstrom und steigert gleichzeitig die Wirtschaftlichkeit der Photovoltaikanlage. Die Auslegung der PV-Anlage spielt dabei eine zentrale Rolle. Sie bestimmt den Ertrag und beeinflusst damit, wie gut die Wärmepumpe mit Solarstrom versorgt wird – auch im Winter.

Die Auslegung der Photovoltaikanlage sollte immer das Ergebnis einer individuellen Kalkulation sein, die neben der Heizlastberechnung auch das Verbrauchsverhalten der Bewohner berücksichtigt. Das kann insbesondere dann wichtig sein, wenn eine Wärmepumpe mit PV im Altbau installiert werden soll.

Eine pauschale Faustformel zur Berechnung der Stromkosten der Wärmepumpe gibt es leider nicht. Sie hängen sowohl von individuellen Faktoren der Wärmepumpe als auch von der Wohnsituation ab. Nachfolgend wird versucht, die Stromkosten dennoch abzuschätzen:

Beispiel: Ein Wohngebäude mit KfW 55-Standard mit einer zu beheizenden Fläche von 120 m² benötigt beispielhaft eine Heizenergie von circa 35 Wh/m². Für die Wasseraufbereitung werden etwa 20 Prozent hinzugerechnet. Damit ergibt sich eine Leistung für die Wärmepumpe von 4 200 kWh + 900 kWh = 5 100 kWh. Die Wärmepumpe muss demnach eine Heizleistung von circa 6 kW bringen.

Um den jährlichen Stromverbrauch der Wärmepumpe zu errechnen, teilt man die Heizleistung durch die Jahresarbeitszahl und multipliziert diese mit den jährlichen Heizstunden. Heizleistung / JAZ x Heizstunden = Stromverbrauch pro Jahr in kWh

Beispiel: Bei der oben ermittelten Heizleistung von 6 Kilowatt (kW) und einer JAZ von 3,0 sowie 1 800 Heizstunden ergibt sich ein jährlicher Stromverbrauch von circa 3 600 Kilowattstunden.

Ermittlung der Stromkosten

Würde man die Wärmepumpe mit konventionellem Strom des Energieversorgers bei einem etwas günstigeren Wärmepumpenstromtarif betreiben, entstehen beispielsweise Kosten von 3 600 kWh x 30 ct/kWh = 1 080 Euro.

Erbringt man die erforderliche Heizleistung etwa mit Gas, ergeben sich aktuell Kosten von rund 800 Euro (5 100 kWh x circa 15 ct/kWh).

Verbraucht der Haushalt üblicherweise 4 000 kWh an Strom, kommt mit der Wärmepumpe ein Gesamtstromverbrauch in Höhe von insgesamt 7 600 kWh zustande. Hat man nun eine PV-Anlage mit 10 kWp und einem Speicher mit 7,5 kW installiert, kann man die Eigenstromnutzung auf rund 60 Prozent = circa 4 600 (bei 7 600 kWh) erhöhen, insbesondere weil die Wärmepumpe weitgehend von dem direkten Stromangebot der PV-Anlage profitiert. Man erspart sich bei einer gut ausgerichteten Photovoltaikanlage somit Stromkosten in Höhe von circa 4600 kWh x ca. 17 ct/kWh = rund 800 Euro pro Jahr (nach Abzug der Stromgestehungskosten PV von circa 18 ct/kWh bei einem Verbrauchsmischpreis von 35 ct/kWh).

Förderung der Wärmepumpe

Als zugrunde liegende Förderrichtlinie gilt seit 2021 die Bundesförderung für effiziente Gebäude (BEG), in der sowohl Einzelmaßnahmen als auch Vollsanierung und Effizienzhausstandards Berücksichtigung finden. Anträge für Einzelmaßnahmen nimmt das Bundesamt für Wirtschaft und Ausfuhrkontrolle (BAFA) entgegen. Das BAFA beteiligt sich mit Zuschüssen an Investitionen im Bestand. Seit dem 1. Juli 2021 bietet zudem die Kreditanstalt für Wiederaufbau (KfW) eine umfassende Förderung für Bestand, Neubau und Kauf. Die Mittel werden in Form von Zuschüssen oder Krediten mit Tilgungszuschüssen vergeben. In einigen Bundesländern profitieren Hausbesitzer von weiteren Fördermitteln. Selbst Kommunen und Energieversorger unterstützen Anlagenbesitzer in einigen Fällen.

STECKER-SOLARGERÄTE

Der Begriff „Stecker-Solargeräte" oder auch „Balkon-Module" taucht immer häufiger in den Medien auf. In Fachkreisen wird dieser bereits seit mehreren Jahren diskutiert und steht mehr oder weniger für eine „Rebellion" zum Vorantrieb der Photovoltaik in Deutschland.

Bei Stecker-Solargeräten handelt es sich um den Betrieb eines einzelnen oder weniger Module, also „Kleinstanlagen", die über eine Steckverbindung in eine Steckdose eines Haushaltsstromkreises direkt angeschlossen werden, um den erzeugten Strom in das Wohnungsstromnetz einzuspeisen, der zum sofortigen Eigenverbrauch zur Verfügung steht. Eine Einspeisung in das öffentliche Netz ist damit nicht möglich!

Darüber hinaus besteht die Möglichkeit, auch ohne eigenes Dach oder bei bereits belegter Dachfläche Strom selbst erzeugen, den eigenen Strombezug zu reduzieren und damit selbst „Energiewender" zu werden. Auch der Spaßfaktor spielt hier eine nicht zu vernachlässigende Rolle, denn selbst Strom zu erzeugen und damit Stromkosten zu sparen sollte jedem entsprechende Freude bereiten.

Gerade bei Kleinstanlagen ist das Marktpotenzial enorm groß. Derzeit sind in Deutschland rund 100000 solcher Anlagen in Betrieb, in Europa weit mehr; die Nutzung ist in Portugal, Österreich und der Schweiz schon länger problemlos möglich. Aus technischer Sicht werden hierzu benötigt:

- Ein, zwei oder drei Module
- Modulwechselrichter
- Verkabelung
- Befestigungssystem (Dach, Fassade, Balkon)
- Anschlussvorrichtung

Die Anbringungsorte sind vielfältig. Ob auf dem Dach, an der Fassade, auf der Garage, am Balkon oder in den Garten gestellt.

Rechtliche Rahmenbedingungen

Bevor wir zur Technik kommen, gelten auch bei Stecker-Solaranlagen rechtliche Rahmenbedingungen, die zu beachten sind:

Solaranlage ohne Dach

- Grundsätzlich handelt es sich auch bei diesen Kleinstanlagen um EEG-Anlagen, selbst wenn diese nicht ins öffentliche Netz einspeisen. Hinsichtlich der Anlagengröße kennt das EEG keine Bagatellgrenze.
- Beim Baurecht sind ähnliche Vorgaben zu beachten wie bei größeren PV-Anlagen. Hierzu gehören unter anderem die Beachtung des Denkmal- und Ensembleschutzes. Zudem darf die Anlage nichts und niemanden gefährden: Eine sturmsichere Befestigung sowie eine entsprechende elektrische Sicherheit müssen gewährleistet sein.

Interessant sind solche Kleinstanlagen natürlich für Haushalte, die kein eigenes Dach zur Verfügung haben, wie zum Beispiel Mieter oder Besitzer von Eigentumswohnungen. Das Anbringen von Modulen an der Fassade oder am Balkon einer Mietwohnung geht jedoch nicht ohne Einwilligung des Vermieters. Dementsprechend sind die Mietverträge genau zu lesen. In den meisten Fällen ist die Zustimmung des Vermieters/der WEG-Gemeinschaft gefordert, denn die äußere Optik des Gebäudes, wie zum Beispiel die Fassade, ist nicht Mietobjekt, sondern gehört zum Gemeinschaftseigentum der Eigentümergesellschaft. Ein Anbringen der Module stellt daher zumindest eine optische oder auch bauliche Veränderung dar.

Auch einige technische Normen sind zu beachten. Der Anschluss von Stecker-Solargeräten war in Fachgremien lange Zeit umstritten. Insbesondere ging es um die elektrische Sicherheit. Nach einer im Mai 2018 veröffentlichten Vornorm (VDE V 0100–551–1), die als aktueller Stand der Technik gelten kann, dürfen Stecker-Solargeräte in vorhandene Endstromkreise einspeisen. Strittig ist aber, ob die Einspeisung beziehungsweise der Anschluss nur mit einem speziellen Stecker erlaubt ist oder ob ein üblicher Schuko-Stecker ausreicht. Zudem darf nur eine Stromerzeugungseinrichtung pro Stromkreis angeschlossen werden.

Bei der Anwendungsregel VDE-AR-N 4105:2018 handelt es sich um eine aktuelle normative Anwendungsrichtlinie, die explizit Stecker-Solargeräte beinhaltet. Sie ist nach einer Übergangsfrist seit April 2019 in Kraft. Darin enthalten: ein einseitiges Inbetriebsetzungsformular, das für die Praxisanwendung vorgeschlagen wird. Aus dem Inhalt geht hervor, dass, wenn eine steckerfertige Erzeugungsanlage über eine vorhandene, spezielle Energiesteckdose (zum Beispiel nach VDE V 0628–1) angeschlossen und ein Zweirichtungszähler auf dem zentralen Zählerplatz vorhanden ist, im Inbetriebsetzungsprotokoll die Unterschrift des Anlagenerrichters und die Angaben zu diesem entfallen dürfen. Dies gilt aber nur bis zu einer Anschlussleistung von maximal 600 Watt je Anschlussnutzeranlage.

Um möglichen Sicherheitsaspekten aus dem Weg zu gehen, hat man sich bisher auf einen speziellen Anschlussstecker geeinigt: einen Wieland-Stecker (Wieland RST 20). Der Anschluss an einen Schuko-Stecker (CEE 7 Typ F) mit ausreichend abgesicherten Stromkreis ist aber nicht generell verboten. Der Anschluss an eine Mehrfachsteckdose darf hierbei jedoch grundsätzlich nicht erfolgen.

Zählertausch

Es gibt Zähler, die rückwärts laufen können, und solche mit gesperrtem Rücklauf. Rückwärts laufende Zähler sind beim Anschluss der Stecker-Solargeräte offiziell nicht erlaubt! Trägt Ihr Zähler das Symbol auf Seite 109 oben, ist eine Rücklaufsperre schon eingebaut.

Die Rücklaufsperre soll eine Verfälschung der aus dem Netz bezogenen Strommenge verhindern – es ergäben sich falsche Werte und Auswirkungen unter anderem auf die Stromsteuer.

Viele Netzbetreiber fordern beim Anschluss von Stecker-Solargeräten einen Zählertausch bis hin zu einem Zweirichtungszähler. Da sich der Zähler meist im Eigentum des Netzbetreibers befindet, sollten keine Kosten für den Tausch anfallen. Manche Netzbetreiber gehen damit jedoch nicht einheitlich um.

Anmeldung beim Netzbetreiber

Ähnliches gilt auch mit der Anmeldung beim Netzbetreiber. Manche fordern eine Anmeldung wie bei üblichen, netzeinspeisenden Anlagen. Andere Netzbetreiber sind kundenfreundlicher und wenden das vereinfachte Anmeldeverfahren an, wie zum Beispiel Stromnetz Hamburg, Stromnetz Berlin, Energiedienst, Netze BW, Stadtwerke Bonn oder Bayernwerk Netz.

Anmeldung Bundesnetzagentur

Obgleich kein Strom in das öffentliche Netz eingespeist wird, handelt es sich, wie erwähnt, um eine EEG-Anlage – mit den entsprechenden Konsequenzen auch bei der Anlagenregistrierung. Auch dort gibt es keine Bagatellgrenze. Eine Anmeldung im Marktstammdatenregister der Bundesnetzagentur ist laut BNetzA für Stecker-Solargeräte explizit nötig.

Unerwartete Revolution

Seit Mitte 2022 ist ein neuer Normentwurf zu Steckersolargeräten in der Diskussion. In der bisherigen Auseinandersetzung zum Thema „Steckersolar" gab es teilweise verhärtete Fronten zur technischen Ausführung, insbesondere beim VDE. Kernpunkt war oftmals der spezielle Steckerranschluss („Wielandstecker„). Völlig unerwartet hat der VDE am Jahresanfang 2023 ein zukunftsweisendes Positionspapier auf den Tisch gelegt, in dem Vorschläge zur Vereinfachung und Entbürokratisierung gemacht werden. Der Inhalt erstaunt tatsächlich – im positivem Sinne:

- Ausreizen der EU-Grenze von 800 Watt (statt bisher 600 Watt) für eine Bagatellgrenze. Schon seit Jahren hat die EU im europäischen Rechtsrahmen die 800 Watt festgeschrieben, dies blieb aber in Deutschland bisher unberücksichtigt.
- Der bereits vorhandene Zählertyp soll egal sein und auch rückwärts laufen dürfen – also kein Zweirichtungszähler. Dieser Anreiz soll aber nicht den Smart-Meter-Rollout bremsen, sondern im Gegenteil beschleunigen, indem der Zählertausch kostenlos vorgenommen werden soll.
- Die Anmeldung von Steckersolar soll nicht mehr doppelt (Netzbetreiber + Bundesnetzagentur) vorgenommen werden. Eine Eintragung bei der Bundesnetzagentur in das Marktstammdatenregister soll reichen.
- Die Einspeisung per „Schukostecker" soll geduldet werden. Der VDE rückt von seiner bisherigen „sturen" Haltung zur Nutzung eines bestimmten Steckers ab. Auch die Installation durch ein Fachunternehmen soll nur noch „bevorzugt" erfolgen. Dafür müssen die Hersteller entsprechende Sicherheitshinweise zur Montage geben. Inwieweit es dann zu Auslegungsproblemen kommt, muss sicher abgewartet werden.

Wie gesagt: Es handelt sich bislang nur um ein Positionspapier. Sollte man sich auf die genannten Punkte einigen, müssten einige Normen und Gesetze geändert werden, um Rechtssicherheit zu erlangen. Die weiteren Diskussionen bleiben abzuwarten. Bis dahin gelten die bisherigen Vorschriften, sofern man sich nicht als „Solarrebell" betätigen möchte.

Symbol an Zählern mit Rücklaufsperre

Minianlagen an der Steckdose

Stromersparnis, die sich rechnet

Dass sich auch eine solche Kleinstanlage rechnet, soll folgendes Beispiel zeigen:

Mit zwei Modulen á 400 Watt, einem Modulwechselrichter mit 600 W, Leitungen, Befestigung und Anschluss müssen circa 800 Euro kalkuliert werden.

Damit lassen sich bei guter Ausrichtung der Module im Jahr 550 bis 600 kWh Strom erzeugen. Bei einer Eigenverbrauchsquote von 80 Prozent wären dies 450 bis 480 kWh Stromersparnis. Bei einem Strombezugspreis von 40 ct/kWh beträgt das Einsparpotenzial etwa 180 Euro pro Jahr. Die Investition hätte sich nach rund vier bis fünf Jahren amortisiert.

Technische Ausführung

Bei der Modulwahl sind zu Größe, Leistung und Anzahl bestimmte Punkte zu beachten:

- Die Anlagengröße ist aktuell auf maximal 600 Watt Wechselrichternennleistung beschränkt.
- Der Bedarf an Modulleistung sollte einigermaßen richtig abgeschätzt werden, da die Anlage nicht ins öffentliche Netz einspeist und somit ein Stromüberschuss nicht genutzt wird. Es kommt daher ausschließlich auf den möglichen Eigenverbrauch am Tag an. Dieser bestimmt sich weitgehend durch die Haushaltsnutzung, also sind tagsüber Personen anwesend, gibt es Elektrogeräte mit hohem Standby-Verbrauch, werden Geräte, wie zum Beispiel Waschmaschine, Spülmaschine, Trockner, weitgehend tagsüber betrieben?
- Wie anhand der Wirtschaftlichkeitsbetrachtung ersichtlich, kann man mit zwei Modulen circa 600 kWh an Strom erzeugen.
- Auch bei den Wechselrichtern ist die Leistung zu beachten. Es handelt sich hierbei meist um sogenannte Modulwechselrichter, also Kleingeräte, bei denen nur ein oder zwei Module angeschlossen werden. Dabei muss der Wechselrichter auch von der Spannung her zum Modul passen. Der Wechselrichter muss zudem einen Anlagenschutz (ENS) haben.

Platzierung der Module

Natürlich sollten die Module gegen die Sonne ausgerichtet sein. Viele solcher Kleinanlagen werden an der Hausfassade befestigt, aufs Garagendach gestellt oder am Balkon angebracht. Grundsätzlich ist eine richtige und dauerhafte Befestigung zu beachten. Sind die Module über öffentlichen Wegen montiert, ist Sicherheitsglas erforderlich. Die Leitungen sind am Gestell oder in festen Kabelwegen zu fixieren.

Weitere Auskünfte sind über das Informationsportal der VDE-FNN vde.com (Stichwort „Steckerfertige PV-Anlagen") einzuholen.

Förderungen

Auch wenn es sich um EEG-Anlagen handelt, werden diese nicht über das EEG gefördert, zumal damit nicht ins öffentliche Netz eingespeist werden kann. Es gibt aber Kommunen, die für solche Anlagen Förderungen aufgelegt haben.

So fördert seit dem 2. September 2019 die Stadt Freiburg Stecker-Solargeräte im Rahmen des Programms „Klimafreundlich Wohnen" mit 200 Euro Pauschalzuschuss.

Weitere Förderungen:

- Kommunal zum Beispiel Stadt Heidelberg mit 50 Prozent der Anschaffungskosten
- Bundesländer: Schleswig-Holstein, Rheinland-Pfalz (angekündigt)

Detaillierte und aktuelle Informationen bieten unter anderem:

- Marktübersicht Pvplug der DGS: pvplug.de
- Anbieterlisten: pv-magazine unter pv-magazine.de/marktuebersichten/Produktdatenbank- stecker-solar-geraete
- Angebotsvergleich: machdeinenstrom.de
- foerderdatenbank.de

LOHNT SICH DIE PHOTOVOLTAIK-ANLAGE?

KOSTEN – FINANZIERUNG – WIRTSCHAFTLICHKEIT

Die Frage, ob sich etwas lohnt, steht zumeist im Zusammenhang mit einer Bemühung oder Anschaffung und einem zu erwartenden Ergebnis oder einer Rentabilität.

Der Kauf eines Pkw kostet Geld, der Betrieb eines solchen auch. Zudem verliert ein Fahrzeug jährlich an Wert. Würde man hier die Frage allein nach dem finanziellen Ertrag stellen, würde wohl niemand ein Fahrzeug kaufen. Auf der anderen Seite erlangen wir mit einem Fahrzeug eine gewisse Flexibilität, zu einer bestimmten Zeit zu einem bestimmten Ort zu fahren. Für diesen Vorteil müssen wir Geld investieren. Die Investition einer Heizungsanlage in einem Wohnhaus steht außer Frage, weil uns diese einen gewissen Wohlstand bietet, warmes Wasser benutzen zu können und zugleich insbesondere im Winter ein warmes Zuhause zu haben. Auch hier steht der Rentabilität kein monetärer Gewinn entgegen, weil Anschaffung und Betrieb einer Heizung Geld kosten.

Stellt man sich die Ertragsfrage bei der Photovoltaik, bleibt oftmals große Skepsis bestehen, insbesondere in Anbetracht der aktuellen Einspeisevergütung. Waren früher unter günstigen Voraussetzungen bei der Investition in eine Photovoltaikanlage gar zweistellige Renditen möglich, die sich aufgrund der hohen Investitionskosten auch in hohen Gewinnsummen ausdrückten, ist dies heutzutage nicht mehr der Fall. Wer sich jedoch allein auf die Einspeisevergütung bei einer Rentabilitätsbetrachtung beschränkt, sieht viel zu kurz. Der aktuell geringen Einspeisevergütung stehen entsprechend günstige Systempreise gegenüber. An den „Renditen" hat sich daher nicht viel geändert, auch wenn diese nicht mehr zweistellig ausfallen. Die Frage nach der Gewinnmaximierung ist jetzt der Frage nach der Eigenverbrauchsoptimierung und dem Sparpotenzial gewichen. Betrachten Sie es einfach ausgedrückt mit den eingangs erwähnten Beispielen aus anderen Lebensbereichen. Photovoltaik ist eine sichere Kostensparanlage, deren Investition sich selbst wieder amortisieren soll und die uns eine gewisse Flexibilität und Freiheit einräumt, uns bei der Energieversorgung unabhängiger und freier zu machen. Vor diesem Hintergrund können wir weiterhin von einer Rentabilität sprechen, die sich im Gegensatz zu früheren Zeiten aus mehreren Komponenten und Varianten zusammensetzt; diese Bestandteile wollen wir nachfolgend im Einzelnen betrachten.

Marktlage – Systempreise

Um es vorwegzunehmen: Wir haben aktuell eine prekäre Lage. Mit dem neuen EEG 2023 gibt es seit langer Zeit wieder einmal eine wesentlich verbesserte Voraussetzung, um den Ausbau der Erneuerbaren voranzutreiben und insbesondere PV-Anlagen „einfacher" installieren und betreiben zu können. Die aktuellen geopolitischen Konflikte sowie Material- und Zulieferprobleme stehen dem nicht selten entgegen.

Die Fachfirmen sind aktuell und voraussichtlich bis auf weiteres voll ausgelastet. Dazu herrscht, wie auch in anderen Bereichen, akuter Fachkräftemangel. Wer ein Angebot haben oder sogar eine PV-Anlage bestellen möchte, muss aktuell viel Geduld mitbringen.

Das Lieferproblem hält an. Da wir bei vielen Komponenten auch vom asiatischen Markt abhängig sind, dort aber teilweise eine restriktive

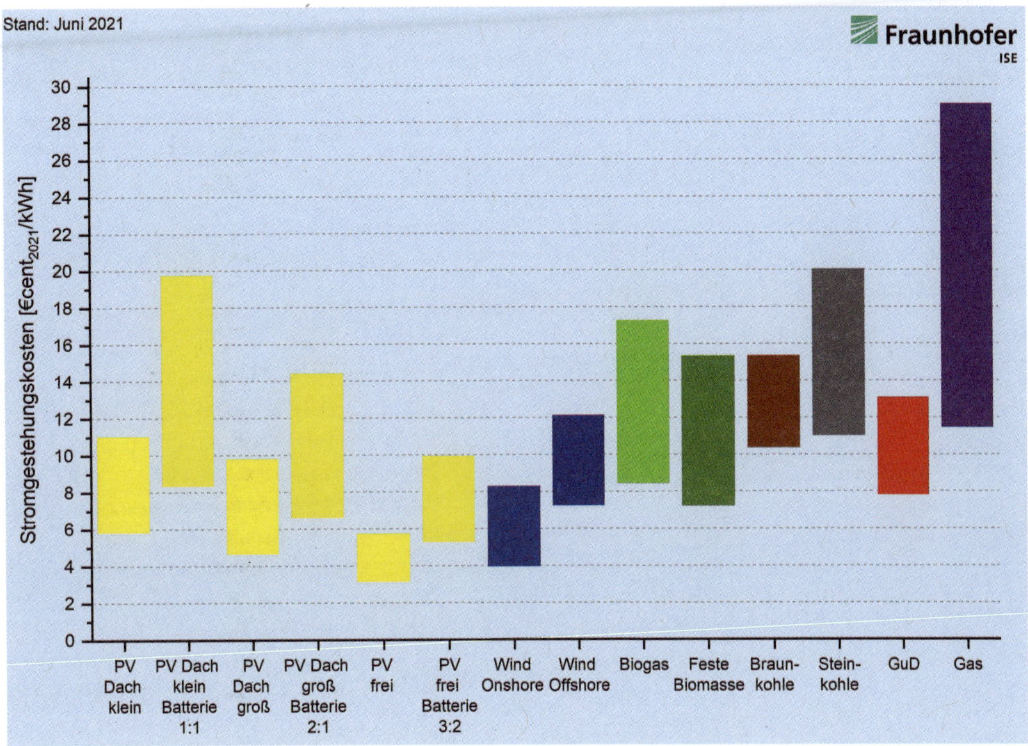

Die Stromgestehungskosten der erneuerbaren Energien im Vergleich zu konventionellen Energieerzeugern: Die Kosten der Photovoltaikanlagen sind rückläufig (Quelle: Fraunhofer-Institut für solare Energiesysteme ISE).

Coronapolitik vorherrscht, kommt es zu einer erheblichen Materialknappheit. Bei Modulen hält sich dies noch in Grenzen. Bei Wechselrichtern und Speichern gibt es Lieferzeiten von bis zu mehr als neun Monaten.

Die Nachfrage regelt den Preis – so auch bei PV-Anlagen. Haben wir es bisher mit stark sinkenden Systempreisen zu tun gehabt, sind die Preise – auch wegen der inflationären Entwicklung – mitterweile wieder stark angestiegen. Dazu kommen noch gestiegene Zinsen bei einer möglichen Finanzierung.

Aufgrund der Energiekrise, ausgelöst durch den Ukraine-Krieg, werden um so mehr andere, das heißt regenerative Energieformen benötigt, deren Installation sich jedoch aufgrund der zuvor genannten Probleme verzögern wird.

Die Auswirkungen der Klimakrise machen vor den bereits aufgeführten Problemen nicht halt – im Gegenteil: Der Klimawandel beschleunigt sich.

Die Anschaffungskosten einer Photovoltaikanlage setzen sich zusammen aus Materialkosten für Module, Wechselrichter, Haltesystem und Komponenten für die Verkabelung und den Anschluss, auch Montage und Netzanschluss dürfen nicht vergessen werden. Den größten Anteil belegen mit 40 bis 50 Prozent die Module. Abhängig von der Größe der PV-Anlage kann der Netzanschluss einen weiteren Großteil der Investitionssumme ausmachen. Bei kleinen Dachanlagen bis 30 KWp ist dies in der Regel nicht der Fall, da als Netzanschluss derjenige des vorhandenen Grundstücks (Haus/Gebäude) gesetzlich vorgesehen ist.

Die heutigen Kosten für eine PV-Anlage, das heißt für Module, Haltebefestigung auf dem Dach, Leitungsverlegung, Wechselrichter und Elektroarbeiten bis zum Zähleranschluss, sind

Finanzierungshilfen der KfW im Rahmen von Photovoltaikanlagen (Programm 270, Stand: Januar 2023)

Programm Laufzeit / tilgungsfreie Anlaufjahre/ Zinsbindung	KP-Nr.	Anmerkung	Maximaler Zinssatz EKN % Sollzins (Effektivzins)									Auszahlung %	Bereitstellungsprovision p.M. %	Zinssätze gültig ab
			Bei Programmen mit risikogerechtem Zinssystem gelten die Preisklassen											
			A	B	C	D	E	F	G	H	I			
KfW- Programm Erneuerbare Energien														
Standard 5 / 1 / 5	270	beihilfefrei	3,85 (3,91)	4,25 (4,32)	4,55 (4,63)	5,05 (5,15)	5,65 (5,77)	6,35 (6,51)	6,85 (7,03)	7,95 (8,19)	10, 25 (10,66)	100	0,15	16.01. 2023
Standard 10 / 2 / 10	270	beihilfefrei	3,82 (3,88)	4,22 (4,29)	4,52 (4,60)	5,02 (5,12)	5,62 (5,74)	6,32 (6,47)	6,82 (7,00)	7,92 (8,16)	10,22 (10,62)	100	0,15	16.01. 2023
Standard 15 / 3 / 15	270	beihilfefrei	4,18 (4,25)	4,58 (4,66)	4,88 (4,97)	5,38 (5,49)	5,98 (6,12)	6,68 (6,85)	7,18 (7,38)	8,28 (8,54)	10,58 (11,01)	100	0,15	16.01. 2023
Standard 20 / 3 / 10	270	beihilfefrei	3,87 (3,93)	4,27 (4,34)	4,57 (4,65)	5,07 (5,17)	5,67 (5,79)	6,37 (6,52)	6,87 (7,05)	7,97 (8,21)	10,27 (10,67)	100	0,15	16.01. 2023
Standard 20 / 3 / 20	270	beihilfefrei	4,52 (4,60)	4,92 (5,01)	5,22 (5,32)	5,72 (5,84)	6,32 (6,47)	7,02 (7,21)	7,52 (7,74)	8,62 (8,90)	10,92 (11,38)	100	0,15	16.01. 2023
Standard 30 / 5/ 10	270	beihilfefrei	3,87 (3,93)	4,27 (4,34)	4,57 (4,65)	5,07 (5,17)	5,67 (5,79)	6,37 (6,52	6,87 (7,05)	7,97 (8,21)	10,27 (10,67)	100	0,15	16.01. 2023

teilweise sehr volatil. Je nach Anlagengröße variieren die Systempreise bei einer Anlagengröße

- zwischen 5 kWp und 8 kWp:
  1 500 bis 2 000 Euro netto pro installierter kWp-Leistung,
- bis zu 20 kWp:
  1 300 bis 1 800 Euro netto/kWp.

Zum Vergleich: Vor etwa 20 Jahren kostete ein kWp Anlagenleistung noch circa 6 000 Euro, Ende 2021 lagen die Systempreis oftmals nur noch bei 1 000 bis 1 200 Euro pro kWp (alle Angaben als Nettozahlen)!

Soll noch ein Batteriespeicher dazu kommen, ergeben sich für eine übliche Haushaltsgröße von vier Personen nochmals Kosten zwischen 5 000 und 8 000 Euro. Hier liegen die Systempreise aktuell bei ungefähr 800 bis 1 000 Euro/kWh Speicherleistung.

Die Stromgestehungskosten einer PV-Anlage, also die Produktionskosten für eine Kilowattstunde Strom, können sich im Vergleich zu anderen Energieerzeugern, insbesondere auf dem konventionellen Sektor, dennoch sehen lassen. Hierbei wird das Verhältnis aus Gesamtkosten (Euro) und (nutzbarer) elektrischer Energieproduktion (kWh) auf die wirtschaftliche Nutzungsdauer bezogen.

Nach der Studie „Stromgestehungskosten Erneuerbare Energien" vom Fraunhofer-Institut für solare Energiesysteme ISE (Stand Januar 2023, siehe oben) schlägt sich die PV im Vergleich recht gut. Nach heutiger Sicht hat die Photovoltaik bei allen Anlagesegmenten mit den konventionellen Energieerzeugern – mit im Durchschnitt circa 7 ct/kWh – gleichgezogen.

Finanzierung

Es gibt, je nach Verfügbarkeit finanzieller Mittel und Kreditwürdigkeit, mehrere Möglichkeiten, eine PV-Anlage zu finanzieren.

Die einfachste Möglichkeit besteht natürlich in der Deckung durch 100 Prozent Eigenkapital, soweit man die entsprechenden Mittel zur Verfügung hat.

Wer sein Eigenkapitalpolster schonen möchte, kann auch in unterschiedlicher Kombination mit einem Eigenkapitalanteil die Anlage finanzieren. Der einfachste Weg hierzu wäre über die Hausbank. Hier gilt es jedoch zu bedenken: Die Niedrigzinsphase ist leider vorbei.

Etwas günstigere Angebote hält momentan die Kreditanstalt für Wiederaufbau (KfW) mit dem Programm 270 bereit.
Je nach Risikobewertung des Kreditnehmers (Bewertung durch Ihre Hausbank nach den Bonitätsstufen A bis I) werden Zinsen teilweise noch unter vier Prozent angeboten – auch mit einer Laufzeit von 20 Jahren! Eine Eigenkapitalbeteiligung ist hierbei individuell möglich.

Einspeisevergütung – Eigenstromverbrauch

Die Einspeisevergütung nach dem EEG hat sich in den letzten 20 Jahren von fast 60 ct/kWh auf zuletzt nur noch um die 6ct/kWh bei Anlagen bis 10 kWp reduziert. Mit dem neuen EEG 2023 ergaben sich bereits ab dem 1. August 2022 wesentliche Änderungen in der Einspeisevergütung. Es wird zum ersten Mal unterschieden zwischen Volleinspeiseanlage und Überschusseinspeiseanlage (Nutzung Eigenstrom). Die Vergütung für Volleinspeiseanlagen wurde hierbei wesentlich erhöht (zum Beispiel bis 10 kWp auf 13 ct/kWh). Bei Eigenverbrauchsanlagen wird der ins Netz eingespeiste Überschuss bei Anlagen bis 10 kWp mit 8,2 ct/kWh vergütet.

Mit dieser Vergütungsgruppierung will man für Gebäude, bei denen kein oder nur ein sehr geringer Eigenstrombedarf vorherrscht, Anreize schaffen, auch dort PV-Anlagen zu installieren.

Einspeisevergütung

Auf den ersten Blick mag es recht uninteressant scheinen, für „nur“ noch circa 8 Cent Vergütung Geld zu investieren. Dem ist aber nicht so, insbesondere wenn Sie den Blick auf die Strompreisentwicklung richten. Denn im gleichen Zeitraum der Jahre 2000 bis 2020 hat sich der Strompreis eines üblichen Haushalts

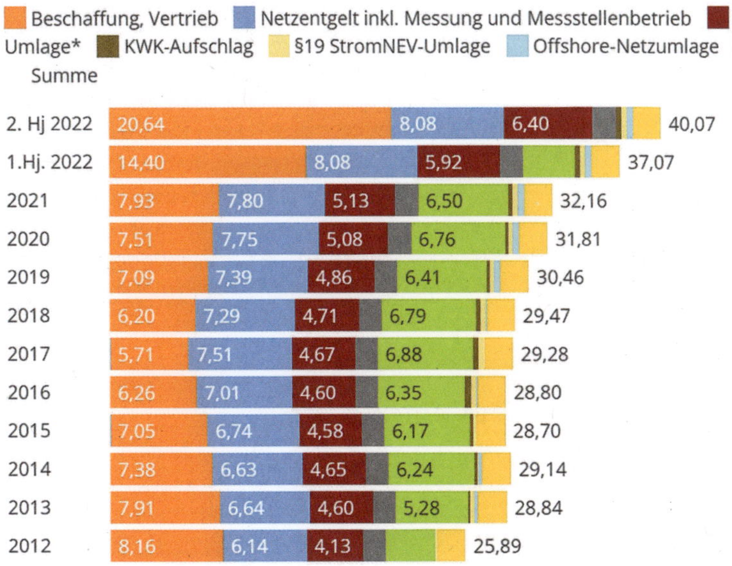

Strompreisanalyse für Haushalte und Industrie (Quelle: BDEW)

von etwa 14 ct/kWh auf bis zu 30 ct/kWh verdoppelt , in der aktuellen Energiekrise für Neukunden bisweilen über 50 ct/kWh, mehr als verdreifacht.

Aus der Gegenüberstellung der aktuellen Einspeisevergütung beziehungsweise den Stromgestehungskosten für PV-Anlagen und den Stromgestehungskosten für einen haushaltsüblichen Verbrauch ergibt sich zwangsläufig die Überlegung, den von der PV-Anlage erzeugten Strom nicht mehr vorrangig in das öffentliche Netz einzuspeisen, sondern zum Teil selbst zu verbrauchen. Denn rechnet man zur gesetzlichen Einspeisevergütung von „nur" 8 ct/kWh die eingesparten „teuren" Strombezugskosten dazu, liegt das Einsparpotenzial in vielen Fällen höher als die Einspeisevergütung für die Volleinspeisung von 13 ct/kWh. Die geringere Vergütung für Eigenverbrauchsanlagen existiert daher nur auf den ersten Blick. Der Anlagenbetreiber hat es in der Hand, seinen Eigenstromverbrauch zu steigern und somit von entsprechenden Einspareffekten zu profitieren.

Das heutige und zukünftige Ziel bei Anschaffung und Betrieb von Photovoltaikanlagen muss daher sein, die Eigenverbrauchsquote zu optimieren, um zum einen die Rentabilität einer PV-Anlage zu erhöhen und sich zum anderen unabhängiger von weiteren zu erwartenden Preiserhöhungen zu machen.

Eigenstromverbrauch

Von Solarstrom-Eigenverbrauch spricht man, wenn Solarstrom direkt und unmittelbar am Ort der Erzeugung verbraucht wird – daher ist alternativ auch der Begriff „Direktverbrauch" üblich. Das Erneuerbare-Energien-Gesetz (EEG) zielte seit seiner Entstehung darauf ab, den durch regenerative Energieerzeuger – somit auch durch PV-Anlagen – erzeugten Strom ins öffentliche Netz zu speisen. Die Vergütungen hierfür waren in den Anfangsjahren bis 2010 ziemlich üppig und angesichts der hohen Investitionskosten einer PV-Anlage auch als entsprechendes Marktanreizprogramm gedacht.

Bereits 2009 wurde durch Änderungen des EEG der Eigenverbrauch von PV-Strom für kleinere und mittelgroße Anlagen gesondert gefördert. Hierbei ergab sich in Addition der eingesparten Strombezugskosten und des für den Eigenverbrauch verringerten Fördersatzes in Summe sogar eine etwas höhere „Vergütung" plus einem weiteren Bonus, soweit der Eigenverbrauch über 30 Prozent lag.

2012 wurde dieser „Eigenverbrauchsbonus" aus der aktuellen EEG-Novelle gestrichen. Hierbei wurde dem Preisverfall am Photovoltaikmarkt Rechnung getragen.

Bevor wir später etwas tiefer in die Wirtschaftlichkeitsbetrachtung einsteigen, soll an dieser Stelle bereits einmal eine recht vereinfachte Darstellung des Kosten-Nutzen-Verhältnisses zweier möglicher Betriebsweisen einer PV-Anlage dargestellt werden.

Bisher wurden in vielen Fällen PV-Anlagen als Volleinspeiseanlage betrieben, der erzeugte Strom wurde in Gänze in das öffentliche Netz eingespeist. Der Strom- oder Netzbezug wurde separat gezählt und abgerechnet.

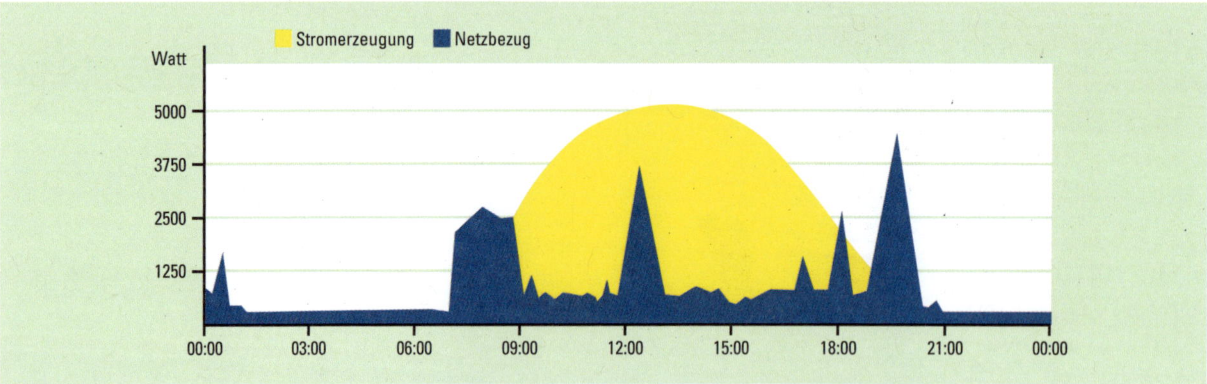

Die zuvor dargestellte Grafik stellt beispielsweise einen typischen Lastgang in einem Einfamilienhaushalt mit einer PV-Anlage mit Volleinspeisung dar. Die Lastkurve der PV-Anlage weist hier idealerweise als Beispiel an einem wolkenlosen Tag grundsätzlich das charakteristische Profil auf (gelb). Der Strombezug (blau) ergibt sich früh am Morgen nach dem Aufstehen durch Lichtnutzung, Zubereitung des Frühstücks; mittags durch Kochen, wenn die Kinder von der Schule kommen, und abends ebenfalls durch die Zubereitung des Essens, Fernsehen, Computer- und Lichtnutzung. Nachts fällt der allgemeine Standby-Verbrauch und gegebenenfalls der Heizungsbetrieb im Winter und die Warmwasserbereitung ab.

Feststellung des Eigenverbrauchs

Zur Ermittlung des möglichen Eigenverbrauchs muss man den typischen Verbrauch und die Erzeugung der Solaranlage gegenüberstellen. Dabei hängt der Verbrauch von Art und Anzahl der Elektrogeräte, der Personenzahl und den Gewohnheiten der Nutzer ab – Letzteres insbesondere vom Zeitpunkt des verbrauchten Stroms. Die erzeugte und zur Verfügung stehende Energiemenge wird hingegen durch die Leistung der Photovoltaikanlage bestimmt. Die Leistung hängt von der Größe der Anlage (Anlagenleistung), ihrer Ausrichtung und dem Standort ab. Ihre Leistung wird zudem vom Wetter, sprich von der Sonneneinstrahlung, beeinflusst.

Rechenbeispiel: Unterstellt man, eine aktuell errichtete 5-kWp-Anlage mit Gesamtkosten von 9 000 Euro erzeugt im Jahr 950 kWh/kWp und man speist diesen Ertrag 20 Jahre lang für aktuell 13 ct/kWh in das öffentliche Netz ein, würde sich hieraus eine Stromerzeugung von etwa 95 000 kWh ergeben. Ohne die Berücksichtigung von Nebenkosten (Wartung, Versicherung, Reparatur etc.) summieren sich die reinen Einspeiseerlöse mit einer Vergütung von 13 ct/kWh auf einen Betrag von 12 350 Euro. Man könnte unter Abzug der reinen Investitionskosten von einem „Gewinn" von etwa 4 350 Euro sprechen.

Eigenstromnutzung ohne Speichermedium

Bei einer Eigenstromnutzung ohne Speichermedium ist es möglich, die in Blau dargestellten Lastbereiche des Strombezugs im Zeitraum der solaren Stromerzeugung mit abzudecken. In dieser Form lassen sich bei einem üblichen Haushalt im Jahresdurchschnitt 20 bis 30 Prozent an Strombezug einsparen. Dies ist aber nur in den zeitgleichen Deckungsbereichen der solaren Stromerzeugung und dem Lastprofil des Stromverbrauchs möglich – nachfolgend grünlich dargestellt (siehe unten).

Verwendet man daher die aus dem obigen Beispiel aufgezeigte gleiche PV-Anlage ohne Speicher für die Eigenstromnutzung mit einer aufgrund des fehlenden Speichers geringen Eigenverbrauchsquote von 25 Prozent und einem aktuellen Strombezugspreis von 40 ct/

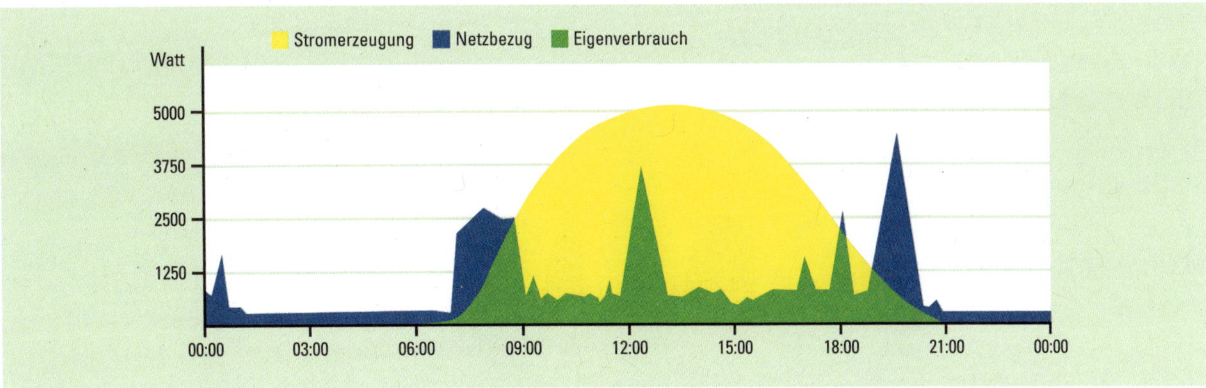

kWh, so würden sich zwar die Einspeiseerlöse auf der einen Seite mit 8,2 ct/kWh auf rund 5800 Euro verringern; die Einsparungen beim Strombezugspreis lägen jedoch bei circa 25 Prozent der Stromerzeugung der PV-Anlage mal dem ersparten Strompreis von 40ct/kWh. Dies wären, wie im Beispiel zuvor ohne Betriebskosten und Steuern:

(95000 kWh x 25 % x 40 ct/kWh) = 9500 Euro

Zusammen mit den Erlösen aus der Überschusseinspeisung ergibt sich ein Betrag von rund 15300 Euro. Der „Gewinn" oder Mehrwert aus der Investition würde sich gegenüber der reinen Netzeinspeisung somit deutlich erhöhen. Wie unschwer vorstellbar ist, berücksichtigt das beispielhaft dargestellte Lastprofil einen optimalen Sonnentag in der warmen Jahreszeit. Bei schlechtem Wetter oder in den Wintermonaten treten die Verbrauchslastspitzen deutlich über die Fläche der erzeugten Energie hinaus; das heißt, die grüne Fläche reduziert sich wesentlich. Zeitgleich können sich aber auch Änderungen im Verbrauchsverhalten ergeben. In den Wintermonaten wird der Stromverbrauch am Morgen und Abend in der Regel wesentlich höher sein als tagsüber. In den Wintermonaten steigt der Energiebedarf grundsätzlich an (Licht, Heizung), die Energieerzeugung der Solarstromanlage hat in dieser Phase jedoch ihre niedrigste Leistung. Im Sommer ist das Verhältnis umgekehrt und die eigenerzeugten Energieüberschüsse überwiegen den Verbrauch. Auch tageszeitlich liegt ein hoher Energiebedarf meist in den Morgen- und Abendstunden vor, zu Zeiten also, zu denen kein oder nur sehr wenig Solarstrom zur Verfügung steht. Auch das Leben im Haushalt spielt eine entscheidende Rolle: geänderte Berufstätigkeit (halbtags, ganztags, Urlaub), Anschaffung von Geräten (zum Beispiel Klimaanlage, elektrische Zusatzheizung) oder Veränderungen in der Familiengröße bestimmen das Lastprofil. Es besteht also ein permanenter Wechsel von Energieangebot und Verbrauch. Wegen dieser typischen Eigenheiten ergibt sich daher in Privathaushalten nur eine begrenzte direkte Eigenstromnutzungsquote von circa 20 bis 30 Prozent (Vierpersonenhaushalt).

Optimierung des Eigenstromverbrauchs

Soweit man den Eigenstromanteil steigern möchte, ist es erforderlich, Produktionsüberschuss und Verbrauchsdefizit auszugleichen, um eine höhere Eigenverbrauchsquote zu ermöglichen. Dies lässt sich durch Umstellung der Verbrauchsgewohnheiten, durch elektronische Steuerungen und/oder über Speichermedien erreichen.

Die einfachste Möglichkeit – zumindest in Privathaushalten – besteht in der Änderung des Nutzungsverhaltens. Hierbei sollen größere Stromverbraucher bewusst zu Zeiten stärkerer Einstrahlung eingeschaltet werden. Voraussetzung für eine optimale Nutzung ist hierbei, dass man die Verbrauchswerte der Geräte kennt und diese am besten nicht alle auf einmal einschaltet, da hierbei die solare Energieerzeugung überschritten wird und man Eigenverbrauch verschenkt. Technische Hilfsmittel wie Anlagenmonitoring helfen dabei, den aktuellen Stromverbrauch und die aktuelle Stromerzeugung aufeinander abzustimmen.

Kombinieren Sie das Leistungsmonitoring der PV-Anlage mit einer elektrischen Schaltvorrichtung, lassen sich auch automatische Lösungen zur Steigerung des Eigenverbrauchs realisieren. Voraussetzung ist hierbei, dass neben dem Leistungsmonitoring der PV-Anlage auch der aktuelle Energieverbrauch über das Monitoring erfasst wird und dann automatisch je nach Solarstromverfügbarkeit Verbraucher zu- oder abgeschaltet werden.

Inwieweit dies in einem Privathaushalt sinnvoll ist, sollte sehr genau hinterfragt werden. Es ist sicherlich in der Praxis nicht angebracht, Haushaltsgeräte ausschließlich dann ein- und auszuschalten, wenn ein entsprechendes Energieangebot seitens der Photovoltaikanlage vorliegt. Sinnvolle Steuerungen können aber das Heizen mit Strom oder die Elektromobilität sein, was bereits angesprochen wurde (siehe Seiten 92 und 97).

Erhöhung des Eigenstromnutzens

Bei einer Überschusseinspeisung in das öffentliche Netz ergibt sich der Eigenverbrauch nur dann, wenn die Photovoltaikanlage Strom erzeugt und der Strombedarf aus dem Lastprofil des Haushalts mit der Stromerzeugung der PV-Anlage gedeckt werden kann. Überschüsse der PV-Anlage werden zum Zeitpunkt ihrer Erzeugung ins Netz eingespeist, eine Unterdeckung des solaren Stromangebots muss über den Netzbezug ausgeglichen werden.

Speicher

Die Grundidee der Integrierung eines Speichersystems ist, dass das Lastprofil des Haushalts in großen Teilen ebenfalls mit Solarstrom abgedeckt wird, auch dann, wenn die PV-Anlage zum Bedarfszeitpunkt nicht genügend Strom produziert. Der Speicher wird hierbei bei solarem Stromüberschuss geladen und bei einer solaren Unterdeckung entladen. Hieraus ergeben sich dann in der Regel nur noch wenige zeitliche Bereiche, bei denen aus dem Netz Strom bezogen werden muss.

Nehmen wir wiederum unsere Beispielanlage und rüsten diese mit einem Speichermedium auf, so erhöhen sich zunächst die Investitionskosten auf circa 15 000 Euro. Fairerweise muss unterstellt werden, dass ein Speicher nach aktuellem Stand der Technik nur eine Lebensdauer von etwa 15 Jahren hat, sodass man auf 20 Jahre betrachtet hier zusätzlich 2 000 Euro für einen „anteiligen" Speicher zur weiteren Nutzung veranschlagen muss, also insgesamt 17 000 Euro.

Unterstellt man nun einen sich erhöhenden Eigenstromnutzen von 65 Prozent bei den gleichen angenommenen Strombezugspreisen, so verringern sich die Einspeiseerlöse auf 35 Prozent und somit auf nur noch etwa 2 700 Euro. Die Einsparung beim Strombezug beträgt dann allerdings auch 65 Prozent des erzeugten solaren Stroms (auch hier die reinen Erlös- und Einsparkosten wie im Beispiel zuvor):

(95 000 kWh x 65 % x 40 ct/kWh) = ca. 24 700 Euro

Zusammen mit den Erlösen aus der Überschusseinspeisung ein Ergebnis von etwa 27 400 Euro. Der „Gewinn" oder der Mehrwert aus der Investition hätte sich trotz einer zusätzlichen Investition in den Speicher ein weiteres Mal erhöht.

Das genannte Beispiel kann nur eine grobe Richtung der Rentabilität verschiedener Betreibermodelle zeigen. Das tatsächliche Ergebnis einer PV-Anlage ist vom Einzelfall abhängig und richtet sich nach der Anlagengröße, dem Lastprofil des Haushalts für den Strombezug sowie der Größe des Speichermediums. Es bedarf daher immer einer individuellen Berechnung, wobei einige Parameter auf einen Betrachtungszeitraum von 20 Jahren natürlich nicht genau vorhersehbar sind, sondern nur unter Annahmen definiert werden können. Dies betrifft unter anderem die Entwicklung des Strombezugspreises, mögliche Änderungen des Verbrauchsverhaltens, Kostensteigerungen bei Versicherung, Wartung und mögliche Reparaturen der PV-Anlage.

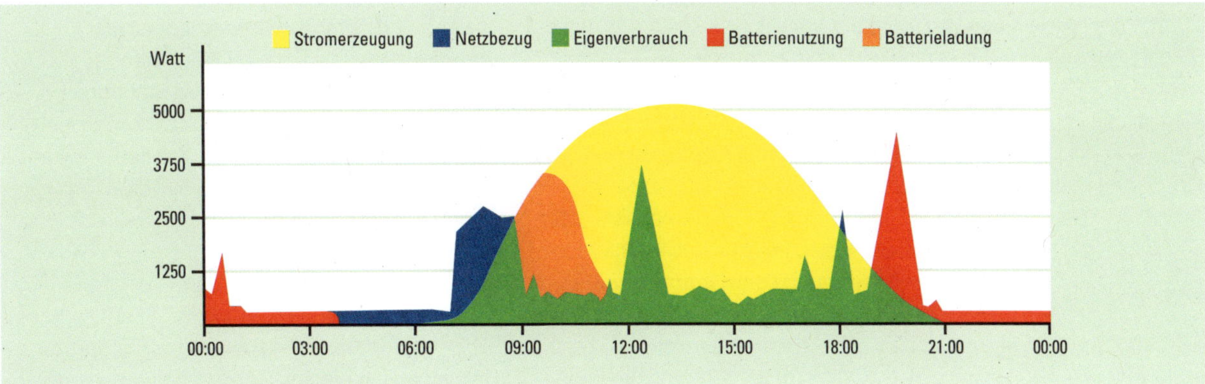

Eigenstromverbrauch mit Speichermedium

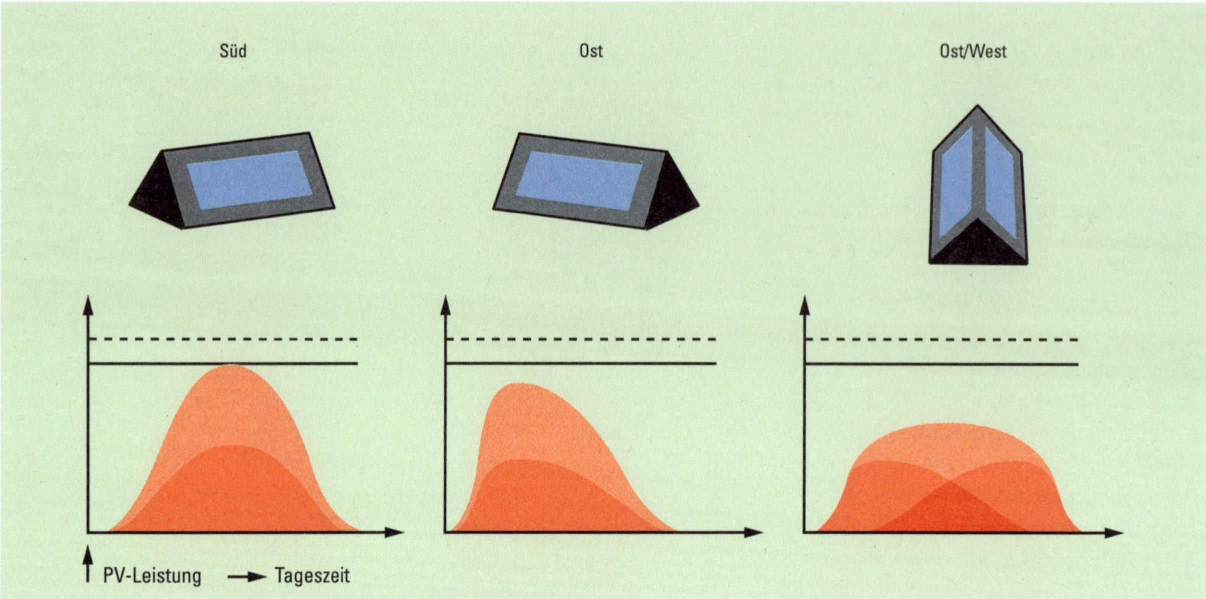

Weitere Faktoren spielen eine nicht unbedeutende Rolle: Standort und Ausrichtung der PV-Anlage. Dass sich beides auf die Höhe des Energieertrags auswirkt, ist bekannt. Aber auch die Verteilung des möglichen Eigenverbrauchs wird hierdurch beeinflusst. Das typische Lastprofil einer nach Süden ausgerichteten PV-Anlage hat in den Mittagsstunden seine Maximalleistung. Aber nicht jede PV-Anlage ist optimal nach Süden ausgerichtet. So verschiebt sich der Erzeugungsschwerpunkt bei östlicher Ausrichtung des PV-Generators zeitlich in die Vormittagsstunden, wogegen bei westlicher Ausrichtung die Maximalleistung in den Nachmittagsstunden zu finden ist.

Für ein weitgehend gleichmäßiges Lastprofil beim Stromverbrauch haben sich daher unterschiedliche Ausrichtungen einer Anlage bewährt, so zum Beispiel Ost-West-ausgerichtete Generatoren oder bei Walmdächern sogar Ost-Süd-West-Ausrichtungen.

Grundsätzlich sollte mit der Beispielrechnung dargestellt werden, dass die alleinige Betrachtung der Einspeisevergütung zu kurz greift. Dort wo kein hoher oder sogar kein Eigenverbrauch möglich ist, ist die Option „Volleinspeiseanlage" sicher richtig. Bei der Möglichkeit der Eigenstromnutzung ist eine Überschusseinspeiseanlage wirtschaftlich gesehen sicherlich die bessere Option.

Anlagenaufsplittung – Betriebswechsel

Das neue EEG lässt einen flexiblen Betrieb neuer PV-Anlagen zu. So ist es möglich, jährlich die Betriebsweise zwischen Volleinspeiseanlage und Eigenverbrauchsanlage zu wechseln. Der vorgesehene Wechsel muss hierbei rechtzeitig beim Netzbetreiber angezeigt werden. Das neue EEG lässt es sogar zu, auf dem gleichen Gebäude zwei unterschiedliche PV-Anlagen zu installieren, also eine Volleinspeiseanlage und eine Überschusseinspeiseanlage. Bei einer großen Dachfläche ist dies eine überlegenswerte Option. Man sollte jedoch bedenken, dass die beiden Anlagen dann auch elektrisch getrennt errichtet werden müssen. Dazu benötigt man unter anderem für beide Anlagen einen separaten Wechselrichter sowie einen separaten Zählerplatz.

In den vorangegangenen Kapiteln haben wir aber bereits gesehen, wie es möglich ist, neben der Installation eines Stromspeichers den Eigenstromverbrauch erheblich zu steigern und unter anderem auch andere Energieträger, wie zum Beispiel teures Gas, beim Heizen teilweise zu ersetzen. Auch die Elektromobilität bietet eine entsprechende Option zur verstärkten Eigenstromnutzung.

Eigenverbrauchsanteil und Autarkiegrad

Grundsätzlich sind hinsichtlich der Speichersysteme zwei Größeneinheiten zu betrachten: Eigenverbrauchsanteil und Autarkiegrad.

Der Eigenverbrauchsanteil beschreibt den Anteil des erzeugten Solarstroms, der entweder zeitgleich durch die Stromverbraucher oder zur Ladung des Batteriespeichers genutzt wird. Je höher der Eigenverbrauchsanteil, desto weniger Solarstrom wird in das Netz eingespeist. Hier spricht man auch von einer ökonomischen Betrachtungsweise.

Der Autarkiegrad gibt den Anteil des Stromverbrauchs an, der durch das Photovoltaikspeichersystem versorgt wird. Hierzu trägt entweder der zeitgleiche Direktverbrauch des erzeugten Solarstroms oder die Entladung des Batteriespeichers bei. Je höher der Autarkiegrad ist, desto weniger Energie wird aus dem Stromnetz bezogen.

Wie aus den nebenstehenden Diagrammen ersichtlich, spielen die Größe der Photovoltaikanlage und des Speichers in der Betrachtung der Wirtschaftlichkeit ebenfalls eine entscheidende Rolle. Bei unserer beispielhaften 5-kWp-Anlage kann ein 5-kW-Speicher den Autarkiegrad von knapp 30 Prozent auf rund 60 Prozent erhöhen. Ein 6-kW-Speicher erhöht den Autarkiegrad zum 5-kW-Speicher aber nur noch um 2 Prozent. Ein 8-kW-Speicher zum 6-kW-Speicher nur noch um weitere circa 5 Prozent (bei je 4500 kWh Stromverbrauch/a).

Diese Faktoren sind bei der Speicherauswahl zu berücksichtigen, denn ein Mehr an Speicherkapazität ist nicht gleichzusetzen mit einem Vielfachen an Eigenstromnutzung. Weniger kann daher erstaunlicherweise wirtschaftlicher sein. Diese Gesichtspunkte werden im Folgenden erläutert.

Ziel der optimierten Eigenstromnutzung ist unter ökonomischen Gesichtspunkten daher nicht mehr die Frage: Wie kann ich mit dem von der Photovoltaikanlage eingespeisten Strom so viele Erlöse erwirtschaften wie nur irgend möglich? Vielmehr muss eine Unabhängigkeitsbetrachtung mit der Frage angestellt werden: Wie kann ich mich mit der optimalen Nutzung meiner Photovoltaikanlage von der Strombelieferung Dritter und deren Strombezugskosten unabhängiger machen?

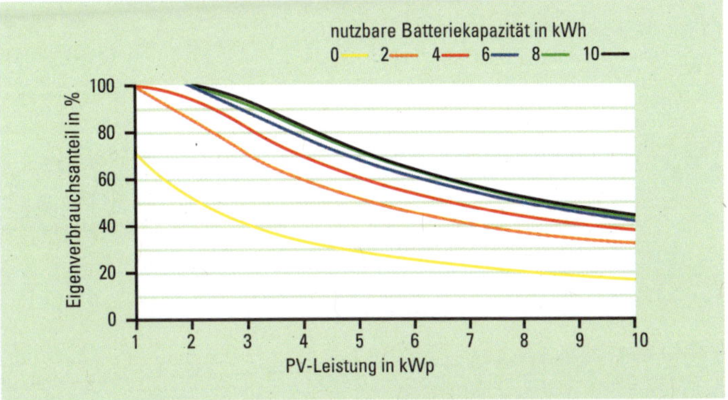

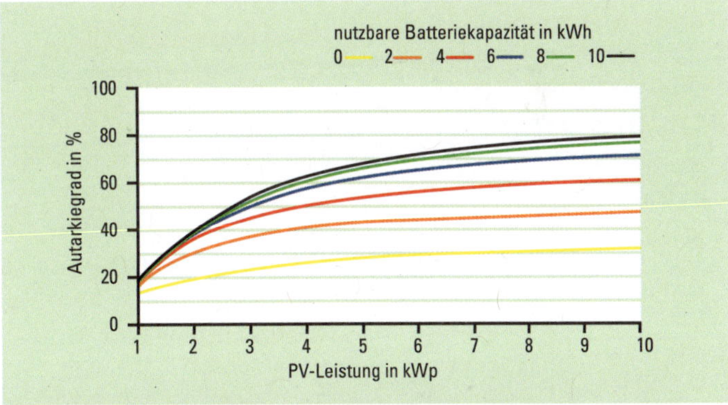

Oben: Eigenverbrauchsanteil am Beispiel einer 5-kWp-PV-Anlage in Abhängigkeit von Batteriekapazität und Leistung des Solargenerators bei einem Stromverbrauch von 4700 kWh in einem Einfamilienhaus
Unten: Autarkiegrad in Abhängigkeit von Batteriekapazität und Leistung des Solargenerators für einen Einfamilienhaushalt mit einem Jahresstromverbrauch von 4700 Kilowattstunden (Datengrundlage: Prof. Dr. Quaschning)

Planung und Auslegung

Allein die richtige Dimensionierung eines Speichers stellt viele vor entsprechende Herausforderungen und ist nicht ausschließlich über eine Matrix abbildbar.

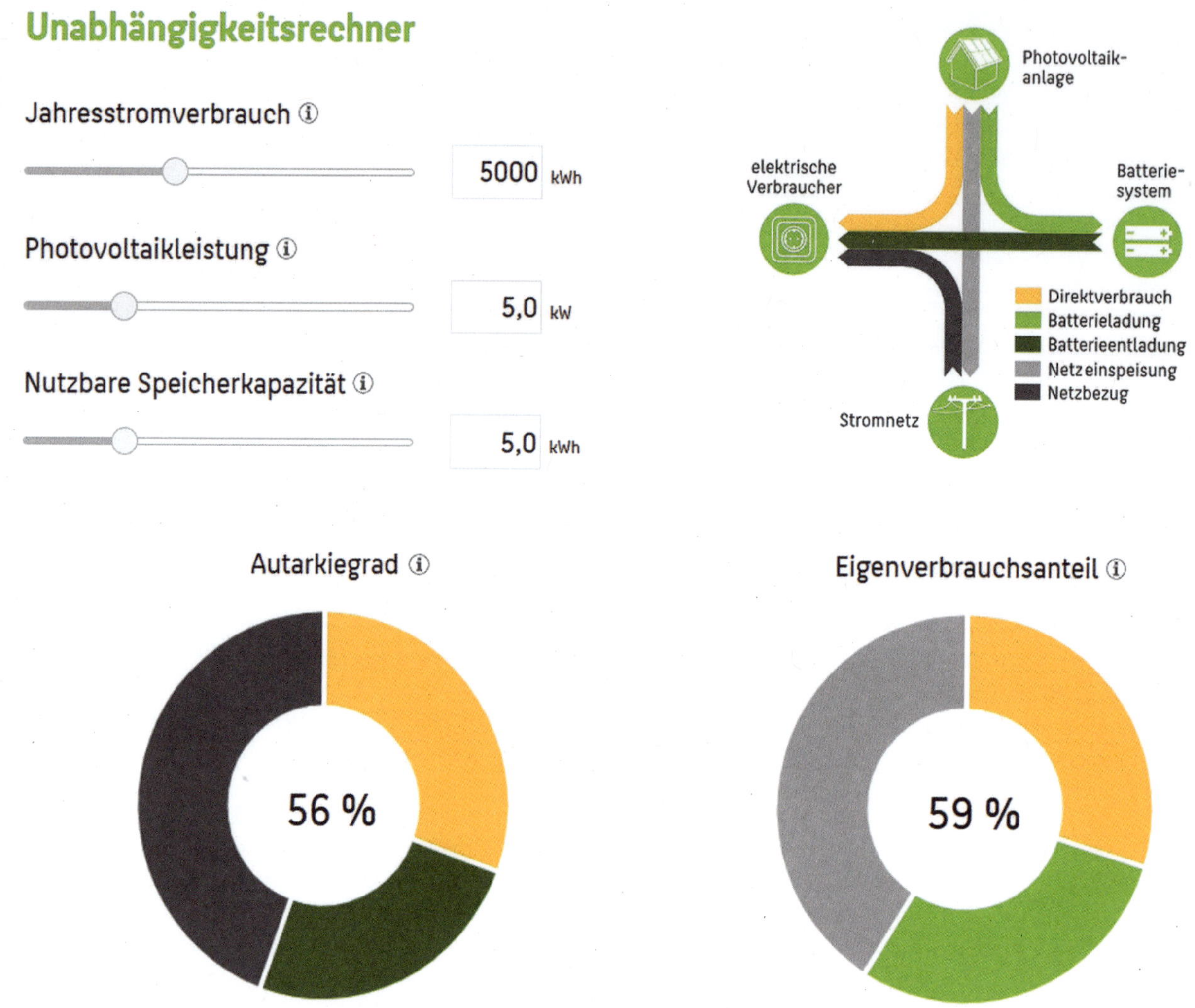

Unabhängigkeitsrechner – ein Beispiel

Dimensionierung des elektrischen Speichers

Die richtige Dimensionierung ist deshalb schwierig, weil diese individuell auf das elektrische Lastprofil des Haushalts abgestellt werden muss. Es gibt hierzu bereits eine Faustregel, die besagt, dass der nutzbare Speicher nicht größer als ein Tausendstel des jährlichen Stromverbrauchs mal 1,0 bis 1,5 sein sollte. Bei einem Jahresverbrauch von beispielsweise 4 000 kWh sollte die Batteriegröße bei 4 bis 6 Kilowattstunden liegen (bei einer PV-Anlage von circa 10 kWp).

Nicht an jedem Tag und zu jeder Jahreszeit wird von der PV-Anlage die gleiche Strommenge erzeugt und hieraus verbraucht. Für den Eigenstromverbrauch wäre daher im Sommer oftmals nur ein kleiner Speicher ausreichend, im Winter ist dagegen ein überaus großer notwendig. Da die Speicher nicht beliebig wechselbar sind, muss mehr oder weniger eine Kompromisslösung gefunden werden. Dabei sollen Tage mit hohem Stromertrag möglichst optimal genutzt werden, ohne über den Rest des Jahres zu viel Speicherkapazität zu „verschwenden". Bei den konkreten Überlegungen zur optimalen Speichergröße sind zwei Fälle zu unterscheiden.

1 Im ersten Fall ist die Leistung der Photovoltaikanlage vorgegeben. Entweder handelt es sich also um eine Speichernachrüstung oder die Dachfläche lässt wenig Spielraum bei der Dimensionierung der Photovoltaikanlage.
2 Im zweiten Fall, bei einer Neuanlage, geht es darum, die optimale Kombination aus Nennleistung PV und Speicherkapazität zu finden.

Groß ausgelegte Speicher erhöhen zwar die Autarkiequote, sind aber wegen der hohen Kosten unwirtschaftlich. Darüber hinaus können die Lade- und Entladezyklen zu kurz ausfallen, was die Batterie in ihrer Lebensdauer einschränkt. Zu klein ausgelegte Speicher begrenzen den Eigenstromnutzen, erhöhen die Ladezyklen und vermindern somit ebenfalls die Lebensdauer. Zu berücksichtigen ist insbesondere, dass bei einem Batteriespeicher meist nur circa 80 Prozent der Batteriekapazität zur Verfügung stehen, da ansonsten eine Tiefenentladung eintritt, welche die Lebensdauer der Batterie ebenfalls erheblich herabsetzt.

Unabhängigkeitsrechner

Unter pvspeicher.htw-berlin.de/unabhaengigkeits-rechner lassen sich in Abhängigkeit von der PV-Anlagengröße, dem Stromverbrauch sowie der Speichergröße die Eigenverbrauchsquote sowie der Autarkiegrad individuell ermitteln.

An dieser Stelle soll nochmals auf den Unterschied zwischen Eigenverbrauchsquote – Eigenverbrauch und Autarkiegrad eingegangen werden:

Die Eigenverbrauchsquote ergibt sich allein aus dem Verhältnis des von der Photovoltaikanlage erzeugten Stroms zu dem hieraus bezogenen Eigenverbrauch (ob mit oder ohne Speicher). Je größer eine Photovoltaikanlage ist, desto geringer ist die Eigenverbrauchsquote. Das ist nichts Negatives, sondern ergibt sich aus dem natürlichen Verhältnis beider Energiewerte. Natürlich liegt der tatsächliche Eigenverbrauch bei einer größeren Anlage höher – auch wenn dadurch die Eigenverbrauchsquote sinkt.

Steigerung des Autarkiegrads

PV-Größe	Speichergröße (Nennkapazität)	Eigenverbrauchsanteil	Eigenverbrauch[1]	Autarkiegrad
5 kWp	5 kW	59 %	2950 kWh	56 %
5 kWp	8 kW	68 %	3400 kWh	63 %
5 kWp	10 kW	71 %	3550 kWh	66 %
10 kWp	5 kW	33 %	3300 kWh	63 %
10 kWp	8 kW	39 %	3900 kWh	73 %
10 kWp	10 kW	41 %	4100 kWh	76 %
15 kWp	5 kW	23 %	3450 kWh	67 %
15 kWp	8 kW	27 %	4050 kWh	77 %
15 kWp	10 kW	29 %	4350 kWh	81 %

[1] Bei einem PV-Ertrag von 1000 kWh/kWp

Der tatsächliche Eigenverbrauch spiegelt sich in der Autarkiequote wider und gibt das Verhältnis zwischen Eigenverbrauch und zusätzlichem Strombezug aus dem Netz an.

Im Beispiel auf Seite 122 wurde bei einem jährlichen Stromverbrauch von 4500 kWh mit einer PV-Anlage von 5 kWp Nennleistung und einem Speicher mit 5 kWh Leistung ein Eigenverbrauchsanteil von 56 Prozent ermittelt. Der Autarkiegrad beträgt hierbei 59 Prozent.

Wenn man eine PV-Bestandsanlage unterstellt und die Speicherkapazität nach oben verändert, wird man sehen, dass Autarkiegrad und Eigenverbrauchsquote nicht im gleichen Verhältnis steigen, sondern der Steigerungsgrad abflacht. Dies bedeutet, dass ein 1,5-fach größerer Speicher die Autarkie von 50 Prozent nicht automatisch um den Faktor 1,5 erhöht, sondern lediglich um 7 Prozent! Ein doppelt so großer Batteriespeicher (10 kWh) ergibt daher nicht automatisch die doppelte Autarkie, sondern nur 69 Prozent.

Eine effizientere Steigerung der Autarkie beziehungsweise des Eigenstromanteils wäre dann nur noch mit einer Vergrößerung der PV-Anlage möglich. Im gleichen Bespiel ergibt sich bei einer PV-Anlage mit 10 kWp und einem Speicher mit 5 kWh eine Autarkie von 67 Prozent, dabei schrumpft jedoch der Eigenverbrauchsanteil, da sich dieser ja im Verhältnis

zur PV-Anlagengröße ergibt. Bei einer Speichergröße von 10 kWh erhöht sich die Autarkie auf 79 Prozent.
Die Tabelle auf Seite 123 zeigt eine Aufstellung möglicher Rechenszenarien bei einem unterstellten Verbrauch von 5 000 kWh/Jahr.

Die aufgezeigten Werte des möglichen Eigenverbrauchs sind theoretischer Natur und geben nur einen groben Anhaltspunkt (theoretisch ist ein größerer Eigenverbrauch als 4 500 kWh im genannten Beispiel nicht möglich, auch ist dieser vom tatsächlich erzeugten spezifischen Jahresertrag abhängig, welcher bekanntermaßen schwanken kann). Es zeigt sich aber deutlich, dass ein größerer Speicher allein nicht zu einer proportional erhöhten Autarkie führt, sondern man ein Mittelmaß abwägen muss, um die Investitionskosten zum tatsächlich eingesparten Netzbezug ins Verhältnis zu setzen und Erstere auf ein vernünftiges und letztendlich wirtschaftliches Maß zu bringen.

Die Tabelle gibt einen Überblick über sinnvolle Speichergrößen je nach PV-Anlagenleistung und Jahresstromverbrauch. Bei einer Neuanlage genießt die Generatorleistung zunächst höhere Priorität gegenüber der Speicherleistung, denn was bereits direkt über die PV-Anlage selbst verbraucht wird, muss nicht als Speicher „teuer" hinzugekauft werden. Zu berücksichtigen ist, dass sich zukünftig der Stromverbrauch ändern kann, etwa durch Unterstützung der Heizung, Anschaffung einer Wärmepumpe oder eines Elektroautos.

Wirtschaftlichkeitsbetrachtung – jetzt oder später?

Die Wirtschaftlichkeit eines Speichersystems ist, wie dargestellt, von vielen Faktoren abhängig. Im Vordergrund stehen die Gestehungskosten von Photovoltaikanlage und Speichermedium sowie der Eigenverbrauchsanteil. Auch die zukünftige Strompreisentwicklung hat Einfluss darauf, ob und wann sich ein Speichersystem rechnet. Es kommt grundsätzlich darauf an, wie man die einzelnen Faktoren richtig und vor allen Dingen realistisch ansetzt.

Dreh- und Angelpunkt sind die zukünftigen Strompreise, die insbesondere in der aktuellen Lage niemand vorhersehen kann. Vielfach werden Wartungskosten, Austauschkosten für verbrauchte Akkus oder für die Investition entgangener Zinsgewinne (Kapitalkosten) unterschlagen. Bei einer Neuinstallation zur optimalen Nutzung von Eigenstrom und einem entsprechenden Batteriespeicher im Verhältnis zur Photovoltaikanlagengröße ergibt sich für den Batteriespeicher derzeit fast nochmals die hälf-

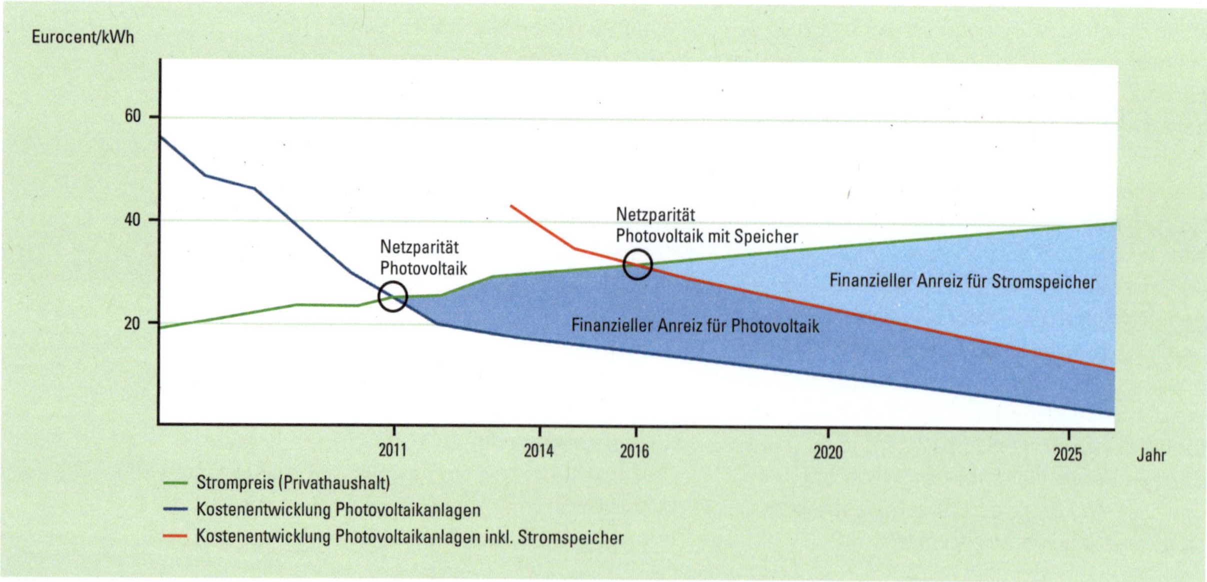

tige Investition der gesamten Photovoltaikanlage.

Die Preise von Stromspeichern für den Privathaushalt variierten 2020 zwischen 4000 Euro und 13000 Euro. Je nach Hersteller und Speichergröße sowie Marktlage können große Preisschwankungen auftreten. Grob kann man für kleine Speicher bis 8 kWh mit Kosten von 1000 bis 1200 Euro pro Kilowatt rechnen. Größere Speicher mit einem Speichervolumen von 10 bis 16 kWh sind etwas günstiger und kosten nur etwa 800 bis 1000 Euro pro kWh. Hieraus ergeben sich folgende grobe Gesamtkosten als Richtpreis inklusive Montage:

5 kWh – 4000 bis 7000 Euro
10 kWh – 7000 bis 9000 Euro

In den vergangenen vier Jahren sind die Preise für kleine Speichersysteme bis 10 kWh insgesamt um rund 40 Prozent gefallen. Laut einem Bericht der RWTH Aachen sinken die Speicherkosten für Lithium-Ionen-Batterien für Privathaushalte aktuell sogar um etwa 18 Prozent pro Jahr. Grund für diese starken Preissenkungen ist die steigende Nachfrage und die dadurch entstehende Massenproduktion. Aktuell muss aufgrund der hohen Nachfrage und der Materialknappheit jedoch wieder mit steigenden Preisen gerechnet werden.

Ein Stromspeicher ist dann wirtschaftlich, wenn durch das Speichersystem innerhalb seiner Lebenszeit mehr Geld an Stromkosten eingespart werden kann, als für die Anschaffung des Speichers aufgewendet werden musste.

Strom aus einer PV-Anlage kann aktuell schon für 12 bis 15 Cent pro Kilowattstunde erzeugt werden. Eine Kilowattstunde aus dem Netz hingegen kostet mindestens 35 bis über 40 Cent pro Kilowattstunde. Das heißt: Bei einer PV-Anlage ohne Speicher können 20 bis 25 Cent pro Kilowattstunde gespart werden. Ein Speichersystem erhöht im Gegenzug die Kosten der Stromerzeugung. Bleiben die Kosten für die Erzeugung und Speicherung sowie die dazugehörigen Nebenkosten (Wartung, Versicherung etc.) unter den Strombezugskosten, spart man jährlich Stromkosten.

Bis zum Jahr 2015 war es aufgrund der hohen Kosten für Speichersysteme noch nicht sinnvoll, Solarstrom zwischenzuspeichern. Seit 2016 haben Photovoltaikanlagen mit Speichersystemen jedoch Netzparität erreicht.
In Verbindung mit einer Speicherförderung ergeben sich daher finanzielle Kaufanreize für ein Speichersystem. Aufgrund der vielen verschiedenen möglichen Betriebsszenarien, einer nicht genau bestimmbaren Lebensdauer eines Speichers sowie einer nicht vorhersehbaren Entwicklung der Strommarktpreise ist eine exakte, über 20 Jahre prognostizierbare Wirtschaftlichkeitsberechnung schwierig und komplex.

Vereinfachte Berechnungen könnten wie folgt aussehen:

- Ermittlung der Energie, die der Akku während seiner Lebensdauer aufnehmen und wieder abgeben kann.
  Nimmt man als Beispiel einen Lithium-Ionen-Akku mit circa 6000 Ladezyklen bei einer Kapazität von 8 kWh (also 48000 kWh), muss hiervon zunächst die Entladetiefe in Abzug gebracht werden, bei der diese Zyklenlebensdauer überhaupt erreicht wird – etwa 10 Prozent. Darüber hinaus muss der Wirkungsgradverlust des Gesamtsystems berücksichtigt werden – zum Beispiel 90 Prozent. Der Akku kann in seiner Lebensdauer nur circa 39000 kWh umsetzen.
  Bei einem beispielhaften Preis von 7000 Euro für das Speichersystem ergeben sich Speicherkosten von 18 ct/kWh.
- Es müssen die Kosten für den erzeugten Strom, der gespeichert werden soll, miteinander addiert werden. Diese ergeben sich aus den Investitions- und Betriebskosten der Photovoltaikanlage. Hier kommen nochmals circa 12 bis 15 ct/kWh dazu, sodass sich für den aus dem Speichermedium entnommenen Strom ein Strompreis im Mittel von rund 30 bis 31 ct/kWh ergibt.

Mit dem genannten Anlagenbeispiel bei einer PV-Anlage mit 10 kWp Leistung bei 10000 kWh Jahresertrag und einem Jahresstromverbrauch von unterstellten 5000 kWh bei einem

Stromspeicherförderung von Gemeinden, Stadtwerken und Energieversorgern

Auch einzelne Kommunen und Städte fördern den Kauf von Stromspeichern. Bei all diesen Förderungen handelt es sich um nicht rückzahlungspflichtige Zuschüsse. Da sich die Förderungen permanent ändern oder auch zeitlich bedingt auslaufen, sollten Sie jeweils bei ihrer Stadt- oder Gemeindeverwaltung direkt nachfragen, ob diese PV-Stromspeicher fördert.

Auch einzelne Stadtwerke oder Energieversorger fördern unter Umständen Stromspeicher. Zu beachten ist jedoch: Im Regelfall müssen Hauseigentümer Kunde beim entsprechenden Stadtwerk oder Energieversorger sein, um dort einen Antrag auf Förderung einreichen zu können.

Fachbetriebe und Energieberater vor Ort können häufig Auskunft darüber geben, welche Stellen in der Region Fördermittel zu Photovoltaikspeichern anbieten.

Eingenverbrauchsanteil von 39 Prozent können 3900 kWh an Strombezug eingespart werden. Rechnet man für den restlichen Strombezug aus dem öffentlichen Netz einen Preis von 40 ct/kWh, kommt man auf einen Mischpreis der Haushaltsstromkosten von circa 26 ct/kWh. Das wären Einsparungen von ungefähr 35 Prozent gegenüber dem regulären Strombezugspreis. Würde sich der Strombezugspreis pro Jahr um durchschnittlich zwei Prozent erhöhen, wüchsen auch die Einspareffekte. Verbilligen sich die Speichermedien innerhalb der nächsten zwei oder drei Jahre jedoch um 30 Prozent und erhöhen sich gleichzeitig Wirkungsgrad und Ladezyklen, so würde sich der Einspareffekt womöglich zeitnah verdoppeln. Daher wäre abzuwägen, ob Sie umgehend ein Speichersystem installieren, das zwar sofort zu sparen hilft, in zwei Jahren aber wirtschaftlich gesehen zurückfällt und womöglich technisch bereits überholt ist, oder ob Sie nicht lieber abwarten. Gerade bei der Lithium-Ionen-Technologie steht zukünftig ein großes Kostensenkungspotenzial zu erwarten. Die Marktsituation macht eine Empfehlung hier sehr schwierig.

Den passenden Eigenverbrauchsanteil Ihrer Anlage mit und ohne Speicher können Sie mit dem Solarrechner der Verbraucherzentrale Nordrhein-Westfalen (verbraucherzentrale.nrw/solarrechner) ermitteln lassen. An dieser Stelle nochmals der Hinweis: Bei den angeführten und auch nachfolgenden Berechnungen handelt es sich um allgemeine Beispiele. Die tatsächlichen Einspareffekte ergeben sich aus einer individuellen und nutzerbezogenen Berechnung. Auch die Systempreise sind aktuell sehr unterschiedlich, weshalb mit vereinfachten Mittelwerten gerechnet wurde. Darüber hinaus sind auch die aktuellen Energiepreise (Strompreise) stark von den politischen Bedingungen abhängig. Wie diese sich zukünftig entwickeln werden, kann nicht vorhergesagt werden.

Förderungen

Die Bundesregierung hat nach langem Anlauf 2012 beschlossen, Stromspeichersysteme zu fördern. Ein entsprechendes Förderprogramm wurde durch die Kreditanstalt für Wiederaufbau (KfW) aufgelegt. Es galt für Photovoltaikanlagen, die nach dem 31. Dezember 2012 installiert wurden.
Seit Anfang 2013 war es daher möglich, Solarspeicher über einen KfW-Förderkredit zu finanzieren. Die KfW bot hierzu zinsgünstige Darlehen mit einem Tilgungszuschuss an. Das KfW-Förderprogramm „Erneuerbare Energien Speicher" wurde jedoch zum 31. Dezember 2018 eingestellt.
Der Kauf eines PV-Stromspeichers wird nur noch von wenigen Bundesländern und auch Städten gefördert. Aktuell gibt es zum Beispiel in Berlin über „IBB Businessteam" Förderangebote für PV-Anlagen unter anderem in besonderen Bereichen (Fassade, Denkmalschutz), für Stromspeicher, Steuerberatung und Dachgutachten.

Was muss man grundsätzlich beachten?

Wichtig ist, die gewählte Förderung frühzeitig zu beantragen. Zum einen dürfen Stromspeicher meist noch nicht installiert sein, wenn der Förderantrag gestellt wird. Bereits in Betrieb genommene Speicher sind nicht mehr förderfähig! Zum anderen ist das Interesse an Zuschüssen oft so hoch, dass die Fördertöpfe nach wenigen Monaten aufgebraucht sind.

Viele Fördermaßnahmen stellen zur Bedingung, dass keine anderen Fördermittel mit derselben Zuwendung bezogen werden. Hauseigentümer können also häufig nicht mehrere Förderungen kombinieren. Grundsätzlich sollten Antragsteller im Vorfeld genau prüfen, welche Bedingungen an den gewünschten Kredit oder Zuschuss gestellt werden.

Manche Stellen fördern beispielsweise nur Stromspeicher, die über eine bestimmte Speicherkapazität verfügen. Oft ist nur antragsberechtigt, wer den Speicher gemeinsam mit einer neuen netzgekoppelten Photovoltaikanlage installiert.

Die KfW bietet speziell für Speicherinteressierte den „KfW Kredit 270" (siehe auch Tabelle auf Seite 114) an. Damit fördert die KfW bis zu 100 Prozent der Nettokosten beim Erwerb oder der Erweiterung einer Erneuerbare-Energien-Anlage. Solarstromspeicher können mitfinanziert werden. Wichtig ist, dass die Anlage zur Stromerzeugung, wie eine Photovoltaikanlage, neu installiert oder nicht älter als zwölf Monate ist und ein Teil der Energie eingespeist oder verkauft wird. Leider sind die bisher sehr lukrativen Zinsen mittlerweile aufgrund der allgemeinen Zinsanhebung deutlich gestiegen. Die zu leistenden Raten fallen vierteljährlich an und können gegen eine Vorfälligkeitsentschädigung auch auf einen Schlag zurückgezahlt werden.

Denken Sie darüber nach, im Zuge der Installation einer PV-Anlage gleich einen Großteil oder gar die ganze Haustechnik digital effizient mit einzubinden, dann kann eine solche ebenfalls über die BEG EM gefördert werden. Ein sogenanntes Efficiency Smart Home System kann ein smartes Zuhause ermöglichen und über gesteigerte Kontrolle und Abstimmung der Elemente untereinander zu deutlich erhöhter Effizienz führen. Einige der möglichen Maßnahmen:

- Intelligente Heizung
- Ladestation für Elektroautos
- Lichtsteuerung
- Intelligente Rollladensteuerung
- Fenster- und Türsensoren
- Türkommunikationssystem
- Überwachungskameras
- Wassermelder
- Notruf- und Unterstützungssysteme

So können Energie gespart, das Haus einbruchsicher gemacht und der Wohnkomfort erhöht werden. Alle oder einzelne dieser Maßnahmen werden durch zinsgünstige Kredite oder einen nicht zurückzuzahlenden Zuschuss gefördert.

Tagesaktuelle Konditionen zu den entsprechenden Programmen des Bafa und der KfW erfahren Sie über die entsprechenden Internetportale auf bafa.de und kfw.de.

Neben den bundesweit geltenden Krediten der KfW gewähren einige wenige Bundesländer eine PV-Speicherförderung. Bei all diesen Länderförderungen handelt es sich um Zuschüsse – sie müssen nicht zurückgezahlt werden und lohnen sich für Hauseigentümer deshalb besonders.

Je nach Bundesland bemisst sich die Förderhöhe durch einen gewissen Prozentsatz der Speicherinvestition oder durch einen bestimmten Geldbetrag pro Kilowattstunde Speicherkapazität. Einige Bundesländer fördern zusätzlich die Anschaffung von Ladestationen für Elektrofahrzeuge.

Welche Förderbedingungen gelten und wie hoch der Zuschuss ausfällt, ist von Bundesland zu Bundesland unterschiedlich und kann sich auch kurzfristig ändern. Die entsprechenden Informationen aus aktuellen Förderungen der Bundesländer können im Internet recherchiert werden.

BETREIBERMODELLE – WIRTSCHAFTLICHKEIT

Aus dem Betrieb einer Photovoltaikanlage ergeben sich zunächst einmal eine Vielzahl von Betriebsweisen und Betreibermodellen, die auf eine Wirtschaftlichkeitsbetrachtung Einfluss haben. Nachfolgend finden Sie zwei Beispiele.

Netz-Volleinspeisung

Merkmale Variante 1: Investor = Betreiber = Grund- und Gebäudeeigentümer
Merkmale Variante 2: Investor = Betreiber; Gebäudeeigentümer = Dritter (zum Beispiel angemietetes Dach)

- Im Eigenheimbereich mit Volleinspeisung gegen EEG-Vergütung bei PV-Anlagengrößen 10 bis 20 kWp und einer Investition von < 1 500 Euro/kWp netto kann bei einer Wirtschaftlichkeitsbetrachtung von einer Gesamtkapitalrendite in Höhe von grob zwei bis drei Prozent ausgegangen werden.
- Ein ähnliches Ergebnis ist im Gewerbebereich mit Volleinspeisung gegen EEG-Vergütung bei PV-Anlagengrößen von 30 bis 100 kWp und Investitionskosten von unter 1 400 Euro/kWp netto zu erwarten.

PV-Eigenversorgung mit Überschusseinspeisung

Merkmale: Investor = Betreiber = Grund- und Gebäudeeigentümer = Verbraucher

Wichtig hierbei: Bei solchen Anlagenkonstellationen kann je nach Eigenverbrauchsquote und den damit eingesparten Strombezugskosten eine Rendite von mehr als zwei bis mehr als drei Prozent erwartet werden.

Wirtschaftlichkeitsbetrachtung

Die Wirtschaftlichkeitsbetrachtung einer PV-Anlage fußt auf verschiedenen Kennzahlen und hängt insbesondere von der Betriebsweise ab. Da aktuell sehr viele Betriebsmöglichkeiten zur Verfügung stehen, insbesondere in Bezug auf den Eigenstromverbrauch sowie die unterschiedlichsten Möglichkeiten der Einbindung in den häuslichen Energiebedarf, sollen nachfolgend nur einige Beispiele anschaulich herangezogen werden.

Kennzahlen

Bei der Wirtschaftlichkeitsberechnung unterscheidet man zwischen

1 dynamischen Kennzahlen und
2 statischen Kennzahlen.

Die dynamischen Kennzahlen bilden hierbei die Erfassung der Ein- und Auszahlungen mit abnehmenden Realwerten über die Dauer eines Betrachtungszeitraums ab. Zum Beispiel hat ein Jahresüberschuss mit 1 000 Euro in 20 Jahren aufgrund von inflationären Einflüssen nur noch einen Wert von circa 700 Euro bei angenommen zwei Prozent jährlicher Inflation.

Typische Kennzahlen in Wirtschaftlichkeitsprogrammen zeigen am Ende eines Betrachtungszeitraums von 20 Jahren den Solarkontoüberschuss als statische Summe. Bei einem sogenannten DCF-Wert ergibt sich ein abgezinster Endüberschuss, das heißt: ein dynamisch betrachtetes Endergebnis.

In der Regel nimmt man die Kapitalwertbetrachtung als Hilfe zur Entscheidungsfindung, um zu prognostizieren, welcher Wert sich aus meinem eingesetzten Kapital in eine Investition

Rendite einer Solarstromanlage bei Volleinspeisung

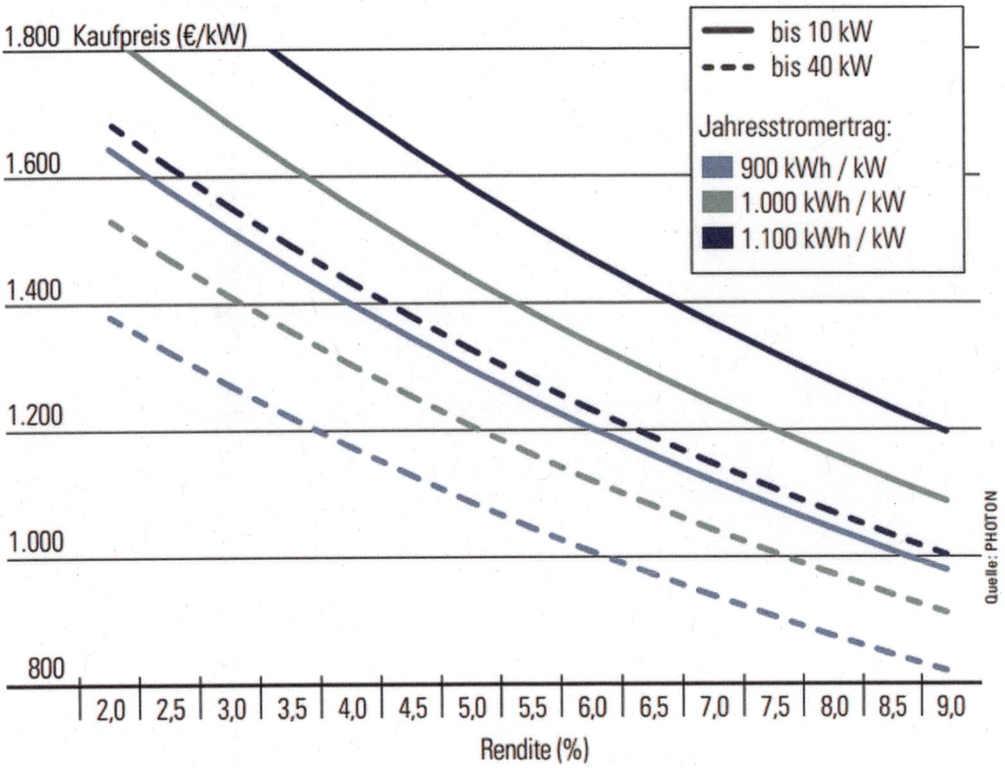

nach Ablauf eines Betrachtungszeitraums ergeben hat.

Bei der Berücksichtigung des Eigenverbrauchs sind neben dem Strombezugspreis auch mögliche Abgaben der EEG-Umlage zu berücksichtigen. Wie auch in anderen Punkten macht es der Gesetzgeber dem Verbraucher nicht leicht, wenn es darum geht, gewisse finanzielle Vorteile aus dem Betrieb einer Photovoltaikanlage zu ziehen.

Kapitalwert

Ein weiterer Begriff im Rahmen der Wirtschaftlichkeitsberechnungen ist der Kapitalwert.

Eine Investition, zum Beispiel in eine PV-Anlage, ist wirtschaftlich betrachtet dann vorteilhaft, wenn der Kapitalwert größer ist als der einer anderen zur Wahl stehenden Geldanlage. Betrachtet wird hierbei der Kalkulationszinsfuß. Er beschreibt den Zinssatz, zu dem das Eigenkapital alternativ zur PV-Anlage auf dem Geldmarkt hätte angelegt werden können.

Rendite

Die Rendite ist der klassische Maßstab einer Wirtschaftlichkeitsbetrachtung. Dabei gibt es zwei Betrachtungsmodelle:

1 IRR-Methode (Methode des internen Zinssatzes)
Bei der klassischen IRR-Methode geht man davon aus, dass die während des Betrachtungszeitraums relevanten Ein- und Auszahlungen (meist Jahresüberschüsse) zum gleichen projektinternen Zinssatz sofort wieder für gleichwertige neue Projekte angelegt werden.
Beispiel: Werden 8 Prozent interne Rendite berechnet, so werden die gewinnbringenden Überschüsse wieder für 8 Prozent beim nächsten Projekt angelegt …

Realistisch ist die IRR-Methode für Kapitalfonds aus Windkraft und Solar und eventuell für Energiegenossenschaften und Stadtwerke, die laufend in solche Projekte investieren. Unrealistisch hingegen ist diese Methode bei größeren Einzelanlagen und insbesondere bei kleinen Anlagen im Einfamilienhausbereich.

Für Letztere eignet sich daher die modifizierte IRR-Methode nach Baldwin.

Bei dieser modifizierten IRR-Methode geht man davon aus, dass die während des Betrachtungszeitraums relevanten Ein- und Auszahlungen (meist Jahresüberschüsse) zu einem vorher festgelegten, realen und damit zumeist niedrigeren Zinssatz am Geldmarkt wieder angelegt beziehungsweise beliehen werden.

Beispiel: Werden die im Beispiel zuvor benannten 8 Prozent Rendite bei einem festgelegten Kalkulationszinssatz von zum Beispiel 2 Prozent berechnet, so werden die gewinnbringenden Überschüsse aus dem PV-Projekt auch nur für 2 Prozent wieder angelegt. Diese Berechnung ist deshalb realistischer, gerade für Klein- und Einzelprojekte, da beispielsweise bei einem Einfamilienhaus die Gewinne nicht nochmals oder sogar mehrmals in eine PV-Anlage investiert werden.

Dieser Unterschied ist für Sie dann wichtig, wenn Sie von unterschiedlichen Anbietern von PV-Anlagen Wirtschaftlichkeitsberechnungen enthalten, die in der Rendite etwa stark abweichen. Dann rentiert sich der genaue Blick darauf, mit welcher Methode gerechnet wurde.

2 Ein weiteres Modell ergibt sich mit der Gesamtkapitalrendite:

Hier wird die Verzinsung des gesamten Kapitals betrachtet, unabhängig vom Verhältnis Eigenkapital- zu Fremdkapitalanteil.

Beispiel: 5 Prozent Gesamtkapitalrendite bedeuten, dass sich eingesetzte 1 000 Euro nach einem festen Betrachtungszeitraum auf 1 050 Euro vermehrt haben.

Die Bewertung der Gesamtkapitalrendite ist wichtig beim Einsatz von Fremdkapital.

Die zu erwartende Gesamtkapitalrendite (GK-Rendite) sollte immer nennenswert höher sein als die Kosten aus den Zinsen des Fremdkapitals, insbesondere bei einem hohen Fremdkapitaleinsatz. Wenn beispielsweise ein Kredit 3 Prozent an Zinsen kostet, dann sollte die Gesamtkapitalrendite höher liegen als der Kreditzins.

Eigenkapitalrendite

Zusätzlicher Betrachtungspunkt ist die Eigenkapitalrendite:

Hier wird ausschließlich die Verzinsung des eingesetzten Eigenkapitals betrachtet, unter Berücksichtigung der Summe aus beliehenem Fremdkapital beziehungsweise der Kreditrückzahlung und Kosten der Finanzierung (Kreditzinsen). Bei einem Eigenkapitaleinsatz von 100 Prozent sind daher die Gesamtkapitalrendite und Eigenkapitalrendite identisch.

Bei renditeoptimierten PV-Anlegern wird meist gezielt eine niedrige Eigenkapitalquote von 10 bis 30 Prozent angestrebt, um bei erfolgreichem Projektverlauf durch die Hebelwirkung des „billigen" Fremdgeldes eine hohe Eigenkapitalrendite erzielen zu können („Leverage Effect").

Liquiditätsüberschuss

Im Ergebnis einer Wirtschaftlichkeitsbetrachtung erwartet man am Ende eines Betrachtungszeitraums den Liquiditätsüberschuss. Dieser bezeichnet das Ergebnis (Saldo) aus Ein- und Auszahlungen während eines Betrachtungszeitraums. Er berücksichtigt keine dynamischen Einflüsse wie zum Beispiel Inflation und damit verbundene Geldentwertung.

Unter Berücksichtigung der Inflationsrate (Geldentwertung) gibt es hierzu den sogenannten DCF-Wert (englisch: Discounted Cash Flow). Er berücksichtigt den Saldo aus Ein- und Auszahlungen während eines Betrachtungszeitraums mit einer „schleichenden" Geldentwertung (Inflation) zum Beispiel auf Basis des gewählten Kalkulationszinssatzes (beispielsweise 2 Prozent). Er ist daher in der Regel niedriger als der rein saldierte Endüberschuss.

Amortisationszeit

Die Amortisationszeit bezeichnet den Zeitpunkt, zu dem die (bis dahin aufgelaufene) Summe der Ein- und Auszahlungen erstmals höher als 0 Euro ist. Man nennt das auch den „Break-Even-Punkt" oder beantwortet vereinfacht ausgedrückt die Frage: Wann habe ich mein eingesetztes Eigenkapital wieder zurück?

Auch hier ergibt sich eine statische und dynamische Betrachtungsweise, je nachdem, ob ohne oder mit Berücksichtigung einer Inflationsrate.

Die beiden folgenden Beispiele stellen eine grobe Wirtschaftlichkeitsbetrachtung dar:

Beispiel 1 betrachtet eine neue PV-Anlage mit einer Leistung von 10 kWp ohne Speicher, jedoch mit Eigenstrombezug aus der reinen Anlagenleistung, bei mittlerem Solarertrag, einem Familienhaushalt mit 5 000 kWh Strombezug pro Jahr., ohne weitere große Umstellung im Verbrauchsverhalten. Hieraus ergibt sich nach 20 Jahren ein finanzieller Vorteil von rund 3 300 Euro.

Beispiel 2 betrachtet die gleiche Anlagengröße, jedoch mit einem Speicher mit 5-kWh Leistung sowie aktiver Haushaltsumstellung (bewusster Stromverbrauch tagsüber, wie zum Beispiel bei Spülmaschine, Waschmaschine, doch auch ohne E-Auto). Hieraus ergäbe sich ein finanzieller Gewinn auf 20 Jahre gesehen in Höhe von etwa 5 200 Euro.

Dies sind nur grobe Beispiele, ohne bestimmte Finanzierungsvarianten, mit einer mittleren Kostenannahme und einem angenommenen Verbrauchs- und Ertragsverhalten. Der tatsächliche Einspareffekt ist von vielen Faktoren abhängig.

Steuerliche Aspekte

Eine differenzierte Wirtschaftlichkeitsberechnung sollte relevante umsatz- und ertragssteuerliche Parameter berücksichtigen. Wie wir später im Abschnitt „Steuern und Finanzamt" (siehe Seite 190) noch erfahren, gibt es verschiedene Möglichkeiten einer optimierten Steuerung steuerlicher Parameter. Zudem ergeben sich nach aktueller Gesetzgebung einige Steuererleichterungen bei neuen PV-Anlagen.

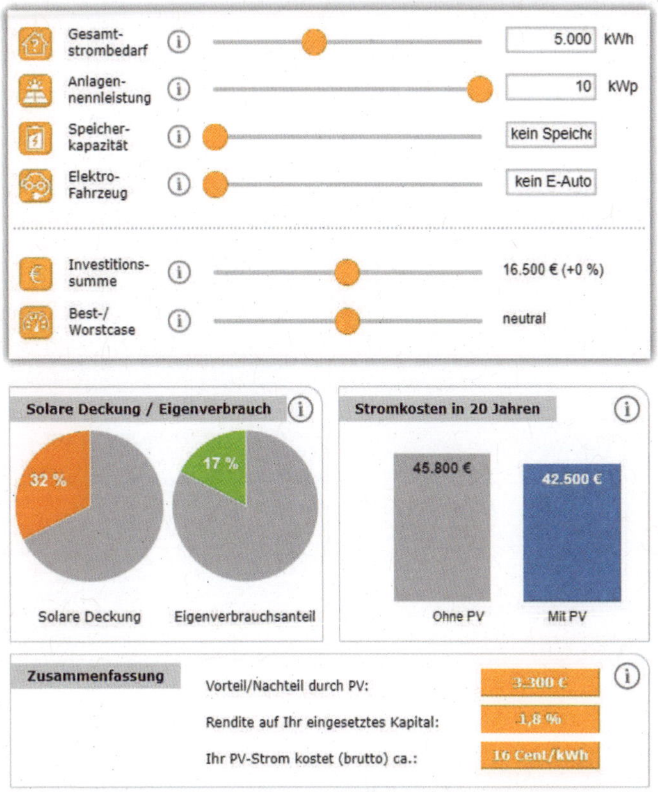

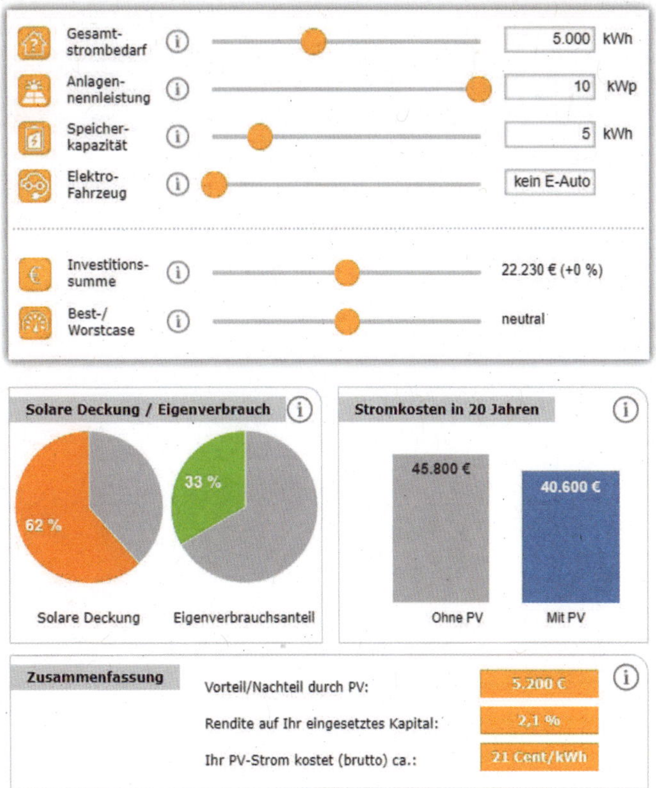

Auf den Internetseiten der Stiftung Warentest (test.de, Stichworte: Solaranlage, Rendite) finden Sie eine spezielle Themenseite zu Solaranlagen, auf der Sie unter anderem die Rendite Ihrer Solaranlage berechnen lassen können.

Photovoltaik ohne EEG-Vergütung

Theoretisch und auch praktisch ist es möglich, PV-Anlagen ohne EEG-Vergütung zu betreiben. Es gibt bereits größere PV-Anlagen, die so betrieben werden. Das ist dann möglich, wenn man einen festen Abnehmer für den erzeugten Strom hat – zum Beispiel ein Gewerbeunternehmen –, oder dies in Kombination mit einem Direktvermarkter betreibt.

Kleinanlagen

Auch bei einer Kleinanlage wäre dies denkbar, wirtschaftlich allerdings noch schwierig darstellbar. Machen wir einen Versuch, nehmen uns nochmals den „Unabhängigkeitsrechner" aus dem Abschnitt „Kosten …", Seite 122 zur Hilfe und stellen folgende Beispielrechnung an:

Wir haben, wie angenommen, einen Stromverbrauch von 5000 kWh im Jahr, dazu eine kleine PV-Anlage von 5 kWp sowie einen Speicher mit 5 kWh. Die PV-Anlage erzeugt insgesamt etwa 5000 kWh jährlich. Damit wäre eine theoretische Deckung für den Jahresverbrauch möglich. Da die Energieverteilung zwischen Sommer und Winter jedoch sehr unterschiedlich ist, geht Solarstrom „verloren" und ist Bezugsstrom erforderlich.

Unser Lithium-Ionen-Akku mit circa 6000 Ladezyklen (über 20 Jahre) bei einer Kapazität von 5 kWh also 30000 kWh insgesamt, abzüglich Entladetiefe von ungefähr 10 Prozent und einem Wirkungsgrad von 90 Prozent, schafft während seiner Lebensdauer etwa 24000 kWh. Das wären im Jahr 1200 kWh. Bei einem Eigenverbrauchsanteil von 59 Prozent können rund 2950 kWh durch Solarstrom (direkt = 1750 kWh + Speicher = 1200 kWh) gedeckt werden.

Bei einem beispielhaften Preis von 6000 Euro für das Speichersystem ergeben sich Speicherkosten von 25ct/kWh. Der Gestehungspreis für den reinen PV-Strom liegt bei etwa 12 ct/ kWh, sodass sich für den aus dem Speichermedium entnommenen Strom ein Strompreis im Mittel von 37 ct/kWh ergibt. Der Mischpreis aus direktem Solarverbrauch + Speicher + restlicher Netzbezug (Preis angenommen mit 40ct/kWh) liegt dann bei circa 30 ct/kWh (Mischpreis). Es verbleiben jedoch 41 Prozent des erzeugten Solarstroms, der im Haushalt weder direkt noch mit Speicher verbraucht werden kann. Ohne Einspeisevergütung wird es daher mit der Wirtschaftlichkeitsbetrachtung schwierig aussehen. Eine Alternative wäre, dass die 41 Prozent über andere Medien verbraucht werden, das kann ein Elektroauto sein, eine Wärmepumpe oder ein Heizstab zur Warmwasseraufbereitung (auch im Sommer). Damit würde sich auch eine PV-Anlage ohne Einspeisevergütung wirtschaftlich rechnen.

PV-Miete (PV-Pacht)

Aus dem gleichen Grund, wie Sie zum Beispiel ein Auto nicht kaufen, sondern leasen (Mietkauf), können Sie auch eine PV-Anlage mieten.

Gründe für ein „PV-Leasing"

Die Gründe für ein solches Modell sind unterschiedlich. In der Regel gilt das für jene Hausbesitzer, die nicht über genügend Eigenkapital verfügen, um sich selbst eine Photovoltaikanlage anzuschaffen und installieren zu lassen, oder dieses Eigenkapital für andere Investitionen verwenden wollen oder müssen, jedoch nicht auf ökologische Eigenstromnutzung verzichten möchten. Auch Investoren vermieten größere PV-Anlagen für Gewerbebetriebe oder etwa Kommunen.

Die Planung, Installation, Wartung, Reparatur und Versicherung der Photovoltaikanlage erledigt hierbei der Vermieter – sprich Investor der PV-Anlage. Der Mieter selbst wird eigenständiger Solaranlagenbetreiber, er bezieht den Strom also nicht vom Vermieter, sondern aus der angemieteten PV-Anlage, die unmittelbar in seiner Nutzungsgewalt steht.

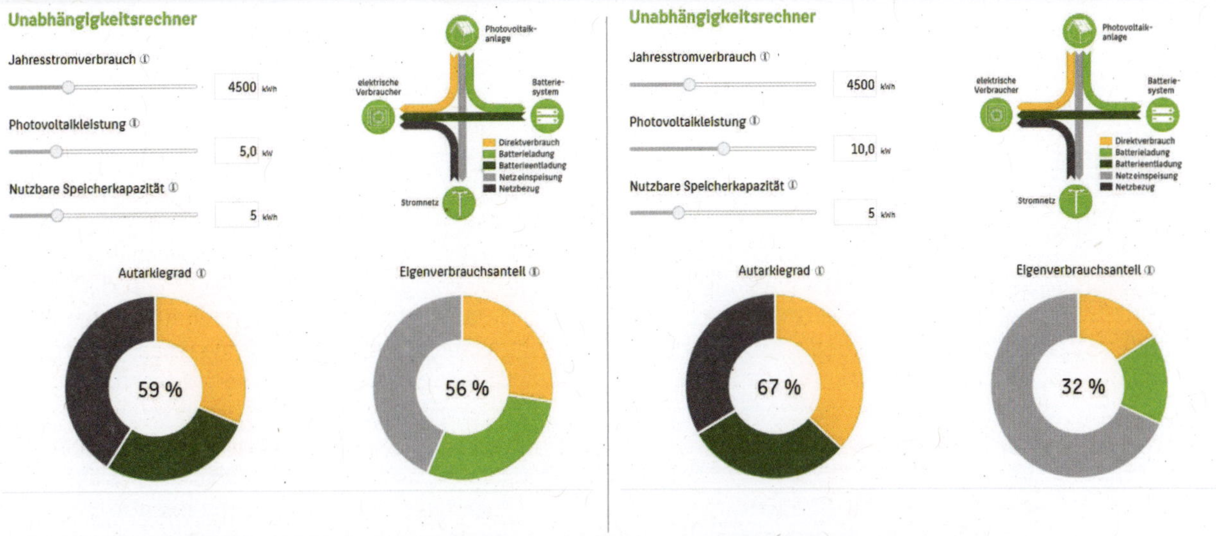

Der Eigenverbrauchsanteil beschreibt den Anteil des erzeugten Solarstroms, der entweder zeitgleich durch die Stromverbraucher oder zur Ladung des Batteriespeichers genutzt wird. Der Autarkiegrad gibt den Anteil des Stromverbrauchs an, der durch das Photovoltaik-Speichersystem versorgt wird. Hierzu trägt entweder der zeitgleiche Direktverbrauch des erzeugten Solarstroms oder die Entladung des Batteriespeichers bei. Je höher der Autarkiegrad ist, desto weniger Energie wird aus dem Stromnetz bezogen.

Rechte und Pflichten aus der Vermietung: Aus der Konstellation ergeben sich verschiedene Rechte und Pflichten beider Parteien, welche hier stichwortartig aufgeführt werden.

Rechte und Pflichten des **Vermieters** einer PV-Anlage:

- finanziert die PV-Anlage
- ist Anlageneigentümer und hat Steuervorteil (Abschreibungen)
- zuständig für Gewährleistungsfragen und Sachversicherung
- erhält feste Mietzahlung (Monat/Quartal) von PV-Mieter
- trägt Risiko bei insolventem Mieter
- schließt mit dem PV-Mieter einen „PV Miet-" und in der Regel einen „Betriebsführungs- und Servicevertrag" ab

Rechte und Pflichten des **Mieters** einer PV-Anlage:

- in vollem Umfang Anlagenbetreiber, somit Anlagenverantwortlicher (Haftpflichtversicherung)
- übernimmt Abrechnungen mit Netzbetreiber
- erhält EEG-Vergütung
- reduziert seine Stromkosten während Mietzeit
- Mietzahlung (Monat/Quartal) an PV-Vermieter
- schließt mit dem PV-Vermieter einen „PV-Miete" und reinen „Betriebsführungs- und Servicevertrag" ab

Aus dem Mietmodell ergibt sich eine Win-Win-Situation. Wer die Anlage auf Ihrem Dach installiert, trägt sämtliche Kosten für die Investition sowie die Kosten für Wartung und Instandsetzung. Demgegenüber stehen die Mieteinnahmen einerseits, zum anderen bekommt der Investor eine Dachfläche, auf der er eine PV-Anlage errichten und betreiben kann.

Für den Hauseigentümer ist solch ein Mietmodell risikolos. Letztendlich kann er während des Betriebs so viel Eigenstrom nutzen, wie es ihm technisch möglich ist.

Mietzahlungen

Dass dieser „Service" seinen Preis hat, versteht sich von selbst. Die Miete entspricht in

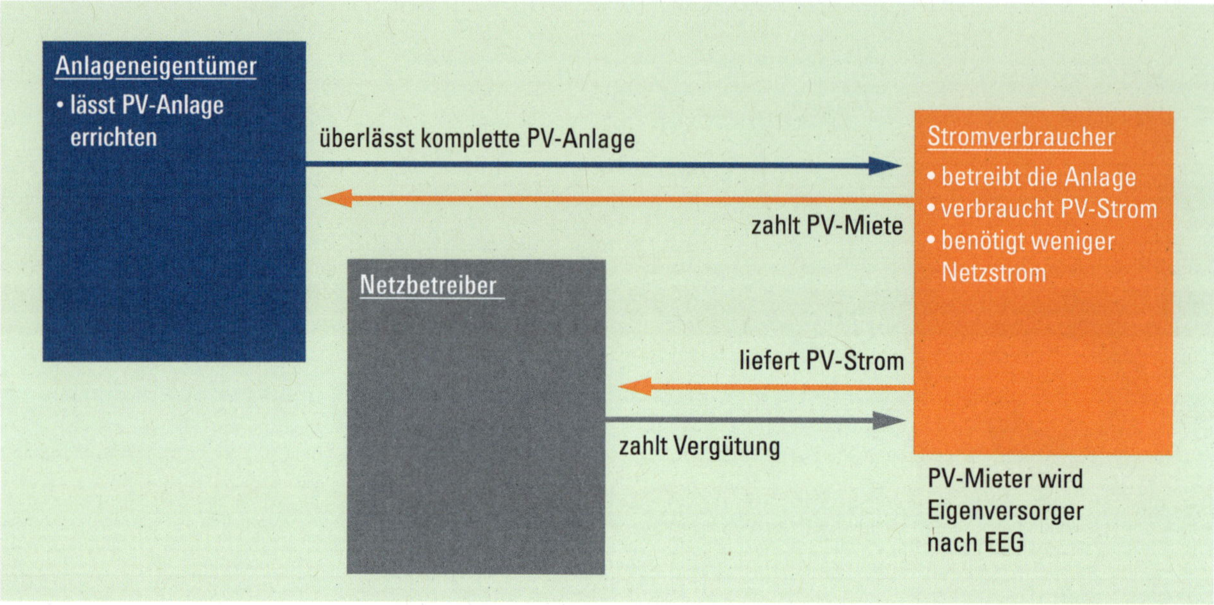

Grundstruktur der PV-Miete

der Regel der prognostizierten EEG-Vergütung und dem Großteil der real eingesparten Stromkosten (zum Beispiel 90 Prozent). Vergleicht man die Kosten für die Anschaffung und den Betrieb einer eigenen Anlage mit den Kosten für die Miete einer Photovoltaikanlage, hat der Käufer einen finanziellen Vorteil. Bequemer hat es jedoch der Mieter, wobei nicht außer Acht gelassen werden darf, dass Verwaltungsaufgaben wie die Abrechnung mit dem Energieversorger dennoch beim Mieter liegen.

Geht es nur darum, die Zahlung auf monatliche Raten aufzuteilen, sollte ebenfalls erwogen werden, ob ein zinsgünstiger Kredit etwa bei der KfW-Bank nicht sinnvoller ist. Es gibt auch viele Angebote, bei denen die PV-Anlage gepachtet werden kann: Mit den monatlichen Raten wird die Anlage abgezahlt und geht dann in den eigenen Besitz über. Für die Höhe des Mietpreises spielt es keine Rolle, wie viel Strom Sie selbst verbrauchen. Die Größe der Anlage beeinflusst die Kosten, die Sie viele Jahre zu zahlen haben, jedoch sehr stark.

Anbieter des Mietmodells

Wer eine Photovoltaikanlage mieten will, kann heute unter einer Reihe von Anbietern wählen. Oft sind es Stadtwerke, die sich auf diese Weise neue Geschäftsfelder erschließen, aber auch Energiekonzerne, die dies gern mit einer Cloudlösung und eigenen Strombezugstarifen „verkaufen".

Achten Sie beim Vergleich der Angebote nicht nur auf die Höhe der Miete, sondern auch auf das Kleingedruckte in den Verträgen. Punkte, die Sie vor dem Abschluss des Mietvertrags kritisch prüfen sollten:

- Garantiert der Vermieter die Strommenge, die Sie durchschnittlich pro Tag benötigen?
- Wer bekommt die Vergütung für den Strom, der in das Netz eingespeist wird?
- Zahlt der Vermieter im Falle einer längeren Störung eine Entschädigung?
- Bleibt der Mietvertrag bestehen, falls das Haus den Eigentümer wechselt?
- Fallen nach Ablauf des Mietvertrags Kosten an?

MONTAGE UND ANSCHLUSS DER PV-ANLAGE

ANGEBOTE EINHOLEN UND VERGLEICHEN

Wenn Sie sich für eine PV-Anlage interessieren und deren Anschaffung in die Entscheidungsphase gerückt ist, gilt es, entsprechende Angebote einzuholen. Suchen Sie sich hierzu mehrere Fachbetriebe aus und lassen sich dementsprechend auch mehrere Angebote erstellen.

Das Internet bietet unglaublich viele Informationen, die sich auf die Installation von Photovoltaikanlagen beziehen. Oftmals fällt es schwer, die gesuchten Informationen herauszufiltern. Nehmen Sie sich Zeit und verschaffen sich einen Überblick, welche Fachbetriebe sich in Ihrer Nähe befinden und welche Referenzen diese auf ihrer Internetseite vorweisen können.

Keine Augenwischerei

Lassen Sie sich nicht von schönen Bildern „toller" PV-Anlagen verleiten. Im Vordergrund steht eine professionelle Beratung mitsamt Informationsgespräch, das mit einer Ortsbesichtigung verbunden ist. Eine Photovoltaikanlage lässt sich nicht „von der Stange" planen.

Qualität kommt vor Preis

Beachtet werden sollte, dass keine „Noname-Produkte" angeboten sind. Da es nur noch wenige deutsche Hersteller gibt, kommen viele Module aus dem asiatischen Raum. Zumindest sollten Sie darauf achten, dass Produkte von „Premiumherstellern" angeboten werden. Solche findet man zum Beispiel in Marktübersichten der Fachzeitschrift „Photon". Ähnliches gilt für Wechselrichterhersteller. Bei Speicheranbietern wird es noch schwieriger. Verschaffen Sie sich einen detaillierten Überblick und achten Sie in den Verträgen genauestens auf die Garantieleistungen (siehe auch ab Seite 161).

Dem Vor-Ort-Termin kommt eine besondere Bedeutung zu. Das Fachunternehmen muss hierbei alle planungsrelevanten wichtigen Informationen und Erkenntnisse aufnehmen und diese Daten in seine Angebotserstellung einfließen lassen. Das Angebot selbst soll dann auch für einen Laien lesbar und verständlich sein sowie eine umfassende Aufstellung des benötigten Materials und der Montagezeiten beinhalten. Ein Angebot mit nur einer Position und der Bezeichnung „1 Stück Photovoltaikanlage mit ca. 10,0 kWp und Wechselrichter nach Auslegung" mit einem ausgewiesenen Gesamtpauschalpreis ist nicht seriös und gleicht dem Kauf einer „Katze im Sack". Ähnliches gilt bei Angaben wie „Premium-Wechselrichter" oder „Premiumspeicher" ohne Benennung der Marke und der genauen Typenbezeichnung.

Ein Angebot bedeutet mehr als ein Kostenvorschlag. Gerade bei Kleinanlagen sollte es jedem Fachbetrieb möglich sein, alle Vorhersehbarkeiten sicher kalkulieren zu können. Dabei muss die Datenaufnahme (zum Beispiel Skizzen, Fotos, Aufmaße) der Dachfläche und Anlagenumgebung vor Ort in die Angebotserstellung einfließen. Das gilt insbesondere für die Situation der Verschattung oder künftigen Verschattung (zum Beispiel geplante Baumaßnahmen, Baumpflanzung etc.).

Weiterer Kernpunkt ist der Anschluss ans Netz über den bestehenden Hausverteiler bis hin zum Speicherplatz, soweit ein Speicher vorgesehen ist, wie auch dessen Einbindung in den Eigenstromverbrauch. Letztendlich muss ein Betriebskonzept erarbeitet werden, welches zum Haushalt oder einem anderen Gebäude passt und auf den Bedarf abgestellt ist.

Perfekte Angebote sollen neben einer Ertragsberechnung auch eine Wirtschaftlichkeitsprognose mit nachvollziehbaren Zahlen enthalten.

Bestandteile eines Angebots
Produktbeschreibungen:
- Angebotene Produkte (Hersteller, Anzahl und Typ der Module, Typ Wechselrichter, Verkabelung, Haltesystem)
- Angaben der Produktmerkmale (Leistung, besondere Eigenschaften, Garantien, zulässige Belastung, gegebenenfalls ergänzt durch entsprechende Datenblätter der Hersteller)
- Notwendige Zertifikate, Prüfbescheinigungen und Nachweise, die seitens der Finanzierung oder des Förderantrags benötigt werden
- Falls von Ihnen bestimmte spezifische Merkmale wie Farbe, Aussehen oder Hersteller gewünscht sind, müssen sich diese im Angebot wiederfinden – und zwar konkret und nicht mit dem Zusatz „oder gleichwertig".

Angebotene Leistungen:
- Montagebeschreibung der Module (Aufdach, Indach, Flachdach, Fassade) und der Wechselrichter
- Art, Länge und Verlegewege der nötigen Kabel
- Eventuell notwendige Umbaumaßnahmen (Unterverteilung, neuer Zählerschrank)
- Kosten, die bei Hilfs- und Sicherungsmaßnahmen (Gerüstauf- und -abbau, Straßensperrung wegen Materialanlieferung und Baustellenvorbereitung) anfallen
- Termin: Baubeginn und Bauende beziehungsweise Inbetriebnahme
- Abwicklung der Anfragen und Anträge (Bauamt, Energieversorger, KfW)
- Subunternehmerleistungen (welche Leistungen werden durch eine Drittfirma durchgeführt)
- Angaben zu notwendigen Drittanbieterleistungen, die fachlich und wegen Gewährleistung an Fachbetriebe vergeben werden sollten: Baustatiker, Dachdecker, Tiefbauarbeiten für Kabelverlegungen

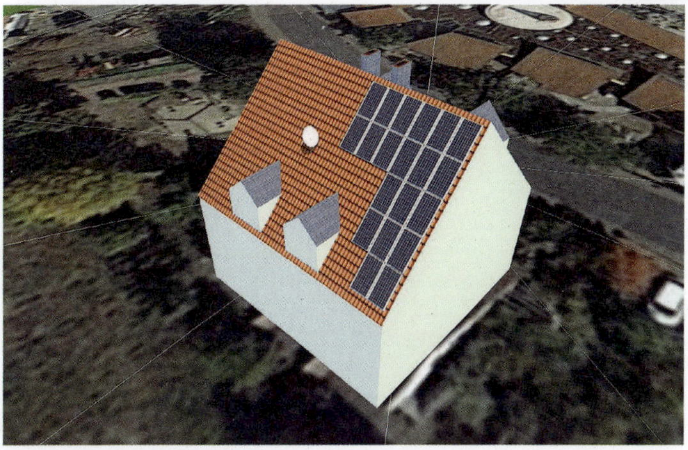

Standortbezogene 3-D-Planung einer PV-Anlage

Die Angaben zu Garantien sind, anders als bei der gesetzlich geregelten Gewährleistung, freiwilliger Natur seitens der Hersteller und sollten daher im Angebot genau spezifiziert sein. Viele Hersteller von Wechselrichtern bieten aktuell längere Garantiezeiten an (meist fünf bis zehn Jahre) und darüber hinaus eine Garantieverlängerung, welche aber zumeist mit Zusatzkosten verbunden ist. Ob ein solcher Abschluss sinnvoll ist, lässt sich nicht pauschal sagen. In der Regel greifen solche Garantien zumindest nicht bei Schäden durch äußere Einwirkung, wie Überspannung.

Zahlungsbedingungen

In vielen Angeboten werden sich Anzahlungen „nach Beauftragung" wiederfinden, die bis zu 90 Prozent bei Auftragserteilung liegen. Solche, zumeist aus früheren Zeiten übernommenen, Anzahlungen sind viel zu hoch und nicht gerechtfertigt. Sie stellen ein finanzielles Risiko für den Besteller dar. Früher war gegeben, dass der Anteil der Materialkosten deutlich über 80 Prozent lag, weshalb es für Fachfirmen vom Standpunkt der Liquidität her schwierig und somit verständlich war, wenn sie für die Materialkosten mehrerer PV-Anlagen in Vorleistung treten mussten. Heute hat sich das Kostenverhältnis gewandelt; das Verhältnis von Materialkosten zu Montagekosten liegt aktuell bei 60/40. Darüber hinaus ist der Kostenumfang des Materials für eine kleinere PV-Anlage

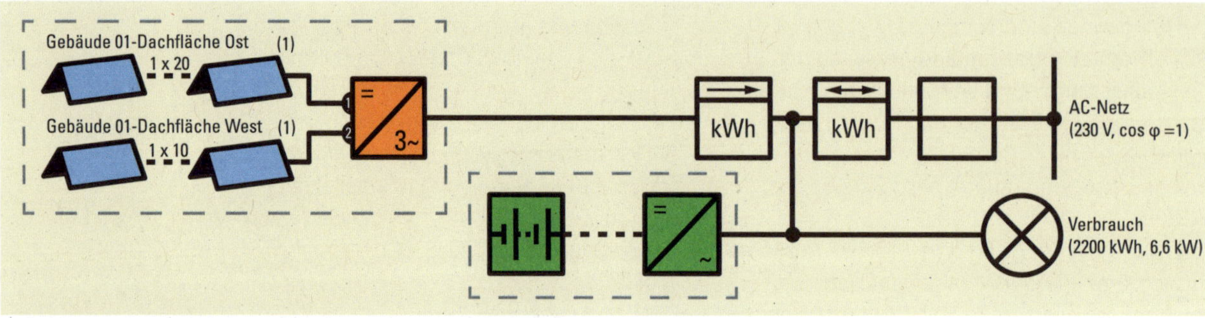

Beispiel für eine Anlagenkonzeption mit Speicher

weitaus geringer als noch vor zehn Jahren. Drängen Sie darauf, dass der Materialpreis in Form einer Abschlagsrechnung erst fällig wird, wenn das Material auf die Baustelle geliefert wurde.

Der Restbetrag sollte dann erst mit Erlangung der Betriebsbereitschaft sowie einer im Ergebnis mängelfreien Abnahme erfolgen. Bei möglichen Streitigkeiten beispielsweise aufgrund vorhandener Mängel haben Sie ansonsten kein Druckmittel mehr in der Hand, auch die rechtliche Handhabe gestaltet sich dann ungleich schwieriger, da die Beweislast bei Mängeln nach der Abnahme auf den Besteller übergeht (siehe auch ab Seite 159).

Was ist wichtig bei der Beauftragung?

Falls Sie die PV-Anlage finanzieren und/oder ein Förderprogramm (zum Beispiel für einen Speicher) in Anspruch nehmen, sollten Sie vor Beauftragung sichergehen, dass die Finanzierung seitens Ihrer Bank genehmigt und/oder die Förderung zumindest beantragt wurde. Insbesondere bei Fördermaßnahmen kann es schädlich sein, wenn die Baumaßnahme bereits in Auftrag gegeben wurde und erst im Nachgang die Förderung beantragt wird.

Lassen Sie sich einen verbindlichen Fertigstellungstermin vertraglich zusichern. In nicht wenigen Fällen hat es nach der Auftragserteilung plötzlich mehrere Wochen gedauert, bis die Anlage fertig installiert war. Zwar läuft der Vergütungsbeginn der gesetzlichen Einspeisezeit von 20 Jahren erst mit der erstmaligen Inbetriebnahme, die 20-Jahresfrist beginnt aber nach EEG erst ab Anfang des Folgejahrs zu laufen; das heißt, die restliche Zeit im Jahr der Inbetriebnahme kommt hinzu. Darüber hinaus kann es sein, dass sich bei einer verspäteten Inbetriebnahme die gesetzliche Einspeisevergütung geringfügig nach unten verändert. Daher sollte es in Ihrem Interesse liegen, dass die Anlage nach Auftragserteilung zügig installiert und in Betrieb genommen wird.

Vereinbaren Sie mit dem Fachunternehmen schriftlich eine förmliche Abnahme der PV-Anlage nach deren Fertigstellung. Damit sichern Sie sich mögliche Mängelansprüche gegenüber der Installationsfirma. Vor einer Abnahme hat grundsätzlich die Fachfirma zu beweisen, dass die Anlage richtig und vollständig installiert ist. Nach der Abnahme obliegt der Nachweis Ihnen (siehe auch nachfolgende Abschnitte, ab Seite 140).

Vergewissern Sie sich, dass die erforderlichen Anmeldeunterlagen durch die beauftragte Fachfirma rechtzeitig beim zuständigen Netzbetreiber eingereicht werden. Ein verspätetes Einreichen kann Wartezeit für die Zählersetzung mit sich bringen. Beauftragen Sie die Fachfirma nur unter dem Vorbehalt einer vom Netzbetreiber ausgesprochenen positiven „Anschlussgenehmigung".

Schlüsselfertig oder mit Eigenleistung?

Eine PV-Anlage ist eine elektrische Anlage, welche in die Hände von Fachleuten gehört. Aufgrund dessen ist es bereits schwierig, diese im Ganzen oder Teile davon in Eigenleistung zu errichten, es sei denn, Sie sind hierzu fachlich ausgebildet, was aber nur selten zutreffen dürfte. Hier geht es einerseits um die Sicherheit beim Thema Elektrizität, andererseits auch um Gewährleistungs- und Garantiefragen. Darüber hinaus kann die PV-Anlage nur durch eine Elektrofachkraft in Betrieb genommen werden, welche beim zuständigen Netzbetreiber registriert ist.

Eigenleistungen sind dort denkbar, wo diese zur Vorbereitung der Anlageninstallation dienen können, wie zum Beispiel Handschachtung bei Verlegung eines Erdkabels im Hausbereich, Versetzen einer Satellitenschüssel, Herstellung von Kabelwegen (Schutzrohre, Kabelrinnen …) oder Mauerdurchbrüchen etc.

Fachkundige Abnahme

Wenn man sich auf den Fachbetrieb seines Vertrauens verlassen kann, ist das eine feine Sache. Oftmals stellt sich aber erst zu einem späteren Zeitpunkt heraus, ob der Handwerker auch fachmännisch alles so installiert hat, wie es sein soll und sein muss. Dann ist es häufig zu spät, weil entweder ein Schaden eingetreten ist, der Anlagenertrag weit von dem entfernt ist, was vorher berechnet wurde, oder weil die Gewährleistung bereits abgelaufen ist.

Die Abnahme dient dem Zweck, eine fertiggestellte Leistung auf deren Richtigkeit und Vollständigkeit zu beurteilen; dies bedeutet, Abgleich der Bestellung mit dem gelieferten und erstellten Werk. Sie bietet die Möglichkeit, formal das Werk als solches mangelfrei entgegenzunehmen oder Mängel festzustellen und zu protokollieren. Der Fachbetrieb muss den Mangel dann entweder in einer gesetzten Frist beseitigen oder nachweisen, dass das Werk mangelfrei errichtet wurde. Nach einer Abnahme oder beim Fehlen einer solchen, also wenn das Werk ohne weitere Erklärung des Bestellers entgegengenommen und sogar in Benutzung ging oder sogar die Schlussrechnung bezahlt wurde, spricht man rechtlich von einer fiktiven Abnahme. Das Werk ist dann durch schlüssiges Verhalten des Bestellers in der Form akzeptiert, wie es errichtet wurde. Stellen sich im Nachhinein Mängel heraus, obliegt es Ihnen, diese nachzuweisen (siehe auch Thema Gewährleistung ab Seite 158).

Als Laie ist es Ihnen in der Regel kaum möglich zu beurteilen, ob die vorgenommene Planung und Installation den Regeln der Technik entsprechen. Selbst am Bau tut man sich hier sehr schwer, weshalb oftmals Spezialisten zur Qualitätsüberwachung eingeschaltet werden. Zum Beispiel kann ein Architekt auch ein technischer Berater sein, wenn es um die Bauqualität geht.

Missverständnisse entstehen häufig insofern, als dass mit der erstmaligen Inbetriebnahme der Anlage im Beisein des Netzbetreibers dieser durch die Erstellung eines Inbetriebnahmeprotokolls die Photovoltaikanlage als Ganzes abnimmt. Weit gefehlt! Der Netzbetreiber ist berechtigt, die Bauteile und Sicherheitsorgane, welche ausschließlich für den sicheren Netzbetrieb erforderlich sind, zu prüfen und für richtig und funktionsfähig zu befinden. Die restliche Photovoltaikanlage liegt ausschließlich im Verantwortungsbereich des Anlagenbetreibers oder dessen Errichters. Soweit man sich nicht sicher ist, ob die Installation auch den technischen Vorgaben entspricht, sollte man Hilfe durch eine Fachperson in Anspruch nehmen und die Anlage nach Fertigstellung prüfen lassen.

Bei einer technischen Abnahme ist es mit einem einmaligen „Hinsehen" nicht getan. Sie sollte sich daher im Wesentlichen über folgende Punkte erstrecken:

Die Arbeiter verwenden Multimeter, um die Spannung zu messen und somit die normale Funktion der Systeme zu bestätigen.

- Prüfung der Installation auf Übereinstimmung mit den allgemein anerkannten Regeln der Technik
- Prüfung der Sicherheitseinrichtungen (Blitzschutz, Überspannungsschutz, Brandschutz, Anforderungen in der Landwirtschaft oder im feuergefährdeten Betrieb etc.)
- Plausibilitätsprüfungen der vom Installateur durchgeführten Messungen und deren Protokolle
- Vorhandensein und Vollständigkeit der Anlagendokumentation einschließlich der Anlagenkennzeichnung vor Ort
- Nachweis der Kundeneinweisung
- Mängeldokumentation und Begleitung sowie Bestätigung der Mangelfreiheit

Das in eine Leistung investierte Geld sollte sich lohnen. Der Architekt, der Sie beim Hausbau begleitet, kostet auch sein Honorar. Es sprechen aber viele Argumente dafür: Die Abnahme ist in der Regel die letzte Chance, um überprüfen zu lassen, ob die Anlage nach den Regeln der Technik errichtet wurde, bevor Sie als künftiger Anlagenbetreiber mögliche Restzahlungen an den Installateur leisten.

INBETRIEBNAHME

Die erstmalige Inbetriebnahme der PV-Anlage erfolgt in der Regel durch den zuständigen Netzbetreiber im Zuge der Zählersetzung in Begleitung eines Vertreters des beauftragten Fachbetriebs. Für die Inbetriebnahme ist jedoch nicht unbedingt die Anwesenheit des Netzbetreibers erforderlich, soweit die verantwortliche Elektrofachkraft bei dem zuständigen Netzbetreiber konzessioniert und selbst zum Zählersetzen des kundeneigenen Zählers berechtigt ist.

Voraussetzungen für die Inbetriebnahme

Die Inbetriebnahme einer PV-Anlage bedarf verschiedener Voraussetzungen:

- Die PV-Anlage ist betriebsfertig montiert; das heißt, Module sind fest montiert, die Wechselrichter sind betriebsbereit installiert und der Netzanschluss ist realisiert, inklusive der Vorbereitung zum Einbau des Zählers gemäß den gültigen Technischen Anschlussbedingungen (TAB) des zuständigen Netzbetreibers.
- Die Fertigstellung und Inbetriebnahmebereitschaft wurde gegenüber dem zuständigen Netzbetreiber angezeigt beziehungsweise angemeldet.
- Prüfung vor erstmaliger Inbetriebnahme durch die verantwortliche Elektrofachkraft.
- Die Anlagendokumentation sollte bereits vollständig vorliegen (siehe nachfolgende Abschnitte).

Fertigstellungsmeldung und Antrag auf Inbetriebnahme

Für die Meldung der Betriebsbereitschaft ist vom Installateur normalerweise ein Formblatt des zuständigen Netzbetreibers auszufüllen – analog wie beim Antrag zur Neuanmeldung der Anlage. Zur Inbetriebnahme der Eigenerzeugungsanlage sind weitere Unterlagen vorzulegen, soweit diese noch nicht bei der Netzüberprüfungsanfrage vorgelegt wurden, und zwar:

- Übersichtslageplan/einphasiger Stromlaufplan mit eingezeichneten Betriebsmitteln

- Beschreibung der Schutzeinrichtungen
- Beschreibung der Anzahl, Art und Betriebsweise der Wechselrichter
- Konformitätserklärung der eingesetzten Wechselrichter
- Angaben zu den technischen Einrichtungen zur Leistungsreduzierung oder dauerhaften Abregelung, soweit erforderlich.

Prüfungen vor der erstmaligen Inbetriebnahme

Umfang und Art der erforderlichen Prüfung vor der erstmaligen Inbetriebnahme sind ein eminent wichtiger Punkt bei der Installation der PV-Anlage. Sie ist vor der erstmaligen Inbetriebnahme nach den gültigen Normen auf der Wechselstromseite nach DIN VDE 0100–600 sowie auf der Gleichstromseite gemäß DIN EN 62446–1 (VDE 0126–23–1) zwingend von der Installationsfirma durchzuführen. Dies nicht nur, um unliebsamen Überraschungen bei der Inbetriebnahme vorzubeugen, sondern grundsätzlich als Nachweis der normkonformen Errichtung und Anlagensicherheit in der Verantwortung der zuständigen verantwortlichen Elektrofachkraft.
Aus fachtechnischer Sicht heißt es hierzu: Es muss vor der erstmaligen Inbetriebnahme einer elektrischen Niederspannungsanlage oder eines Teils davon durch Prüfung nachgewiesen werden, dass die Anforderungen nach DIN VDE 0100 bei der Errichtung eingehalten sind. In aller Regel, also wenn nichts anderes ausdrücklich vereinbart wurde, ist der Errichter der Anlage hierfür zuständig; er übernimmt die Verantwortung für die VDE-gemäße Beschaffenheit der durch ihn oder seine Firma errichteten, erweiterten oder geänderten Anlage.

Von größter Wichtigkeit ist dabei auch, dass die vorgenommenen Prüfungen von der Fachfirma dokumentiert und Ihnen zumindest eine Kopie des Prüfprotokolls ausgehändigt wurde. Nur so haben Sie den Nachweis als Anlagenbetreiber, dass seine/ihre Anlage den normativen Anforderungen und der elektrischen Sicherheit genügt.

Inbetriebsetzung

Folgende Prüfungen werden bei der Inbetriebnahme durchgeführt:

- Besichtigung der Anlage auf Übereinstimmung mit den Anmeldeunterlagen und vorliegenden Planunterlagen
- Zugänglichkeit für die vom Netzbetreiber relevanten Bauteile und Anlagen
- Aufbau der Messeinrichtung nach den technischen Vorgaben des Netzbetreibers
- Anlaufprüfung des Zählers
- Protokollierung des Zähleranfangsstands
- Prüfung auf Ansprechen der Schutzeinrichtungen, zum Beispiel durch Netzausfall (Ausfall eines Außenleiters oder dreiphasiger Netzausfall)
- Prüfung der technischen Regeleinrichtung

Die Feststellungen und Prüfergebnisse werden protokolliert und vom verantwortlichen Installateur mit Unterschrift bestätigt. Mit der Inbetriebsetzung ist ein Inbetriebnahmeprotokoll anzufertigen.
Hierzu ergänzend der Hinweis: Das Inbetriebnahmeprotokoll des Netzbetreibers ersetzt nicht ein Abnahme- oder sogar Prüfprotokoll im Hinblick auf die vom Installateur vertraglich zu erbringenden Leistungen gegenüber dem zukünftigen Anlagenbetreiber. Es tangiert lediglich Belange des Netzbetreibers am Schnittpunkt Einspeisezähler/Netzverknüpfungspunkt.

Rechtliche Bedeutung der Inbetriebnahme

Die erstmalige Inbetriebnahme der PV-Anlage hat verschiedene rechtliche Bedeutungen, über die sich insbesondere der Anlagenbetreiber bewusst sein sollte.

Der Generator erzeugt zum ersten Mal Strom. Dies bedeutet zum einen, dass ab diesem Zeitpunkt die Einspeisevergütung nach dem EEG in dem für die Inbetriebnahme gültigen Vergütungszeitraum anfällt.

Somit läuft die gesetzliche Einspeisefrist, die nach gültigem EEG 20 Jahre plus die restlichen Monate des Inbetriebnahmejahrs beträgt.

Für Sie als Anlagenbetreiber bringt die erstmalige Inbetriebnahme weitere rechtliche Konsequenzen und Pflichten mit sich:

- Ab diesem Zeitpunkt haften Sie für den sicheren Betrieb der Stromerzeugungsanlage, zum Beispiel, wenn durch diese Schäden gegenüber Dritten verursacht werden.
- Die Inbetriebnahme kann eine fiktive Abnahme bedeuten, das heißt, ab diesem Zeitpunkt läuft die Gewährleistungsfrist, wenn nicht ausdrücklich eine förmliche Abnahme vereinbart wurde (siehe hierzu den Abschnitt „Gewährleistung und Garantien", ab Seite 158).
- Der Anlagenbetreiber hat eine Frist von vier Wochen, die PV-Anlage auf dem Meldeportal des Marktstammdatenregisters zu melden. Diese Meldung ist Voraussetzung für die weitere EEG-Vergütung. Versäumen Sie diese Frist, setzt die Einspeisevergütung aus.
- Spätestens mit der Inbetriebnahme geht die Gefahr (der Nutzung) auf den Anlagenbetreiber über, es sei denn, die Anlage ist noch nicht förmlich abgenommen, soweit dies vertraglich vereinbart wurde.

Anlagendokumentation

Eine Anlagendokumentation gehört zu den wichtigsten Unterlagen einer Photovoltaikanlage und wird zumeist sträflich vernachlässigt. Wenn man bei einer Anlagenbesichtigung, aus welchem Grund auch immer, den Anlagenbetreiber nach den Dokumentationsunterlagen fragt, wird man oft mit großen Augen angesehen. Neben der Rechnung, einem Anlagenplan, der meist Bestandteil des Angebots war, und einer kleinen Ertragsberechnung liegt oft nicht viel vor. Viele Anlagenpläne entsprechen bereits optisch nicht der tatsächlich gebauten Anlage oder sind mit handschriftlichen Kritzeleien auf bereits aufgeweichtem Papier kaum entzifferbar und zuzuordnen. Kurzum: Die meisten Unterlagen sind nicht wirklich brauchbar.

Diese Nachlässigkeit führt später zu erheblichen Problemen, wenn es darum geht, einzelne Module oder Strings im Fehlerfall zu identifizieren und vom Verlegebild auf dem Dach dem entsprechenden Wechselrichter zuzuordnen. Meist artet eine derartige Fehlersuche dann so weit aus, dass ein Großteil der Anlage auf dem Dach wieder zurückgebaut werden muss. Dabei hat der Anlagenbetreiber sogar ein Anrecht auf eine ordentliche und vollständige Dokumentation.

Normative Anforderung

Grundsätzlich sind für elektrische Anlagen entsprechende Dokumentationsunterlagen vom Anlagenerrichter zu erstellen. Dies ergibt sich aus den einschlägigen Vorschriften der VDE (DIN VDE 0100–100 – „Errichten von Niederspannungsanlagen – Teil 1: Allgemeine Grundsätze, Bestimmungen allgemeiner Merkmale, Begriffe" oder DIN VDE 0100–510 „Errichten von Niederspannungsanlagen Teil 5–51: Auswahl und Errichtung elektrischer Betriebsmittel – Allgemeine Bestimmungen"). Darin sind Mindestanforderungen an die Dokumentation einer elektrischen Anlage beschrieben, wonach mindestens ein einphasiger Stromlaufplan erforderlich ist.

Inhalt der Dokumentation

Mit Einführung der DIN VDE 0126–23 im Jahr 2010 und der sich hieraus ergebenen aktualisierten Fassung VDE 0126–23–1 liegen im Speziellen für Photovoltaikanlagen ganz konkrete Mindestanforderungen über Umfang und Inhalt von Dokumentationsunterlagen vor. Zu beachten ist hierbei das Wort Mindestanforderungen.

Grundlegende Systemdaten

Die grundlegenden Systemdaten sollen in einer Art „Typenschild" im Regelfall auf dem Deckblatt der Systemdokumentation stehen:

- Anlagenidentifikation (soweit zutreffend oder zum Beispiel die Registrierungsnummer im Marktstammdatenregister)
- Leistung des Systems (kW für DC-Leistung und kVA für die AC-Leistung)

- Hersteller, Anzahl und Typ der Photovoltaikmodule und Wechselrichter sowie des Speichersystems
- Installationsdatum
- Datum der Inbetriebnahme
- Name des Kunden/Anlagenbetreibers
- Anschrift des Aufstellungsorts

Angaben zum Systementwickler

Mit Systementwickler ist im Wesentlichen der Planer gemeint; waren mehrere Unternehmer an der Planung beteiligt, sollten für jedes beteiligte Unternehmen mit der Beschreibung ihrer Aufgabe die folgenden Angaben aufgeführt werden:

Unternehmen, Ansprechpartner (Sachbearbeiter, Planer)
Unternehmen, Postanschrift, Telefonnummer, E-Mail-Adresse

Angaben über Systeminstallateur(e)

- Systeminstallateur (Montagefirma), Unternehmen
- Ansprechpartner (Montageleiter)
- Postanschrift, Telefonnummer, E-Mail-Adresse

Stromlaufplan

Laut Norm ist mindestens ein Prinzipstromlaufplan mit allen relevanten Angaben und Anmerkungen zur Verfügung zu stellen. Wichtig ist hier die vollständige Erfassung aller Anlagenteile, inklusive Schutzeinrichtungen mit grafischer Darstellung der genormten Symbole und Beschreibung. Hierzu gehören auch die eingesetzten Kabeltypen und Leitungsquerschnitte.

Generator/Modulfeld

- Für den Photovoltaikgenerator – Allgemeine Festlegungen
- Modultyp(en)
- Gesamtzahl der Module
- Anzahl der Stränge
- Anzahl der Module pro Strang
- Angaben zum Photovoltaikstrang
- Querschnitt und Typ der Kabel im Strang
- Überstromschutzeinrichtungen im Strang (sofern eingebaut)
- Sperrdioden (soweit eingebaut)

Elektrische Einzelheiten des Photovoltaikgenerators

- Querschnitt und Typ des Hauptkabels des Photovoltaikgenerators
- Lage der Anschlussdosen des Photovoltaikgenerators
- Überstromschutzeinrichtungen des Photovoltaikgenerators (soweit einer eingebaut ist) mit Typangabe, Lage und Bemessung (Spannung/Strom)
- Erdung und Überspannungsschutz
- Einzelheiten aller Funktionserder und Potenzialausgleichsleitungen und deren Querschnitt und Anschlusspunkte; ferner Einzelheiten der am Modulrahmen angeschlossenen Potenzialausgleichsleitungen (sofern erforderlich und angeschlossen)
- Verbindungen an eine bestehende Blitzschutzanlage (BSA, oder LPS, englisch: Lightning Protection System)
- Überspannungsschutzeinrichtungen (SPD) im Bereich Gleichstrom und Wechselstromkreise; Lage, Typ und Bemessungswerte Wechselstromnetz

Datenblätter

- Moduldatenblatt nach den Anforderungen von IEC 61730–1 für alle in der Anlage verwendeten Modultypen
- Wechselrichterdatenblatt für alle verwendeten Typen
- Beifügung der Installationshandbücher sowie die entsprechenden Garantiebedingungen des Herstellers (siehe auch Punkt „Betriebs- und Wartungsangaben")
- Datenblätter und Betriebsanleitung Anlagenüberwachung
- Angaben zur mechanischen Konstruktion (Systempläne und statische Berechnung)
- Betrieb und Wartung mit Angaben zu Verfahren für den Nachweis des korrekten

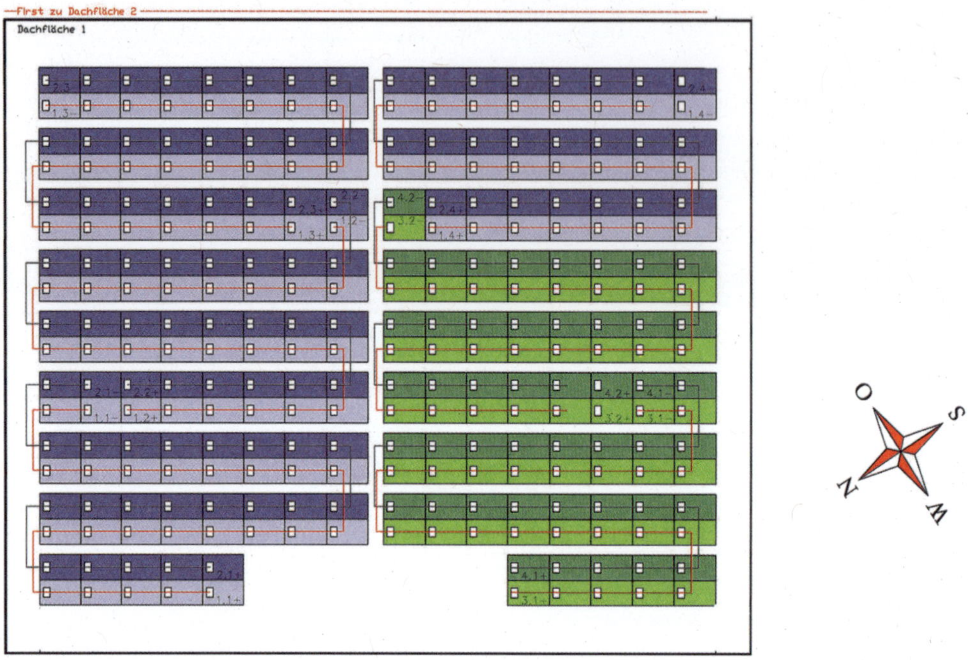

Auszug aus einem Generatorplan, hier ein Beispiel eines Flachdachs mit Ost-West-Modulsystem

Anlagenbetriebs (Fernwartung mit Fehlermeldung)

Checkliste bei Anlagenaus- oder -teilausfall

- Not-Abschaltung und Trennverfahren in einer Gefahrensituation (zum Beispiel Brand)
- Wartungshinweise und Reinigungsempfehlungen
- Gewährleistungsangaben für die Photovoltaikgeneratoren (Module) und Wechselrichter mit Gewährleistungsbeginn und -ende
- Sonstige Garantien (Unterbau, Montage, Trafostationen, AC-Verteilung …)
- Protokoll der Unterweisung des Anlagenbetreibers, soweit dieser nicht identisch mit dem Errichter ist

Prüfergebnisse und Inbetriebnahmeangaben

- Von allen Prüf- und Inbetriebnahmeergebnissen sind von den erstellten Protokollen der Dokumentation Kopien beizufügen. Diese müssen mindestens die Ergebnisse der Erstprüfung gemäß Abschnitt 5 der entsprechenden Norm enthalten.
- Messprotokolle für alle Strings, Wechselrichter, Unterverteilungen gemäß DIN VDE 0126–23 und VDE 0100–600
- Errichterbescheinigung der verantwortlichen Elektrofachkraft sowie das Protokoll des Netzbetreibers zur Zählersetzung und Netzfreischaltung

Weitere Dokumente

Empfohlen wird, weiterhin folgende Unterlagen und Angaben der Dokumentation beizufügen:

- Übersicht aller Seriennummern der Module und elektrischen Werte (Flasherliste)
- Übersicht der Seriennummern der Wechselrichter
- Konformitätserklärungen und Unbedenklichkeitsbescheinigungen der Wechselrichter
- Registrierungsbestätigung beim Marktstammdatenregister
- Protokoll oder Bestätigung der Funktion der Regeleinrichtung (soweit eingebaut)

- Dokumentation der Regelleistung von 70 Prozent (soweit noch zutreffend)

Zusammengefasst müsste eine vollständige Dokumentation wenigstens einen schmalen Ordner mit sortierten Unterlagen umfassen – ohne Werbehefte und Betriebsbücher.

Dokumentation der Inspektion und Wartung

Auch durchgeführte Inspektionen und Wartungen gehören zu den Dokumentationsunterlagen. An dieser Stelle muss einmal mehr das Auto als Beispiel herhalten. Auch hier ist die Prüfung bei der Hauptuntersuchung nur die eine Seite der Medaille. Wichtig für jeden Autofahrer sind eine gültige Prüfplakette und ein aktueller Prüfbericht – denn ohne diese erlischt die Betriebserlaubnis des Fahrzeugs automatisch.

Sowohl in den VDE-Normen DIN VDE 0100–600 und DIN VDE 0105–100 als auch in der Unfallverhütungsvorschrift DGUV 3 sind Hinweise enthalten, dass nach Beendigung der Prüfung ein Prüf- beziehungsweise Messprotokoll zu erstellen ist. Die Elektrofachkraft kann deshalb noch so viel messen und prüfen – ohne ausreichende Dokumentation kann sie nicht einmal belegen, dass sie überhaupt eine Prüfung vorgenommen hat – und der Anlagenbetreiber kann andererseits nicht nachweisen, dass seine Anlage überhaupt geprüft wurde. Es ist deshalb auch eine haftungsrechtliche Frage für den Fall, dass nach der Prüfung ein Schaden an der Anlage entstehen sollte.

Selbstverständlich müssen auch die festgestellten Mängel oder Schäden dem Anlagenbetreiber gegenüber dokumentiert und angezeigt werden. Er ist ja auch derjenige, der ein großes Interesse daran hat zu erfahren, ob seine Anlage fehlerfrei funktioniert.

Prüfbericht

Jede Prüfung oder Wartung erfordert zu deren Dokumentation und Nachweis einen Prüfbericht mit den wesentlichen Ergebnissen der Prüfung beziehungsweise Wartung. Formvorgaben hierzu gibt es zumindest normativ keine. Es darf sich deshalb jeder ein eigenes Prüfmuster „stricken" oder auf bereits bestehende Entwürfe verschiedener Organisationen zurückgreifen.

Sinnvoll lehnt sich der Prüfbericht an die DIN VDE 0126–23–1 an. Darin sind in geordneter Reihenfolge bauteilbezogen die wesentlichen Eigenschaften der einzelnen Baugruppen und deren Anforderungen aufgeführt. Solch eine Auflistung kann auch bereits während der Prüfung und Wartung als Checkliste dienen.

Neben den Angaben zur Anlagenidentifikation und den Prüfergebnissen sind anzugeben

- Datum der Prüfung/Wartung,
- Uhrzeit,
- Witterung (Einstrahlung/Temperatur),
- Name Prüfer/Wartungsverantwortlicher.

Darüber hinaus ist bei festgestellten Mängeln die Relevanz der Instandsetzungserfordernis mit anzugeben, dies bedeutet:

- Hat der Mangel Einfluss auf das Ertragsverhalten der Anlage, auf die Dauerhaftigkeit, die Verkehrssicherheit, die Betriebssicherheit und Brandsicherheit der Anlage?
- Wie dringlich muss der Mangel behoben werden? Unverzüglich, kurzfristig (zum Beispiel innerhalb der nächsten Tage oder Wochen), mittelfristig (etwa im Zuge der nächsten Inspektion)?

Messprotokolle

Dem Prüfbericht sind als Anlage die dokumentierten Ergebnisse der erforderlichen Messungen beizufügen. Auch hierzu gibt es von diversen Organisationen (zum Beispiel Bundesverband Solarwirtschaft (BSW), Zentralverband der Deutschen Elektro- und Informationstechnischen Handwerke (ZVEH) etc.) entsprechende Messformulare.

Dabei sollte nicht nur gemessen und die Messergebnisse niedergeschrieben werden, sondern die Messergebnisse erfordern eine Interpretation, insbesondere wenn Abweichungen festgestellt worden sind. Abweichungen können, müssen aber nicht zwangsläufig auf Fehler hindeuten.

Inspektion- und Prüfbericht

Der Inspektions- oder Prüfbericht fasst die Ergebnisse aus Besichtigung, Erprobung und Messung zusammen, bewertet diese und gibt bei Bedarf Empfehlungen für erforderliche Instandsetzungsmaßnahmen, Reparaturen oder Verbesserungsmöglichkeiten.

Der Bericht dient als Grundlage des meist technisch nicht so bewandten Anlagenbetreibers, Entscheidungen zu treffen, um die Photovoltaikanlage, soweit erforderlich, wieder in einen sicheren und dauerhaften Zustand zu versetzen. Ein Angebot des Installateurs ist hierbei zugleich hilfreich, den erforderlichen Kostenaufwand zur Kenntnis zu nehmen, um möglicherweise aus wirtschaftlichen Gründen auch gewisse Prioritäten setzen zu können.

Meldung Marktstammdatenregister

Das Marktstammdatenregister ist eine fürchterlich bürokratische Worterfindung, die eine entsprechende Wirkung auch auf den Anlagenbetreiber entfalten kann. Gemäß den früheren Fassungen des EEG, so zum Beispiel § 17 der EEG-Fassung 2012 beziehungsweise § 25 des EEG 2014, verringerte sich der Vergütungsanspruch gemäß § 16 (EEG-Fassung 2012) beziehungsweise § 19 (EEG 2014) auf den Monatsmittelwert des energieträgerspezifischen Marktwerts unter anderem, solange der Anlagenbetreiber die installierte Leistung nicht an die Bundesnetzagentur mittels der bereitgestellten Formulare übermittelte.
Mit der Marktstammdatenregisterverordnung vom 10. April 2017 und deren Novelle vom 21. November 2018 hat in einer längeren Übergangsfrist (aufgrund technischer Probleme) nun das Marktstammdatenregister (MaStR) die früher übliche Meldung und Registrierung bei der Bundesnetzagentur abgelöst.

Im Marktstammdatenregister müssen alle Akteure des Strom- und Gasmarkts sich selbst und ihre Anlagen registrieren. Dies betrifft insbesondere die Betreiber von Stromerzeugungsanlagen – dementsprechend auch PV-Anlagen einschließlich deren ortsfeste Batteriespeicher. Dabei müssen jede Solaranlage, jedes Windrad eines Windparks und jede Biogasanlage oder jedes konventionelle Kraftwerk einzeln erfasst werden. So ist beispielsweise nach der Registrierung der Photovoltaikanlage gegebenenfalls zusätzlich der Stromspeicher zu registrieren.

Damit die Zahlungen nach EEG ohne Abzüge fließen können, müssen die vom Gesetzgeber vorgegebenen Fristen zur Registrierung eingehalten werden.

- EEG-Anlagen, welche vor dem 31. Januar 2019 in Betrieb gegangen sind, waren spätestens bis zum 31. Januar 2021 im MaStR zu registrieren.
- Für Neuanlagen gilt nach Inbetriebnahme eine einmonatige Frist zur Registrierung.

Auch wenn eine vorhandene Photovoltaikanlage bereits in anderen Registern (Bundesnetzagentur) registriert wurde, war diese erneut im Marktstammdatenregister zu registrieren. Ein Datenaustausch vom Meldeportal der Bundesnetzagentur zum Marktstammdatenregister ist nicht erfolgt!

Die Registrierung kann nur durch den Anlagenbetreiber erfolgen. Mit der Registrierung erhält der Anlagenbetreiber eine Bestätigung mit den relevanten Anlagendaten zum Ausdrucken.

Datenänderungen: Wichtig! Änderungen der im Marktstammdatenregister eingetragenen Daten müssen innerhalb eines Monats angepasst werden (auch zum Beispiel E-Mail-Adresse). Erfolgt etwa ein Modultausch (nach Schaden oder bei Garantiefall) und ändert sich hierdurch die Anlagenleistung, muss eine verpflichtende Registrierungsänderung folgen.

BETRIEB VON PHOTOVOLTAIK-ANLAGEN

ERTRAGSERWARTUNG UND ERTRAGSMESSUNG

Sind die Planung, Auslegung und richtige Installation einer PV-Anlage die wichtigen Grundlagen vor dem Betrieb, so ergeben sich gerade im laufenden Betrieb einer PV-Anlage weitere wichtige Punkte, die für den Nutzer von Interesse sind. So stellen sich oftmals Fragen zum Anlagenertrag und zu möglichen Störungen, Ausfällen sowie erforderlichen Prüfungen.

Die Ertragserwartung im Zuge der Anlagenplanung haben wir bereits in „Ertragserwartung …“ ab Seite 33 angesprochen. Im realen Anlagenbetrieb ist die aus den Anlagendaten simulierte Ertragsprognose kein fester Wert, da er mit Abweichungen verbunden sein kann. Ein Simulationsergebnis ist immer mit Ungenauigkeiten behaftet. Im Betrieb einer PV-Anlage kann es zudem zu Abweichungen kommen, die den tatsächlichen Ertrag beeinflussen.

Einstrahlung

Die einzelnen jährlichen Einstrahlungswerte können um mehrere Prozent vom langjährigen Mittel abweichen. Die zehnjährige Abweichung liegt je nach Gebiet zwischen vier und acht Prozent. Die jährliche Abweichung der Globalstrahlung kann jedoch höher liegen, in Einzelfällen bei 10 Prozent.

Insbesondere aufgrund der klimatischen Veränderungen ergaben sich in den letzten Jahren erhöhte Einstrahlungswerte. Inwieweit dies fortdauert, ist nicht vorherzusagen. Tendenziell wird sich nach Einschätzung von Fachexperten die künftige solare Einstrahlung in Deutschland im Durchschnitt erhöhen. Das dürfte auch dazu führen, dass die Basiswerte aus den Ertragsberechnungen häufig übertroffen werden.

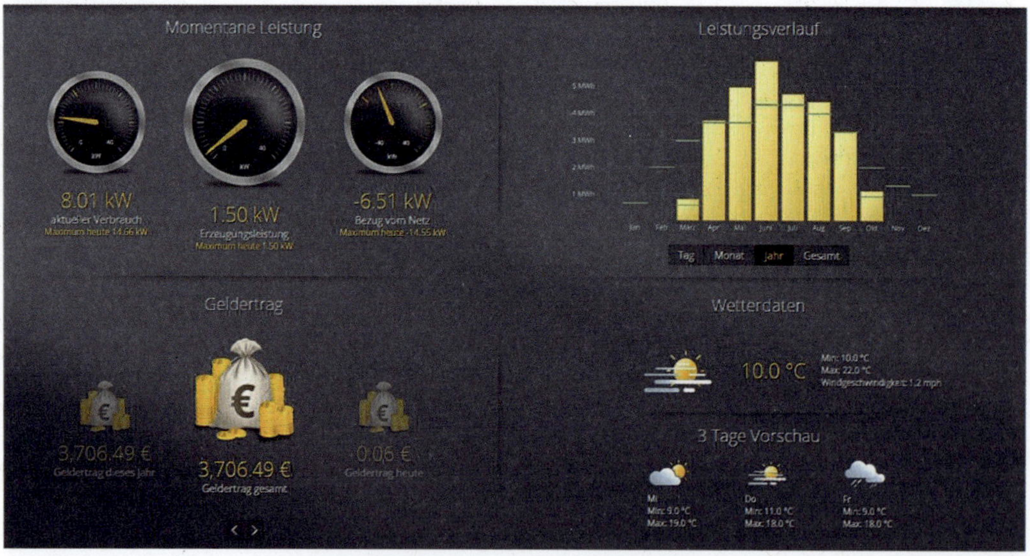

Beispiel eines visualisierten Monitorings anhand des Dashboards von SolarLog

Schnee

Auch wenn in den letzten Jahren die Winter eher gemäßigt ausgefallen sind, können entsprechende Wetterlagen zu gebietsweisen starken Schneefällen führen – etwa im Voralpenbereich und in den Alpenregionen im Winter 2018/2019. In solchen Fällen kann der Ertrag einer PV-Anlage ebenfalls beeinträchtigt sein, wobei dies sich in der einstrahlungsärmeren Jahreszeit eher gering auswirkt.

Degradation: Module können allmählich in ihrer Leistung nachlassen. Es liegen bislang nur sehr begrenzte Langzeiterfahrungen im Hinblick auf die Leistungsstabilität von Modulen vor. Dabei fielen einige Dünnschichtmodule wie auch kristalline Module negativ auf. Da sich die Qualität der Herstellungstechniken für Module sicherlich verbessert hat, können die zurückliegenden Langzeiterfahrungen und Messungen zur Degradation als „worst case" angenommen werden.
Untersuchungen sowohl von

- Professor Quaschning, „Alterserscheinungen bei PV-Modulen, Langzeiterfahrungen einer PV-Testanlage an der TU-Berlin, Konferenzband des 14. Symposium Photovoltaische Solarenergie Bad Staffelstein 1999",
- als auch von Häberlein, „Langzeitverhalten von PV-Anlagen, Konferenzband des 18. Symposium Photovoltaische Solarenergie Bad Staffelstein 2003"

gehen im Schnitt von einer Degradation von 0,41 Prozent im Jahr aus. Jüngere Studien lassen bei den Modulen der neueren Generation teilweise kaum Degradation erkennen.
Bei bereits älteren Anlagen kann sich die Leistungsdegradation aufgrund von Veränderungen an den Zellen (Verfärbungen durch UV-Belastung) deutlich erhöhen.

Anlagenausfälle/Wartung

Anlagenausfälle mindern den Energieertrag; dies kann beispielsweise durch den Ausfall einzelner Wechselrichter bedingt sein. Eine eingerichtete Fernüberwachung mit automatischer Fehlermeldung verringert das Risiko unentdeckter Anlagenausfälle auf ein Minimum. Auch die Anlagenkonzeption mittels einzelner Stringwechselrichter sichert eine höhere Anlagenverfügbarkeit als beispielsweise bei Zentralwechselrichtern.

Regelmäßige Inspektion und Anlagenprüfung sichert die Anlagenverfügbarkeit und mindert schleichende und unentdeckte Leistungsreduzierungen (Verschmutzung der Generatoren, einzelne Moduldefekte …).

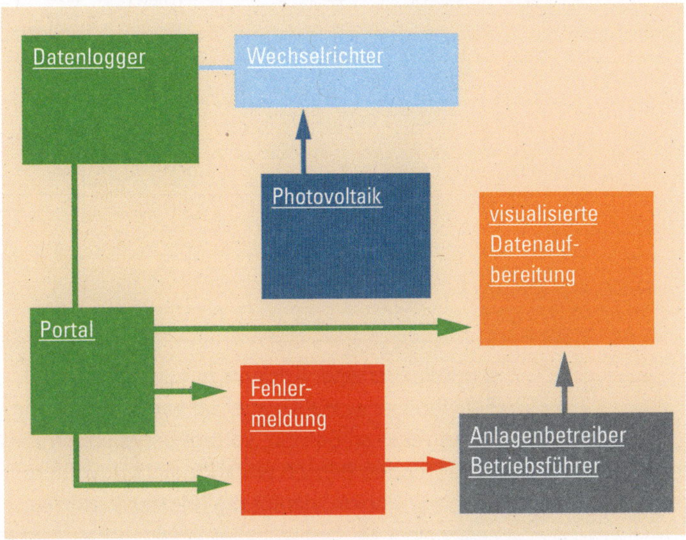

Beispiel für ein Datenaustauschsystem mittels Datenlogger und Portal

Ertragsmessungen

Das Zustandekommen von Sonneneinstrahlung und Stromerzeugung sowie die Grundlagen zur Einschätzung und Prüfung der Anlagenerträge wurden bereits in „Ertragserwartung …" beschrieben. Gleichzeitig wurden einige Tipps gegeben, wie man die eigenen Solarstromerträge vergleicht, um sicherzustellen, dass die PV-Anlage auch erwartungsgemäß den anvisierten Energieertrag liefert.

Der zeitnahen Entdeckung von Veränderungen am Ertragsverhalten im laufenden Betrieb einer PV-Anlage kommt große Bedeutung zu. Gleiches gilt übrigens auch für Fehlermeldungen. Es sollten daher Wechselrichter mit einem übersichtlichen Display Verwendung finden, deren Betriebszustand und Ertragsverhalten leicht erkennbar beziehungsweise ablesbar sind. Idealerweise finden vermehrt Monitorsysteme Anwendung, die zum einen das Ertragsverhalten eines oder mehrerer Wechselrichter visualisiert aufbereiten und Fehlermeldungen zum anderen entweder via E-Mail oder SMS zeitnah an den Betreiber kommunizieren.

Wenn man bei größeren Anlagen wirklich alles im Überblick behalten möchte, kommt man um ein vernünftiges Monitoring mit Stringüberwachung nicht herum. Auch bei kleinen Anlagen empfiehlt sich eine permanente Überwachung der Anlagenleistung. Sollten erst mit der Jahresabrechnung erhebliche Mindererträge festgestellt werden, ist bereits einiges an Geld verloren gegangen.

Professionelle Ertragsvergleiche ergeben sich daher nur mit entsprechender technischer Ausrüstung. Hierbei gibt es recht einfache Systeme mit automatisch generierender Fehlermeldung bis hin zu ausgefeilten Techniken mit Einzelstringüberwachung, häufig gekoppelt an Einstrahlungs- und Temperatursensor.

In der Regel sind heutzutage viele Wechselrichter mit einem internen Datenlogger ausgestattet, der über eine externe Schnittstelle entweder direkt an einen PC, per Funkübertragung oder über einen Router mit GPRS, also SIM-Karte und Fernübertragung, Daten weitersenden kann. Diese werden entweder auf ein vom Wechselrichterhersteller meist kostenfreies Anlagenportal gesendet, oder man kann externe Portalanbieter nutzen, die meist aber kostenpflichtig sind.

Mit den bereitgestellten Daten und einer visualisierten Weboberfläche lassen sich die Betriebsparameter der Wechselrichter konfigurieren und über Grafiken darstellen (siehe das Beispiel eines visualisierten Monitorings auf Seite 148). Durch diese Aufbereitung haben Sie Ihre Anlage übersichtlich im Blick. Aufkommende Fehler können zusätzlich über Nachrichtenkanäle (E-Mail, SMS …) oder spezielle Apps übermittelt werden. Mit dem Smartphone haben Sie Ihre Anlage „immer dabei". Solche automatisierten Fehlermeldungen stellen eine schnelle Reaktion bei Störungen sicher und tragen somit zu einer Minimierung von Anlagenausfällen bei.

REGELMÄSSIGE WARTUNG UND PRÜFUNG

PV-Anlagen wurden früher mit dem Argument verkauft, sie seien wartungsarm. Rein fachlich gesehen stimmt dies auch, denn es gibt bei PV-Anlagen keine Wartung im eigentlichen Sinne. Der Betrieb von PV-Anlagen scheint in erster Linie auch recht unkompliziert, weil es keinen Verschleiß im engeren Sinne gibt.

Eine PV-Anlage ist allerdings eine elektrische Energieerzeugungsanlage. Grundsätzlich sollte man eine solche daher nicht gänzlich aus den Augen verlieren – und damit sind nicht nur allein der Zähler oder die Einspeiseabrechnung gemeint. Eine regelmäßige Prüfung gehört nicht nur zur Prävention, sondern auch zur Erhaltung der Betriebssicherheit.

Allgemeine Bedeutung von Prüfungen

Wartung und Inspektion sowie eine regelmäßige Prüfung kennt man im Allgemeinen vom

Auto. Jährlicher Kundendienst und alle zwei Jahre „Tüv-Prüfung" sind obligatorisch. Dazwischen kommt die regelmäßige Autopflege mit Waschstraße und Politur. Bei einer Investition von beispielsweise 30 000 Euro soll das Auto ja auch lange gepflegt sein. Die gute Garage darf hierbei nicht vergessen werden. Trotzdem ist der Gebrauchszeitraum eines Fahrzeugs weitgehend beschränkt – eine Besitzdauer von zehn Jahren und mehr ist schon selten.

Eine Photovoltaikanlage ist mit dem Großteil ihrer Komponenten permanent der jahreszeitlichen Witterung ausgesetzt. Im Hinblick auf die Wirtschaftlichkeitsprognose bei einer vollfinanzierten Anlage muss diese erst einmal mindestens circa 15 Jahre unterbrechungsfrei bei voller Effizienz Strom produzieren, um die Anschaffungs- und Finanzierungskosten auszugleichen. Wir sprechen hierbei noch gar nicht mal über einen Gewinn, sondern lediglich über Kostenausgleich! Darüber hinaus erfordert es im Hinblick auf das zu erzielende wirtschaftliche Gesamtergebnis mit Ausschöpfung der gesetzlichen Einspeisevergütung eine weitere, weitgehend störungsfreie Betriebsdauer bis zum 20. Betriebsjahr. Nicht darin enthalten: eine größere Reparatur. In der Praxis bleibt immer wieder festzustellen, dass man sich um die Anlagen wenig kümmert und diese nur selten regelmäßig geprüft werden.

Eine PV-Anlage setzt sich aus vielen Einzelelementen zusammen, die für sich betrachtet Schwachstellen sein können – nicht alle gleichzeitig, aber dennoch vereinzelt. Daraus geht die Notwendigkeit regelmäßiger Prüfungen mehr als deutlich hervor. In einem der folgenden Abschnitte zu Mängeln an PV-Anlagen (ab Seite 167), wird dieser Umstand nochmals aufgegriffen.

Zudem lässt sich eine Photovoltaikanlage nicht einfach abschalten, denn die Module produzieren bei Licht- beziehungsweise Sonneneinstrahlung weiterhin Strom mit einer Spannung von oftmals mehr als 500 Volt. Selbst wenn im Fehlerfall die verbauten Schutzfunktionen greifen oder man die Wechselrichter manuell abschaltet, verbleibt in den Leitungen zwischen den Modulen und bis zu den Wechselrichtern eine beträchtliche elektrische Spannung, solange Tageslicht vorhanden ist beziehungsweise die Sonne scheint.

Oftmals sind es nur kleine Fehler, die sich auf den Ertrag auswirken können. Der Ausfall eines Teilstrings in einem Modul, etwa bei einem Diodendefekt, wirkt sich zunächst nicht auffällig auf den Anlagenertrag aus. Wenn kein ausreichendes Monitoring mit Auswertemöglichkeiten vorhanden ist, wird man womöglich erst mit der Jahresendrechnung etwas stutzig, warum der Ertrag im vergangenen Jahr etwas niedriger ausfiel. Folgen hier keine konkreten Nachforschungen, bleibt der ertragsmindernde Umstand unentdeckt.

Es geht aber bei Weitem nicht nur um Ertragsausfall. Ein Marderverbiss bleibt unter dem Dach oft lange Zeit unentdeckt. Eine beschädigte Isolierung an einer oder gar mehreren Gleichstromleitungen gleichzeitig bedeutet die Gefahr eines elektrischen Schlags.

Natürlich kosten Prüfung und Wartung auch Geld. Die derzeitigen Angebotspreise schwanken recht stark und liegen je nach Anlagengröße zwischen zwei und mehr als 20 Euro pro kWp installierter Leistung. Bei Großanlagen wie den Solarparks sind sogenannte Wartungsverträge bereits obligatorisch, insbesondere aufgrund der Forderung der Banken und/oder Versicherer.

Prüfpflicht – Prüffristen

Der Zweck der Prüfung einer elektrischen Anlage besteht bereits bei deren Installation in dem Nachweis, dass diese – hier die Photovoltaikanlage – den Errichternormen und den Sicher-

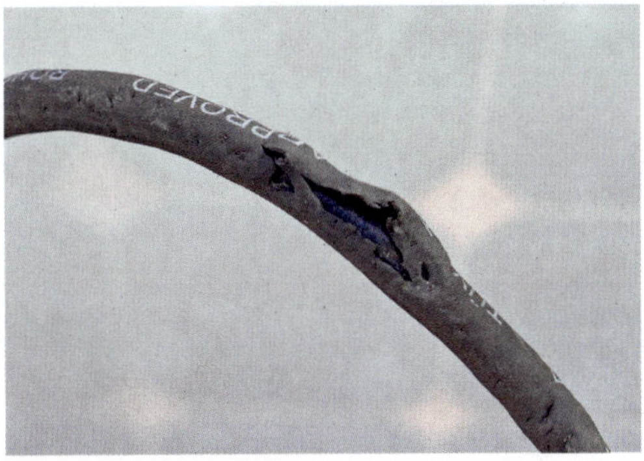

Tierverbiss im Kabel

Prüfintervalle bei einer PV-Anlage (nach BGFE – Berufsgenossenschaft der Feinmechanik und Elektrotechnik)

Täglich	Wechselrichter	Auf Störungsanzeigen
Monatlich	Photovoltaikanlage	Ertragskontrolle durch Notieren der Zählerstände
Halbjährlich	Generatorfläche	Auf starke Verschmutzungen (Laub, Vogelkot, Staub) *
		Korrekte Befestigung der Module *
		Auf mechanische Spannung stehende Unterkonstruktion (Temperaturausdehnung) *
		Beschädigungen am Dach *
	Generatoranschlusskasten	Auf eingedrungene Feuchtigkeit *
	Kabel / Leitungen, Fi-Schutzschalter	Auf Schmorstellen, Kabelfraß (Marder), Scheuerstellen oder sonstige äußere Beschädigungen *
		Funktion Prüftaste *
	Elektrische Anlage	Wiederholungsprüfung nach DGUV-3 bzw. DIN VDE 0105-100 (nur durch Elektrofachkraft) – insbesondere in Gewerbebetrieben und landwirtschaftlichen Betrieben
Jährlich	Photovoltaikanlage	Wiederholungsprüfung in Anlehnung an Erstprüfung gem. DIN VDE 0126-23-1 und DIN VDE 0105-100
Alle vier Jahre	Überspannungsableiter	Auf Auslösung *
Zwischenkontrollen nach Gewitter, nach Sturm, nach schneereichem Winter	Generatorfläche	Auf äußere Schäden *
	Generatorfläche	Auf Schnee- und Eisschäden *

* unter Beachtung der Unfallverhütungsvorschriften beim Betreten eines Daches und soweit der Anlagenbetreiber auch körperlich in der Lage ist, ansonsten durch einen Fachmann

heitsvorschriften entspricht. Die Prüfungen sollen den Nachweis des ordnungsgemäßen Zustands der Photovoltaikanlage einschließen. Sowohl neue als auch bestehende Anlagen nach Änderungen (zum Beispiel Austausch von Wechselrichtern) und Erweiterungen (durch zusätzliche Module) müssen vor ihrer Erst- oder Wiederinbetriebnahme durch den verantwortlichen Installateur geprüft werden.

Aber auch während der Betriebszeit sind elektrische Anlagen zu prüfen, da sich durch äußere Einflüsse Veränderungen ergeben können, die deren Dauerhaftigkeit und somit die Betriebssicherheit verringern können. Nach VDE sind elektrische Anlagen in einem ordnungsgemäßen Zustand zu erhalten.

Nach den Vorschriften der VDE für den Betrieb elektrischer Anlagen sind diese in „geeigneten Zeitabständen" zu prüfen. Somit sollen Mängel aufgedeckt werden, die nach der Inbetriebnahme aufgetreten sind und Gefährdungen hervorrufen können; dies sind Schäden oder Risiken in Folge von Veränderungen (Umbauten, Umwelteinflüsse, Verschleiß …), woraus sich notwendige Instandsetzungsmaßnahmen ableiten.

Prüfpflicht für Photovoltaikanlagen?

Für die Sicherheit einer baulichen Anlage ist der Eigentümer oder Betreiber verantwortlich. Dies gilt auch für den Betrieb von elektrischen Anlagen, zu denen zweifelsohne auch eine Photovoltaikanlage gehört. Die alleinige Beschränkung auf einen optimalen, gewinnbringenden und wirtschaftlichen Betrieb einer Photovoltaikanlage reicht hier keinesfalls aus. Sie erfordert den bekannten Blick über den Tellerrand hinaus. Eine Frage beschäftigt sich hierbei

oftmals mit dem Thema der Prüfpflicht bei Photovoltaikanlagen.
Für PV-Anlagen im Speziellen und insbesondere im Privatbereich gibt es keine Rechtsvorschriften zur Prüfungspflicht oder Festlegungen zu zeitlichen Prüfintervallen. Die DIN VDE 0105–100 („Betrieb elektrischer Anlagen") beinhaltet beispielsweise keine Aussagen für Privatwohnungen und deren elektrische Anlagen. Man empfiehlt in privaten Wohnungen alle zehn Jahre eine Prüfung der elektrischen Anlage. Demzufolge könnte es zumindest bei privaten Photovoltaikanlagen eine ähnliche Fristempfehlung geben.
Im Gegenzug greifen bei Gewerbebetrieben jedoch bereits entsprechende Vorschriften aus dem Arbeitsschutzgesetz, der Betriebssicherheitsverordnung, den technischen Regeln für Betriebssicherheit sowie den einschlägigen Unfallverhütungsvorschriften. Gemäß DGUV-3 sind elektrische Anlagen besonderer Art nach der VDE-Gruppe 700 (DIN VDE 100) jährlich zu prüfen. Eine Photovoltaikanlage unterliegt der DIN VDE 0100–712, also der Gruppe 700. Demzufolge besteht zumindest bei größeren auf oder an Gewerbebauten/in der Landwirtschaft sowie rein gewerblich betriebenen PV-Anlagen eine „Prüfpflicht".
Natürlich können Sie als elektrischer Laie keine Anlagenprüfung vornehmen, dazu müssen Sie entsprechendes Fachpersonal beauftragen. Für mögliche Schäden empfiehlt es sich, die Anlage zu versichern – aber nicht alles ist versicherbar und zudem ergeben sich selbst im Versicherungsverhältnis Obliegenheitsverpflichtungen für den Anlagenbetreiber, worauf wir später noch zurückkommen (siehe die folgende Seite 154).

Prüffristen

Die Festlegung der zeitlichen Intervalle von Prüfungen obliegt dem verantwortlichen Anlagenbetreiber, meist also Ihnen als Besitzer einer PV-Anlage. Der Abstand richtet sich in der Regel nach der Verwendung der elektrischen Anlage, deren Betrieb, den äußeren Einflüssen und der Qualität der Anlagenwartung.

Nach den Empfehlungen der Deutschen Gesellschaft für Solarenergie e. V. (DGS) sollten PV-Anlagen alle vier Jahre geprüft werden. Es gibt Objekte mit PV-Anlagen oder spezielle PV-Anlagen, die kürzeren Prüfintervallen unterliegen, weil zum Beispiel eine ganz andere Betriebsgefährdung vorliegt. Dies betrifft insbesondere feuergefährdete (Landwirtschaft …) oder auch explosionsgefährdete Betriebsstätten.

Grundsätzlich ist es Sache des Anlagenbetreibers, Prüfungen durchführen zu lassen. Wie aufgezeigt, geben Normen und Vorschriften oftmals nur Empfehlungen zu Prüffristen. Es liegt daher in der Risikoeinschätzung des Anlagenbetreibers, in welchem zeitlichen Abstand er dies tun möchte. Folgende Punkte zur Risikobewertung sollten besonders beachtet werden:

- Wohnhaus / Gewerbebetrieb / Freifeldanlage / Großanlagen

Worauf Sie als Betreiber achten sollten

1. Wählen Sie am besten einen zertifizierten Betrieb aus oder lassen Sie sich entsprechende Qualitätszertifikate der Mitarbeiter zeigen.
2. Die Prüfungen haben nach DGUV 3 beziehungsweise DIN VDE 0105–100 und VDE 0126–23–1 zu erfolgen. Halten Sie dies vertraglich fest.
3. Lassen Sie sich ein Prüfprotokoll aushändigen, am besten mittels standardisiertem Vordruck, in dem die einzelnen Prüfschritte und -gewerke als Checkliste dargestellt sind.
4. Soweit Mängel oder Beschädigungen an der gegenständlichen PV-Anlage festgestellt wurden, lassen Sie sich eine Handlungsempfehlung über die Instandsetzung geben sowie eine Dringlichkeitseinschätzung – dies schriftlich; es gehört zum Prüfungsprotokoll dazu.
5. Zahlen Sie für die Leistung nicht im Voraus, sondern erst nach Vorlage des Prüfprotokolls. Ist aus dem Protokoll erkenntlich, dass bestimmte Anlagenteile nicht geprüft wurden oder die Prüfung unvollständig ist, verlangen Sie Nachbesserung. Bis dahin können Sie auch die Zahlung zurückhalten.
6. Werden Prüfungen nicht ordnungsgemäß durchgeführt oder offensichtliche Mängel nicht erkannt, haftet der Prüfende für mögliche Folgen wie Schäden im Zuge seiner gesetzlichen Gewährleistung. Diese kann bis zu fünf Jahre betragen.

- Regelmäßige Überwachung (etwa Monitoring mit automatischer Fehlermeldung), und zwar von einer fachlich versierten Person
- Anbringung an einem sensiblen Objekt (zum Beispiel Stall, Scheune, Schule)
- Betrieb auf einem Fremddach

Auch Versicherungen können entsprechende Vorgaben für regelmäßige Prüfungen von Photovoltaikanlagen zur Auflage machen. Die Schriftenreihe VdS des Gesamtverbands der Deutschen Versicherungswirtschaft (GDS) weist in einigen Ausgaben auf eine regelmäßige Prüfung hin. In der VdS 2057 „Elektrische Anlagen in landwirtschaftlichen Betrieben", der VdS 2067 „Elektrische Anlagen in der Landwirtschaft – Richtlinien zur Schadensverhütung" sowie der VdS 3145 „Photovoltaikanlagen – Technischer Leitfaden" sind regelmäßige Prüfungen und deren Nachweise gefordert. Soweit diese Vorschriften als Vertragsbestandteil in der Photovoltaikversicherung gelten, würden Sie als Betreiber im schlimmsten Fall Ihren Versicherungsschutz riskieren, wenn entsprechende Prüffristen nicht eingehalten werden.

Mangelnde Wartung – Probleme mit dem Versicherer: Die Hinweise der VdS kommen nicht von ungefähr. Die Problematik mangelnder Wartung in Verbindung mit auftretenden Schäden wird auch von den Versicherungen erkannt. Mittlerweile gehen einige Versicherer dazu über, Erstattungen bei Schäden zu kürzen, wenn die Photovoltaikanlage nicht regelmäßig gewartet oder geprüft wurde. Was an Wartungs- oder Prüfungskosten gespart wurde, wird oft vielfach durch höhere Selbstbeteiligung im Schadensfall oder nicht selten mit dem Verlust der Versicherung bezahlt.
Selbst wenn die genannten versicherungstechnischen Regelwerke nicht Vertragsbestandteil des Versicherungsvertrags sind, können anderweitig allgemein verbindliche Vorgaben etwa im Hinblick auf eine regelmäßige Wartung oder Prüfung Vertragsbestandteil oder eine sogenannte Obliegenheitsverpflichtung sein.
Aber auch der eigentliche Lebenszyklus der PV-Anlage spielt eine Rolle für die Frage, wann eine Prüfung ratsam ist – insbesondere im Hinblick auf Gewährleistung und Garantie. Endet nach fünf Jahren Betriebszeit die gesetzliche Gewährleistung, ist es nicht sinnvoll, die Anlage erst im sechsten oder siebten Jahr prüfen zu lassen, um mögliche Mängel festzustellen, für die der Anlagenerrichter haftet. Gleiches gilt auch für Garantien der Hersteller, wenn man diesen gegenüber festgestellte Mängel noch fristgerecht geltend machen möchte.
Darüber hinaus geben Installateure und Hersteller entsprechende Hinweise zur Wartung und Pflege. Diese dienen oftmals nicht allein der Betriebssicherheit, sondern auch der Dauerhaftigkeit, und sind teilweise Voraussetzung für mögliche Garantieleistungen.
Grundsätzlich muss eine Photovoltaikanlage als besondere elektrische Anlage betrachtet werden. So befindet sie sich beispielsweise das ganze Jahr über Wind und Wetter ausgesetzt. Dementsprechend sollten regelmäßige Prüfungen erfolgen, die der Anlagenbetreiber zum Teil sogar selbst ausführen kann. In Anlehnung an die Empfehlungen der Deutschen Gesellschaft für Solarenergie (DGS) lassen sich die Prüfungen übersichtlich zusammenfassen (siehe Seite 152).
Besondere Prüfungen sind zudem angezeigt, wenn der Ertrag merklich geringer ausfällt als zum Beispiel bei vergleichbaren Anlagen. Mit spezieller Messtechnik können etwa Rückschlüsse auf Leistungsreduzierungen bei den Modulen gezogen werden.

Veränderungen an einem Modul – oftmals nur durch eine Fachkraft rechtzeitig bei regelmäßiger Prüfung erkennbar

BRANDSCHUTZ

Bei bestimmten Gebäuden und Räumlichkeiten spielt der bauliche Brandschutz eine wichtige Rolle zur Schadensprävention; insbesondere bei landwirtschaftlichen Betrieben oder überall dort, wo sich brennbare Materialien befinden und zugleich Anlagenteile einer PV-Anlage installiert werden sollen. Eine nachträgliche Installation einer PV-Anlage kann hierbei großen Einfluss auf das bauliche Brandschutzkonzept zum Beispiel bei Lagerhallen oder sonstigen gewerblichen Betrieben nehmen und mitunter sogar gesetzlich vorgeschriebene bauliche Brandschutzvorkehrungen aufheben – mit ungeahnten Risiken und Folgen.

Neben einer allgemein fachgerechten und nach den örtlichen Bedingungen durchgeführten Anlageninstallation trägt auch hier eine regelmäßige Prüfung der PV-Anlage zur Vorbeugung von Brandrisiken bei.

Einsatz von Feuerwehren

Nicht immer lässt es sich vermeiden, dass ein Brand entsteht. Dieser muss noch nicht einmal etwas mit der PV-Anlage selbst zu tun haben. Viele Anlagenbetreiber wurden in der Vergangenheit mit beunruhigenden Meldungen aus der Presse konfrontiert, in denen das Löschen von Gebäuden mit Photovoltaikanlagen als höchst gefährlich eingestuft wurde. Hierbei machte auch die Schlagzeile vom „kontrollierten Abbrennenlassen" die Runde, dass die Feuerwehr also Objekte mit installierten Photovoltaikanlagen nicht mehr lösche, da diese nicht abgeschaltet werden können.

Stellen Sie sich vor, Ihr Haus mit der darauf installierten Photovoltaikanlage brennt und die heranrückende Feuerwehr dreht wieder um. Diese Vorstellung mag übertrieben sein, doch spiegelt sie mancherlei Bedenken eines Anlagenbetreibers ganz gut wider.

Das markante, viel und oft kontrovers diskutierte Thema des Feuerwehreinsatzes ist oftmals mit der Überschrift „Brandschutz" tituliert, hat mit dem eigentlichen Brandschutz doch zunächst nichts zu tun; gemeint sind vielmehr die Brandbekämpfung und der Personenschutz der Feuerwehrleute. Bei diesem Thema sind genau diese beiden Punkte voneinander zu unterscheiden.

Geschichten vom „kontrollierten Abbrennenlassen" von Gebäuden mit Photovoltaikanlage sollten der Vergangenheit angehören, weil es das nie gegeben hat. Solche Gerüchte wurden meist durch missverstandene Berichterstattung in Umlauf gebracht, welche dann als groß aufgemachte Schlagzeilen in der Tages- und Fachpresse landeten.

Die Feuerwehr ist grundsätzlich verpflichtet, Brände zu bekämpfen; andererseits gab es bereits vor dem aufkommenden Boom von Photovoltaikanlagen entsprechende Unfallverhütungsvorschriften für Feuerwehren bei der Bekämpfung von Bränden an elektrischen

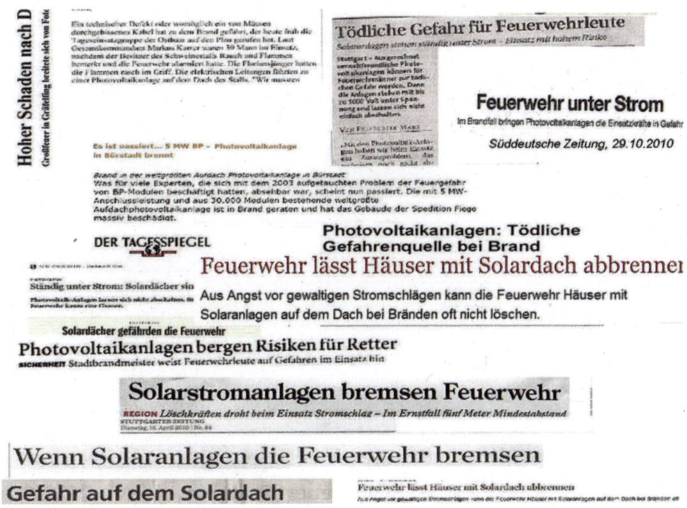

Schlagzeilen aus der Presse

Anlagen. Denn jedes Gebäude ist zumeist mit einer elektrischen Anlage ausgerüstet. Auch Brände an Versorgungsanlagen, wie zum Beispiel Trafostationen, müssen von der Feuerwehr bekämpft werden können.

Um es nicht zu verharmlosen – es stellt sehr wohl ein Problem dar, wenn Objekte mit Photovoltaikanlagen gelöscht werden müssen. Vor allem aus folgenden Gründen:

1. Photovoltaikanlagen können nicht einfach so abgeschaltet werden. Zwar kann man die Anlage vom öffentlichen Netz trennen – hierdurch schalten auch die Wechselrichter aus Sicherheitsgründen automatisch ab. Unter Spannung bleiben aber weiterhin die Module, die Verbindungsleitungen der Module sowie die Gleichstromleitungen vom Modulfeld bis zu den Wechselrichtern – zumindest bei Tageslicht.
   Wenn die PV-Anlage nicht beschädigt ist, gehen von der PV-Anlage zunächst überhaupt keine Gefahren beim Löscheinsatz aus. Wenn die Gleichstromleitungen beschädigt sind, zugleich außerhalb des Gebäudes verlaufen und beim Löscheinsatz ein entsprechender Abstand eingehalten werden kann, ergeben sich ebenfalls keinerlei Gefährdungen für die Feuerwehreinsatzkräfte. Problematisch können sich jedoch Einsätze gestalten, wenn Zimmerbrände von innen durch Feuerwehrleute mit Atemschutz gelöscht werden und die Gleichstromleitungen gleichzeitig irgendwo im Inneren des Gebäudes verlaufen. Erstens können die Leitungen beziehungsweise deren Isolierung durch das Brandereignis beschädigt werden; zweitens sind für die Einsatzkräfte im Inneren des Gebäudes solche Leitungen aufgrund der Rauchentwicklung erst gar nicht erkennbar. Unter sehr ungünstigen Umständen könnte es daher zu einem Stromunfall kommen.
2. Bei einem Feuerwehreinsatz kann es zu einer Löschbehinderung in Form eines mangelnden Zugangs von außen in das Gebäude über das Dach aufgrund der angebrachten Photovoltaikanlage kommen. Einige Dacheindeckungen können bei einem Einsatz schnell mit entsprechendem Gerät oder sogar per Hand geöffnet werden, um zum Brandherd vorzudringen. Bei einer mit Modulen überbauten Dachfläche mit fest installiertem Untergestell wird dies zum Problem. Somit können sich Löscheinsätze verzögern oder deren Wirkung gehemmt sein. Eingeplante Wartungsgassen dienen deshalb nicht nur der Wartung im Anlagenbetrieb, sondern können auch bei einem Löscheinsatz nützlich sein.

Die Feuerwehr steht bei einem Wohnhausbrand mit installierter PV-Anlage vor speziellen Herausforderungen.

Weiteres Unheil beim Brand eines Gebäudes mit Photovoltaikanlagen ist das Zerplatzen der Modulscheiben bei Hitzeeinwirkung. Die herumfliegenden Scherben stellen eine zusätzliche Verletzungsgefahr dar und können Löschschläuche beschädigen.

Unfallvermeidung

Wichtig im Rahmen der Unfallvermeidung im Zusammenhang mit Löscheinsätzen an Gebäuden mit Photovoltaikanlagen sind die Aufklärung und Schulung der Feuerwehr. Hinweisschilder zum Vorhandensein einer PV-Anlage, gekennzeichnete Kabelwege und bei größeren Objekten ein Feuerwehreinsatzplan mit den eingetragenen Generatorfeldern und Kabelwegen sind sinnvolle Möglichkeiten, den sicheren Feuerwehreinsatz und Anlagenbetrieb zu gewährleisten, was bereits bei der Planung und Anlagendokumentation berücksichtigt werden sollte.

Gerade bei weiträumigen Photovoltaikanlagen, welche in der Landwirtschaft oder bei

Gewerbe- und Industriegebäuden anzutreffen sind, macht es durchaus Sinn, diese einmal zusammen mit der örtlichen Feuerwehr zu besichtigen, damit man einen Überblick bekommt, wo entsprechende kritische Situationen vorhanden sind und wie diese gekennzeichnet, gesichert oder anderweitig einsatzsicher gestaltet werden können. Alleine die Kenntnis über die Ausdehnung der Anlage und den Verlauf der dazugehörige Leitungen und Abschalteinrichtungen helfen der Feuerwehr im Einsatz enorm.

Pflicht für jeden Photovoltaikbetreiber sollte es aber sein, seine Anlage kenntlich zu machen. Hierzu gibt es bereits genormte Hinweisschilder, welche gut sichtbar im Bereich der elektrischen Unterverteilung angebracht werden können.

Auch ein einfacher Feuerwehreinsatzplan sollte bei ausgedehnten Anlagen nicht fehlen. In diesem sind in einem Lageplan die Lage des Generatorfelds, der Verlauf der String-Hauptleitungen sowie der Wechselrichterstandort mit den DC-Freischaltstellen einzuzeichnen. Dieser kann für die Feuerwehr als gute Orientierung dienen, um Wechselrichter freizuschalten und sich einen Überblick über die Lage der Leitungsverläufe zu machen.

Weitere Hinweise hierzu gibt auch eine Informationsbroschüre vom BSW (Bundesverband der Solarwirtschaft), die unter anderem in Zusammenarbeit mit dem Feuerwehrverband Niedersachsen erstellt wurde.

Seit Mai 2013 regelt die VDE-Anwendungsregel VDE-AR-E 2100–712 bei der Planung und Errichtung von Photovoltaiksystemen an oder auf Gebäuden mögliche Maßnahmen zur Verhinderung gefährlicher Berührungsspannungen beim Versagen der Schutzmaßnahme „Doppelte oder verstärkte Isolierung" (etwa im Brandfall). Hieraus ergibt sich auch die Pflicht, die PV-Anlage durch ein entsprechendes Hinweisschild (siehe oben rechts) kenntlich zu machen.

In der Anwendungsregel werden zum einen

- bauliche und organisatorische Installationsmaßnahmen beschrieben, wie ein gegen Feuer geschütztes Verlegen von PV-Gleichstromleitungen im Gebäude (unter Putz oder in Brandschutzkanälen …), das berührungssichere Verlegen solcher Leitungen (auf hoch liegenden Kabelpritschen) oder dass das Verlegen der Leitungen grundsätzlich außerhalb eines Gebäudes erfolgen muss.
- Weiterhin sind diverse Abschaltmaßnahmen aufgeführt, etwa mit dem sogenannten Feuerwehrschalter, die bei einem Brand entweder automatisch reagieren oder manuell von einer zentralen Stelle aus ausgelöst werden können. Über die Funktionsweise dieser Schalter wird oft kontrovers diskutiert. Zumindest gibt es diesbezüglich noch keine normativen Vorgaben und Produktrichtlinien, die sich derzeit in der Entwicklung befinden.

Hinweisschild Photovoltaikanlagen

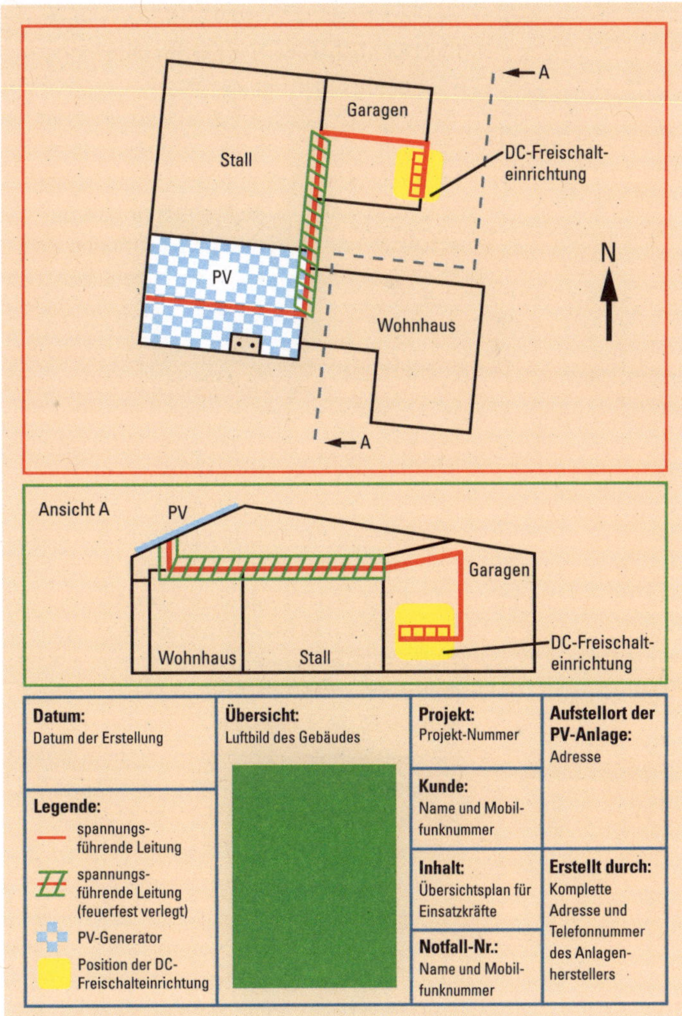

Beispiel eines PV-Lageplans, wie ihn die Feuerwehr bei einem Einsatz braucht

GEWÄHRLEISTUNGEN UND GARANTIEN

Bei einer Photovoltaikanlage gibt es sogar 25 Jahre Garantie! Oder wie war das? Gewährleistung und Garantie klingen zwar nicht gleich, werden aber oft in einen Topf geworfen.

Der feine Unterschied mit großer Wirkung

Viele Anlagenbetreiber wiegen sich in Sicherheit mit den Pauschalangaben der Installateure und Hersteller, doch der Schein trügt. Gewährleistung und Garantie, umgangssprachlich oft synonym verwendet, unterscheiden sich doch stark – mit entsprechenden Auswirkungen.

Gewährleistung

Bei der Gewährleistung handelt es sich vereinfacht ausgedrückt um einen dem Verbraucher, Käufer oder Erwerber einer Sache oder eines Bauwerks gegenüber gesetzlich verankerten Mangelbeseitigungsanspruch auf bestimmte Zeit. Der Begriff des Mängelbeseitigungsanspruchs findet sich auch im Bürgerlichen Gesetzbuch (BGB) wieder, das Wort „Gewährleistung" wird nur noch am Rande erwähnt.

Im Kaufrecht unter § 437 BGB und im Werkvertragsrecht unter § 634 BGB werden die Rechte genannt, die dem Käufer beziehungsweise dem Besteller im Werkvertragsrecht bei Vorliegen eines Mangels zustehen. Die Regelung des Gesetzes mit mehrfachen Verweisen ist kompliziert und für Nichtjuristen nicht immer verständlich.

Die Gewährleistung umfasst sowohl die Haftung für Sachmängel, also Mängel in Bezug auf die Beschaffenheit des geschuldeten Werks, als auch für Rechtsmängel. Der Mangel muss bei Gefahrenübergang (also meist nach § 446 BGB bei Übergabe der Sache oder nach § 640 BGB bei Übergabe des Werks) vorliegen. Jedoch können auch später auftretende Defekte Sachmängel sein, wenn sie schon bei Gefahrenübergang im Keim angelegt waren. Diese müssen dann aber vom Käufer oder Besteller nachgewiesen werden.

Ein Sachmangel liegt zum Beispiel bei den folgenden Voraussetzungen vor:

- Abweichung von der vereinbarten Beschaffenheit (§ 434 Abs. 1 BGB). Beispiel: Es wurden Module mit einer Leistung von jeweils 330 Watt verkauft, aber nur solche mit einer Leistung von 325 Watt installiert.
- Die Anlage weist eine Beschaffenheit auf, die nicht der üblichen Beschaffenheit von Gütern der gleichen Art entspricht(§ 434 Abs. 1 Satz 2 Nr. 2 BGB): Zur Beschaffenheit gehören (gemäß § 434 Abs. 1 Satz 3 BGB) auch Eigenschaften, die der Käufer nach den öffentlichen Äußerungen des Verkäufers oder Herstellers (insbesondere aus der Werbung) erwarten kann. Beispiel: Ein Auto wird in der Werbung mit einem Verbrauch von vier Litern angepriesen, während der tatsächliche Verbrauch sechs Liter beträgt. Bei einer Photovoltaikanlage kann das vom Anbieter berechnete Ertragsverhalten (berechnete Energieerzeugung) zum Beispiel eine Eigenschaft sein, welche die Beschaffenheit der Photovoltaikanlage definiert.
- Falschlieferung; es wird eine andere als die verkaufte Sache (sogenanntes Aliud) oder eine zu geringen Menge geliefert (§ 434 Abs. 3 BGB). Beispiel: Der Verkäufer liefert anstelle von monokristallinen polykristalline Module.

Für die Beweislast gilt allgemein § 363 BGB. Hat der Auftraggeber nach Werkvertragsrecht die Sache abgenommen (§ 640 BGB), trifft diesen die Beweislast für den Sachmangel an sich und dafür, dass dieser Mangel von Anfang an vorhanden war, sofern er Mängelansprüche geltend macht. Die große Problematik bei der Beweislast, insbesondere beim Werkvertrag, besteht darin, dass es dem Verbraucher in vielen Fällen nicht möglich ist, ohne den erheblichen Aufwand eines Gutachtens nachzuweisen, dass von Beginn an ein Mangel vorlag. In der Regel ist aber zu berücksichtigen, dass ein Schadensereignis auf einen schon anfänglichen Mangel verweist, zumal wenn andere Gegenstände gleicher Gattung diesen Schaden nicht aufweisen und ansonsten nicht zu erkennen ist, inwiefern der Kunde diesen Schaden verursacht haben sollte.

Zusammengefasst: Ist ein Mangel vorhanden oder tritt innerhalb der gesetzlichen Gewährleistungsfrist ein solcher auf, haben Sie Kraft Gesetzes dem Verkäufer oder Installateur gegenüber einen Anspruch auf „kostenfreie" Mängelbehebung. Kommt er diesem in einer angemessenen Frist nicht nach, stehen Ihnen rechtliche Ansprüche zu.

Kaufvertrag oder Werkvertrag?

In den vorangegangenen Erläuterungen zur Gewährleistung wurden sowohl das Kaufvertragsrecht als auch das Werkvertragsrecht genannt. Sie werden jetzt sicherlich fragen, worunter Ihre Photovoltaikanlage fällt: Kaufrecht oder Werkvertragsrecht?

In früheren Rechtsprechungen galt bei einer „üblichen" Photovoltaikanlage: Kaufvertrag mit Montageverpflichtung. Juristisch begründet wurde dies damit, dass bei einer Photovoltaikanlage der Kostenanteil des Materials überwiegt und die Montage selbst nur ein „Nebengewerk" darstellt. Bei Anlagenpreisen weit über 2 000 Euro pro kWp traf dies zu.

Nur wenn die Photovoltaikmodule auch die Dichtigkeit des Daches übernahmen – also eine Funktion des Bauwerks darstellten, man spricht hierbei von Indachanlagen –, galt Werkvertragsrecht. Hier besteht unter anderem ein geschuldeter Erfolg (dichtes Dach), welcher grundsätzlich dem Werkvertragsrecht unterzuordnen ist. Ähnliches galt bei Freifeldanlagen, da diese ein selbstständiges Bauwerk darstellten.

Nach neuester Rechtsprechung ist aber grundsätzlich von einem Werkvertrag auszugehen, nicht etwa, weil die Systempreise gesunken wären, sondern da bei der Montage einer solchen Anlage auf einem Dach der Eingriff in das Gebäude nicht unerheblich ist und eine PV-Anlage als Bauwerk oder Teil eines solchen anzusehen ist.

Gewährleistungsfristen

Die Gewährleistungsfristen beim Kauf- und Werkvertrag sind gleich, es sei denn, es handelt sich um ein Bauwerk:

- Nach § 438 Abs. 1 Nr. 3 BGB (Kaufvertrag) beträgt die Verjährungsfrist für die Ansprüche aus Gewährleistung seit 1. Januar 2002 im Regelfall zwei Jahre, beginnend mit Übergabe der Kaufsache. Diese kann vertraglich grundsätzlich geändert, komplett ausgeschlossen oder auf bis zu 30 Jahre ausgedehnt werden. Eine Ausnahme gilt lediglich für den Verbrauchsgüterkauf (§ 474 BGB), wo eine Verkürzung nur bei gebrauchten Kaufsachen und dort maximal auf ein Jahr möglich ist (§ 475 Abs. 2 BGB).
- Beim Werkvertrag beträgt die Verjährungsfrist zwei Jahre, für Bauwerke aber fünf Jahre. Wird eine Photovoltaikanlage nunmehr rechtlich als Bauwerk eingestuft, ergeben sich für den Besitzer die längeren Gewährleistungsfristen.

Grundsätzlich muss davon ausgegangen werden, dass die gesetzliche Gewährleistung für übliche Photovoltaikanlagen spätestens fünf Jahre nach erfolgter Abnahme endet.

Abnahme / Übergabe

Im Zusammenhang mit Fristen bei Gewährleistung und Garantie ist neben der Laufzeit immer wieder strittig, wann diese überhaupt zu laufen beginnen. Beim Kaufvertrag beginnt die

Frist mit Übergabe der Sache, beim Werkvertrag mit der Abnahme. Nur was bedeutet jeweils „Übergabe" und „Abnahme" konkret?

Abnahme beim Werkvertrag

Die Abnahme ist hier eine Hauptpflicht des Auftraggebers oder Bestellers und somit eine einseitige, empfangsbedürftige Willenserklärung des Auftraggebers. Sie bedarf hierbei auch nicht einmal der Mitwirkungspflicht des Auftragnehmers; auch ist dessen Unterschrift nicht erforderlich.

Die Abnahme stellt eine Erklärung des Auftraggebers dar, dass er die Werkleistung als frei von wesentlichen Mängeln erfüllt billigt.

Die Abnahme darf nicht grundlos vom Auftraggeber verweigert werden. Hierauf wäre eine Klage auf Abnahme und Zahlung des Werklohns möglich.

Die Abnahmefrist beginnt nach BGB sofort nach Anforderung des Auftragnehmers. Als Abnahmewirkung treten ein:

- Die Leistung des Auftragnehmers gilt (mit möglichen vermerkten Einschränkungen) als erfüllt.
- Übergang der Vergütungs- und Leistungsgefahr auf den Auftraggeber
- Fälligkeit der Vergütung (641 BGB)
- Umkehr der Beweislast (bei Mängeln, die in der Abnahme nicht vorbehalten wurden)
- Verlust von Rechten des Auftraggebers, etwa Rücktritts- und Minderungsrecht, Vertragsstrafe oder Nacherfüllung, soweit diese bei der Abnahme nicht vorbehalten wurden
- Beginn der Frist für die Verjährung der Gewährleistungsansprüche

Bei der Abnahme unterscheidet man:

- Die ausdrücklich erklärte Abnahme
- Die förmliche Abnahme (mit Abnahmeprotokoll)
- Die Abnahme durch schlüssiges Verhalten, etwa durch vorbehaltlose Zahlung des Restwerklohns oder vorbehaltlose Ingebrauchnahme (fiktive Abnahme)
- durch Fristablauf (§ 640 Abs. 1 S. 3 BGB), wenn der Auftragnehmer hierzu eine Frist gesetzt hat

Garantie

Von der gesetzlich im BGB vorgeschriebenen Gewährleistung oder den Mängelansprüchen ist die Garantie zu unterscheiden. Diese ist insofern seitens des Garantiegebers freiwillig, als es keine gesetzliche Verpflichtung zur Abgabe eines Garantieversprechens gibt. Dies bedeutet, dass ein Hersteller, Verkäufer oder Anlagenerrichter ein freiwilliges Garantieversprechen abgeben kann, dessen Bedingungen ausschließlich durch den Garantiegeber bestimmt werden. Die Garantie beinhaltet eine freiwillige Selbstverpflichtung des Händlers oder Herstellers, die über die gesetzlichen Verpflichtungen des Kaufvertrags hinausgeht. Es gibt dabei die unterschiedlichsten Formen von Garantien. Ein schönes Beispiel ist wieder das Auto, wo es bei diversen Marken eine zeitlich längere Garantie auf die Karosserie gegen Durchrostung gibt – in den meisten Fällen aber gekoppelt an eine regelmäßige Inspektion.

Wichtig ist, dass Garantieansprüche unabhängig von gesetzlichen Mängelansprüchen bestehen. Genauso wichtig ist überdies, dass die Garantien der Hersteller auch gegenüber dem Käufer erklärt sein müssen.

Selbst wenn auf dem Datenblatt oder Prospekt von Garantien die Rede ist, werden Garantien vielfach an verschiedene Formalitäten geknüpft. So kann es etwa sein, dass Module oder Wechselrichter beim Hersteller zunächst registriert sein müssen, um die Garantie wirksam in Gang zu setzen. Bei der Photovoltaikanlage kommt man meist mit folgenden Garantien in Berührung:

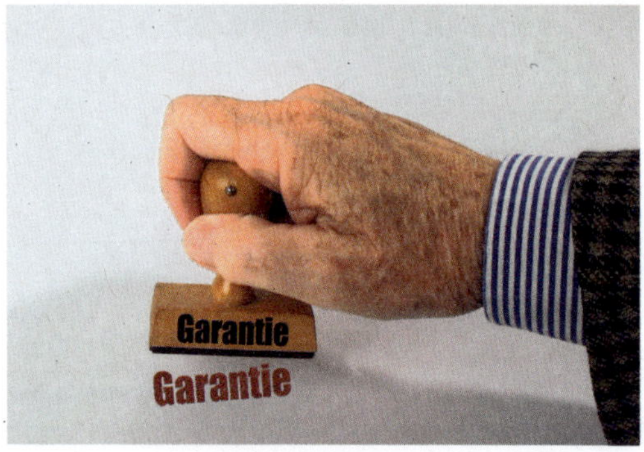

Garantie für Module

Hier sind in der Regel zwei Garantien zu unterscheiden; einmal die Produktgarantie und einmal die Leistungsgarantie.

1 Die Produktgarantie bezieht sich auf die Herstellungsqualität des Moduls und verspricht, dass im Fall eines auftretenden Mangels, wie zum Beispiel das Auffrieren der Modulrahmen, Spannungsrisse bei Glas-in-Glas-Modulen oder defekten Anschlussdosen, der Hersteller entsprechend Ersatz leistet. Wie dieser Ersatz letztendlich aussieht, steht in den Herstellergarantien, welche Ihnen als Käufer der Anlage vorliegen sollten.
Dass die Ersatzregelungen oftmals nicht so einfach sind, wie sie in werbewirksamen Aussagen getätigt werden, zeigen oft die meist klein gedruckten Garantiebedingungen im Einzelnen. In vielen Fällen werden dem Anlagenbetreiber recht hohe Hürden aufgebürdet, was bereits den Mangelnachweis angeht, also ob es sich tatsächlich um einen herstellungsbedingten Mangel oder um eine Einwirkung von außen handelt. Letztere wäre nämlich im Garantieumfang nicht enthalten.
Auch in einem nachgewiesen Garantiefall ist die Abwicklung oftmals nicht ganz einfach. Vielfach gehen Transport-, De- sowie Remontagekosten zulasten des Anlagenbetreibers. Dies bedeutet, dass der Hersteller Ihnen nur entsprechende Neuware frei ab Werk zur Verfügung stellt und Sie die Kosten für Transport und Modultausch selbst tragen müssen.
Die üblichen, von den Herstellern gewährten Produktgarantien belaufen sich bei Neuprodukten mittlerweile auf zehn Jahre.

2 Bei der Leistungsgarantie verhält es sich ähnlich. Diese bezieht sich aber ausschließlich auf die Leistung des Moduls und nicht auf mögliche Produktmängel. Von den Modulherstellern werden oftmals Garantien von 25 bis 30 Jahren angeboten. Viele Leistungsgarantien sind abgestuft; zum Beispiel zehn Jahre 90 Prozent und 25 Jahre 80 Prozent. Im Klartext: Der Hersteller garantiert, dass die Module nach zehn Jahren noch mindestens eine Nennleistung von 90 Prozent erbringen beziehungsweise nach 25 Jahren 80 Prozent.
Auch hier ergeben sich oftmals schwierige und nervenaufreibende Durchsetzungsstreitigkeiten dem Modulhersteller gegenüber. In der Regel beziehen sich die Leistungsgarantien auf den Wert „Min-Nom." der Modulleistung – sprich den auf dem Moduldatenblatt oder Modullabel angegebenen Minimalwert der Modulnennleistung. Ist auf dem Datenblatt des Moduls beispielsweise eine Leistung von 300 Wp +/- 5 W angegeben, so bezieht sich der Garantiewert auf den kleinsten Nominalwert, also 300 Wp minus 5 W = 295 Wp. Erst auf diesen Wert müssen die garantierten 90 oder 80 Prozent abgestellt werden.
Nochmals als Beispiel gerechnet, muss das besagte Modul in den ersten zehn Jahren seine Leistung bis auf einen Wert von weniger als 265,5 Wp verlieren, um in die Garantieansprüche zu kommen. Weiterhin bedeutet dies aber auch, dass das Modul schon im fünften Jahr oder noch früher beispielsweise nur noch 270 Wp Leistung erbringen darf, ohne dass die Leistungsgarantie greift. Wenn man das Beispiel einmal weiterführt, so kann das Modul im 11. Jahr nur noch 240 Wp an Leistung erbringen, ohne dass die Leistungsgarantie greift, weil dann im zehnten Jahr, also von einem Jahr auf das andere, der Garantiewert bei 295 Wp minus 20 Prozent liegt, was rund 236 Wp bedeutet.
Die Möglichkeiten, Leistungsgarantien geltend zu machen, werden oftmals sehr stark eingeschränkt oder dem Kunden wird die Nachweispflicht des Garantiefalls mit offenbar unzumutbaren Aufwendungen (kostenintensive Labormessungen etc.) aufgezwungen, sodass diese Garantien letztendlich kaum durchsetzbar scheinen.
Auch hier gab es bereits Abmahnungen sowohl seitens der Verbraucherzentralen als auch durch Gerichte.

Garantie für Wechselrichter

Hier gelten oftmals ähnliche Bedingungen wie bei Modulen. Es gibt von Hersteller zu Hersteller aber auch unterschiedliche Handhabungen im Garantiefall. Erstattungen für Ertragsausfälle sind meist ausgeschlossen, auch wenn der Wechselrichtertausch auf sich warten lässt. In den meisten Fällen übernehmen die Hersteller die Arbeitskosten für den Austausch; oftmals muss der Kunde den Arbeitslohn des Installateurs zahlen.

Viele Wechselrichterhersteller bieten käufliche Garantieverlängerungen an, man kann die sonst übliche Werksgarantie von fünf Jahren mitunter auf zehn oder auch 15 Jahre verlängern. Ob das Geld hierbei gut investiert ist, ist strittig; je nach Anlagentyp sollte wirtschaftlich abgewogen werden. Selbiges gilt für sogenannte Garantieversicherungen. Hierbei kann man seine Wechselrichter gegen üblichen Ausfall (reiner Gerätedefekt) versichern – ähnlich einer Garantie. Ob man etwa bei einem üblichen Gerätedefekt mit einer Reparatur oder einem gebrauchten Ersatzgerät günstiger fährt, entscheidet oft der Einzelfall.

Grundsätzlich von der Garantie ausgeschlossen bleiben (wie auch bei den Modulen) Schäden von außen, sprich Blitzschlag, Überspannung, Vorsatz, Brand etc. Hier entfallen auch die zugekauften Garantieverlängerungen für dieses Gerät. Im Extremfall kann sich also eine zehnjährige, teuer erkaufte Garantie bei einem Überspannungsschaden nach zwei Jahren bereits in Luft auflösen. Wer hierbei gleich an seine Versicherung denkt, sollte beachten, dass Garantien in der Regel nicht versichert sind – auch nicht in sogenannten Allgefahrenpolicen (siehe hierzu auch die folgenden Ausführungen zum Thema „Versicherungen" ab Seite 179).

Produkthaftung

Die Produkthaftung umfasst weitere Schäden an Leben, Gesundheit, Eigentum und weiteren Rechtsgütern, die gerade durch die Mangelhaftigkeit der Sache entstanden sind – Beispiel Brandentstehung. Hier bestehen Ansprüche direkt gegen den Hersteller oder Produzenten. Bei privater Nutzung sieht das Produkthaftungsgesetz Schadenersatzansprüche vor. Liegt eine gewerbliche Nutzung vor, können diese aus § 823 BGB abgeleitet werden. Bei der Produkthaftung besteht im Gegensatz zu den Mängelgewährleistungsrechten nicht die Möglichkeit der Nachbesserung.

Ein Thema beherrschte hinsichtlich der Produkthaftung bereits die Medien: brennende Anschlussdosen an Modulen. Es gab in der Vergangenheit Module, die aufgrund eines technischen Defekts im Bereich der Anschlussdosen durch Lichtbogenzündung brennen konnten. Hiervon waren nicht wenige Anlagen betroffen, bei denen tatsächlich Brandschäden entstanden sind. Hier war der Hersteller gezwungen, aus Gründen des Produkthaftungsgesetzes zu reagieren und diese Module wieder vom Markt zu nehmen.

Unternehmer und/oder Verbraucher?

Die vertragsrechtlichen Angelegenheiten, insbesondere im Hinblick auf Gewährleistungen und den Verbraucherschutz, unterscheiden sich bei Vertragsvereinbarungen zwischen Unternehmern einerseits und zwischen Unternehmer und Verbraucher andererseits erheblich.

Käufer einer Photovoltaikanlage, die ihre Energie ganz oder teilweise ins öffentliche Netz einspeisen und dafür Vergütung nach dem Erneuerbare-Energien-Gesetz (EEG) erhalten, sind steuerrechtlich in der Regel Unternehmer. Strittig war bislang die Frage, ob sie auch zivilrechtlich als Unternehmer oder doch als Verbraucher anzusehen sind – der Unterschied ist, wie bereits erwähnt, für die Betroffenen gravierend. Hierzu hat sich der Bundesgerichtshof (BGH) geäußert (BGH Anerkenntnisurteil VIII ZR 121/12 vom 9.1.2013).

Zivilrechtlich ist der Anlagenkäufer nach Auffassung des BGH als Verbraucher anzusehen. Damit genießt er den vollen Verbraucherschutz des Bürgerlichen Gesetzbuchs (BGB). Das BGB geht grundsätzlich davon aus, dass Verbraucher Unternehmen gegenüber die schwächere Partei sind. Bei Kaufverträgen gelten deshalb feste Regeln, etwa für Gewährleistung, Verjährungsfristen und Haftungsaus-

schlüsse, die Verkäufer einhalten müssen, wenn sie mit Privatleuten Geschäfte machen.

Wer sich zum Beispiel in den eigenen vier Wänden bei einem Beratungsgespräch für eine Photovoltaikanlage entscheidet, kann den Vertrag als Verbraucher innerhalb von 14 Tagen widerrufen. Für Unternehmen hingegen gibt es solch ein gesetzliches Widerrufsrecht für sogenannte Haustürgeschäfte nicht.

Anlass für die BGH-Äußerung war die Klage eines Privatmanns, der eine PV-Anlage gekauft hatte. In der mündlichen Verhandlung vertrat der BGH die Auffassung, der Käufer sei als Verbraucher einzuordnen. Der private Betrieb einer PV-Anlage wird vom BGH als Vermögensverwaltung gesehen und nicht als gewerblicher Betrieb mit den entsprechend erforderlichen Einrichtungen. Dagegen spräche zudem nicht die aufgeworfene umsatzsteuerliche Frage, denn die bestehende Rechtsprechung besagt, dass die steuerliche Einordnung keine Auswirkung auf die zivilrechtliche Einordnung hat. Überdies besteuert der Gesetzgeber umsatzsteuerrechtlich gemäß § 2 UStG jegliche Einnahmen aus nachhaltiger Tätigkeit, auch wenn Gewinnerzielungsabsicht fehlt. Damit fallen Anwendungsbereich von Umsatzsteuerrecht und Verbraucherrecht auseinander, die Umsatzsteuerpflichtigkeit von Anlagenbetreibern ist aus verbraucherrechtlicher Sicht eher zufällig.

Der Verkäufer erkannte daher noch vor einer höchstrichterlichen Entscheidung an, dass der Kunde sein Geld zurückbekommt. Auch wenn es deshalb zu keinem höchstrichterlichen, sondern „nur" zu einem Anerkenntnisurteil gekommen ist, kann man sich auch zukünftig an dieser Auffassung orientieren.

Anders wird es sich bei Betreibergesellschaften oder Betreiber-Kapitalgesellschaften (GmbH; GmbH & Co.KG) verhalten. Hier bestehen die abgeschlossenen Geschäfte in aller Regel zwischen Unternehmer und Unternehmer. Demzufolge kommt es entscheidend auf die getroffenen vertraglichen Vereinbarungen an.

Gewährleistungs- und Garantiekette

Im Gewährleistungs- oder Garantiefall stellt sich die Frage: „An wen wende ich mich?" Hier sollten Sie die Merkmale von Gewährleistung und Garantie kennen (ab Seite 158).

Bei der Gewährleistung ist der erste Ansprechpartner grundsätzlich der Installateur oder Fachbetrieb, bei dem die Anlage gekauft oder von dem diese installiert wurde. Dies schließt alle Beanstandungen an einer Photovoltaikanlage ein, auch wenn einzelne Bauteile einer gesonderten Garantievereinbarung unterliegen. Lässt etwa die Modulleistung im ersten Jahr nicht produktkonform deutlich nach, so haftet hierfür zunächst der Fachbetrieb oder Installateur. Geht im ersten Jahr oder im Laufe des zweiten Jahres ein Wechselrichter defekt (ohne äußere Einwirkung wie zum Beispiel Überspannung), haftet wieder der Fachbetrieb oder Installateur. Unterliegt die Photovoltaikanlage dem Werkvertragsrecht und ist diese als Bauwerk einzustufen, gilt dies auch für die ersten fünf Jahre nach erfolgter Abnahme.

Erst nach dieser Gewährleistungsfrist greift die Garantieabwicklung in der vereinbarten Frist direkt dem Hersteller gegenüber, soweit diese die gesetzliche Gewährleistungsfrist übersteigt.

Aus dieser Konstellation heraus ergeben sich häufig Probleme, welche hier beispielhaft aufgeführt werden:

- Wenn Ihr Installateur nicht mehr greifbar ist, weil er zum Beispiel insolvent gegangen ist, geht Ihnen auch die Gewährleistung verloren. In diesem Fall bleiben Ihnen nur noch die Garantien übrig, wie zum Beispiel auf Module und Wechselrichter. Hierfür müssen

Sie sich an den Produkthersteller direkt wenden.

- Wenn Sie Gewährleistungsrechte durchsetzen wollen, genügen weder ein Anruf noch eine E-Mail an den Fachbetrieb oder Verkäufer. Grundsätzlich ist diesem eine schriftliche, am besten mit Einwurfeinschreiben formulierte Mängelanzeige zuzusenden – und zwar mit einer ausreichenden Fristbenennung zur Mängelbeseitigung. Dies dient zum einen als Beweis zur Aufforderung der Mängelbehebung; zum anderen kommt der Anspruchsgegner nach fruchtlosem Ablauf der gesetzten Frist meist automatisch in Verzug (siehe nachfolgende Ausführungen). Hierdurch wird aber die Gewährleistungsfrist nicht gehemmt. Ignoriert der Installateur die Mängelanzeige oder wimmelt er diese mit Ausreden ab, läuft die Gewährleistungsfrist fürs Erste weiter.
- Eine wirksame Hemmung der Gewährleistungsfrist, also die Unterbrechung derselben, kommt entweder im Zuge von Verhandlungen mit dem Installateur oder dessen schriftlicher Anerkenntnis eines Mangels zustande – oder erst durch die Beantragung und Einleitung eines gerichtlichen, selbstständigen Beweisverfahrens. Das bedeutet, dass Sie im Notfall einen Gutachter und einen Anwalt bemühen müssen, um vorhandene Mängel darzulegen und deren Rüge noch fristgerecht geltend machen zu können.
- Falls die Gewährleistungen nicht mehr greifen, weil deren Frist abgelaufen ist, stehen Ihnen zumindest eingeschränkt auf bestimmte Produkte noch die Garantien zur Verfügung. Diese Garantien stehen jedoch nur zwischen Ihnen und dem Hersteller in vertraglicher Beziehung. In der Regel sollte Ihr Installateur Ihnen bei der Abwicklung behilflich sein.
- Aber auch Garantien rücken in Einzelfällen leider in weite Ferne, wenn Hersteller nicht mehr auf dem Markt existent sind. Hiervon sind auch frühere deutsche Hersteller betroffen, von denen viele mit „Made in Germany" argumentiert haben. Aber auch einheimische Produkte unterliegen dem wirtschaftlichen Wandel. Mit dem Rückgang der Neuinstallationen ab 2012 überrollte die Pleitewelle viele Firmen – egal ob im In- oder Ausland.

Folgen bei Mängelansprüchen

Die Rechte des Bestellers bei Mängeln sind im Werkvertragsrecht unter § 634 BGB beschrieben. Hierin heißt es: Ist das Werk mangelhaft, kann der Besteller, wenn die Voraussetzungen der folgenden Vorschriften vorliegen und soweit nichts anderes bestimmt ist,

1 nach § 635 Nacherfüllung verlangen. Bei der Nacherfüllung im Werkvertragsrecht obliegt diese der Wahl des Auftragnehmers – sprich des Installateurs.

2 nach § 637 den Mangel selbst beseitigen und Ersatz der erforderlichen Aufwendungen verlangen. Wenn Sie beabsichtigen, den Mangel selbst zu beseitigen, beachten Sie bitte die hierzu angeführten Voraussetzungen nach § 637 BGB. Dies geht nämlich nur nach erfolglosem Ablauf einer zur Nacherfüllung bestimmten angemessenen Frist

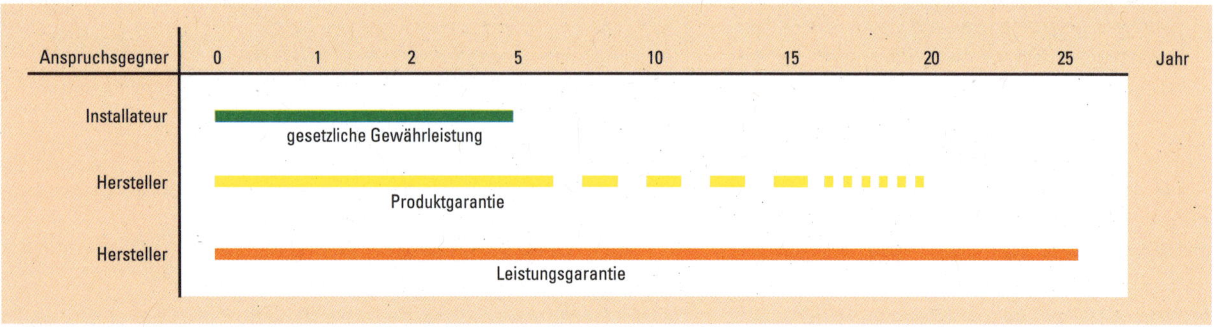

Bei PV-Anlagen übliche Gewährleistungs- und Garantiekette

und wenn nicht der Unternehmer die Nacherfüllung zu Recht verweigert. Ausnahmen hierzu ergeben sich nur nach § 323 BGB.

3 nach den §§ 636, 323 und 326 Abs. 5 von dem Vertrag zurücktreten oder nach § 638 die Vergütung mindern und

4 nach den §§ 636, 280, 281, 283 und 311a Schadenersatz oder nach § 284 Ersatz für vergebliche Aufwendungen verlangen.

Formaler Weg

Wie bereits angesprochen, ist zur Geltendmachung von Mängelbeseitigungen ein formaler Weg einzuhalten, um die Ansprüche auch rechtlich sicher zu machen.

- Schriftliche Anzeige (am besten eingeschriebener Brief, eine E-Mail erfüllt nicht die rechtliche Schriftform) mit Fristsetzung gegenüber dem Installateur oder Verkäufer. Dies dient zum einen dem Beweis, dass das Gegenüber überhaupt von Ansprüchen seitens des Kunden Kenntnis erlangt hat. Weiterhin ergibt sich für Sie die Möglichkeit, das Gegenüber nach fruchtlosem Fristablauf in Verzug zu setzen. Voraussetzung ist allerdings, dass es sich bei der vorab getätigten Fristsetzung um realistische Termine handelt. Den Mangel an einem defekten Wechselrichter zu beheben, kann nicht bereits am nächsten Tag erfolgen, insbesondere wenn der Installateur oder Verkäufer auf die Zulieferung eines Ersatzgeräts angewiesen ist.
- Inverzugsetzung
- Zeigt auch die Inverzugsetzung keine Wirkung, können Sie nochmals eine Mahnung aussprechen (wieder schriftlich) und mit einer Nachfrist versehen. Sie können auch bereits das androhen, was Ihnen bei abermalig fruchtlosem Ablauf rechtlich zusteht (siehe die vorherige Seite 164).

Konsequenzen

Bleibt das Gegenüber auch weiterhin uneinsichtig, gilt es zu überlegen, was nach dem gesetzlichen Rahmen für Sie am sinnvollsten ist. Soweit Sie vom Kaufvertrag zurücktreten wollen, müsste die gegenständliche Photovoltaikanlage wieder vom Dach zurückgebaut werden. Bei der Neuinstallation einer Ersatzanlage werden Sie die gesetzliche Einspeisevergütung der „alten" Anlage womöglich verlieren.

Bei einer Minderung des Kaufpreises müssten Sie diese, wie beim Rücktritt vom Kaufvertrag, notfalls einklagen, da Sie in der Regel die Anlage bereits gezahlt haben. Dann wird es erforderlich werden, einen Anwalt einzuschalten, der Sie in der weiteren Vorgehensweise berät.

Beweissicherung

Da die Beweislast nach Abnahme auf Sie übergegangen ist, werden Sie nicht darum herumkommen, einen sachverständigen Dritten einzuschalten, der Ihnen diesen Nachweis erbringt, wenn es Ihrerseits Anzeichen für Unstimmigkeiten der Anlage gibt. Es kann aber auch sein, dass es sich nur um subjektive Eindrücke handelt und gar kein Mangel vorliegt.

Insbesondere wenn es darum geht, den Ablauf der Gewährleistungsfrist mit einem selbstständigen Beweisverfahren zu hemmen, wird die vorherige Einschaltung eines Sachkundigen (Gutachter, Sachverständiger) empfohlen. Denn im selbstständigen Beweisverfahren muss der Antragssteller, also Sie, im juristischen Fachjargon substantiiert (begründend) vortragen, um welche Mängel es sich handelt. Sie müssen glaubhaft darlegen, dass überhaupt Mängel vorhanden sind und diese im Einzelnen benennen. Weiterhin ist zu berücksichtigen, dass, so die Gegenseite die Mängel abstreitet, vom Gericht in der Regel ein gerichtlich bestellter Sachverständiger eingeschaltet wird, welcher die vom Gericht gestellten Be-

weisfragen (über das Vorhandensein eines Mangels) beantworten soll. Aber Vorsicht! Der gerichtlich bestellte Sachverständige beschränkt seine Beantwortung nur auf die vom Gericht oder von den Parteien zur Beweissicherung gestellten Fragen. Diese Fragen müssen sich auf eine konkrete Tatsache stützen. Sie dürfen weder suggestiv noch ausforschend sein.

Daher wäre nicht zulässig, den gerichtlich bestellten Sachverständigen zu fragen, welche Mängel an der gegenständlichen Photovoltaikanlage überhaupt vorhanden sind. Die Fragen dürfen sich etwa nur darauf beschränken, ob es zutreffend ist, dass die Leistung der gegenständlichen PV-Anlage nicht dem für den vorhandenen Standort zu erwartenden Werten entspricht, oder dass die Leitungen nicht fachgerecht verlegt wurden, oder dass die Wechselrichter zu klein dimensioniert wurden.

Um beweissichere Tatbestände in ein Verfahren einbringen zu können, ist eine vorherige Begutachtung der Photovoltaikanlage durch einen Sachkundigen unumgänglich. Dieser liefert Ihrem Rechtsanwalt auch die technische „Munition", der sich mit solchen Dingen meist auch nicht auskennt, es aber in den meisten Fällen versteht, die technischen Ausführungen eines Gutachtens rechtlich „zu verpacken".

Gerichtliche Verfahren

Sollte es unumgänglich werden, eine streitige Angelegenheit zum Beispiel im Hinblick auf Mängel vor Gericht austragen zu müssen, sollten Sie sich bewusst sein, dass Sie einen langen Atem benötigen.

Gerichtsverfahren kosten nicht nur Geld, sondern auch Unmengen an Zeit und Nerven. Die Durchführung eines Beweisverfahrens kann sich durchaus über ein Jahr und länger erstrecken. Danach haben Sie aber nur die „amtliche" Bestätigung, ob Sie mit Ihrer Mängelvermutung richtig lagen. In der Praxis sieht es jedoch meist so aus, dass irgendeine Seite sich nicht mit den Feststellungen des gerichtlichen Sachverständigen zufrieden gibt.

Bleiben strittige Fragen offen oder kommt die Gegenpartei der Mangelbeseitigungsaufforderung nicht nach, kommt es zwangsläufig zu einem gerichtlichen Verfahren, in dem möglicherweise weitere Beweiserhebungen durchgeführt werden müssen.

Zu bedenken ist auch, dass Sie als Antragsteller oder Kläger erst einmal alle Kosten vorstrecken müssen; also für Ihren Anwalt, die Gerichtskosten wie auch die Kosten für den gerichtlich bestellten Sachverständigen. Diese Kosten können mehrere Tausend Euro betragen. Sollten Sie in dem Verfahren unterliegen, müssen Sie auch noch die Kosten der Gegenseite (Anwalt) tragen.

Selbst bei kleineren Streitwerten von beispielsweise 10 000 Euro können da folgende Prozesskosten anfallen:

- Prozesskosten Anwalt in 1. Instanz einschließlich Terminkosten etwa 1 600 Euro
- Gerichtskosten etwa 800 Euro
- Hinzu kommen noch die Kosten für den Gerichtsgutachter von 1 000 Euro bis 2 000 Euro (je nach Beweisumfang), mitunter auch wesentlich mehr.

Eine außergerichtliche Einigung liegt in dem Fall bei etwa 1 000 Euro.

Sollten Sie obsiegen, haben Sie in dem einen oder anderen Fall womöglich noch gar nicht Ihr Ziel erreicht. Denn was nützt Ihnen ein erfolgreiches Urteil zum Rücktritt aus dem Kaufvertrag, wenn, bei einer größeren Anlage, dies dann der betroffenen Firma finanziell das Genick bricht.

Falls Sie den Prozess verlieren, tragen Sie alle Kosten, auch die der gegnerischen Partei. Mit gegnerischem Anwalt einschließlich Gebühren und Pauschalauslagen sowie Umsatzsteuer liegt das Prozessrisiko bei rund 4000 Euro.

In vielen Fällen wird so ein Verfahren daher auf einen Vergleich hinaus laufen, in dem Sie kompromissbereit sein müssen und in der Regel Ihre eigenen Kosten (von Ihrem Anwalt) selbst tragen sowie die Hälfte aller anderen Kosten (Gericht, Gutachter).

Grundsätzlich gilt es in so einem Fall, die Prozessrisiken mit dem Fachanwalt genau abzuwägen. Stehen Ihnen Mängelansprüche zu und liegen die Erfolgsaussichten gut, dann ist es auch Ihr Recht, diese notfalls vor Gericht zu erstreiten.

Alternative Lösungen

Es müssen sicherlich nicht immer gleich der Rechtsanwalt und das Gericht sein, um Konflikte zu beseitigen.

Es besteht ja auch die Möglichkeit, gemeinsam mit einem eingeschalteten Sachverständigen und dem Installateur vor Ort die Probleme durchzusprechen und Lösungsansätze zu finden. Hier können sich die Techniker unter sich unterhalten und Lösungen vereinbaren, um offensichtliche Mängel zu beseitigen. Sicherlich muss man auch gewillt sein, etwaige Kompromisse einzugehen.

FEHLER UND MÄNGEL AN PHOTOVOLTAIKANLAGEN

In diesem Abschnitt sollen insbesondere aus praktischer Erfahrung heraus beispielhafte Probleme an Photovoltaikanlagen dargestellt werden. Es geht hier nicht um eine Verteufelung der PV-Technik, sondern um eine offene Diskussion möglicher Defizite, welche auch in anderen Bereichen relevant sind. Wie beim Hausbau Mängel auftreten können, gibt es auch bei PV-Anlagen Mängel. Sie als Laie sollen zumindest einmal ein Gefühl dafür bekommen, welche Probleme auftreten können, um zumindest organisatorisch Vorsorge treffen zu können – sei es mit einer fachtechnischen Abnahme einer PV-Anlage nach deren Ersterrichtung oder durch regelmäßige Prüfungen.

Mängel: Ursache und Wirkung

Fehler und Mängel an Photovoltaikanlagen haben verschiedene Ursachen, aber auch verschiedene Auswirkungen:

- Sie können den Ertrag beeinflussen – auch in der Weise, dass dies kaum auffällt.
- Sie können die Lebensdauer der Anlage oder einzelner Komponenten der Anlage reduzieren.
- Sie können die Betriebssicherheit der Photovoltaikanlage herabsetzen, wobei Mensch, Tier oder andere Gegenstände gefährdet werden können.

Grundsätzlich ist festzustellen, dass die Photovoltaik in den letzten 20 Jahren aus vielen „Kinderkrankheiten" gelernt hat. In einer jungen Branche waren Fehler vorprogrammiert. Insbesondere im Materialbereich haben sich gerade bei den Modulen erhebliche Verbesserungen ergeben. Auch im Bereich der Wechselrichter und insbesondere der Wechselrichterauslegungen hat man aus früheren Fehlern gelernt. Ein Schwachpunkt bleibt oftmals die handwerkliche Ausführung der Installation.

Nicht immer sind Fehler (hier: Verschattung) so objektiv erkennbar.

Deformierte Tragschiene infolge zu weiter Befestigungsabstände

Nachfolgend werden einige häufige und typische Fehlerquellen bei Photovoltaikanlagen aufgeführt und erläutert; beginnend mit der Planung über das Thema Statik und Haltekonstruktion, die Gleichstromverkabelung, die Module und Wechselrichter bis hin zum Netzanschluss. Die Beispiele können und sollen nicht alle Störfälle abdecken, sondern auf einige Fehler hinweisen, die öfter auftreten. Einige haben wir bereits bei den technischen Beschreibungen des Aufbaus einer PV-Anlage angeführt (siehe ab Seite 57).

Verschattung

Das Thema Verschattung und deren Auswirkungen haben wir bereits kennengelernt (siehe ab Seite 57). Eine freie Dachfläche verlockt bisweilen dazu, so viele Module wie möglich auf dem Dach zu verbauen, obgleich weniger manchmal mehr wäre. Wie bereits bei den Moduleigenschaften erläutert, kann ein teilverschattetes Modul oder sogar nur eine Zelle die Leistung eines kompletten Strings in den Keller schicken.

Halte- und Tragesystem

Aufgrund der Vielzahl von Systemen und Hersteller- sowie Ausführungsvarianten zeigen sich bei falscher Auswahl und fehlerhafter Montage nicht selten Fehler und Mängel. Insbesondere die statischen Belange werden oftmals nicht beachtet.

Obgleich der Planer oder Installateur die entsprechenden normativen Lastvorgaben beachten muss, finden sich nur in den seltensten Fällen dokumentierte statische Erwägungen in den Dokumentationsunterlagen, sodass man in den meisten Fällen davon ausgehen muss, dass aus dem Bauch heraus geplant und installiert wurde. Folgen hieraus können sein:

- Schäden am Dach (zum Beispiel gebrochene Dachziegel …)
- Verbogene Haltekonstruktionen (zum Beispiel durch Schneelast …)
- Beschädigte Module (zum Beispiel durch Windeinwirkung …)

Darüber hinaus trifft man bei Dachanlagen auf ein eigenständiges Gewerk mit spezifischen Regeln und technischen Ausführungsbestimmungen, das „Regelwerk des Deutschen Dachdeckerhandwerks" und die „Flachdachrichtlinie". Hier kollidieren nicht selten die Interessen beider Gewerke, also der Photovoltaikanlage und der Dacheindeckung. Insbesondere beim Flachdach ergeben sich oft haarsträubende Situationen, die nicht selten in einer Komplettsanierung des Daches enden.

Um gerade die Windkräfte beherrschen zu können, ist es unabdingbar, für eine sichere Verankerung der Photovoltaikanlage auf dem Dach zu sorgen. Oftmals sind die Konstruktionen nur auf das Blechdach genietet oder mit Schellen und Klemmen befestigt. Dabei hat niemand nachgefragt, ob das Blech so fest an der Dachkonstruktion befestigt ist, dass dieses auch die von der Photovoltaikanlage ausgehenden Windkräfte sicher aufnimmt und ableiten kann. Im ungünstigsten Fall wird bei einem Sturmereignis nicht nur die Photovoltaikanlage von Dach gerissen, sondern gleich die ganze Dacheindeckung.

Modulaufständerungen

Bei der Konstruktion künstlicher Modulneigungen auf Dächern sind oftmals derart haarsträubende Konstruktionen zu beobachten, dass sie die Frage aufwerfen, ob hier überhaupt statisch gerechnet und konstruiert wurde. Man muss nicht gesondert erwähnen, dass solche Konstruktionen erhöhte Windangriffsflächen bieten, die nicht nur die Module, sondern auch die Dachkonstruktion belasten, an der solche Konstruktionen angebracht sind.

Schrägdach

Bei einem Schrägdach werden die Lasten über einen flächigen Verbund in den Dachstuhl eingeleitet. Die Querschnitte der Dachsparren und deren Abstände in Verbindung mit der Dacheindeckung (Lattung oder flächige Abdeckung) berücksichtigen diesen Umstand hier. Bei der Montage einer Photovoltaikanlage muss diese flächige Lastabtragung beibehalten werden, da nunmehr die Sparren neben der Schneelast auch die Last der Photovoltaikanlage mit aufnehmen müssen.

Nicht selten stößt man auf Sparrendächer, bei denen nur auf jedem zweiten Dachsparren ein Befestigungspunkt gesetzt wurde. Soweit das Ergebnis der Systemstatik eine solche Verankerung zulässt, gibt es auch keinerlei Einwände. Bei der Montage der Befestigungen muss aber beachtet werden, dass die einzelnen Befestigungsreihen versetzt angeordnet werden und nicht alle gleichmäßig auf jedem zweiten Dachsparren verteilt. Erfolgt Letzteres, müssen die entsprechenden Sparren zwangsläufig die anteilige Zusatzlast der Nachbarsparren mit aufnehmen, das heißt die Last aus Schnee, Wind und Photovoltaikanlage.

Ziegeldach

Ziegeldächer sind keine wasserdichten Dachkonstruktionen. Dennoch müssen sie regensicher sein. Hierzu sind die Ziegel entsprechend geformt und meist mit Falzen ausgestattet, damit die Deckung ineinander greift und somit das Eintreiben von Niederschlag verhindert wird. Beim Setzen von Dachhaken müssen die Ziegel gewöhnlich bearbeitet werden, damit der Lastbügel des Dachhakens durch die Ziegelfläche nach außen geführt werden kann. Darüber hinaus darf ein Dachhaken niemals auf dem darunter liegenden Ziegel aufliegen, da es bei einer Belastung (etwa durch Schnee) zu einer punktuellen Belastung kommt, der die Ziegel nicht gewachsen sind. Soweit diese Maßnahmen nicht fachmännisch durchgeführt werden, sind Folgeschäden vorprogrammiert.

PV-Anlage und Dach vom Winde verweht – Ursache: fehlerhafte Dachkonstruktion und Befestigung der Photovoltaikanlage nur auf dem Dachblech

Solche „windigen" Konstruktionen sind selten von langer Lebensdauer.

Aufliegende Dachhaken begünstigen Ziegelbruch bei entsprechender Belastung, meist durch Schnee.

Risse im Aufkantungsbereich des Dachblechs

Dächer mit Metalleindeckungen

Bei der Befestigung von Photovoltaikanlagen auf Blechdächern gibt es oftmals durch unsaubere Ausführungen, falsche Materialwahl oder nicht fachgerechtes Verschließen von Fehlbohrungen Probleme.

Dacheindeckungen aus Zink werden in gleicher Weise aufgebracht wie etwa Kupferdächer. Sogenannte Titan-Zinkdächer haben eine mit Titan und Kupfer angereicherte Legierung, um die Bildung einer Patina zu verhindern, die das Zink schädigen könnte. Das Blech ist im Vergleich zu reinem Kupfer relativ dünn und „spröde", aber ansonsten recht robust.

Die Montage des Dachblechs erfolgt in einzelnen schmalen Scharen, die über auf der Dachschalung aufgebrachte sogenannte Haften verfalzt werden, sodass sich ein Stehfalz ausbildet – im konkreten Fall ein Doppelstehfalz. Diese Stehfalze werden bei der Montage einer PV-Anlage gerne als Befestigungspunkte mittels Klemmbefestigung benutzt. Dies ist aus zweierlei Gründen als kritisch zu sehen:

- Es werden Windsogkräfte über die Klemme auf die Blechfalze und somit auf die Befestigungshaften übertragen. Diese sind aber in der Regel nicht in erforderlichem Umfang befestigt, die durch den Windsog der PV-Anlage entstehenden Zugkräfte aufnehmen zu können. In der Regel werden die Haften auf die Dachschalung aufgenagelt. Bei Sogkräften können die Nägel aus dem Holz gezogen werden, sodass dies zum Abreißen der Dachhaut führt.
- Ferner können die verwendeten Klemmen zum einen die Bewegung des Blechdachs einschränken, zum anderen werden über die Klemmen temperaturbedingte Bewegungen aus der Haltekonstruktion der PV-Anlage von der Klemme auf den Blechfalz übertragen. Dies kann zu Schädigungen an der Dachhaut durch Ermüdung der Falzkante führen oder zu einer seitlichen Zugbelastung der Klemme, wodurch an deren Unterkante die Falzkante aufreißt.

Beispiel Doppelstehfalz

Eine bessere Alternative sind Blechfalzklemmen, die nur am Bördel gehalten werden. Seitlich wirkende Kräfte übertragen sich hierbei nicht direkt in die Blechaufkantung.

Flachdach

Bei Tragsystemen auf einem Flachdach kommt der Statik eine noch viel höhere Bedeutung zu. Da die Module bei Flachdächern in den meisten Fällen mit einer künstlichen Neigung versehen werden, also aufgeständert werden, ergeben sich hierdurch erhöhte Windangriffsflächen. Diese müssen über das Tragesystem schadlos in die vorhandene Dachkonstruktion eingeleitet werden. Frühere Lösungen beschränkten sich weitgehend auf eine Ballastierung des Photovoltaiktragesystems, und zwar mit all den damit verbundenen Nachteilen zulasten der Dachhaut und der Lastreserven des Daches (erhöhtes Gewicht des Photovoltaiksystems). Neuere Lösungen finden sich in

Gut fürs gefalzte Blechdach: Klemme auf Falzbördel

Balanceakt – unzureichende Lagesicherheit der Beschwerung

Form ballastarmer oder sogar ballastfreier Systeme mit Windableitblechen oder Modulreihen mit gegeneinander gestellten Modulen, die eine geschlossene Modulfläche bilden.

Bei ballastierten Systemen ist oftmals die erforderliche Beschwerung entweder nicht erkennbar (bei geschlossenen Wannensystemen) oder aber in Zweifel zu ziehen, wenn zum Beispiel Steine in sehr unterschiedlicher Anzahl und Anordnung verwendet wurden oder deren Auflagerung nicht fixiert ist.

Selbst ballastarme oder aerodynamische, also windabweisende Leichtbausysteme bedürfen einer statischen Betrachtung bezogen auf die örtlichen Verhältnisse. Die oftmals angepriesenen Werbeaussagen von im Windkanal getesteten Systemen täuschen darüber hinweg, dass sich systembedingt, also bei mehreren in Reihe aufgestellten Modulen, ganz andere Windkräfte ergeben als bei einer Einzeltestung. Nicht selten reichen bereits windinduzierte Schwingungen aus, um Lageänderungen solcher Systeme zu bewirken.

Verkabelung Gleichstromseite (DC)

Die meisten Beanstandungen gibt es im Bereich der Gleichstromverkabelung, weshalb dieses Kapitel reichlich Beispiele liefert. Dies hängt insbesondere mit der aus der DIN VDE 0100–712 in Verbindung mit der DIN VDE 0100–520 geforderten kurzschlusssicheren Verlegung der Leitungen zusammen. Die ordnungsgemäße Verlegung von Stromleitungen auf einem Dach ist an und für sich bereits eine Herausforderung. Oftmals werden jedoch bei der Installation die einfachsten Regeln nicht beachtet.

Geschützte Leitungsverlegung

Die Gründe für eine restriktive und somit sorgfältige Leitungsverlegung wurden bereits genannt (siehe Seite 69). Aufgrund einer fehlenden Schutzeinrichtung müssen Leitungen vor Schäden geschützt werden.

Bei der Gleichstromverkabelung ergeben sich in einem Fehlerfall nicht nur Gefahren bezüglich eines elektrischen Schlags, sondern insbesondere Brandgefahr durch einen Lichtbogen. Ein gleichstromseitig erzeugter Lichtbogen hat die Eigenschaft, dass sich dieser nicht selbsttätig löscht, soweit genügend Energie (Strom) und ein geringer Abstand der beiden Pole vorhanden ist. Dies kann zu einer Brandentstehung und -ausweitung über die gesamte Anlage und möglicherweise auch auf das betreffende Gebäude führen. Daher gilt der richtigen Verlegung der Leitungen grundsätzlich ein großes Augenmerk.

Sind ungeschützte Leitungen an der Oberfläche ihrer Isolierung bereits angegriffen, wie zum Beispiel durch Ausbleichen, beschleunigt sich der Alterungsprozess um ein Vielfaches.

In Wasser liegende Steckverbindungen werden in den laufenden Betriebsjahren undicht werden. Die Folgen sind Isolationsfehler und mitunter der Ausfall von Wechselrichtern.

UV-Versprödung einer ungeschützten Leitung

Im Wasserlauf liegender Stecker und Leitungen

Beschädigungen an Leitungen ergeben sich jedoch nicht nur infolge einer nicht fachgerechten Installation. Insbesondere im ländlichen Bereich haben bestimmte Nagetiere eine Vorliebe für Gummi und Kunststoffe, auch Marder machen einer Photovoltaikanlage gern den Garaus.

Steckverbindungen

Im Zusammenhang mit Steckverbindungen kommen immer wieder Diskussionen auf, wenn es um deren Kompatibilität geht. Es gibt viele Hersteller von Steckverbindungen, die mit Baugleichheit eines bestimmten Steckerformats werben. Das Problem ist jedoch, dass die Stecker zwar systemgleich sind, jedoch aus unterschiedlichen Materialbestandteilen hergestellt sein können.

Stellt bereits eine geringe Passungenauigkeit ein Problem dar – nicht nur hinsichtlich deren Haltbarkeit oder des Kontaktschlusses, sondern im Speziellen der Gefahr der Lichtbogenbildung –, so kann auch unterschiedliche Materialalterung zu diesen Problemen führen. Im Lauf der Zeit kann sich so durch unterschiedliche Materialeigenschaften die Passsicherheit der Stecker ändern, was entweder zu einer Ablösung oder zu Kontaktproblemen im Innern der Stecker führt.

Module

Im Hinblick auf visuelle Veränderungen oder optische Auffälligkeiten bei Modulen ist in der Regel eine spezielle Fachkenntnis gefordert. Es gibt neben den bekannten Auffälligkeiten eine Vielzahl von Ursachen, die in einigen wenigen Fällen noch nicht einmal näher erforscht sind. Hierbei ist zwischen

1 altersbedingten Veränderungen,
2 elektrophysikalischen und chemischen Veränderungen oder
3 Beschädigung durch äußere Einwirkungen zu unterscheiden.

Eine einzelne genaue Beschreibung würde an dieser Stelle den Rahmen sprengen. Hierzu gehören jedoch unter anderen:

- die Verfärbung des Einkapselungsmaterials
- sonstige optische Verfärbungen von Folien oder Modulzellen
- Korrosionsspuren an Zellmaterialien
- Korrosionen der Leiterbändchen
- Zellrisse
- „Schneckenspuren"
- „Hotspots" in Zellen oder Leiterverbindungen

Bei „Schneckenspuren" handelt es sich nicht um die Gegebenheit, dass sich Schnecken aus Ihrem Garten auf das Dach verirren. Mit „Schneckenspuren" (Snail Trails) werden optische Erscheinungen an den Zellen beschrieben, die sich meist als dunkle, bräunliche linienhafte Verfärbungen auf der Zelloberfläche abbilden – ähnlich den von Schnecken hinterlassenen Spuren.

Sie werden in den meisten Fällen ursächlich Mikrorissen zugeordnet. Die optische Entstehung erfolgt durch die Kombination bestimmter Rückseitenfolien und deren Anfälligkeit bei

„Schneckenspuren" im Modul

Verheerender Hagelschaden

Feuchtigkeitsdiffusion durch die Mikrorisse der Zellen mit der gleichzeitigen Herauslösung von Silberpartikeln aus den feinen Frontkontakten (Grid). Die Silberpartikel dringen sodann in die transparente Deckfolie der Zellen ein, lagern sich direkt oberhalb des Grids ab und erscheinen dort als bräunliche Verfärbung. Es ist nicht die eigentliche blaue Zelle verfärbt, sondern nur der Bereich der feinen Kontakte oberhalb der Zellen.

Schadeneinflüsse von außen können vielfältige Erscheinungen haben:

- Glasbruch
- Glaskratzer
- Verbogene Rahmen
- Zerkratzte Rückseitenfolie
- Bissspuren an Modulkabeln und Steckern
- Aufgequollene Rahmen
- Verschmorte Stecker

Die Schadenursachen sind vielfältig:

- Steinwurf
- Hagel
- Schneedruck
- Unsachgemäße Handhabung bei der Montage
- Falsche Montage (etwa Klemmabstände, statisch nicht ausreichender Unterbau …)
- Tierverbiss
- Frostschaden
- Stecker nicht ausreichend gecrimpt oder mangelnde Kompatibilität

Einige der aufgezählten Schäden lassen sich durch eine fachgerechte Installation nicht vermeiden. Bei Elementarschäden und Vandalismus ist der Abschluss einer Allgefahrenversicherung durch den Betreiber empfehlenswert.

Hotspots

Als „Hotspot" bezeichnet man eine lokal überhitzte Stelle auf einer Modulzelle. Diese entstehen in der Regel in Abschattungssituationen, wenn die betroffene Zelle nicht mehr als Energieerzeuger tätig ist, sondern als Widerstand (Verbraucher) wirkt. In teilabgeschatteten Zellen wird die elektrische Leistung der übrigen bestrahlten Zellen eines Strings in Wärme umgesetzt. Je nach elektrischem Sperrverhalten der Zelle und Zellbeschaffenheit können sehr hohe Temperaturen (bis zu 300 Grad Celsius) entstehen. Daraus resultieren unter anderen braune Zellverfärbungen und lokale „Brandstellen" an den Zellen; teilweise auch auf der Modulrückseite.

Hotspots sind bei der neueren Modulgeneration kaum mehr zu finden; zudem begrenzen eingebaute Bypassdioden den Effekt einer Zellabschattung auf dem Modul.

Module mit auffällig starker Verschmutzung (Vogelkot, Feststoffe) sollten aber gereinigt werden, um auch hier einer Hotspotbildung entgegenzuwirken.

Wechselrichter

Bei den Wechselrichtern ergeben sich meistens Beanstandungen infolge der Nichtbeachtung herstellerbedingter Installationsvorgaben, zum Beispiel in Bezug auf den Installationsort oder den Abstand der Geräte von seitlichen

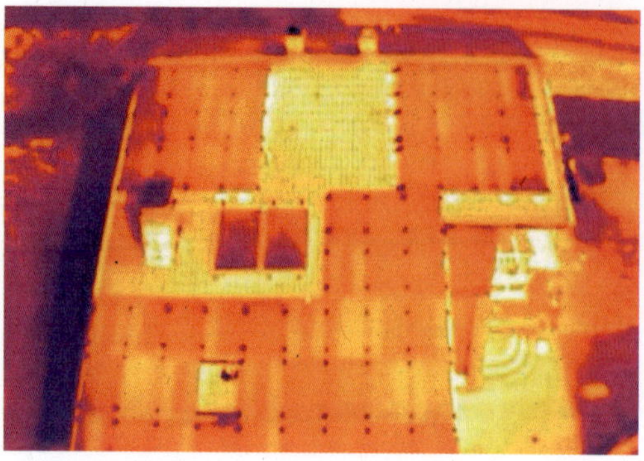

Teilausfall von Modulen (helle Streifen) durch Thermografie erkennbar

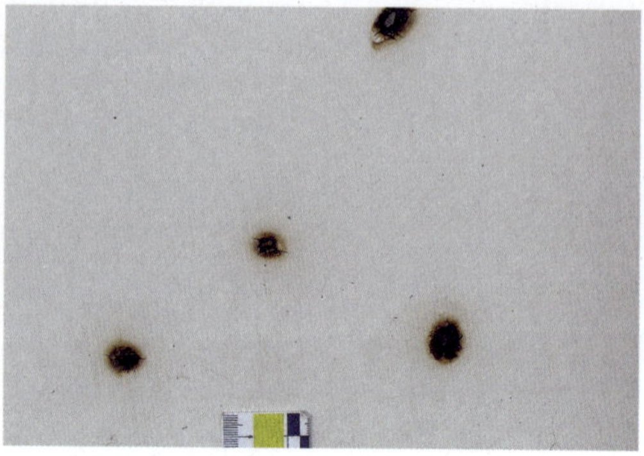

An der Rückseitenfolie durchgebrannte Hotspots

Begrenzungen oder untereinander (Wärmebildung). Auch durch die Nichtbeachtung einschlägiger Vorschriften der VDE-Normen zur Installation elektrischer Geräte (Installationsort) und zu brandschutztechnischen Vorgaben, wie der Installation im Bereich feuergefährdeter Gebäude oder Betriebe, ergeben sich nicht selten Installationsdefizite.

Anbringungsort

Nach DIN VDE 0100–530 sind elektrische Geräte so zu installieren, dass sie jederzeit ohne Hilfsmittel zu erreichen sind. Dies ist zum einen der Betriebssicherheit geschuldet, zum Beispiel bei einer plötzlich erforderlich werdenden Notabschaltung (bei einem Brand …) oder bei der Wartung und Instandsetzung. Insbesondere ungünstige, also meist zu hohe und nur durch Steighilfen erreichbare Installationsorte erschweren eine Wartung und einen eventuellen Wechselrichteraustausch erheblich.

Nicht nur das gefahrlose und rechtzeitige Erreichen der Wechselrichter ist ein wichtiger Punkt. Auch das Umfeld, in dem die Wechselrichter installiert werden, spielt eine große Rolle. Werden die Wechselrichter in einem kleinen Raum oder auch unter dem Dach installiert, dazu noch in einem zu geringen Abstand zueinander, können sich diese gegenseitig aufheizen. Die Wechselrichter regeln dann bei einer bestimmten Betriebstemperatur automatisch ab. Ungeachtet dieser Abregelung, bei der man Ertragsverluste hinnehmen muss, ist die Lebensdauer solcher permanent überwärmten Geräte deutlich herabgesetzt und das Betriebsumfeld durch das Brandrisiko gefährdet.

Schutzeinrichtungen

Die Anforderungen an die Besichtigung von Schutzeinrichtungen wurden bereits in den vorangegangenen Kapiteln zu Wechselrichtern und den wechselstromseitigen Betriebsmitteln erläutert (siehe Seite 71). Darüber hinaus sollte eine Photovoltaikanlage über verschiedene weitere Schutzeinrichtungen verfügen. Ob Muss oder Kann, richtet sich in der Regel nach dem Anbringungsort, der Netzform, dem Netzbetreiber, bereits anderweitig vorhandenen Schutzeinrichtungen sowie der Risikoeinschätzung des Anlagenbetreibers. Nachfolgend sind die einzelnen Schutzeinrichtungen genannt und deren Erfordernis und Aufgabe beschrieben. Im Zuge der Inspektion beziehungsweise Besichtigung der Anlage ist, soweit möglich, deren Zustand und Funktion zu prüfen.

Überstromschutzeinrichtungen (Lasttrennschalter)

Alle Stromkreise sind generell mit Überstromschutzeinrichtungen auszustatten. Diese müssen in ihrer Bauweise und Art dem maximal möglichen Kurzschlussstrom nach bemessen sein und im Kurzschlussfall sicher auslösen.

Deutlich erkennbare „heiße" Stellen an einem Modul mit bereits eingetretenen braunen Verfärbungen

Hier heizen sich die Wechselrichter gegenseitig auf.

In manchen Fällen werden Schraubsicherungen als Absicherung sowie Trenneinrichtung verwendet. Es gibt Wechselrichterhersteller, die eine solche Absicherung nicht zulassen. Beim Ein- oder Ausschrauben können kleine Störlichtbögen entstehen, die den Wechselrichter beschädigen können. Zudem stellt eine Schraubsicherung nach VDE keine Trennvorrichtung dar. Sicherungen werden oftmals ohne ausreichenden Abstand installiert. Entgegen einer üblichen Sicherungsverteilung in einem Haushalt ergibt sich bei einer PV-Anlage ein Belastungsfaktor von 1,0 aufgrund der Dauerbelastung, bei der sich Sicherungen stärker erwärmen können.

Anlagenkennzeichnung

Probleme bei Prüfung und Wartung bereiten immer wieder fehlende oder unzureichende Anlagenbeschriftungen und Kennzeichnungen. Dies gilt auch für handbeschriftete Klebestreifen, die nach einiger Zeit weitgehend verwittert sind. Schwierig wird es insbesondere bei größeren Anlagen mit Stringverteilerkästen und/oder mehreren Wechselrichtern mit mehreren Stringanschlüssen.

Nicht entzifferbare Stringbeschriftung

Man kann später zwar Messungen vornehmen, wird sich aber in den meisten Fällen schwertun, diese richtig zu interpretieren und den Strings richtig zuzuordnen. Auch eine gezielte Fehlersuche ist kaum möglich, wenn die Stringbezeichnung fehlt oder diese nicht dem Generatorfeld zugeordnet werden kann. Man muss auf dem Dach notgedrungen einzelne Generatoren abdecken und anhand wiederholter Messungen herausfinden, welcher String aus welchem Generatorfeld zu welchem Wechselrichter gehört. Sollte dann noch ein Stringplan in der Dokumentation fehlen, gerät die Fehlersuche nahezu zu einem Ding der Unmöglichkeit.

Auch sind bestimmte Anlagenbauteile auf der Gleichstromseite wie Überspannungsschutz- oder Generatoranschlusskästen dauerhaft mit einem Warnhinweis zu versehen, dass auch bei abgeschalteter Photovoltaikanlage die Anlagenteile noch aktiv sind und eine Stromschlaggefahr besteht.

ANLAGENREINIGUNG

Photovoltaikanlagen sind ganzjährig der Witterung ausgesetzt. Durch verschiedene äußere Einflüsse und Faktoren können Modulflächen deshalb verschmutzen; Vogelkot, Moosbildung, massive Staubablagerungen aus umliegendem Ackerbau oder Immissionen durch Industrie, Schornstein- und Abluftanlagen sind da nur einige mögliche Quellen.

Verschmutzungen

Je nach Dachneigung und Modultyp (gerahmt, ungerahmt) wird ein Teil der losen Verschmutzungen wie Staub, Blütenpollen und Blätter bei Regen wieder abgewaschen. In Abhängigkeit vom Selbstreinigungseffekt bei geringeren Generatorneigungen – in der Regel < 15 Grad – und von den Schmutzeigenschaften können sich die Verunreinigungen jedoch zu einer verkrustenden Schicht oder einem klebrigen Film entwickeln, die allein durch Regenereignisse nicht mehr entfernt werden. Je nach Lichtempfindlichkeit des eingesetzten Halbleitermaterials kann sich der Ertrag der Anlage zunehmend verschlechtern und deshalb eine Reinigung erforderlich werden.

Die Reinigung von Modulen kann im Zuge einer Anlagenwartung oder Inspektion erfolgen. In normalen Wartungsverträgen ist diese Leistung jedoch ausgeschlossen, soweit das Erfordernis einer Reinigung und deren zeitliche Intervalle nicht genau vorhergesagt werden können.

Aber auch bei der Modulreinigung gilt das wirtschaftliche Prinzip. Es gibt keine pauschalen Aussagen, wann eine Photovoltaikanlage zu reinigen ist. Das muss in Anbetracht der Erträge, des Standorts der Anlage und der äußeren Einflüsse im Einzelfall geprüft werden. Schließlich möchten Sie keiner der enttäuschten Anlagenbetreiber sein, die nach Reinigung einer vermeintlich verschmutzten Anlage dennoch kaum eine merkliche Verbesserung der Erträge feststellen können. Das Gleiche gilt, wenn sich die Verschmutzung aufgrund der äußeren Umstände nach der Reinigung nach kürzester Zeit wieder einstellt. Lassen Sie sich von Werbeversprechen mancher Reinigungsfirmen von bis zu 30 Prozent mehr Leistung nach erfolgter Reinigung nicht blenden. So etwas kann sich in vereinzelten Ausnahmefällen ergeben – bedeutet aber nicht automatisch, dass dies auch auf Ihre Anlage zutrifft.

Schmutz- und Moosbildung im Randbereich gerahmter Module

Professionelle Reinigung mit aufbereitetem Wasser

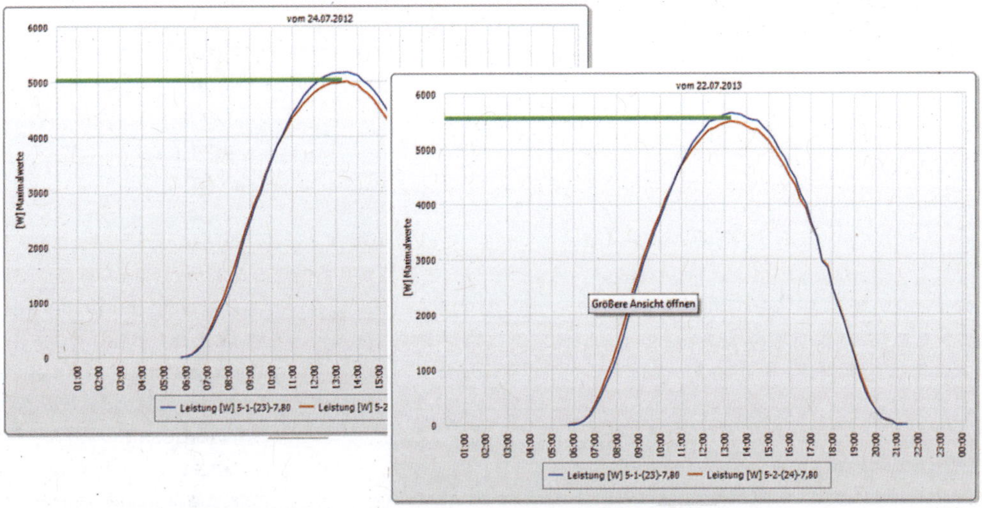

Rund 10 Prozent Ertragsverbesserung nach erfolgter Reinigung bei dieser Beispielanlage

Aus eigenen Erfahrungen können je nach Verschmutzungsgrad Verbesserungen von bis zu etwa 10 Prozent angenommen werden. Als Beispiel sei hier eine Anlage in einem Gewerbegebiet genannt. Innerhalb von vier Jahren im Anlagenbetrieb hatte sich ein klebriger Film auf den Modulen entwickelt. Bereits während der Reinigung war der Unterschied deutlich zu sehen. Der Vergleich im Monitoring zeigte das Ergebnis auch deutlich: Die Anlagenleistung stieg um 9,3 Prozent. Reinigungskosten von circa 2 800 Euro bei einer 160-kWp-Anlage mit einem hierfür entstehenden Mehrertrag von ungefähr 3 600 Euro im ersten Jahr nach der Reinigung machten eine Reinigung daher mehr als rentabel.

Der Aufwand für das Reinigen von Photovoltaikanlagen ist unterschiedlich und abhängig von Installationsart und Zugänglichkeit. Freiflächenanlagen sind sicher leichter zugänglich als Dach- oder Fassadenanlagen. Hierbei unterscheiden sich auch die Systeme der Reinigungsfirmen. Angefangen von Teleskopstangen mit Bürsten, Arbeitsbühnen, selbstfahrenden Rotationsbürsten bis hin zu Reinigungsrobotern ist das Angebot vielfältig.

Wichtig in diesem Zusammenhang ist immer die Prüfung, ob das angebotene Reinigungssystem auch für die Module und die Installation geeignet ist. Insbesondere bei rahmenlosen Modulen besteht leicht Bruchgefahr. Weiterhin ist aus Beweissicherungs- und Gewährleistungsgründen jeweils unmittelbar vor und nach der Reinigung das Modulfeld zu inspizieren, um Beschädigungen festzustellen und spätere Streitigkeiten hinsichtlich der Verursachung zu vermeiden. Lassen Sie sich vorher die Inspektionen dokumentieren und gegenzeichnen.

Schneeräumung

So manche Anlagenbetreiber werden nervös, wenn im Winter bei Schneefall ihre Photovoltaikanlage ein schönes weißes Kleid bekommen hat und die Module sozusagen in den Winterschlaf gefallen sind. Nicht selten greifen Anlagenbetreiber dann zu Schaufel oder Besen, um die Module von Schnee zu befreien. Viele Enthusiasten möchten auch im Winter jeden Sonnenstrahl nutzen und greifen daher schnell zu Räumgerät. Die Folgen hieraus können jedoch teilweise gravierend sein: schwere Unfälle durch Stürze und beschädigte Module kommen vor.

Es gibt sicher Möglichkeiten, eine Anlage gefahrlos von Schnee zu räumen – besonders in schneereichen Gebieten Süddeutschlands könnte das gewünscht sein. Ob dies wirtschaftlich ist, hängt in der Regel vom Wetter ab. Sollte nach dem Abzug einer Schneefront tagelang schönes, sonniges Winterwetter vorherrschen, kann sich eine Schneeräumung lohnen – aber nicht für alle Dächer. Bei großflächigen Dächern und Flachdächern sind sicherlich Grenzen gesetzt.

Wenn Sie Ihre Anlage von Schnee räumen lassen, kostet das zunächst Geld. Derlei Arbeiten sind in der Regel auch nicht Bestandteil eines Wartungsvertrags. Hierbei handelt es sich um besondere Leistungen, die meist nach Aufwand zu vergüten sind. Soweit die Schneeräumung mit einem entsprechend hohen Aufwand verbunden ist (Gerüst, Hubbühnen, spezielles Räumgerät), stellt sich grundsätzlich die Frage nach der Wirtschaftlichkeit. Alternativ wären hier stationäre Schneeräumeinrichtungen zu diskutieren, insbesondere in schneereichen Gebieten.

Anders sieht es aus, wenn das Dach unter der Schneelast einzustürzen droht oder die Schneelast einen Schaden an der Photovoltaikanlage entstehen lässt. Insbesondere industrielle oder gewerbliche Bauten mit flachen Dächern in schneereichen Zonen werden statisch derart wirtschaftlich bemessen, dass die rechnerische Schneelast nicht voll angesetzt wird. Konsequenz: Eine „Betriebsanleitung“ für das Dach muss die Schneehöhe beziehungsweise das Schneegewicht vorgeben, ab der das Dach zu räumen ist. Sollte dies der Fall sein, müssen entsprechende Gassen auf dem Dach bereits bei der Anlagenplanung frei gelassen werden, damit Schnee überhaupt geräumt werden kann. Insbesondere bei Flachdächern mit aufgeständerten Photovoltaiksystemen können sich bei Schneefall erhebliche Schneeverwehungen in den Modulreihen bilden, die eine flächen- oder linienhafte Überlastung der Dachkonstruktion mit sich führen können. In vielen Fällen wurden sowohl bei der Planung als auch bei der Montage solche Umstände gar nicht erst berücksichtigt.

Problematisch bei starkem Schneefall sind großflächig zusammenhängende Generatorfelder, insbesondere Leichtbausysteme mit „Ost-West“-Ausrichtung, beziehungsweise A- oder V-förmige Verbundreihen. Hier ist eine Schneeräumung – zumindest mit herkömmlichen Mitteln – kaum möglich.

Das Schneeräumen von Dächern mit Photovoltaikanlagen kann mitunter sehr aufwendig und teuer sein! Bei großen Hallendächern werden mitunter Helikopter eingesetzt, um den Schnee durch die Rotorblätter vom Dach zu wehen. Wenn es bei einer Noträumung schnell gehen muss, kann oftmals keine Rücksicht auf die Module genommen werden. Zurück bleibt ein beträchtlicher Schaden.

Wie bei jeder Modulreinigung sind neben den Unfallverhütungsvorschriften auch eine fachgerechte Behandlung der Module und die richtige Auswahl der Räummittel zu berücksichtigen:

- Beim Räumen die Module nicht betreten
- Nur geeignetes Werkzeug zum Schneeentfernen verwenden
- Schnee muss mit sanften Mitteln entfernt werden
- Niemals gefrorenen Schnee oder Eis entfernen (abschaben, abkratzen etc.)
- Kein heißes oder warmes Wasser zum Schneeschmelzen verwenden
- Keine Auftaumittel wie Streusalz oder Enteiser verwenden

Eine weitere Möglichkeit der Schneeräumung ist eine Umkehrung des Stromflusses der Module. Durch gesonderte Geräte können die

Eigenleistung oder vom Profi?

Für die Reinigung von Modulen werden immer mehr Systeme auf dem Markt angeboten. Kleine Anlagen kann man gut selbst reinigen, soweit der Zugang sicher möglich ist. Dennoch ist hier Vorsicht angesagt – nicht selten enden solche Aktionen im Krankenhaus, wenn man versucht, sich mit Leiter und Bürste auf das Dach zu begeben.

Bei größeren Anlagen ist stets eine professionelle Reinigung durch einen Fachbetrieb zu empfehlen. Hier geht es auch um Gewährleistungsfragen. Module dürfen nur mit aufbereitetem Wasser gereinigt werden. Bei der Verwendung üblichen Leitungswassers erreichen Sie eher das Gegenteil, nämlich Kalkschlieren. Nicht selten müssen die Module dann abgebaut und per Hand aufwendig gereinigt werden.
Zu beachten sind auch die Unfallverhütungsvorschriften, was das Betreten und Arbeiten auf Dächern angeht.

Module erwärmt werden, was ein Abtauen des Schnees bewirkt. Auch hier wäre vor der Installation solcher technischen Einrichtungen eine Freigabe beim Modulhersteller zu erfragen, ob eine solche Rückstrombelastung bei den betreffenden Modulen statthaft ist. Natürlich gilt auch hier das Wirtschaftlichkeitsprinzip; wenn man bei der Rückstrommethode 200 kWh verbraucht, um 150 kWh Solarenergie zu gewinnen, stellt sich die Sinnfrage.

Nicht nur optisch ein großer Unterschied zwischen gereinigter und ungereinigter Modulfläche

VERSICHERUNG

Investition und Betrieb einer PV-Anlage stellen grundsätzlich ein unternehmerisches Risiko dar. Die verhältnismäßig hohe Investition in eine PV-Anlage erfordert bereits einen Sachschutz gegen unvorhersehbare Schadensfälle.

Wie sehr sich eine Versicherung lohnt, zeigen die Schadenstatistiken. Überspannungsschäden machen gut ein Viertel der Schadenhäufigkeit aus. Bei den zuordenbaren Schäden folgen danach Schneedruck und Sturm. Der große Teil der Schäden findet sich aber in einem „Sammeltopf" unter „sonstige Schäden". Darin enthalten sind auch Schäden aus Montagefehlern.

Die Schadensummen verteilen sich von ihrer Ursächlichkeit gegenüber der Schadenhäufigkeit ganz verschieden. Hier nehmen die Brandschäden den ersten Platz ein, was insbesondere mit den hierbei verursachten größeren Sachschäden in Zusammenhang steht. An zweiter Position folgen die Sturm- und danach die Schäden durch Überspannung.

Auch finanzielle Risiken wie der Ertragsausfall im Schadenfall können durch eine Versicherung abgedeckt werden.

Nachfolgend werden verschiedene Risikoabdeckungen erläutert und sowohl auf Obliegenheitspflichten des Anlagenbetreibers als

auch auf Empfehlungen im Versicherungsfall hingewiesen.

Montageversicherung

In der Regel besitzt der Installateur eine rahmenvertragliche Montageversicherung für die Installation der PV-Anlage bis zu deren Fertigstellung. Bei einem Werkvertrag geht zudem die Gefahr erst bei Abnahme über.

Eine Montageversicherung deckt Schäden während der Errichtung einer Photovoltaikanlage ab. Versichert sind in der Regel alle Lieferungen und Leistungen für die Errichtung des im Versicherungsvertrag bezeichneten Montageobjekts (Photovoltaikanlage) und der zugehörigen Reserveteile, sobald sie erstmals innerhalb des Versicherungsorts abgeladen worden sind.

Der Versicherer leistet Entschädigung für unvorhergesehen eintretende Beschädigungen oder Zerstörungen versicherter Sachen (Sachschaden) und für Verluste versicherter Sachen. Die Versicherung ist vor allem dann wichtig, wenn nach dem Kaufvertrag der Gefahrenübergang bereits mit dem Abladen der angelieferten Sachen erfolgt. Unverzichtbar ist eine Montageversicherung vor allem dann, wenn eine Anlage oder Teile davon in Eigenleistung und womöglich noch auf einem Fremddach (fremdes Grundstück) installiert werden.

Zu beachten sind hierbei die Obliegenheitspflichten des Versicherten. So zahlen Versicherer zwar grundsätzlich bei Diebstahl, jedoch nur, wenn die versicherten Gegenstände auch gegen Diebstahl gesichert (verschlossen) waren. Bei ungesichert auf einer Freifeldanlage gelagerten Modulen (ohne Zaunanlage) oder auf einer Hofstelle einfach abgestellten Wechselrichtern wird die Versicherung womöglich leistungsfrei sein.

Photovoltaik-/ Allgefahrenversicherung

Die Photovoltaikversicherung oder auch Elektronikversicherung umfasst bei den meisten Anbietern eine sogenannte Allgefahrendeckung. Diese Deckung leistet Entschädigung für Beschädigungen oder Zerstörungen (Sachschaden) an einer versicherten Sache, die der Versicherungsnehmer nicht vorhersehen konnte. Insbesondere sind das Schäden durch:

- Naturereignisse wie Sturm, Blitz, Hagel, Schneedruck, Frost, Eisgang, Überschwemmung
- Vorsatz Dritter, Sabotage, Vandalismus
- Bedienungsfehler, Ungeschicklichkeit, Fahrlässigkeit
- Überspannung, Induktion, Kurzschluss, Überstrom
- Brand (Feuer), Blitzschlag, Explosion sowie Schwelen, Glimmen, Sengen, Glühen oder Implosion
- Wasser, Feuchtigkeit, Überschwemmung
- Konstruktions- oder Materialfehler
- Höhere Gewalt
- Tierbiss (zum Beispiel Marderbiss)
- Abhandenkommen (Diebstahl, Einbruchdiebstahl, Raub oder Plünderung)
- Fremdstrombezug (bei Eigenverbrauchsanlagen)

Die Allgefahrenversicherung deckt die aufgeführten Risiken während des Anlagenbetriebs ab. Dass es angesichts der investierten Gelder sicherlich nicht ohne eine solche Versicherung geht, machen die zuvor gezeigten Schadenstatistiken deutlich.

Sturmschaden – wenn nur noch Trümmer übrig bleiben

Betreiberhaftpflichtversicherung

Im Gegensatz zu von außen einwirkenden Schäden durch Hagel, Überspannung, Blitzschlag … die durch die Sach- beziehungsweise Allgefahrenversicherung abgedeckt sind, werden durch eine Betreiberhaftpflicht die durch die Anlage und deren Betrieb entstehenden Fremdschäden abgedeckt. Beispielhaft kann dies der Fall sein, wenn ein herabfallendes Solarmodul ein fremdes Auto beschädigt, oder die PV-Anlage im örtlichen Versorgungsnetz eine Störung verursacht. Der Anlagenbetreiber haftet als Eigentümer und Betreiber seiner PV-Anlage grundsätzlich für solche Schadenereignisse.

Versicherungsschutz wird auf Basis der Allgemeinen Versicherungsbedingungen für die Haftpflichtversicherung (AHB) sowie den besonderen Bestimmungen und Vereinbarungen des Versicherungsgebers gewährt. Versichert ist hierbei die gesetzliche Haftpflicht privatrechtlichen Inhalts des Versicherungsnehmers als Eigentümer, Mieter, Pächter, Leasingnehmer etc. aus dem Betrieb der Photovoltaikanlage aus Haftungsansprüchen gegenüber Dritten. Mitversichert

- sind Ansprüche aus Verletzung von Pflichten, die dem Versicherungsnehmer in den oben genannten Eigenschaften obliegen (etwa die bauliche Instandsetzung und als Bauherr der Betrieb der Photovoltaikanlage – Installation der Anlage, Umbauten, Reparaturen, Abbruch- und Aushubarbeiten).
- ist die gesetzliche Haftpflicht des Versicherungsnehmers wegen Versorgungsstörungen gemäß § 6 der Verordnung über die allgemeinen Bedingungen für die Elektrizitätsversorgung von Tarifkunden (AVB Elt V) vom 21.6.1979 oder gemäß § 18 der Verordnung über Allgemeine Bedingungen für den Netzanschluss und dessen Nutzung für die Elektrizitätsversorgung der Niederspannung (Niederspannungsanschlussverordnung – NAV) vom September 2006 im Rahmen und Umfang dieser besonderen Bedingungen und Risikobeschreibungen.
- sind Beschädigungen, die durch Niederschläge oder allmähliches Eindringen von Feuchtigkeit entstehen (zum Beispiel undichtes Dach).
- sind sämtliche übrigen Betriebsangehörige für Schäden, die sie in Ausführung ihrer dienstlichen Verrichtungen für den Versicherungsnehmer verursachen.
- sind Ansprüche, die aus Anlass der Ausführung der Verrichtungen gegen Personen erhoben werden, die durch Arbeitsvertrag mit der Verwaltung, Reinigung, Beleuchtung und sonstigen Betreuung der Grundstücke beauftragt sind.

Wichtig ist diese Versicherung für alle, die auf fremden, angemieteten Dächern PV-Anlagen betreiben und mögliche Schadenersatzansprüche gegen den Gebäudeeigentümer oder auch Dritten absichern müssen. Auch für die privat genutzte PV-Anlage auf dem eigenen Hausdach kann eine Betreiberhaftpflichtversicherung sinnvoll sein, wenn es gilt, Haftungsschäden, zum Beispiel gegenüber dem Netzbetreiber, durch eine Anlagenstörung oder auch Personenschäden (Modul fällt vom Dach) abzusichern.

Ertragsausfallversicherung

Sollte eine Photovoltaikanlage aufgrund eines vorangegangenen versicherten Sachschadens gänzlich oder teilweise ausfallen, kommt die Ausfallversicherung (Betriebsunterbrechungsversicherung) für den entfallenen Ertrag auf. Hauptaufgabe der Ausfallversicherung ist die

Sicherung der Investition beziehungsweise Finanzierung, da die laufenden Verbindlichkeiten auch bei Ausfall der Anlage weiterhin Bestand haben werden. Die Ertragsausfallversicherung ist meist bereits Bestandteil der Allgefahrenversicherung. Nach den Bedingungen der Versicherer leisten diese jedoch unterschiedlich hinsichtlich Entschädigungshöhe und -dauer. Älteren Verträgen nach zahlen die Versicherer etwa einen pauschalen Ausfallbetrag von zwei Euro pro kWp pro Tag; andere unterscheiden Sommer- und Winterhalbjahr mit unterschiedlichen Entschädigungssätzen. Neuere Verträge berechnen prozentual über einen Verteilungsschlüssel anteilig je nach Kalendermonat der bei Versicherungsabschluss angegebenen Jahreseinspeisung. Bei der Dauer der Entschädigung liegen die Zeiträume für eine Entschädigung zwischen zwei Monaten, einem halben oder einem Jahr.

Besonderheiten bei Wohngebäudeversicherung

Photovoltaikanlagen können auch über eine bestehende Wohngebäudeversicherung abgesichert werden. Einige Versicherer boten früher sogar einen kostenfreien Einschluss der Anlage an. Nur ist das nicht unbedingt ratsam! Die Wohngebäudeversicherung leistet nur bei bedingungsgemäßen Schäden durch Brand, Blitzschlag, Explosion, Implosion, Aufprall eines Luftfahrzeugs, seiner Teile oder seiner Ladung sowie für Leitungswasser, Sturm und Hagel (je nach Bedingungswerk gibt es Abweichungen). Der Schaden aufgrund eines Blitzschlages ist nur dann versichert, wenn der Blitz unmittelbar auf die versicherte Sache (das Gebäude oder dessen Bestandteile) aufgetroffen ist. Schlägt der Blitz beispielsweise in das Dach des Nachbarn ein und verursacht eine Überspannung oder einen Kurzschluss an der Photovoltaikanlage (Induktionsschaden), so ist kein Versicherungsschutz gegeben. Auch Marderverbiss ist gewöhnlich nicht Bestandteil einer Wohngebäudeversicherung.

Darüber hinaus fehlt in der Regel der Versicherungsschutz für den Ertragsausfall im Schadenfall. Eine übliche Gebäudeversicherung kennt keinen Ertragsausfall.

Risiko: Strohlagerungen bewirken Risikozuschläge beim Versicherungsbeitrag.

Klauseln

Zu prüfen ist bei den Versicherungen auch, welche Klauseln (Auflagen) vorhanden sind; insbesondere welche technischen Voraussetzungen gegeben sein müssen, damit der Versicherer überhaupt leistet oder sich gegebenenfalls ein Risikozuschlag oder eine prozentuale Erhöhung des Eigenanteils im Schadenfall ergibt. Zu beachten ist daher beispielsweise,

- ob ein äußerer Blitzschutz erforderlich ist,
- ob ein Überspannungsschutz gefordert ist,
- ob Schäden aus Tierverbiss abgedeckt sind,
- ob die PV-Anlage regelmäßig zu warten ist.

Außerdem ist genauestens zu prüfen, welche Schäden nicht versichert sind.

Risikoangaben und vorvertragliche Obliegenheiten

Bei größeren PV-Anlagen ist es mittlerweile obligatorisch, dass der Versicherer vor Versicherungsabschluss durch eine Begutachtung eine Risikobewertung durchführt. Ansonsten sind in Zeiten des Internets und der damit möglichen Angebotsanforderung oder auch Vertragsabschlüsse (online) die entsprechenden Risikoangaben durch den Anlagenbetreiber selbst anzugeben, soweit der Versicherer in seinen Vordrucken entsprechende Angaben verlangt. Diese müssen vollständig und richtig sein. Beispiele:

- Bei PV-Anlagen auf landwirtschaftlichen Gebäuden sind diese auch als solche anzugeben. Insbesondere ergeben sich Fragen im Hinblick auf Stroh- und Heulagerungen und deren Mengen.

Ausschluss Feuer: Achtung! Manche Versicherer schließen bei feuergefährdeten Betriebsstätten (Landwirtschaft, holz- oder papierverarbeitende Betriebe, Lagerstätten) das Schadenrisiko „Feuer" komplett aus.

- Blitz- und Überspannungsschutz: Wenn die Anlage durch einen Überspannungsschutz geschützt sein muss, dann muss dieser vollständig sein. Der reine Feinschutz bei den Wechselrichtern reicht nicht aus. Es sind die normative Bedingungen zum Schutz der kompletten Anlage einzuhalten – auch der Kommunikationseinrichtungen.

Werden unvollständige oder falsche Angaben gemacht, hat dies Folgen. Bei größeren Schadensereignissen lässt der Versicherer den Schaden üblicherweise durch einen Sachverständigen begutachten. Stellt dieser Risikoabweichungen gegenüber dem Versicherungsvertrag fest, kann der Versicherer im Schadenfall Leistungen verweigern. Im besten Fall zahlt er nur aus Kulanz und verlangt entsprechende Nachrüstungen, schließt gewisse Risiken aus, oder leistet nur für einen Teil des Schadens Ersatz. Im schlechtesten Fall riskiert der Anlagenbetreiber die Kündigung des Versicherungsvertrags seitens des Versicherers.

Weitere erforderliche Anzeigen können sein:

- Gefahrenerhöhung
- Abweichungen von Sicherheitsvorschriften
- Betriebserweiterung
- Betriebsverlegung

Risikoausschlüsse

Leider können nicht alle Risiken und Schäden bei einer PV-Anlage versichert werden. Nach den allgemein bekannten Versicherungsbedingungen sind dies Schäden

- durch Vorsatz des Versicherungsnehmers oder dessen Repräsentanten
- durch Krieg, kriegsähnliche Ereignisse, Bürgerkrieg, Revolution, Rebellion, Aufstand
- durch innere Unruhen
- durch Kernenergie, nukleare Strahlung oder radioaktive Substanzen
- durch Erdbeben
- durch Mängel, die bei Abschluss der Versicherung bereits vorhanden waren und dem Versicherungsnehmer oder seinen Repräsentanten bekannt sein mussten
- durch betriebsbedingte normale oder betriebsbedingte vorzeitige Abnutzung oder Alterung
- durch Einsatz einer Sache, deren Reparaturbedürftigkeit dem Versicherungsnehmer oder seinen Repräsentanten bekannt sein musste
- soweit für sie ein Dritter als Lieferant (Hersteller oder Händler), Werkunternehmer oder aus Reparaturauftrag einzutreten hat

Es wird dringend empfohlen, neben den Bedingungen der eigentlichen PV-Versicherung auch die Bedingungen der bestehenden Gebäudeversicherung genau zu hinterfragen und deren Besonderheiten bei der Anlagenplanung bereits zu berücksichtigen. So verzichten viele PV-Versicherer auf einen äußeren Blitz- oder Überspannungsschutz. Die Gebäudeversicherung kann jedoch die Forderung nach Blitzschutz- und Überspannungsschutzeinrichtungen für PV-Anlagen in ihren Versicherungsbedingungen enthalten. Ziel muss es deshalb sein, die Anforderungen aller betroffenen Versicherer in Einklang zu bringen – insbesondere bei angemieteten Fremddächern.

Weiterhin wird empfohlen, der Wohngebäudeversicherung die Installation einer PV-Anlage zu melden, auch wenn diese bei einer anderen Versicherung versichert wird. Eine auf einem Dach installierte PV-Anlage kann für eine Gebäudeversicherung durchaus eine Risikoerhöhung darstellen. Dies gilt insbesondere für Gewerbebetriebe. Aus den allgemeinen Versicherungsbedingungen sind Risikoänderungen gegenüber dem Versicherer anzuzeigen.

Schadenfall und -abwicklung

Waren bis vor einigen Jahren Versicherungsfälle noch überschaubar, hat sich das Bild bei derzeit nahezu zwei Millionen installierten Anlagen entsprechend gewandelt. Neben der erhöhten Anlagenzahl ergeben sich mögliche Schäden vielfach durch Installationsmängel und immer häufiger auftretende Wetterextreme.

Im Schadenfall gibt es natürlich verschiedene Interessenlagen:

- Seitens des versicherten Anlagenbetreibers: schnelle Schadenabwicklung
- Seitens der Versicherer: Schadenminderung, Plausibilität der Schadenursache, kostenorientierte Schadenbehebung
- Seitens des Installateurs: Serviceleistung/ Neuauftrag

Nachfolgend geben wir Hinweise und Empfehlungen zur Schadenabwicklung, die eine zügige und reibungslose Reparatur und Instandsetzung fördern sollen.

Schadendefinition

Nicht alles, was „kaputt" geht, ist gleich ein versicherter Schaden. Der Versicherer leistet nach den allgemeinen Bedingungen Entschädigung unter anderem für unvorhergesehen eintretende Beschädigungen oder Zerstörungen versicherter Sachen (Sachschaden).

Für viele stellt sich die Frage, was unvorhersehbare Schäden sind. Unvorhergesehen sind Schäden, die der Versicherungsnehmer weder rechtzeitig vorhergesehen hat noch mit dem für die im Betrieb ausgeübte Tätigkeit erforderlichen Fachwissen hätte vorhersehen können (grobe Fahrlässigkeit ausgenommen). Bei elektronischen Bauelementen (hierzu zählen insbesondere Photovoltaikmodule und Wechselrichter) sind Schäden dann unvorhergesehen, wenn eine versicherte Gefahr nachweislich von außen auf eine Austauscheinheit (Einzelteil) oder auf die versicherte Sache insgesamt eingewirkt hat. Ist dies nicht der Fall, wird nur auf Folgeschäden Entschädigung geleistet.

Beispiele für äußere Einwirkungen sind:

- Blitzschlag
- Hagelschlag
- Tierverbiss

Beispiele für Schäden ohne äußere Einwirkungen: Typisch hierbei sind Montagefehler oder nachlassende Modulleistung durch Herstellungsfehler.

- Wird durch einen Montagefehler das Dach undicht oder beschädigt (Ziegelbruch ...), so leistet die PV-Versicherung nichts, soweit nicht auch die PV-Anlage beschädigt wurde (Modulbruch, weil das Schienensystem sich durch den nachgebenden Dachhaken verbogen hat ...); gegebenenfalls ist in der Versicherung lediglich eine begrenzte Summe für De- und Remontagekosten enthalten.
- Lässt die Leistung der PV-Module überdurchschnittlich nach, leistet die PV-Versicherung ebenfalls nicht – auch keinen Ertragsausfall. Hier handelt es sich um eine qualitative Eigenschaft des Produkts, die über Garantieleistungen der Hersteller abgedeckt ist.

Führen Produktfehler zu Schäden – wie ein Brandschaden an der Modulanschlussdose – leistet zunächst die Versicherung, soweit der Modulhersteller für diesen Schaden nicht mehr einstehen kann (Ablauf Produktgarantie oder Insolvenz).

Die Reparaturentschädigung aus der Versicherungsleistung beschränkt sich jedoch nur auf die tatsächlich beschädigten (verbrannten) Module/Modulanschlussdosen. Sind in der betroffenen PV-Anlage weitere Module gleichen Typs mit Produktfehlern vorhanden, die zwar noch nicht beschädigt sind, jedoch ein solches Risiko für die Zukunft darstellen, so handelt es sich nicht mehr um einen unvorhersehbaren Schaden. Das weitere Brandrisiko ist daher zukünftig ausgeschlossen, bis der Anlagenbetreiber eine Reparatur der Module (wie Austausch der Anschlussdosen) vorgenommen hat – und zwar auf seine Kosten.

Gleiches gilt für erkennbare Mängel an der PV-Anlage. Führen solche Mängel zu Schäden, war ein solcher nicht mehr unvorhersehbar. Eine Leistungspflicht seitens des Versicherers entfällt daher. Wird zum Beispiel bei einer Anlagenprüfung festgestellt, dass die Modulbefestigungen nicht den statischen Anforderungen entsprechen, worauf es zu einem Sturmschaden kommt, war dieser Schaden vorhersehbar.

Weitere vorhersehbare und somit nicht versicherte Ereignisse können sein:

- Betriebsbedingter normaler Verschleiß oder vorzeitige Abnutzung
- Schäden aus Montagemängeln, welche dem Anlagenbetreiber bereits bei Abschluss der Versicherung bekannt waren
- Wenn für den Schaden ein Dritter (beispielsweise Installateur) einzustehen hat (Gewährleistung/Garantie)

Viele Anlagenbetreiber zeigen sich enttäuscht von ihrer Versicherung, wenn Ertragsausfall oder Ersatz verweigert wird, falls die Module überdurchschnittlich an Leistung verlieren oder Geräte (wie Wechselrichter) ohne äußere Einwirkung defekt gehen. Immer wieder heißt es dann: „Wofür habe ich denn eine Versicherung?" Eine Übernahme solcher Ersatzleistungen durch den Versicherer würde in diesem Fall jedoch bedeuten, dass er Garantieleistungen übernähme. Wenn man bedenkt, dass Garantieverlängerungen für Wechselrichter teilweise ordentlich ins Geld gehen und eine solche käufliche Garantieverlängerung für die Module seitens der Hersteller erst gar nicht angeboten wird, kann man sich ausmalen, wie hoch die Versicherungsprämien sein müssten, sollte ein Versicherer auch solche „Schäden" abdecken.

Zum Vergleich aus der Fahrzeugversicherung: Geht ein Motor bei einem Fahrzeug ohne äußere Einwirkung defekt (zum Beispiel Zylinderschaden), haftet selbst eine Vollkaskoversicherung nicht für diesen Schaden.

Mittlerweile bieten einzelne Assekuranzen auch Garantieversicherungen an für den Fall, dass Hersteller insolvent gehen oder Garantien abgelaufen sind. Der wirtschaftliche Nutzen solcher Versicherungen sollte zumindest hinterfragt werden, denn spezielle Versicherungen haben oftmals ihren Preis.

Auch erforderliche Anlagenverbesserungen oder Reparaturen sind vom Versicherungsschutz ausgeschlossen. Werden in einem Schadenfall an der PV-Anlage Mängel festgestellt, so sind diese auf Kosten des Anlagenbetreibers zu beseitigen. Gleiches gilt, wenn nach einem Überspannungsschaden die Auflage der Versicherung kommt, einen Überspannungsschutz nachzurüsten. Die Kosten hierfür muss der Versicherte selbst tragen.

Obliegenheiten des Versicherten (Anlagenbetreiber)

Aus den Versicherungsbedingungen ergeben sich zahlreiche Obliegenheiten des Versicherten im Schadenfall.

- Die Schadenmeldung muss zeitnah erfolgen, zum einen wegen der Schadenminderungspflicht des Anlagenbetreibers (Ertragsausfall), zum anderen zur Nachvollziehbarkeit und Prüfung der Schadenursache. Nicht selten werden Schäden oft Wochen, ja sogar Monate später „nachgemeldet". Die Ursache hierfür liegt oft darin, dass der Anlagenbetreiber von seiner schadhaften Anlage gar nichts mitbekommt, weil etwa ein ausreichendes Anlagenmonitoring fehlt.
- Aus der bereits genannten Schadenminderungspflicht ergibt sich die Verpflichtung, nach Möglichkeit für die Abwendung und Minderung des Schadens zu sorgen, zum Beispiel durch Abschalten und Außerbetriebsetzung der Anlage.
- In Zweifelsfällen hat der Versicherte Weisungen bei der Versicherung einzuholen und/oder zu befolgen, die zur Abwendung des Schadens oder zu dessen Minderung führen.
- Schäden durch strafbare Handlungen (etwa Diebstahl) müssen unverzüglich der Polizei gemeldet und zur Anzeige gebracht werden.
- Das Schadenbild ist so lange unverändert zu belassen, bis seitens des Versicherers eine Freigabe erfolgt oder ein von der Versicherung beauftragter Sachverständiger den

Schaden begutachtet hat. Sind Veränderungen unumgänglich (zur Schadenminderung oder durch erforderliche Aufräumungsarbeiten), ist das Schadenbild ausreichend zu dokumentieren (etwa durch Fotos). Beschädigte Teile sind so lange aufzubewahren, bis diese von der Versicherung zur Entsorgung freigegeben werden.

In den vorgenannten Punkten hat auch der beauftragte Installateur eine Mitwirkungspflicht. So kann er nicht einfach beschädigte Teile durch neue ersetzen und die schadhaften selbst entsorgen, wenn keine Freigabe durch die Versicherung vorliegt.

Bei Versicherungsschäden empfiehlt es sich, Informationen zwischen Anlagenbetreiber, Installateur, Versicherung und Schadengutachter auszutauschen. Nur so ist eine reibungslose Schadenabwicklung garantiert.

Neuersatz / Reparatur im Zuge der Schadenabwicklung

Auch abseits eines versicherten Schadens sollte es im Interesse des Anlagenbetreibers liegen, dass die PV-Anlage instandgesetzt wird. Dies dient nicht nur der Vermeidung von Ertragsausfall und damit einhergehendem finanziellen Verlust, sondern oft auch der Betriebssicherheit und Vermeidung möglicher Folgeschäden. Grundsätzlich empfiehlt es sich, auch bei kleinen Versicherungsschäden deren Freigabe zur Reparatur bei der Versicherung zu beantragen, um spätere Streitigkeiten zu vermeiden.

Ein besonderes Augenmerk ist auf das „Wie" der Schadenabwicklung zu legen. Sicher ist es für einen Installateur lukrativ, für beschädigte Anlagenteile oder die Gesamtanlage gleich Neuware zu „verkaufen". Hier ist grundsätzlich Vorsicht geboten – sowohl seitens des Versicherungsnehmers, sprich Anlagenbetreibers, als auch des Installateurs.

Versicherung auf Neuwert: Auch wenn in den meisten Versicherungen steht, dass die PV-Anlage nach dem Neuwert versichert ist, bedeutet dies nicht, dass bei einem Versicherungsfall und einer damit einhergehenden Beschädigung der Anlage diese gleich durch eine neue ersetzt werden kann. Eine Versicherung auf den Neuwert sagt lediglich aus, dass bei der Schadenregulierung hinsichtlich des Neuwerts auf den „Abzug des sich aus dem Unterschied zwischen alt und neu ergebenden Minderwerts" verzichtet wird. Kann eine beschädigte Sache repariert werden, werden nur die Reparaturkosten erstattet. Um auf das Beispiel mit einem Fahrzeug zurückzukommen: Wird bei einem Fahrzeug ein Kotflügel beschädigt, leistet die Versicherung allein für dessen Reparatur oder Ersatz – dies gilt auch bei einer Vollkaskoversicherung. Der Versicherungsnehmer hat keinen automatischen Anspruch auf einen Neuwagen.

Weiterhin ist zu unterscheiden zwischen technischem und wirtschaftlichem Totalschaden.

- Ein „technischer Totalschaden" liegt dann vor, wenn die Beschädigungen derartig erheblich sind, dass eine Wiederherstellung des vorigen Zustandes nicht mehr möglich ist oder einen völlig unverhältnismäßigen Aufwand erfordern würde. Beispiele: Glasbruch bei Modulen, Brand eines Wechselrichters.
- Ein „wirtschaftlicher Totalschaden" liegt vor, wenn die entsprechenden Reparaturkosten höher sind als der Wiederbeschaffungswert. Aber schon wenn die Reparaturkosten die Differenz zwischen Wiederbeschaffungs- und Restwert übersteigen, spricht man von einem wirtschaftlichen Totalschaden. In bestimmten Fällen kann auch schon eine geringe Beschädigung eines Anlagenteils zu einem wirtschaftlichen Totalschaden führen, wenn nur sein Wiederbeschaffungswert aufgrund des Alters der Anlage hinreichend gering ist. Bei der Feststellung eines wirtschaftlichen Totalschadens liegt regelmäßig die Kostenkalkulation für eine gewerblich durchgeführte Wiederinstandsetzung durch Fachpersonal und unter Verwendung von Neuteilen zugrunde.

Fällt die Restwertbestimmung bei einem Fahrzeug recht einfach aus (Stichwort „Schwackeliste"), gestaltet sich dies bei einer PV-Anlage unter Umständen schwierig, wenn in den letzten Jahren zwar die Modulpreise für Neumodule stark gesunken sind, aber Restposten älterer Modulmodelle oftmals zu hohen Marktpreisen gehandelt werden. Darüber hinaus muss berücksichtigt werden, wie sich ein „wirtschaftlicher Totalschaden" eines Moduls auf die Instandsetzung der Gesamtanlage auswirkt, wenn durch fehlenden gleichwertigen Ersatz ein kompletter String (zum Beispiel 15 bis 20 Module) ausgetauscht werden muss. Letztendlich ist auch dann die Wirtschaftlichkeit der Reparatur eines Moduls noch gegeben, wenn diese den Rest- oder Neuwert um ein Mehrfaches übersteigt. Es muss also unter Umständen die Gesamtanlage betrachtet werden – und nicht nur ein einzelnes Bauteil.

Im Falle eines Totalschadens kann der Geschädigte in der Regel als Schadenersatz nicht die ursprünglichen Herstellungskosten verlangen, sondern nur die Kosten der Wiederbeschaffung einer gleichwertigen Ersatzsache minus den Restwert der beschädigten Sache. Bei einer Neuwertversicherung verzichtet der Versicherer dagegen auf diese Differenzberechnung.

Beispiel: Photovoltaikanlage mit 20 kWp, Baujahr 2006, Neupreis circa 65 000 Euro

Schadenfall 2020 (Totalschaden): aktueller Neupreis circa 20 000 Euro

Erstattung der Versicherung: 20 000 Euro

Verzichtet der Versicherte bei einem Totalschaden auf den Neubau einer Anlage (etwa bei Brand, wenn das Gebäude nicht mehr aufgebaut wird), bekommt er nur noch den Zeitwert der „alten" Anlage ersetzt. Dieser berechnet sich aus dem aktuellen „Neuwert" abzüglich der bisherigen Nutzungsdauer der „alten" Anlage.

Zum obigen Beispiel: Aktueller Neupreis 2020: circa 20 000 Euro. Bei einer Betriebsdauer von etwa zehn Jahren bei einer anzusetzenden Nutzungsdauer von 20 Jahren ergibt sich ein Abzug von etwa 50 Prozent des Neuwerts.

Auszahlung der Versicherung: rund 10 000 Euro

Die vorangegangenen Punkte sollten dringend beachtet werden, bevor eine Schadenabwicklung voreilig durchgeführt wird, um Ärger oder Diskussionen mit dem Versicherer zu vermeiden.

Verantwortung und Haftung des Installateurs

Die Instandsetzung oder Reparatur einer PV-Anlage basiert auf Werkvertragsrecht. Demzufolge trifft den Installateur eine Hinweis- und Beratungspflicht dem Anlagenbetreiber gegenüber. Soweit die PV-Anlage oder Teile hiervon repariert werden können, sollte er den Anlagenbetreiber darauf hinweisen. Im schlimmsten Fall bleibt der Versicherte (Anlagenbetreiber) auf dem Differenzbetrag zwischen Reparaturkosten und Neuwert sitzen, soweit die Reparaturkosten deutlich niedriger liegen.

Reparaturmöglichkeiten

Wie bereits angesprochen, kann eine Reparatur im Vergleich zum Neuersatz sehr wohl wirtschaftlicher und nach Versicherungsrecht auch geboten sein. Dies gilt insbesondere, wenn entsprechende Anlagenteile nicht mehr auf dem Markt angeboten werden.

Module

Probleme gibt es hier insbesondere bei den Modulen, ältere Modelle werden nicht mehr hergestellt. Beschädigungen eines oder einzelner Module machen nicht selten den Austausch aller Module eines ganzen Strings erforderlich. Handelt es sich um kleine Anlagen, müssten oftmals alle Module getauscht werden, wenn beispielsweise nur ein Stringwechselrichter existiert. Darüber hinaus gibt es vielfach unterschiedliche Modulabmessungen in Länge, Breite und Rahmenhöhe, weshalb es sich oft schwierig darstellt, selbst geeignete Ersatzmodule in die vorhandene Restanlage zu integrieren, ohne dass gleich das gesamte Anlagenbild förmlich aus dem Rahmen fällt.

Heutzutage existieren bereits praxistaugliche und erprobte Reparaturtechniken, die auch wirtschaftlich erscheinen. Bei Überspannungsschäden an Modulen werden meist nur die Bypassdioden beschädigt; der reine Materialersatz für solche entspricht Centbeträgen. Einschließlich Lohnkosten für den Austausch ergeben sich Kosten in Höhe von zehn bis 15 Euro pro Modul. Selbst bei angesengten oder verschmorten Modulanschlussdosen können diese getauscht werden, wenn beim Tausch das Backsheet des Moduls nicht beschädigt wird. Auch Kratzer im Backsheet lassen sich reparieren.

Die Kosten für den Austausch einer Anschlussdose inklusive Funktionsprüfung des Moduls (Isolationsfestigkeit, Leistungs-Flash) liegen bei etwa 40 bis 60 Euro pro Modul. Ein neues Modul kann mit einem solchen Preis trotz gesunkener Modulpreise sicherlich nicht mithalten. Sind mehrere Module einer Anlage betroffen, macht dies einen erheblichen Kostenunterschied aus.

Auch der Ersatz durch gleichwertige und elektrisch gleiche Module eines anderen Herstellers kann sinnvoll sein, wenn hierdurch der Austausch eines ganzen Modulstrings vermieden wird. Dies gilt auch für einzelne Modulrestbestände, deren Preis jenseits des üblichen Marktniveaus liegt. Einige Zweitmärkte (zum Beispiel Secondsol oder PV-Xchange) bieten häufig Einzelstücke an, die ansonsten völlig vom Markt verschwunden sind. Auch Reparaturbetriebe haben oftmals Restposten auf Lager.

Eine weitere Alternative stellen Modulnachbauten dar. Einzelne Fachfirmen haben sich darauf spezialisiert, Module 1:1 nachzubauen; also in Abmessungen und den elektrischen Kennwerten. Der Nachbau beschränkt sich in der Regel nur auf kristalline Modultechniken. Die Kosten hierfür liegen verständlicherweise recht hoch und entsprechen meist dem Vier- bis Fünffachen des üblichen Marktpreises. Aber auch hier ergeben sich Kosteneinsparungen in einem Reparaturfall, wenn durch den Nachbau von zwei oder drei Modulen der Tausch eines ganzen Modulstrings vermieden wird und zudem die ganze PV-Anlage optisch ohne Veränderung bleibt.

Überspannungsschaden an Wechselrichter – Reparaturfähigkeit zumindest prüfbar

Wechselrichter

Bei Wechselrichtern ergeben sich ähnliche Möglichkeiten wie bei den Modulen. In den letzten Jahren haben sich einige Betriebe auf die herstellerunabhängige Reparatur von Wechselrichtern spezialisiert, und zwar nicht nur im Versicherungsfall (Überspannungsschaden …), sondern auch bei einem „regulären" Ausfall. Die oft von den Wechselrichterherstellern angebotenen Austauschgeräte sind als teuer zu bezeichnen, obgleich es sich hier vielfach um „gebrauchte, „runderneuerte" Geräte handelt. Ein 10-kW-Gerät kostet als Austauschversion durchaus um die 1 500 Euro, wogegen eine Reparatur (je nach Aufwand) zwischen 200 und 700 Euro liegen kann.

Garantieleistung

Ein Nachteil für den Anlagenbetreiber entsteht bei der Reparatur eines Wechselrichters mit dem Entfall der herstellerseitigen Garantie. Wie bereits erläutert, sind Garantien nicht versichert und ansonsten nur begrenzt versicherbar, siehe Seite 160. Wird etwa ein zwei Jahre alter Wechselrichter mit einer fünfjährigen Werksgarantie durch Überspannung beschädigt und repariert, entfällt die Werksgarantie für dieses Gerät (die bei einem Überspannungsschaden nach den Garantiebedingungen der Hersteller ohnehin nicht greift und für das entsprechende Gerät entfällt). Es bleibt ausschließlich die Reparaturgarantie, die üblicherweise ein Jahr beträgt. Dem Versicherungsnehmer ist es aber unbenommen, sich ein „teureres" Austauschgerät mit entsprechender Garantie zu besorgen, nur bekommt er von der Versicherung allenfalls den Reparaturpreis ersetzt und muss den Differenzbetrag selbst tragen.

Regress

Nicht selten landen Versicherungsschäden in den Regressabteilungen der Versicherer. Grund hierfür ist die Annahme, dass der Versicherer Gründe oder Anzeichen dafür sieht, seine dem Versicherungsnehmer gegenüber erstatteten Leistungen teilweise oder insgesamt von einem Dritten als Schadenersatz zurückfordern zu können. Meist trifft es hierbei den Installateur. Dies ist dann zum Beispiel der Fall, wenn sich ein Schadenereignis durch einen Montage- oder Planungsfehler ergeben hat und sich der Installateur oder Anlagenplaner noch in der gesetzlichen Gewährleistung befindet.

Ein weiterer Fall ergibt sich etwa, wenn die Anlage regelmäßig oder in unbestimmten Abständen „gewartet" wird und sich aus einer unzureichenden Wartung oder Prüfung (Inspektion) ein Schaden entsteht, der zumindest aus fachlicher Sicht voraussehbar war.

Versicherungsausschluss

Grundsätzlich ist es für den Anlagenbetreiber von Vorteil, seine PV-Anlage zu versichern, um im Schadenfall keine finanziellen Nachteile zu haben. Demgegenüber besteht seitens der Versicherung das Interesse, das Schadenrisiko so klein wie möglich zu halten. Es gibt also auf beiden Seiten ein wirtschaftliches Interesse.

Aufgrund der sich immer mehr häufenden Schäden an PV-Anlagen mit durchaus erheblichen Schadensummen werden zur Schadenbewertung und -ursachenbestimmung vermehrt Sachverständige durch die Versicherer eingeschaltet. Dies gilt nicht nur zur Bewertung des Schadenumfangs sowie der Bestimmung der Schadenhöhe, sondern auch zu ermitteln, ob es sich tatsächlich um einen Schaden im Sinne der Versicherung handelt.

Dabei werden die Sachverständigen nicht selten beauftragt, den technischen Zustand der PV-Anlage zumindest stichprobenartig zu bewerten. Hierbei ergeben sich mitunter Überraschungen, wenn etwa der Anlagenzustand nicht den normativen und sicherheitstechnischen Vorschriften genügt. Hierbei werden Anlagenalter und „Verschleiß" oder sogar ein kleiner Versicherungsschaden schnell zur Nebensache, wenn erkennbare Nachlässigkeiten bei der Statik oder dem Blitz- und Brandschutz das Versicherungsrisiko erheblich erhöhen. Im Nachgang der Schadenabwicklung wird der Versicherer in der Regel eine Instandsetzung und Nachbesserung der gegenständlichen Anlage verlangen und bis zu deren vorzulegenden Nachweis der Durchführung die entsprechenden versicherten Risiken aus dem Versicherungsvertrag aussetzen.

Anpassen und einsparen

Ein paar Euro lassen sich auch bei einer guten Versicherung einsparen, wenn man ab und zu die Versicherungssumme überprüft und anpasst. Lag die Neuwertversicherung bei einer 30-kWp-Anlage im Jahr 2003 noch bei gut 140 000 Euro, ergibt sich für 2020 aufgrund der gesunkenen Systempreise ein Neuwert von nur noch circa 35 000 Euro. Die Anpassung der Versicherungssumme sollte beim Versicherer also kein Problem sein.

Vertragswechsel, Kündigung, Anpassung

Wegen vieler mangelhaft errichteter Anlagen und zunehmender Wetterextreme wie Sturm (Tornados), Gewitter (Überspannung) und Hagel werden die Versicherer zukünftig reagieren. So ist es bereits jetzt deutlich schwieriger, Altanlagen zu versichern. PV-Anlagen mit einem hohen Schadenspiegel riskieren zudem die Kündigung seitens des Versicherers und somit Verlust jeglichen Versicherungsschutzes – auch bei dem Versuch, sich anderweitig zu versichern. Die Auflagen im Zuge von Schadenfällen oder auch bei Neuanlagen werden steigen, insbesondere in Richtung Überspannungsschutz, regelmäßiger Prüfungsnachweise oder einer vorherigen Risikoeinschätzung.

STEUERN UND FINANZAMT

Um es vorwegzunehmen: Die folgenden Erklärungen können keine individuelle Steuerberatung ersetzen. Hier soll aber auf einige allgemeine Informationen eingegangen werden, die Sie kennen sollten und aus denen Sie den einen oder anderen Tipp ableiten können.

In den letzten Jahren gab es bereits viele Steueränderungen, welche auch den Betrieb der PV-Anlagen tangiert haben. Die bisherigen PV-Anlagenbetreiber werden sich womöglich mit der steuerlichen Handhabung bereits auseinandergesetzt haben. Andererseits hat sich das Steuerrecht für PV-Anlagen ab dem 1. Januar 2023 entscheidend geändert. Daher sollen an dieser Stelle die bisherigen Regelungen nur kurz angeschnitten und in der „Vergangenheitsform" aufgeführt werden. Der Schwerpunkt wird auf dem neuen Steuerrecht liegen.

Grundsätzlich lassen sich Anlagenbetreiber in zwei Gruppen einteilen: einerseits diejenigen, die bewusst in PV-Anlagen investieren, um mit diesem Investitionsobjekt Steuern zu sparen und Gewinne zu generieren (betrifft alle Großanlagenbetreiber sowie Betreiber älterer Anlagen mit hohen Einspeisevergütungen), und andererseits die Menschen, die am liebsten nichts mit dem Finanzamt zu tun haben wollen. Im Prinzip lassen sich beide Lösungen umsetzen, wenn man bestimmte Konstellationen beachtet.

Die Einordnung des Betriebs einer PV-Anlage in das Steuerrecht erfolgt allgemein in folgende Bereiche:

- Einkommenssteuer
- Gewerbesteuer
- Umsatzsteuer

Einkommenssteuer zahlen Sie immer dann, wenn Sie Einkünfte haben. Das kann sowohl aus einer beruflichen Tätigkeit sein als auch über ein Nebeneinkommen, zum Beispiel, wenn man mit einer PV-Anlage Strom erzeugt, diesen verkauft und nach Abzug aller Ausgaben dann noch ein Gewinn übrig bleibt.

Gewerbeanmeldung Ja oder Nein?

Die Antwort lautet Nein, auch wenn die Aussagen von Finanzämtern oder Gemeinden dies meist als erforderlich ansehen. Private Photovoltaikanlagen in einer üblichen Größe auf Einfamilienhäusern werden als Bagatelle eingeordnet und entsprechen grundlegend nicht dem Bild einer gewerblichen Tätigkeit.

Gewerbesteuer

Die Gewerbesteuer ist an die Bedingung geknüpft, dass eine Photovoltaikanlage Gewinne erwirtschaftet. Eine Gewerbesteuer wird erst dann erhoben, wenn der Gewinn aus der gewerblichen Tätigkeit mehr als 24 500 Euro pro Jahr beträgt. Dies ist bei Kleinanlagen jedoch nicht der Fall.

Ist das Betreiben einer Photovoltaikanlage eine unternehmerische Tätigkeit? Zur Frage, ob Sie als PV-Anlagenbetreiber ein Unternehmer oder Gewerbebetreibender sind, ist zwischen Steuerrecht und Zivilrecht zu unterscheiden. Das Bürgerliche Gesetzbuch (BGB) definiert in § 14 Abs. 1 den Unternehmer als eine natürliche oder juristische Person oder Personengesellschaft, die bei Abschluss eines Rechtsgeschäfts in Ausübung ihrer gewerblichen oder selbstständigen beruflichen Tätigkeit handelt. Man muss zumindest bei Kleinanlagenbetreibern davon ausgehen, dass diese keine Unternehmer sind. Hierzu hat sich auch bereits der Bundesgerichtshof (BGH) geäußert.

Umsatzsteuer

Das deutsche Umsatzsteuergesetz definiert Unternehmer im § 2 Abs. 1 Satz 1 und 3 UStG als solche, die eine gewerbliche oder berufliche Tätigkeit selbstständig zur Erzielung von Einnahmen ausüben. Steuerrechtlich liegt daher grundsätzlich eine unternehmerische Tätigkeit vor, wenn Sie eine netzgekoppelte PV-Anlage betreiben, wenn der erzeugte Strom in das Netz eingespeist und an den jeweiligen Netzbetreiber verkauft wird.

Umsätze aus dem Betrieb einer PV-Anlage unterlagen bisher grundsätzlich der Umsatzsteuer. Das hat sich ab 1. Januar 2023 für bestimmte Anlagengrößen geändert (wir kommen hierauf etwas später zurück). Man konnte davor unter bestimmten Voraussetzungen die Besteuerungsform wählen, was dann entscheidenden Einfluss auf die Umsatzbesteuerung nahm.

Regelbesteuerung: Bei der Regelbesteuerung muss der Anlagenbetreiber seine Einnahmen aus den Stromerträgen der Umsatzsteuer unterwerfen. Für die Lieferung des erzeugten Stroms entsteht die Umsatzsteuer von derzeit 19 Prozent. Diese ist an das Finanzamt abzuführen. Der Anlagenbetreiber bekommt die Steuer zusätzlich zur Einspeisevergütung vom Netzbetreiber und reicht diese in gleicher Höhe an das Finanzamt weiter. Sie ist damit nur ein Durchlaufposten. Im Gegenzug kann der Anlagenbetreiber von allen Aufwendungen (Ausgaben), die auf den entsprechenden Rechnungen ausgewiesene Umsatzsteuer als Vorsteuer geltend machen.

Kleinunternehmerregelung: Eine Vereinfachung der Besteuerung durch Nichterhebung der Steuer ergibt sich aus der Kleinunternehmerregelung nach § 19 Umsatzsteuergesetz (UStG). Der Betreiber einer PV-Anlage kann als sogenannter Kleinunternehmer behandelt werden, wenn die Umsätze im Gründungsjahr aktuell nicht mehr als 22 000 Euro betragen und im Folgejahr 50 000 Euro voraussichtlich nicht übersteigen werden. Auf die Umsätze wird dann keine Umsatzsteuer erhoben. Hierfür ist allerdings Voraussetzung, dass der Anlagenbetreiber keine Rechnungen beziehungsweise der Netzbetreiber keine Gutschriften mit gesondert ausgewiesener Umsatzsteuer ausstellt. Bei Anwendung der Kleinunternehmerregelung kann keine Vorsteuer aus den Eingangsrechnungen (auch nicht aus dem Erwerb der Anlage) vom Finanzamt erstattet werden. Im Ergebnis verzichteten deshalb Betreiber von PV-Anlagen regelmäßig auf die Kleinunternehmerregelung und wählen die Regelbesteuerung.

Die wesentlichen Vor- und Nachteile beider Besteuerungsarten sind in der Tabelle „Besteuerungsarten“ dargestellt:

Besteuerungsarten für die Betreiber der PV-Anlagen

Regelbesteuerung		Kleinunternehmerregelung	
Vorteil	**Nachteil**	**Vorteil**	**Nachteil**
• Umsatzsteuer der Anschaffungskosten und laufenden Aufwendungen als Vorsteuer absetzbar	• Regelmäßige Umsatzsteuervoranmeldungen und Umsatzsteuererklärungen an das Finanzamt • Umsatzsteuer auf Eigenverbrauch	• Kein „Papierkrieg“ mit dem Finanzamt • Keine Umsatzsteuer auf Eigenverbrauch	• Keine Möglichkeit, die Vorsteuer der Anschaffung und von laufenden Aufwendungen abzusetzen

Besteuerung von Eigenverbrauch

Auch der Eigenverbrauch ist bei PV-Anlagen vor dem 1. Januar 2023 umsatzsteuerlich relevant, da es sich hier steuerlich um eine Einnahme oder eine Entnahme handelt (soweit keine Kleinunternehmerregelung gewählt). Aufgrund der gesetzlichen Änderungen des EEG, bei dem es auch gesonderte Vergütungen zum Eigenverbrauch gab, sind hierbei verschiedene Zeitabschnitte zu beachten.

Anlagen, die bis zum 31. März 2012 in Betrieb genommen wurden

Soweit der Anlagenbetreiber bei Inanspruchnahme der Vergütung nach § 33 Abs. 2 EEG in der bis zum 31. März 2012 geltenden Fassung bezogenen Strom selbst verbraucht (zum Beispiel Verbrauch im eigenen Haushalt), liegt umsatzsteuerlich eine (Rück-)Lieferung des Netzbetreibers an den Anlagenbetreiber vor. Bei einem solchen dezentralen Verbrauch ist das Entgelt aus der Differenz zwischen Einspeisevergütung nach § 33 Abs. 1 Nr. 1 EEG und der Einspeisevergütung nach § 33 Abs. 2 EEG zu ermitteln. Das heißt:

- Fiktive Volleinspeisung zum EEG-Vergütungssatz plus Umsatzsteuer
- Fiktive Rücklieferung des Eigenverbrauchs vom Netzbetreiber an den Anlagenbetreiber zum Differenzbetrag zwischen Einspeise- und Eigenverbrauchsvergütung plus Umsatzsteuer

Da der Eigenverbrauch eine Rücklieferung darstellt, über die Ihnen der Strombetreiber eine Rechnung stellt, wird eine gesonderte Umsatzsteuer auf den Eigenverbrauch umsatzsteuerlich nicht mehr fällig.

Anlagen, die nach dem 31. März 2012 in Betrieb genommen wurden

Bei solchen Anlagen, die nicht unter die Übergangsregelung des § 66 Abs. 18 EEG fallen, wird der Direktverbrauch nicht mehr vom Netzbetreiber vergütet. Wird der Strom vom Anlagenbetreiber nicht in das Netz eingespeist, sondern selbst verbraucht, ist eine unentgeltliche Wertabgabe zu versteuern (sofern aus der Anschaffung der Anlage ein Vorsteuerabzug geltend gemacht wurde). Deshalb müssen Sie Umsatzsteuer für den selbst verbrauchten Strom ans Finanzamt abführen.

Als unentgeltliche Wertabgaben bezeichnet man Entnahmen von Leistungen und Lieferungen für den Eigenverbrauch oder das Personal. Diese unentgeltlichen Wertabgaben werden aus dem Betriebsvermögen entnommen und für private Zwecke genutzt. Die Entnahmen zeichnen sich dadurch aus, dass sie ohne Gegenleistung (zum Beispiel Geld) bleiben.

Nach § 10 Abs. 4 Satz 1 Nr.1 UStG bemisst sich die unentgeltliche Wertabgabe nach dem Einkaufspreis zuzüglich der Nebenkosten für einen gleichartigen Gegenstand. Steuerfachleute halten einen reinen Kilowattstundenpreis für ausreichend, da die Grundgebühr bereits voll mit Umsatzsteuer belastet ist.

Abschreibung

Wie jedes betrieblich genutzte Wirtschaftsgut kann die PV-Anlage auf die Nutzungsdauer hin abgeschrieben werden. Mit der Höhe der Abschreibung mindern Sie gleichzeitig Ihre Steuerlast. Hierbei gibt es verschiedene Formen der Abschreibung.

Normalabschreibung

Bei der Einnahmeüberschussrechnung sind die Regelungen über die Absetzung für Abnutzung (AfA) zu befolgen, also die Anschaffungskosten für eine PV-Anlage (gemindert um etwaige Zuschüsse) auf die steuerliche Nutzungsdauer von 20 Jahren zu verteilen und in gleichen Jahresbeträgen (jährliche AfA = 5 Prozent) zu berücksichtigen.

Sonderabschreibung nach § 7g Abs. 5 EStG

Im Fall des gewerblichen Betriebs einer PV-Anlage sind neben der linearen Abschreibung unter bestimmten Voraussetzungen Sonderabschreibungen in Höhe von bis zu 20 Prozent der Anschaffungs-/Herstellungskosten möglich, die beliebig über die ersten fünf Jahre verteilt werden können. Ab dem sechsten Jahr fallen die restlichen Abschreibungen dann aber niedriger aus.

Investitionsabzugsbetrag nach § 7g Abs. 1 EStG in Jahren vor der Inbetriebnahme

Wenn die übrigen Anspruchsvoraussetzungen vorliegen, kann bereits vor der eigentlichen Investition ein Investitionsabzugsbetrag gewinnmindernd abgezogen werden. Dadurch können bereits im Jahr vor der Investition bis zu 40 Prozent der voraussichtlichen Anschaffungskosten als fiktive Betriebsausgaben abgezogen und somit Steuern gespart werden. Die Investitionsabsicht ist jedoch gegenüber dem Finanzamt nachzuweisen (zum Beispiel mit einem Kostenvoranschlag).

Geringfügige Wirtschaftsgüter / Sofortabschreibungen

Werden für die PV-Anlage nachträglich Anschaffungen getätigt, die einen Wert von 800 Euro netto nicht übersteigen, können diese im Jahr der Anschaffung voll abgeschrieben werden. Dies kann zum Beispiel eine nachgerüstete Anlagenüberwachung sein. Reparaturkosten mit Ersatz von Komponenten wie etwa der kostenpflichtige Tausch eines Wechselrichters oder eine Modulerneuerung können im Jahr der Anschaffung sofort abgeschrieben werden (Erhaltungsaufwand).

Sonderfall Batteriespeicher

Ob die Anschaffungskosten des Speichers und die laufenden Betriebskosten in der Abschreibung berücksichtigt werden können, ist unterschiedlich zu betrachten, wie sich aus der „Hilfe für Photovoltaikanlagen" der Bayerischen Oberfinanzdirektion ergibt. Der Unterschied wird dabei technisch begründet, denn die steuerliche Behandlung hängt davon ab, auf welche „Art und Weise" der Batteriespeicher in eine (bestehende) PV-Anlage integriert wird – und zwar Einbau vor oder nach dem Wechselrichter.

Gemeint sind hier DC- bzw. AC-gekoppelte Speicher. Bei einem DC-gekoppelten Batteriespeicher (Gleichstromseite vor dem Wechselrichter) sind die Anschaffungskosten der Batterie der PV-Anlage zuzurechnen und zusammen mit ihr über 20 Jahre abzuschreiben. Rüstet man später nach, verteilen sich die Batteriekosten auf den verbleibenden Abschreibungszeitraum der PV-Anlage.

Handelt es sich dagegen um einen AC-gekoppelten Speicher (Anschluss nach dem Wechselrichter), dann stellt der Batteriespeicher ein selbstständiges Wirtschaftsgut dar. Dient dieser dann allein der Zwischenspeicherung des selbst erzeugten Stroms zur anschließenden privaten Verwendung desselben, ist eine Abschreibung nicht möglich, außer es findet eine mindestens 10-prozentige unternehmerische Nutzung der Batterie statt. Die Abschreibungsdauer einer AC-Batterie beläuft sich dann auf zehn Jahre.

Erwerb eines Stromspeichers (Batterie)

Die Anwendung des Steuerrechts ist Ländersache. Dabei unterstützen die jeweiligen Oberfinanzdirektionen die jeweilige Steuerverwaltung, wenn es um die Anwendung des Steuerrechts in häufig vorkommenden Einzelfällen geht. Solche Verfügungen werden meist auch in den anderen Bundesländern zurate gezogen. Bei Stromspeichern gab es in der Vergangenheit oftmals Diskussionen bezüglich der Zuordnung zu einer PV-Anlage. Besonders interessant und hilfreich zum Thema sind die Anwendungshilfen der obersten Bayerischen Finanzbehörde (Landesamt für Steuern – LAfSt, www.finanzamt.bayern.de/LfSt/default.php). Sie betreibt online eine eigene Rubrik zum Thema Photovoltaik. Darin ist auch das Thema Batteriespeicher ausführlich behandelt. Umsatzsteuer und Ertragssteuer werden dabei wie üblich strikt getrennt. Es sind zumindest zwei verschiedene Fallsituationen zu unterscheiden:

1 PV-Anlage und Stromspeicher als einheitliches Zuordnungsobjekt
Bei gleichzeitiger Anschaffung einer PV-Anlage und eines Stromspeichers handelt es sich nach dem Bayerischen Landesamt für Finanzen um ein einheitliches Zuordnungsobjekt. Dementsprechend kann für den Batteriespeicher auch die Umsatzsteuer als Vorsteuer geltend gemacht werden. Die Prüfung, ob das einheitliche Zuordnungsobjekt komplett dem Unternehmensvermögen zugeordnet werden dürfe, erfordere, dass mindestens 10 Prozent des produzierten Solarstroms eingespeist werden (§15 Abs. 1 Satz 2 UStG). Wird der erzeugte Solarstrom also zu mindestens 10 Prozent unternehmerisch genutzt, kann die Anlage einschließlich Batterie dem (steuerlichen) Unternehmen zugeordnet werden. Eine Erstattung der Vorsteuer ist möglich, und beim privaten Verbrauch des Solarstroms bleibt es bei der Bemessungsgrundlage „Strombezugspreis". Wichtig ist, dass nicht der in der Bat-

terie gespeicherte Strom unternehmerisch genutzt werden muss, also zum Beispiel ins Netz eingespeist oder anderweitig verkauft, sondern der von der Photovoltaikanlage insgesamt erzeugte Strom. Es reicht also aus, mindestens 10 Prozent des Stroms an den Netzbetreiber zu verkaufen. Manche Finanzämter verwechseln diese beiden Ansatzpunkte, dann lohnt ein Hinweis auf den Wortlaut in der bayerischen Steuerverwaltung. Hat der Betreiber den Stromspeicher zulässigerweise in vollem Umfang seinem Unternehmen zugeordnet, hat er neben der Entnahme des privat verwendeten Stroms (unentgeltliche Wertabgabe nach § 3 Abs. 1b Nr. 1 UStG) für die private Verwendung des Stromspeichers, soweit er den gespeicherten Strom für private Zwecke verwendet, eine unentgeltliche Wertabgabe nach § 3 Abs. 9a Nr. 1 UStG zu versteuern.

2 Stromspeicher als eigenes Zuordnungsobjekt

Ganz anders verhält sich die Sachlage, wenn der Stromspeicher später nachgerüstet wird. Bei der „nachträglichen" Anschaffung eines Stromspeichers handelt es sich um ein eigenes Zuordnungsobjekt, wenn dieser nach Anschaffung und Inbetriebnahme der PV-Anlage erworben wird.

Betriebseinnahmen

Zu den Betriebseinnahmen zählen grundsätzlich alle Gelder, die dem Betreiber einer PV-Anlage zufließen, also die Vergütungen des Netzbetreibers oder eines Dritten (auch eines Nachbarn) für Stromlieferungen, erhaltene Zuschüsse, die Entnahmen (Selbstverbrauch) sowie die vom Finanzamt erstattete Vorsteuer.

Betriebsausgaben

Zu den Betriebsausgaben zählen alle Aufwendungen, die durch den Betrieb der PV-Anlage veranlasst sind. In der Regel sind dies gewöhnliche und außergewöhnliche Ausgaben sowie die Abschreibungen. Hierzu zählt eigentlich alles, was Sie für den Betrieb einer PV-Anlage an Kosten aufwenden müssen:

- Gezahlte Vorsteuer auf den Anschaffungspreis
- Zählermiete
- Bezugsstrom (geringfügig für Wechselrichterbetrieb)
- Versicherungen
- Steuerberatungskosten
- Dachmieten (20-Jahres-Vorauszahlungen sind steuerlich jährlich aufzuteilen)
- Anlagenreinigung
- Reparaturen
- Prüfung/Inspektion

Abgabe Umsatzsteuervoranmeldung

Soweit man die Umsatzsteuer optiert, also keine Kleinunternehmerregelung wählt, ist dem Finanzamt dies regelmäßig über eine Umsatzsteuervoranmeldung anzuzeigen. Diese verlangt das Finanzamt im Jahr der Inbetriebnahme und im Folgejahr vierteljährlich bis zum zehnten Tag nach Ende des Quartals.

Die Abgabe muss über elektronischen Weg erfolgen (Elster). Die Umsatzsteuererklärung (jährlich) muss aktuell spätestens zum 1. November des Folgejahrs beim Finanzamt elektronisch abgegeben werden. Ist ein Steuerberater beauftragt, verlängert sich die Abgabefrist automatisch bis zum 31. Mai des Folgejahrs.

Abgabe der Einkommenssteuererklärung

Gewerbetreibende sind zur Abgabe einer Einkommenssteuererklärung verpflichtet – und zwar bis zum 31. Mai des Folgejahrs. In dieser muss der Gewinn aus Gewerbebetrieb angegeben werden. Betragen die Betriebseinnahmen im Wirtschaftsjahr weniger als 17 500 Euro, kann die Gewinnermittlung formlos erfolgen, andernfalls ist zusätzlich zur Anlage G die Einnahmenüberschussrechnung auf dem amtlich vorgeschriebenen Vordruck (Anlage EÜR) elektronisch zu übermitteln. Die Anlage EÜR erscheint auf den ersten Blick sehr umfangreich. Es sind allerdings nur wenige Eintragungen erforderlich.

Der Gewinnermittlungszeitraum ist das Wirtschaftsjahr – im Regelfall das Kalenderjahr.

Einkommenssteuervorauszahlung

Während bei einem Arbeitsverhältnis monatlich Lohnsteuer vom Arbeitslohn einbehalten und vom Arbeitgeber an das Finanzamt abgeführt wird, wird bei Gewerbetreibenden Einkommenssteuer im Vorauszahlungsverfahren erhoben. Aus diesem Grund prüft das für Sie zuständige Finanzamt im Jahr der Existenzgründung anhand Ihrer Angaben in dem Vordruck „Fragebogen zur steuerlichen Erfassung bei Aufnahme einer gewerblichen, selbstständigen (freiberuflichen) oder landwirtschaftlichen Tätigkeit oder Beteiligung an einer Personengesellschaft/-gemeinschaft, ob und gegebenenfalls in welcher Höhe Ihrerseits Einkommenssteuervorauszahlungen zu leisten sind. In den Folgejahren bemessen sich die Vorauszahlungen grundsätzlich nach der Einkommenssteuer, die sich bei der letzten Veranlagung ergeben hat.

Die Vorauszahlungen werden in einem Bescheid festgesetzt und sind jeweils vierteljährlich zum 10. März, 10. Juni, 10. September und 10. Dezember eines Jahres zu zahlen. Die bereits geleisteten Vorauszahlungen werden auf die Jahressteuerschuld angerechnet. Vorauszahlungen müssen nur geleistet werden, wenn sie im Kalenderjahr mindestens 400 Euro und mindestens 100 Euro pro Vorauszahlungszeitpunkt betragen.

Aufzeichnungspflichten und Steuererklärung

Sollten Sie steuerlich als Unternehmer gelten, wovon man, wie eingangs erwähnt, bei einem PV-Anlagenbetrieb ausgehen muss, sind Sie gehalten, alle mit der PV-Anlage im Zusammenhang stehenden Belege aufzuheben. Die Aufbewahrungsfrist für die steuerlich relevanten Unterlagen – speziell die Belege – beträgt 10 Jahre. Nur durch eine ordnungsgemäße Buchführung können Sie dem Finanzamt gegenüber nachweisen, wie hoch Ihre Verluste oder Gewinne sind. Betriebsprüfungen bei kleinen PV-Anlagen sind sicher selten, aber man weiß ja nie. Fehlt es an Nachweisen, gehen die Finanzbeamten über und schätzen die Gewinne und Verluste – sicherlich nicht zu Ihren Gunsten, was womöglich mit Steuernachzahlungen einhergeht.

Der Aufwand für die Erstellung einer Gewinn- und Verlustrechnung ist bei PV-Anlagen verhältnismäßig gering, da in der Regel nur wenige Zahlungsvorgänge stattfinden.

Steuerabzug bei Bauleistungen – Bauabzugsteuer

Um die illegale Beschäftigung in der Baubranche einzudämmen, hat der Gesetzgeber bereits im Jahr 2001 die Bauabzugsteuer eingeführt. Nach § 48 Abs. 1 Satz 1 EStG müssen unternehmerisch tätige Empfänger von Bauleistungen einen Steuerabzug von 15 Prozent der Bausumme einbehalten und an das Finanzamt abführen (für Rechnung des Leistungserbringers). Der Steuerabzug kann unterbleiben, wenn der Leistende dem Leistungsempfänger eine gültige Freistellungsbescheinigung (§ 48b EStG) vorlegt oder die gesamte Gegenleistung im laufenden Kalenderjahr eine Bagatellgrenze von 5 000 beziehungsweise 15 000 EUR nicht übersteigt (§ 48 Abs. 2 Satz 1 Nr. 1 und 2 EStG).

Einkommenssteuer

Die Einkommenssteuer wird immer dann relevant, wenn die Einnahmen – ganz gleich ob aus selbst- oder nicht selbstständiger Tätigkeit – den gesetzlich festgelegten Grundfreibetrag übersteigen. Im Jahr 2023 wird der Freibetrag für Alleinstehende bei 10 908 Euro liegen. Bei verheirateten Paaren rangiert dieser doppelt so hoch; dazu kommen mögliche Kinderfreibeträge. Wie hoch die Einkommenssteuer ist, richtet sich daher nach Ihren persönlichen Verhältnissen und Ihrem Einkommen. Der durch den Betrieb einer PV-Anlage entstehende Gewinn oder Verlust gehörte bisher zu den Einkünften aus Gewerbebetrieb nach § 15 des Einkommensteuergesetzes (EStG). Dies ist zukünftig für viele PV-Anlagen aber nicht mehr relevant (siehe weiter unten).

Steueroptimierungen

Die oftmals mit „Steuertricks" bezeichnete Steueroptimierung hat nichts mit Austricksen des Finanzamts zu tun, sondern mit einer optimierten Gestaltung der steuerlichen Situation. Wie Sie bereits in den vorangegangenen Erläuterungen lesen konnten, ist das deutsche Steuergesetz nicht einfach zu verstehen und ein für den Laien mehr oder weniger undurchsichtiges Konstrukt. Daher gilt für den Steuerzahlenden, den für ihn optimalen Weg zu bahnen.

In der Regel sind Sie, soweit Sie berufstätig sind oder sonstige Bezüge beziehen, mit Steuern konfrontiert. Je nach Steuerbelastung kann es sinnvoll sein, die eine oder andere Optimierung vorzunehmen, um Steuern zu sparen. Zudem sind auch Änderungen der Besteuerung unter bestimmten Voraussetzungen möglich.

Übt der Anlagenbetreiber zum Beispiel die Option zur Regelbesteuerung aus, ist er daran mindestens fünf Jahre gebunden. Danach kann die Option zur Regelbesteuerung nur mit Wirkung vom Beginn eines Kalenderjahrs an widerrufen werden.

Jetzt wird es möglicherweise für Eigenstromverbraucher interessant: Bei der Regelversteuerung muss nicht nur die vom Netzbetreiber in einer Gutschrift ausgewiesene Umsatzsteuer, sondern auch der Eigenverbrauch mit der entsprechenden Umsatzsteuer belegt und an das Finanzamt abgeführt werden. Bei einer Änderung der Steueroption auf Kleinunternehmer sparen Sie sich die Umsatzsteuer auf den Eigenverbrauch, insbesondere wenn dieser sehr hoch ist. Ob das von Vorteil ist, muss durch Vergleichsberechnungen abgewägt werden. Das Gleiche gilt bei Neuanlagen.

Rechenbeispiel: Regelbesteuerung

- Investitionskosten für eine 6-kWp-Anlage:

9000 Euro zzgl. 19 % USt. (= 1710 Euro) = 10 710 Euro

- Vorsteuererstattung am Anfang: 1 710 Euro
- Jahresertrag der Anlage: 950 kWh/kWp (x 6 kWp) = 5 700 kWp
- Eigenverbrauchsquote: 30 % = 1 710 kWh
- Umsatzsteuer auf den Eigenverbrauch über 20 Jahre:

1 710 x 0,22 Euro/kWh x 19 % x 20 Jahre = ca. 1 430 Euro.

Umsatzsteuer-Ersparnis: ca. 280 Euro

Rechenbeispiel: Kleinunternehmerregelung

- Vorsteuererstattung am Anfang: keine (- 1 710 Euro)
- Umsatzsteuer auf den Eigenverbrauch über 20 Jahre:

1 710 x 0,22 Euro/kWh x 19 % x 20 Jahre = ca. 1 430 Euro

Umsatzsteuer-Ersparnis: minus ca. 280 Euro

Rechenbeispiel: Wechsel auf Kleinunternehmerregelung nach fünf Jahren:

- Vorsteuererstattung am Anfang: 1 710 Euro
- Umsatzsteuer auf den Eigenverbrauch über fünf Jahre:

1 710 x 0,22 Euro/kWh x 19 % x 5 Jahre = rd. 360 Euro

Umsatzsteuer-Ersparnis: ca. 1 350 Euro

Deshalb unsere Empfehlung: Bei kleinen Anlagen, niedrigen Investitionskosten und hohen Eigenverbrauchsquoten sollte von vorneherein die Wahl der Kleinunternehmerregelung oder der Wechsel zu dieser nach fünf Jahren geprüft werden.

„Liebhaberei"

Wenn es um steuerliche Vereinfachungen geht, tun sich sowohl die Politik als auch die Finanzbehörden oftmals recht schwer. Ein erster Versuch tat sich 2021 auf, als das Bundesfinanzministerium (BMF) eine Verwaltungsanweisung veröffentlichte, um Anlagenbetreiber und letztendlich auch die Finanzämter von unnötiger Arbeit und Bürokratie zu entlasten. Auf Antrag sollten sich kleine PV-Anlagen von der Steuerpflicht befreien lassen können. In dem BMF-Schreiben weist das Ministerium alle Finanzämter an, unter bestimmten Voraussetzungen nicht mehr von einer Gewinnerzielungsabsicht bei der Stromeinspeisung aus kleinen PV-Anlagen auszugehen. Grundlage bildete der Umstand, dass bei neueren PV-Anlagen die Einspeisevergütungen nicht mehr so hoch seien, dass mit dem Verkauf des Stroms noch hohe Gewinne erzielt werden könnten, die zu versteuern wären.

In einer durch Bund und Länder verabschiedeten überarbeiteten Regelung können Anlagenbetreiber nunmehr bis zehn Kilowatt die Liebhaberei auf Antrag wählen. Von Liebhaberei spricht man, wenn eine selbstständige, gewerbliche Tätigkeit langfristig betrachtet keine zu versteuernden Gewinne erzielt und somit eine Gewinnerzielungsabsicht fehlt. Es ist so ähnlich wie die zuvor dargestellte Wahl zur Umsatzsteuerpflicht oder Kleinunternehmerregelung. Die Finanzverwaltung knüpft beim Liebhabereiwahlrecht dabei an folgende Voraussetzungen:

- Leistung der PV-Anlage maximal zehn Kilowatt (Modulleistung),
- in Betrieb genommen ab 2004,
- der Eigenverbrauch wird vom Anlagenbetreiber im privaten Wohnumfeld genutzt.

Wer die Vereinfachungsregelung zur Liebhaberei in Anspruch nehmen will, muss dies gegenüber seinem Finanzamt schriftlich erklären. Ob die Voraussetzungen erfüllt sind, wird anhand der Angaben überprüft. Deshalb ist es sinnvoll, die von den Finanzverwaltungen der Bundesländer online angebotenen Formulare zu nutzen. Das Bayerische Landesamt für Steuern hat unter „Hilfe zu Photovoltaik-Anlagen" ergänzend zum Formular ein Merkblatt bereitgestellt.

Wer die Liebhaberei wählt, bestimmt, dass ab sofort und für folgende Jahre keine Gewinne anfallen, die zu versteuern wären und somit weder Einkünfte noch Kosten der PV--Anlage in der Einkommenssteuer berücksichtigt werden. Die Entscheidung wirkt sich auch rückwirkend auf noch offene, änderbare Steuerjahre aus. Das ist sicher ein Vorteil, wenn in den Jahren zuvor Gewinne zu versteuern waren, denn dann bringt die Vereinfachungsregelung womöglich noch eine Steuererstattung, aber künftig sicherlich jährliche Steuerersparnisse.

Hat der Betreiber die Photovoltaikanlagen jedoch als Abschreibungsmodell zum Steuersparen genutzt, droht hier eine Steuernachzahlung, da die Abschreibung rückwirkend aufgehoben wird. In diesem Fall sollte vor der Entscheidung für die Regelung erst ein Steuerberater hinzugezogen werden.

Bei Neuanlagen, die nach dem 31. Dezember 2021 in Betrieb genommen werden, war der Antrag bis zum Ablauf des Veranlagungszeitraums zu stellen, der auf das Jahr der Inbetriebnahme folgt. Bei Altanlagen (Inbetriebnahme vor dem 31. Dezember 2021) ist der Antrag noch bis zum 31. Dezember 2022 zu stellen.

Die Verwaltungsvorschrift betrifft ausschließlich die ertragssteuerliche Behandlung der Photovoltaikanlage und nicht die Umsatzsteuer. Weiterhin kann der Anlagenbetreiber also die Umsatzsteuerpflicht wählen, um den Kaufpreis der Anlage zu reduzieren – mit den damit verbundenen bürokratischen Pflichten und Kosten.

Wermutstropfen ist, dass bei Liebhaberei die Anschaffungskosten keine Betriebsausgaben darstellen und demnach nicht geltend gemacht werden können.

Einen kleinen Tipp gibt es trotzdem: Man kann die Anschaffungskosten zum Teil als private Aufwendungen für Handwerkerleistungen geltend machen. Daher können die Kostenanteile für Arbeitsleistungen bei der Montage und Installation so in der privaten Steuererklärung geltend gemacht werden, indem 20 Prozent dieser Kosten von der Steuerlast abgezogen werden (bis zum Höchstbetrag von 1 200 Euro pro Haushalt).

Steuerliche Erleichterungen – Zeitenwende in der Steuerpolitik

Die zuvor genannten steuerlichen Aspekte mit ihren vielfachen Übergangsregelungen und Änderungen gelten für einen Großteil der bereits bestehenden PV-Anlagen. Bei der Anschaffung von neuen PV-Anlagen, aber teilweise auch für Altanlagen ergeben sich nunmehr weitaus einfachere steuerliche Perspektiven.

Es klingt verwunderlich, aber das Bundesfinanzministerium hat bei PV-Anlagen tatsächlich große Steuerschritte durchgeführt. Das Jahressteuergesetz für 2022 enthält erstmals eine umfassende Veränderung der steuerlichen Behandlung von Photovoltaikanlagen in mehreren Steuergesetzen, welche am 6. Dezember

2022 im Bundestag verabschiedet wurden. Hieraus ergeben sich drei wesentliche Änderungen:

- Bei der Umsatzsteuer wird ein neuer Steuersatz mit null Prozent eingeführt.
- Die Betreiber kleiner Photovoltaikanlagen werden bei deren Gewinnen von der Einkommenssteuer befreit, was sowohl für neue wie auch für bestehende Anlagen gilt.
- Künftig können auch Lohnsteuerhilfevereine die Einkommensteuererklärung für die Betreiber von Photovoltaikanlagen erstellen, wenn diese von der Einkommensteuerbefreiung betroffen sind.

Umsatzsteuer auf null

Die Bundesregierung nutzt die von der EU kürzlich geschaffene Möglichkeit zur Umsatzsteuerbefreiung bei Photovoltaikanlagen. Mit der neuen Steuergesetzverabschiedung wurde ein neuer Abs. (3) in § 12 UStG eingeführt:

„Die Steuer ermäßigt sich auf 0 Prozent für die folgenden Umsätze:
1. die Lieferungen von Solarmodulen an den Betreiber einer Photovoltaikanlage, einschließlich der für den Betrieb einer Photovoltaikanlage wesentlichen Komponenten und der Speicher, die dazu dienen, den mit Solarmodulen erzeugten Strom zu speichern, wenn die Photovoltaikanlage auf oder in der Nähe von Privatwohnungen, Wohnungen sowie öffentlichen und anderen Gebäuden, die für dem Gemeinwohl dienende Tätigkeiten genutzt werden, installiert wird. Die Voraussetzungen des Satzes 1 gelten als erfüllt, wenn die installierte Bruttoleistung der Photovoltaikanlage laut Marktstammdatenregister nicht mehr als 30 kW (peak) beträgt oder betragen wird; 2. der innergemeinschaftliche Erwerb, der in Nr. 1 bezeichneten Gegenstände, die die Voraussetzungen der Nr. 1 erfüllen; 3. die Einfuhr, der in Nr. 1 bezeichneten Gegenstände, die die Voraussetzungen der Nummer 1 erfüllen; 4. die Installation von Photovoltaikanlagen sowie der Speicher, die dazu dienen, den mit Solarmodulen erzeugten Strom zu speichern, wenn die Lieferung der installierten Komponenten die Voraussetzungen der Nr. 1 erfüllt."

Die Lieferung und Installation von Photovoltaikanlagen mit dem notwendigen Zubehör und Speicher sind somit seit dem 1. Januar 2023 von der Umsatzsteuer befreit. Dies bedeutet für Sie als Kunde, dass auf die Lieferung von Photovoltaikanlagen ab 1. Januar 2023 unter anderem dann keine Umsatzsteuer mehr anfällt, wenn diese „auf oder in der Nähe von Privatwohnungen, Wohnungen sowie öffentlichen und anderen Gebäuden, die für dem Gemeinwohl dienende Tätigkeiten genutzt werden" installiert werden. Die Regelung gilt für alle Komponenten einer Photovoltaikanlage, wie zum Beispiel Photovoltaikmodule, Wechselrichter oder auch Stromspeicher.

Formal wird auf den Rechnungen hierbei die Umsatzsteuer als „null" ausgewiesen. Von der Umsatzsteuerbefreiung profitieren alle Anlagen. Zwar ist die Größe der Anlage nicht begrenzt, es gilt aber die Vereinfachungsregel, dass die oben genannten Voraussetzungen dann als erfüllt gelten, wenn die Anlagenleistung maximal 30 kWp beträgt.

Auch wenn sich das jetzt sehr positiv anhört, wird die Finanzverwaltung nach Inkrafttreten des Gesetzes noch viele Fragen beantworten müssen. Zum Beispiel:

- was „in der Nähe" (von Wohngebäuden) genau bedeutet;
- wie „öffentliche Gebäude" und „Gebäude die für dem Gemeinwohl dienende Tätigkeiten genutzt werden", definiert sind;
- ob für die Umsatzsteuerbefreiung auch die Ladestation für das E-Auto, das Energiemanagementsystem und eine mögliche Erneuerung des Zählerschranks mit eingeschlossen sind;
- ob auch weitere Komponenten, wie zum Beispiel ein über die PV betriebener Heizstab, dazu zählen.

Die Nachrüstung eines Speichers an einer bereits bestehenden PV-Anlage sowie der Austausch wesentlicher Komponenten in bestehenden Anlagen, wie zum Beispiel Solarmodule oder Wechselrichter, werden ab 2023 ebenfalls mit dem Nullsteuersatz in Rechnung gestellt werden können.

Zeitpunkt der Fertigstellung

Der Nullsteuersatz gilt nur für PV-Anlagen, die nach dem 1. Januar 2023 geliefert/installiert und fertiggestellt werden. Eine rückwirkende Anwendung auf Bestandsanlagen ist nicht möglich. Wichtig: die Umsatzsteuer bezieht sich auf den Zeitraum, in dem die Lieferung oder Leistung ausgeführt wurde. Es kommt daher nicht auf den Zeitpunkt des Kaufabschlusses, der Rechnungsstellung oder deren Zahlung an, sondern wann die Anlage geliefert und installiert wurde. Wurden zum Beispiel 2022 bereits Komponenten wie Module und Wechselrichter geliefert, die Montage und Fertigstellung aber erst 2023 ausgeführt, greift die Neuregelung. Dabei sind zum Beispiel ausgeführte Anzahlungen (zum Beispiel 2022) auf einen Gesamtpreis unschädlich, auch wenn sie noch im Jahr 2022 mit 19 Prozent Umsatzsteuer in Rechnung gestellt werden. Wenn die Anlage erst im Jahr 2023 fertiggestellt und endgültig abgerechnet wird, müssen die zuvor abgerechneten Umsatzsteuerbeträge in der Schlussrechnung wieder korrigiert werden (0 Prozent MwSt.).

In der Praxis ist erkennbar, dass sich eine Verantwortungsverlagerung in Richtung Fachbetrieb ergibt. Bei Anlagen größer als 30 Kilowatt muss nämlich der Verkäufer oder Installateur die Voraussetzungen einer Umsatzsteuerbefreiung prüfen, um den richtigen Steuersatz (19 Prozent oder 0 Prozent) anzuwenden, denn der Aussteller der Rechnung ist für die korrekte Deklaration und gegebenenfalls Zahlung der Umsatzsteuer ans Finanzamt verantwortlich, nicht der Anlagenbetreiber. So verschiebt sich mehr oder weniger der umsatzsteuerliche Teil der Steuerfragen bei PV-Anlagen von den Betreibern zu den Lieferanten.

Bei bereits angeschafften und 2022 fertiggestellten PV-Anlagen ändert sich an der Umsatzsteuer nichts. An die Wahl der Umsatzsteuerpflicht bleibt der Anlagenbetreiber wie bisher fünf Kalenderjahre gebunden (siehe „Regelbesteuerung" und „Kleinunternehmerregelung" oben im Kapitel). Das gilt ebenfalls beim „Stromverkauf", also der Netzeinspeisung oder dem Verkauf an Dritte. Liefert der Anlagenbetreiber Strom an einen Dritten, so unterliegt diese Stromlieferung zudem auch weiterhin der Umsatzsteuerpflicht und ist mit 19 Prozent zu versteuern (soweit keine Kleinunternehmerregelung), da die Stromlieferung nicht vom Nullsteuersatz erfasst ist.

Leasing- und Mietkaufverträge

Die Anmietung von PV-Anlagen stellt keine Lieferung von PV-Anlagen dar und unterliegt daher dem Regelsteuersatz. Dagegen können Leasing- oder Mietkaufverträge je nach konkreter Ausgestaltung umsatzsteuerrechtlich als Lieferung oder als sonstige Leistung einzustufen sein. Der Nullsteuersatz kann nur auf Lieferungen angewandt werden. In allen anderen Fällen kommt der Regelsteuersatz (19 Prozent) zur Anwendung.

Maßgeblich für die Abgrenzung sind die vertraglichen Vereinbarungen zwischen den Vertragsparteien. Dabei sind Laufzeit, Zahlungsbedingungen und mögliche Kombinationen mit anderen Leistungselementen und ähnliches zu berücksichtigen. Dementsprechend liegt etwa eine Lieferung vor, wenn ein automatischer Eigentumsübergang zum Ende der Vertragslaufzeit vertraglich vereinbart ist. Räumt der Vertrag dem Leasinggeber oder Leasingnehmer in Bezug auf den Eigentumsübergang ein Optionsrecht ein, ist ebenfalls von einer Lieferung auszugehen, wenn auf Grund der objektiv zu beurteilenden Umstände des Einzelfalls keine andere Entscheidung wirtschaftlich sinnvoll ist, als die Übertragung beziehungsweise der Erwerb des Eigentums an dem Leasinggegenstand am Ende der Vertragslaufzeit.

Balkonkraftwerke/Steckersolaranlagen

Die Lieferung von Solarmodulen ist nach der Regelung in § 12 Abs. 3 Nr. 1 UStG (neu) unabhängig davon begünstigt, ob die Solarmodule Teil einer Werklieferung sind oder einzeln erworben werden. Erfasst sind somit auch sogenannte Balkonkraftwerke, also Solarmodule, die auf dem Balkon aufgestellt und mit einer Steckdose verbunden werden.

Offene Fragen und Abgrenzung

Nach dem bisherigen Stand werden sich noch einige Fragen ergeben, welche zu klären sind, wie zum Beispiel nach dem Umgang mit einer Ladestation für das E-Auto (Wallbox) oder mit einem Energiemanagementsystem, sofern dieses zum Anlagenbetrieb, insbesondere zur Eigenverbrauchssteuerung notwendig ist; ebenso nach der Erneuerung des Zählerschranks, wenn vom Netzbetreiber entsprechende Auflagen zum Anschluss der Anlage gemacht werden. Gerade bei bereits bestehenden Kaufverträgen aus dem Jahr 2022, bei denen sich die Fertigstellung der PV-Anlage erst 2023 ergibt, können sich Abgrenzungsprobleme ergeben. Zu hinterfragen ist dann etwa, ob ein Netto- oder Bruttopreis vereinbart wurde. Bei Netto bleibt es dabei. Wurde ein Bruttopreis vereinbart, muss die Umsatzsteuer korrigiert werden. Lautet der Auftrag: „Nettopreis zuzüglich ges. USt." (= Bruttopreis) dann besteht in der Regel ebenfalls ein Anspruch auf den Nullsteuersatz.

Auf der Internetseite des Bundesfinanzministeriums bundesfinanzministerium.de/Content/DE/FAQ/foerderung-photovoltaikanlagen.html findet man zu vielen Fragen ergänzende Antworten.

Einkommenssteuerbefreiung

Auch im Bereich der Einkommenssteuer hat sich etwas zum Positiven entwickelt. Waren bisher alle Einnahmen aus dem Betrieb einer PV-Anlage zu versteuern, ergeben sich nunmehr umfangreiche Steuerbefreiungen. Hierzu wurde die neue Nummer 72 in § 3 EStG geschaffen. Von der Einkommenssteuer sind somit befreit:

„Einnahmen und Entnahmen im Zusammenhang mit dem Betrieb

- von auf, an oder in Einfamilienhäusern (einschließlich Nebengebäuden) oder nicht Wohnzwecken dienenden Gebäuden vorhandenen Photovoltaikanlagen mit einer installierten Bruttoleistung laut Marktstammdatenregister von bis zu 30 kW (peak) und
- von auf, an oder in sonstigen Gebäuden vorhandenen Photovoltaikanlagen mit einer installierten Bruttoleistung laut Marktstammdatenregister von bis zu 15 kW (peak) je Wohn- oder Gewerbeeinheit,
- insgesamt höchstens 100 kW (peak) pro Steuerpflichtigen oder Mitunternehmerschaft.

Werden Einkünfte nach § 2 Absatz 1 Satz 1 Nummer 2 (Anmerkung: Einkünfte aus Gewerbebetrieb) erzielt und sind die aus dieser Tätigkeit erzielten Einnahmen insgesamt steuerfrei nach Satz 1, ist kein Gewinn zu ermitteln. In den Fällen des Satzes 2 ist § 15 Absatz 3 Nummer 1 (Anmerkung: steuerrelevanter Gewerbebetrieb) nicht anzuwenden."

Die gute Nachricht für alle, die bereits Anlagen betreiben: Nicht nur neue Anlagen, sondern auch alle bestehenden PV-Anlagen und die diesen zuordenbaren Steuerpersonen bei denen die genannten Kriterien erfüllt sind, profitieren von der Steuererleichterung.

Hieraus ergeben sich jedoch auch andere Konsequenzen: Abschreibungen, sowohl auf die Anlagenbeschaffung als auch spätere Aufwendungen (Nebenkosten, Reparatur können nicht mehr geltend gemacht werden. Das ist aber kein Nachteil, da die Abschreibungen lediglich die Gewinne reduziert haben, welche früher zu versteuern waren. Da die Einnahmen nicht mehr zu versteuern sind, hat sich damit auch die Abschreibung erledigt.

Eine kleine Hintertür verbleibt dabei noch: Die Kostenanteile für die reinen Arbeitsleistungen bei der Errichtung einer PV-Anlage können wie andere am Haus durchgeführte Handwerkerleistungen nach § 35a EStG mit einer Steuerminderung von 20 Prozent bis maximal 1 200 Euro pro Haushalt pro Jahr abgesetzt werden.

Rückwirkende Regelung

Wichtig zu wissen: Die Regelung gilt rückwirkend bereits für das Steuerjahr 2022 und die entsprechende Steuererklärung. Dabei ist eine scharfe Abgrenzung zwischen den Steuerjahren bis 2021 und ab 2022 zu beachten:

Es werden keine Änderungen der Steuerbescheide für die Vorjahre bis 2021 vorgenommen (anders als bei der Liebhabereiregelung des Bundesministerium für Finanzen (BMF) aus 2021). Die Änderungen gelten ausschließlich ab dem Steuerjahr 2022, dann aber auch für alle betroffenen PV-Anlagen, somit auch Bestandsanlagen.

Die vor 2022 erfolgten Abschreibungen, auch Investitionsabschreibungen, bleiben erhalten. Wer also zum Beispiel mit der Anschaffung bereits 2021 begonnen hat, kann eventuell noch den Investitionsabzug für 2021 geltend machen – er sollte dies aber am besten mit seiner Steuerberaterin klären.

Kein Wahlrecht

Beim Entfall der Gewinnermittlung und somit auch beim Entfall der Abschreibung gibt es kein Wahlrecht, ähnlich wie bei der Kleinunternehmerregelung zur Umsatzsteuer. Wer also zukünftig aus Steuerspargründen in Photovoltaik investieren möchte, kann dies nur noch bei entsprechenden Objekten (Gewerbe) oder als Beteiligung bei Großanlagen. Die „Liebhabereiregelung" entfällt künftig.

Anmeldung beim Finanzamt

Mit der Einspeisung von Strom ist der PV-Anlagenbetreiber Unternehmer im Sinne des UStG. Als solcher hat er sich – wie alle anderen Unternehmer auch – beim Finanzamt steuerlich anzumelden. Hieraus ergeben sich aber ansonsten keinerlei Maßnahmen mehr, wie zum Beispiel Umsatzsteuervoranmeldung.

Lohnsteuerhilfevereine

Lohnsteuerhilfevereine sind eine Selbsthilfeeinrichtung von Arbeitnehmern für Arbeitnehmer zur Hilfeleistung in Lohnsteuersachen und Einkommensteuerveranlagungsfällen. PV-Anlagenbetreibern war bislang der Zugang zu den Lohnsteuerhilfevereinen verwehrt, da der Betrieb einer PV-Anlage grundsätzlich gewerblicher Natur ist. Künftig können Lohnsteuerhilfevereine auch für die Betreiber von PV-Anlagen, wenn deren Einkünfte von der Einkommensteuer befreit sind, beraten und tätig werden. Anwendbar ist dies bereits ab dem Steuerjahr 2022. Es besteht aber weiterhin keine Befugnis zum Erstellen einer Umsatzsteuererklärung.

Resümee

Man wünscht sich weitere derartige Vereinfachungen im Steuerrecht. Wie sich das neue Steuergesetz für PV-Anlagen jedoch tatsächlich regelt und in der Praxis bewährt, wird sich zeigen müssen. Manche nachträglichen Hinweisergänzungen führen zu Verkomplizierungen. Grundsätzlich ist es aber zu begrüßen und insbesondere für Kleinanlagenbetreiber eine erhebliche Erleichterung im Steuerdschungel. Gerade bei Eigenstromentnahme sowie Speichernachrüstung war die bisherige steuerliche Behandlung recht kompliziert (wie weiter oben dargestellt). Aufgrund des Umstands, dass jetzt und zukünftig die Eigenstromnutzung und somit die selbstständige Energieversorgung im Vordergrund steht, um gegen die hohen Energiepreise anzusteuern, ist es nur gerechtfertigt, dass steuerliche Erleichterungen den Weg zu mehr regenerativem Strom ebnen.

Insofern kann man mit gutem Gewissen behaupten: Ja, Photovoltaik lohnt sich!

SERVICE

ADRESSEN

Online-Informationsdienste

www.bine.info
www.pv-magazine.de
www.photovoltaik.eu
www.solarserver.de
www.dgs.de
www.solarwirtschaft.de
www.rechnerphotovoltaik.de

Betreiberfragen und Beratung

www.experts.top50-solar.de
www.photovoltaikforum.com
www.sfv.de

Verbraucher-Energieberatung

www.verbraucherzentrale.de
www.dena.de
Stiftung Warentest: www.test.de (Suche nach den Stichworten „Photovoltaik"/„Fotovoltaik", „Solarstrom")

Förderprogramme

www.solarfoerderung.net
Kreditanstalt für Wiederaufbau (KfW): www.kfw.de

Einstrahlung und Erträge

Aktuelle PV-Leistung in Deutschland: http://www.sma.de/unternehmen/pv-leistung-in-deutschland.html
Solarstrahlungsdaten: www.dwd.de
www.meteonorm.com
www.test.de/Photovoltaik-Rechner-1391893-0/
www.rechnerphotovoltaik.de/photovoltaik/wirtschaftlichkeit/berechnung
www.energieagentur.nrw/solarenergie/solarrechner

Datenbanken zum Ertragsvergleich

www.sfv.de/mitmachen/ertragsdatenbank

Speicher

pvspeicher.htw-berlin.de

Rechtsfragen

www.clearingstelle-eeg.de
www.energieverbraucher.de
www.schlichtungsstelle-energie.de

Steuern und Finanzamt

BSW-Merkblatt zum Eigenverbrauch: www.solartechnikberater.de/downloads

Firmenverzeichnisse

www.solarwirtschaft.de/fuer-verbraucher/handwerkersuche/
www.photon.de (Firmen & Vereine)
www.sfv.de (Installateure)
www.dgs.de/mitglieder/mitgliedsfirmen/

Verbände

Bund der Energieverbraucher (BdE): www.energieverbraucher.de
Deutsche Gesellschaft für Sonnenenergie (DGS): www.dgs-solar.org
Solarenergie-Förderverein Deutschland (SFV): www.sfv.de

Behörden

Bundesumweltministerium: www.bmu.de
www.erneuerbare-energien.de
Bundesnetzagentur: www.bundesnetzagentur.de

STICHWORTVERZEICHNIS

A

Abnahme 139, 159, 160
Abschreibung 192
AC-Leistungssensor 88
Altbatterien, Recycling 26, 28
Amortisationszeit 38
Angebot 136
Anlagenaufsplittung 120
Anlagenausfälle 149
Anlagenbetreiber 51
Anlagendokumentation 142
Anlagenerweiterung 52
Anlagenkennzeichnung 175
Anlagenleistung, Kontrolle 35
Anlagenreinigung 176
Anlagenüberwachung 72
Anschlussbegehren 49
Asbestdach 68
Aufzeichnungspflichten 195
Autarkiegrad 121

B/C

Balkonmodule 32, 107
Batteriekapazität 123
Batteriemanagementsystem (BMS) 81
Batteriespeicher 24, 114
- Aufstellungsräume 90
- Netzanschluss 90
- PV-Generator-gekoppeltes System 86
- Systemtechnik 85
- Wirkungsgrad 82
Beauftragung 138
Befestigungspunkte 66
Betreibermodelle 128
Betriebskosten 133
Betriebsspannung 33, 57
Betriebswechsel (Anlagenaufsplittung) 120
Beweislast 159
Beweissicherung 165
Bissspuren 173
Bleiakkumulator 82
Blitzschutz 78
Brandschutz 43, 155
BSW-Solar 23
Busbars 17, 55
Bypassdioden 58
CdTe-Module 22
CIGS-Module 22
C-Koeffizient 81
Coefficient of Performance (COP) b. Wärmepumpen 106

D

Dacheinführung 70
Dachinstallation, Voraussetzungen 64
Datenlogger 150
DCF-Wert (Discounted Cash Flow) 130
Degradation 34, 149
Denkmalschutz 41
Depth of Discharge (DoD, Entladetiefe) 81
Digitalzähler, bestehende 75
Dimensionierungsverluste 87
Direktverbrauch, s. Eigenverbrauch
Dokumentation 143
Drehstromzähler (Ferraris) 73
Dünnschichtmodule 14

E

EEG-Clearingstelle 52
EEG-Umlage 45, 48, 50
EEG-Vergütung, fehlende 131
Effizienzleitfaden für PV-Speichersysteme 89
Eigenstromversorgung 30
Eigenverbrauch 9, 38, 115, 116
-, Besteuerung von 191
-, Feststellung 117
-, mit Überschusseinspeisung 128
-, ohne Speicher 117
-, Optimierung 118, 121

Eigenverbrauchsanlagen, Vergütung 47
Eigenverbrauchsanteil 121, 133
Eigenverbrauchsquote 123
Eigenversorgungsanlagen 92
Einspeisevergütung 10, 44, 47, 112, 115, 120
Einspeisung 70
-, Zweirichtungszähler 71
Energiebilanz, Wohnhaus 38
Energiefluss 36
Energiemanagementverluste 89
Energieverluste 36
Energieversorger, Genehmigung 44
Energy Stored On Invested (ESOI) 21, 26
Entsorgung von PV-Modulen 21
Erneuerbare-Energien-Gesetz (EEG) 8, 10, 44, 46, 92, 112, 116
-, Novellierung 9, 45
-, 70-%-Regelung 49
-, Anlagenbegriff 46
-, Eigennutzung nach Vergütungszeit 104
-, Zahlungsansprüche 47
Erntefakor 21, 26
Ertrag, spezifischer 34
Ertragserwartung 33, 36, 148
Ertragsmessung 148
Ertragsquoten 32
Ertragsvergleiche 150
Europäischer Wirkungsgrad 61

F

Fehler an PV-Anlagen 167
-, Anbringungsort 174
-, Dächer mit Metalleindeckungen 170
-, Flachdach 170
-, Halte- und Tragesystem 168
-, Hotspots 173
-, Module 172
-, Schrägdach 169
-, Steckverbindungen 172
-, Verkabelung Gleichstromseite (DC) 171
-, Verschattung 168
-, Wechselrichter 173
-, Ziegeldach 169
Fehlermeldungen, automatisierte 150
Fehlerstromschutzschalter, separater 71
Fertigstellungsmeldung 140
Festvergütung 47
Feuerwehr, Einsatz der 155
Finanzamt 190
Finanzierung 114
Flachdach 59, 66
Flächenbedarf 31
Förderung, für Stromspeicher 125 126
-, KfW 114
-, staatliche 8

G

Garantie 137, 158, 160
-, für Module 161
-, insolventer Hersteller 164
-, Leistungsgarantie 161
-, Produktgarantie 161
Gebäudestatik 65
Gefahrenübergang 158
Gefahrstoffverordnung 68
Genehmigungspflicht 41
Generatorausrichtung 31
Generatorleistung 124
Gesamtanlagenleistung 34
Gewährleistung 144, 158, 163
Gewicht der Module 22
Glasbruch 173
Gleichstromverkabelung 68
Grid 17

H

Halbleiter 16, 33, 54
Heizen mit Strom 97
-, Anlauftemperatur 102
-, Effizienz 103
-, Umwandlungssysteme 104
Hot Spot 58, 172

I/J

Inbetriebnahme 139, 140
Indachlösung 67
Installateur, Garantieleistung 188
-, Verantwortung und Haftung 187
Installation, Eigenleistung 138
-, Faktoren 67
-, Nachrüstung 38
-, Neubau 38
-, Qualitätsüberwachung 139
Installationshandbücher 143

Intelligente Messsysteme 50, 73, 74
Isolationsfehler 62
Jahresprimärenergiebedarf 39

K

Kaskadenmessung 74
Kaufanreiz für Stromspeicher 10
Kaufrecht 158
Kaufvertrag 159
Kleinanlagen 131
Kleinstanlagen 107
Korrosionen 172
Kosten 113
Kosteneffizienz 38
Kostenvergleich Solarthermie/Photovoltaik 98, 102
Kostenverteilung 44
Kreditanstalt für Wiederaufbau (KfW) 115, 126
Kurzschlussstrom (Ioc) 34

L

Ladesäulenverordnung (LSV) 96
Ladestationen für Elektromobilität 92
-, Einbindung in stationären Stromspeicher 95
-, Förderungen privater 97
-, Meldepflichten für Betreiber 96
-, Mess- und Eichgesetz (MessEG) 97
- Netzanschluss 94
-, Wallbox 93
Lastabtragung, sichere 66
Lastgang, typischer 117
Lastprofil, gleichmäßiges 120
Lasttrennschalter 174
Lebensdauer von Stromspeichern 123
Leerlaufspannung (Voc) 33
Leistungsbegrenzung 45
Leistungsgarantie 56
Leistungsoptimierer (Optimizer) 59
Leistungspunkt, maximaler (Maximum power point, MPP) 56
Leitungsverlegung, richtige 69, 171
Lithium-Ionen-Akkumulatoren 24, 83, 126
Lohnsteuerhilfevereine 201

M

Mängel an PV-Anlagen 167
Mängelansprüche, Folgen 164
Mängelbehebung 159
Marktdatenstammregister (MaStR) 50, 146
Meldepflicht 52
Messstellenbetreiber (MSB) 74
Mieterstromzuschlag 47, 48
Mietmodell 133
Mismatch 57
Modulaufbau, schematischer 18
Modulleistung 34
Modulmaße 18
Modultausch 51
Modultypen, Dünnschichtmodule 54
-, kristalline 54
Modulwechselrichter 63
Monitoring 72, 151
Montagesysteme 64
Mpp-Tracker 62
Musterbauordnung 64

N

Nachrüstung 40
Nennkapazität 81
Netzanschluss 48, 70
Netzausfall 62
Netzfrequenz, Veränderung der 62
Netzparität 125
Netz-Volleinspeisung 128
Netzzugang 41
Nominelle Batteriekapazität (C) 81

P/R

Parallelschaltung 56
Performance Ratio 35
Produktgarantie 56
Produkthaftung 162
Prüffristen 151
PV Cycle 22
Rahmen, beschädigte 173
Recycling von Solarmodulen 23
Regelungsverluste 88
Reihenschaltung 56
Rentabilität 11, 112, 119
Reparaturmöglichkeiten 187
Rücklieferung, fiktive 192

S
Sachmängel 158
Schäden 173
Schadensfall, Maßnahmen 185
„Schneckenspuren" 172
Schnee 66, 149, 117
Schutzeinrichtungen 174
Selbstreinigungseffekt 60
Silizium 8, 14
Siliziummodule, Verschaltung 55
Smart Meter 70, 72
Smart Meter Gateway 50, 73
Solardeckel 9
Solare Baupflicht 39
Solarthermie 99
Solarzelle, Funktion 16
Spannungsabfall 62
Speicher 82, 119
-, Dimensionierung 121
-, Preise 125
Speicherauswahl, Faktoren 121
Speicherförderung, s. Förderung
Speicherkapazität, nutzbare 87
Speichernutzung, Cloudlösungen 90, 134
Speichertechnik 81
Spiegelungen 42
Spitzenwirkungsgrade 61
Standby-Leistungsaufnahme 88
Standort 120
Stauströme 58
Stecker, verschmorte 173
Stecker-Solargeräte 63, 107, 109
Steckverbindungen 70
Steuern 190
Strangsammelkasten 60
String 56
Stringwechselrichter 60
Stromgestehungskosten 20, 114
Strompreise 124
Strom-Spannungs-Kennlinie 57
Stromsteuer, Mieterstrommodelle 48
Stromüberschuss 119
Stromzähler 71
-, digitale 73
Systemkosten 38, 112

U
Übergabe 159
Überschusseinspeisung 71, 115, 120
Überspannungsschutz 77, 80
Überstromschutzeinrichtungen 174
Umwandlungswirkungsgrade 87
Unabhängigkeitsrechner 122
Unterdeckung 119

V
Vergleich Solarthermie/Photovoltaik 102
Verkabelung 64
Vermietung, Rechte und Pflichten 133
Verschaltung, fehlerhafte 60
Verschattung 57, 168
Verschmutzung 59, 176
Versicherung 179, 180
-, Anpassung 189
-, Kündigung 189
-, Neuersatz im Schadensfall 186
-, Vertragswechsel 189
Volleinspeiseanlage 45, 47, 71, 115, 120
-, fiktive 192

W
Wafer 15
Wärmepumpe 74, 105
Warmwasserbereitung 98
Wartung 149, 150, 154
Wechselrichter 60, 72
-, Anlagenschutz (ENS) 110
-, Garantie 162
Werkvertrag 159
-, Abnahme 160
Windlasten 66
Wirkungsgrad 16, 54
Wirkungsgrade, unterschiedliche 16
Wirtschaftlichkeit 116, 124, 128

Z
Zähler mieten 71
Zählerschrank 70
Zahlungsbedingungen 137
Zellspannung 34
Zelltechnologien 14
Zentralwechselrichter 60
Zyklenzahl 82

Die Stiftung Warentest wurde 1964 auf Beschluss des Deutschen Bundestages gegründet, um dem Verbraucher durch vergleichende Tests von Waren und Dienstleistungen eine unabhängige und objektive Unterstützung zu bieten.

Wir kaufen – anonym im Handel,
nehmen Dienstleistungen verdeckt in Anspruch.

Wir testen – mit wissenschaftlichen Methoden in unabhängigen Instituten nach unseren Vorgaben.

Wir bewerten – von sehr gut bis mangelhaft, ausschließlich auf Basis der objektivierten Untersuchungsergebnisse.

Wir veröffentlichen – anzeigenfrei in unseren Büchern, den Zeitschriften test und Finanztest und im Internet unter www.test.de

Wolfgang Schröder ist seit 2003 in der Photovoltaikbranche tätig und seit 2011 als Tüv-zertifizierter und BDSF-geprüfter freier Sachverständiger für Photovoltaikanlagen unterwegs. Neben der reinen Gutachtertätigkeit für Gerichte und Privatauftraggeber hat er zusätzlich viel Praxiserfahrung in den Bereichen spezieller Messverfahren und Bautechnik, bei technischen Baubegleitungen und Abnahmen bis hin zur Betreuung von Schadensabwicklungen und Beurteilungen von Brandschäden erworben.

2., aktualisierte Auflage

Stiftung Warentest
Lützowplatz 11–13
10785 Berlin
Telefon 0 30/26 31–0
Fax 0 30/26 31–25 25
www.test.de
email@stiftung-warentest.de

USt-IdNr.: DE136725570

Vorstand: Hubertus Primus
Weitere Mitglieder der Geschäftsleitung:
Dr. Holger Brackemann, Julia Bönisch, Daniel Gläser

Programmleitung: Niclas Dewitz

Autor: Wolfgang Schröder
Projektleitung: Uwe Meilahn, Philipp Sperrle
Lektorat: Magnus Enxing, Münster
Korrektorat: Sebastian Stapf, Potsdam
Titel – Entwurf und Satz: Christian Königsmann
Layout: Büro Brendel, Berlin
Grafik, Satz: FÖRM Büro für Gestaltung, Berlin; Anne-Katrin Körbi
Infografiken/Diagramme: FÖRM Büro für Gestaltung, Berlin
Bildredaktion: Magnus Enxing, Münster

Bildnachweis: Tom Chance (Titel);
11880-dachdecker.com (S. 65 u.), AdobeStock/Matze (S. 156), AphexTwin (S. 104), Bundesnetzagentur (S. 9, 146), Deutscher Wetterdienst (S. 13 u.), gettyimages (S. 22 Jose A. Bernat, 24 michael duva, 79, 180 Thomas Bradford), Büro Brendel (S. 13 o., 18, 32 o., 57, 70, 79, 82), DGS (S. 131, 132), Fraunhofer (S. 113), Franziska Fahrbach (S. 76 re.), Förm (S. 12, 15 o., 16) Quelle: K. Mertens, lehrbuch-photovoltaik.de (S. 15, 17 u.) Quelle: WikiCommons, HTW Berlin (S. 87, 88, 122, 133), Iliotec Solar GmbH/ Tom Baerwald (S. 67 li), Kostal (S. 61), Markus A. Hennig (S. 35, 56, 59, 62, 74, 84, 93–95; S. 101 Quelle: my-pv GmbH, S. 109, 116, 117, 119, 120, 121, S. 124 Quelle: Wegatech, S. 134, 138, 149, 157 u., 166), Marzari-Technik GmbH (S. 64)
Mennekes (S. 27, 96), NASA/courtesy of nasaimages.org (S. 8), pv@now easy (S. 131, 132), Priwatt (S. 108), Phrontis (S. 85) Rennergy Systems (S. 100), Schletter Group (S. 67 re., S. 171) Thomas Seltmann (S. 69, 76 li.), shutterstock (S. 14, 17, 42, 139) Solarwatt AG (S. 68), Solar World AG (S. 19), Solar-log.com (S. 73 u., S. 148), Wolfgang Schröder (S. 6, 10, 32 u., 36, 55, 58, 60, 63, 64, 66 o., 73 o., 75, 80, 82, 139, 146, 151, 155, 168–179, 181, 182, 188), wolkdirekt (S. 157 o.), wikim-Asurnipal (S. 66),
Produktion: Vera Göring
Verlagsherstellung: Rita Brosius (Ltg.), Romy Alig, Susanne Beeh
Litho: tiff.any, Berlin
Druck: Firmengruppe APPL, aprinta druck, Wemding

ISBN: 978-3-7471-0637-2

Wir haben für dieses Buch 100 % Recyclingpapier und mineralölfreie Druckfarben verwendet. Stiftung Warentest druckt ausschließlich in Deutschland, weil hier hohe Umweltstandards gelten und kurze Transportwege für geringe CO_2-Emissionen sorgen. Auch die Weiterverarbeitung erfolgt ausschließlich in Deutschland.